高等学校公共基础课规划教材

WPS Office 应用与设计教程

主 编 胡 娟 李 焕 陈专红
副主编 黄 向 易学良

北京邮电大学出版社
·北京·

内 容 提 要

本书是由长期从事计算机基础教学和科研并具有丰富实践经验的一线教师编写而成的，重点介绍了 WPS Office 应用和计算机相关知识。全书以 WPS Office 2019 为基础，共五篇，包括计算机技术基础概述、计算机软件技术基础、WPS 文字应用、WPS 表格应用、WPS 演示文稿应用。

为适应信息社会的发展对大学生计算机应用能力的普遍要求，全书以计算思维为导向，介绍了计算机科学与技术相关的基本理论、基本方法和基本技能。本书参考了全国计算机等级考试一级、二级 WPS Office 的考试大纲要求，采用“知识讲解＋案例操作”的方式来锻炼学生的计算机操作能力。

本书配备了丰富的电子资源，包括课件、案例素材、习题参考答案、案例讲解视频、上机练习与考试系统。

图书在版编目(CIP)数据

WPS Office 应用与设计教程 / 胡娟，李焕，陈专红主编. --北京：北京邮电大学出版社，2024.（2024 重印）.

ISBN 978－7－5635－7324－0

Ⅰ. TP317.1

中国国家版本馆 CIP 数据核字第 2024W5Z056 号

策划编辑：苏国强　**责任编辑**：向　蕾　**封面设计**：七星博纳

出版发行：北京邮电大学出版社
社　　址：北京市海淀区西土城路 10 号(100876)
电话传真：010－82333010　62282185(发行部)　010－82333009　62283578(传真)
网　　址：www. buptpress3. com
电子信箱：buptpress3@163. com
经　　销：各地新华书店
印　　刷：三河市骏杰印刷有限公司
开　　本：787 mm×1 092 mm　1/16
印　　张：20. 5
字　　数：523 千字
版　　次：2024 年 8 月第 1 版
印　　次：2024 年 12 月第 2 次印刷

ISBN 978－7－5635－7324－0　定价：59. 80 元

前　　言

大学计算机课程是高等学校开设的一门非常重要的公共基础课程。作为教学改革的尝试，很多高等学校在教学中以办公软件的高级应用作为教学目标。利用计算机提高办公效率，是计算机应用的一个非常重要的方面。

本书综合考虑了目前大学计算机基础教育的实际情况和国内外计算机技术的发展现状，结合全国计算机等级考试一级、二级 WPS Office 的考试大纲，本着学用结合的原则，主要采用基础知识讲解与案例实践操作相结合的方式组织内容，最终达到学以致用的目的。全书共五篇，包括计算机技术基础概述、计算机软件技术基础、WPS 文字应用、WPS 表格应用、WPS 演示文稿应用。

本书由湖南理工学院信息科学与工程学院大学计算机教研室长期从事计算机基础教学和科研并具有丰富实践经验的一线教师编写而成。本书配备了丰富的电子资源，包括课件、案例素材、习题参考答案、案例讲解视频，以及本教研室自主开发的上机练习与考试系统，方便教师教学工作的开展与实施。

本书的知识面较广，将众多知识很好地贯穿起来，难度不小，书中不足之处在所难免，恳请读者提出宝贵意见。

编　者

2024 年 5 月 20 日

前言

目　录

第四篇 WPS表格应用

第五篇 WPS演示文稿应用

第一篇

计算机技术基础概述

实证思维、逻辑思维和计算思维是人类认识世界和改造世界的三大思维。计算机的出现为人类认识世界和改造世界提供了一种更有效的手段，以计算机技术和计算机科学为基础的计算思维已成为人们必须具备的基础性思维。同时，云计算、大数据、人工智能技术的发展进一步促进了计算机应用的深入发展。在这种情况下，如何以计算思维为切入点，以计算机新技术为基础，通过重构大学计算机课程的体系和知识结构，培养学生的计算思维能力，提升学生的综合素质，是本篇关注的重点。

本篇以培养学生的计算思维能力为目的，围绕生活中的数据如何在计算机中表示的问题展开，主要涵盖了计算机的结构与计算机的工作原理等内容。本篇内容旨在强调：掌握计算机对各类信息的编码和处理的基本规则与方法，是了解计算机数据存储、数据运算与传输的基础，也是更好地认识和使用计算机的基础。

——第 1 章——

计算机概述

计算机的全称为电子数字计算机，是一种能自动、高速、精确地进行数值计算，对各种信息进行存储、传输和加工处理的现代电子装置。由于计算机能够模仿人脑的功能，如记忆、分析、推理、判断等，故又称电脑。计算机是 20 世纪的伟大发明之一。计算机的广泛应用提高了人类对信息的利用水平，引发了信息技术的革命，对人类社会的生产和生活产生了极其深远的影响，极大地推动了人类社会的进步与发展。

人们以各种方式使用计算机：在学校里，老师和学生使用计算机写作、搜索文章、收发电子邮件、参加在线课程等；在工作中，人们使用计算机分析数据、演示成果、开展业务交易、与客户和同事沟通、控制生产设备中的机器等；在家里，人们使用计算机在线学习、在线购物、支付账单、访问社交网络等。计算机的表现形态也有明显差异，有嵌入家电产品的计算机，有呈现为盒子形状的计算机(如网络产品中的路由器、硬件防火墙等)等。另外，智能手机、平板计算机、汽车导航仪等设备也是计算机。对计算机有初步的认识后会发现，计算机已经融入人们生活的方方面面，计算机在日常生活中的应用几乎是无限的。

可以说，计算机已融入社会的各个领域，成为人类生产、生活的重要组成部分。因此，学习计算机知识、充分发挥计算机的作用，已成为信息时代人才的基本素养。

本章主要介绍计算机的基本知识，包括计算机的发展与应用、微型计算机系统的组成、计算机的工作原理、计算机软硬件系统的概念与分类等内容。

学习目标

- 了解计算机的发展历史与各阶段的特点。
- 理解计算机的基本工作原理。
- 熟悉计算机硬件系统的组成部分。
- 理解计算机软件在计算机系统中的作用。

1.1 计算机的发展历史

1.1.1 现代计算机的“史前时代”

顾名思义，计算机是由“计算”而得名的。计算机的“史前时代”从人类历史上各种计算工具的出现开始。在人类文明发展历史的长河中，计算工具经历了从简单到复杂、从低级到高级的发展过程。如古书中记载的“上古结绳而治”，人类自远古时代就开始利用身边的石块、贝壳、绳结等进行计数。中国古代的算筹是人类最早进行数字计算的工具，后来逐渐演化为算盘，如图 1-1 所示。

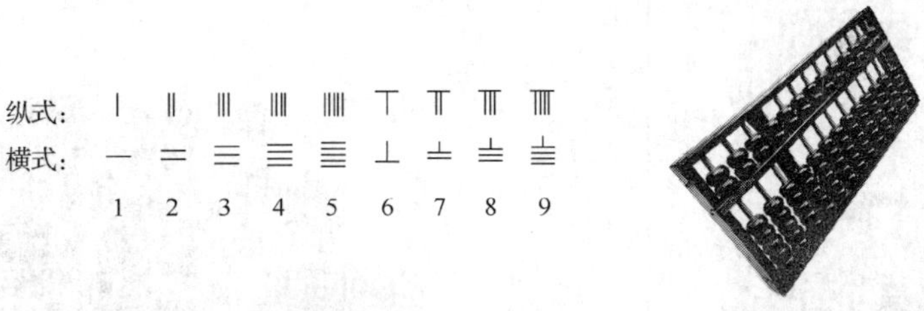

图 1-1　算筹(左)与算盘(右)

1625 年，英国人威廉·奥特雷德(William Oughtred)发明了能进行 6 位数加减法的滑动计算尺。由它演化而来的现代计算尺通常由三个互相锁定的有刻度的长条和一个游标组成，如图 1-2 所示，可以用来进行加、减、乘、除、乘方、开方、对数、三角函数运算。

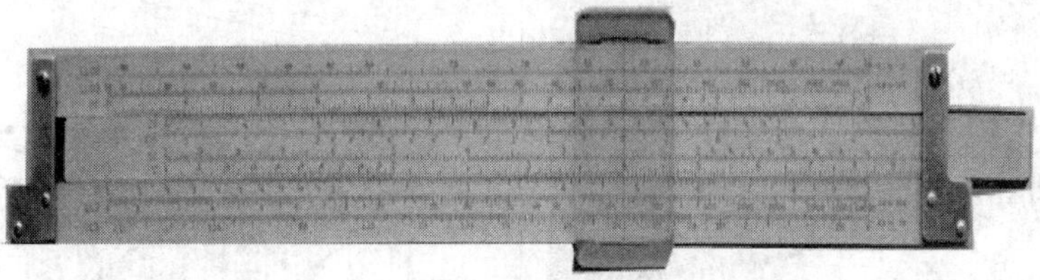

图 1-2　计算尺

17 世纪，随着数学、物理学、天文学、机械制造等科学技术的发展，产生了用于实际加减运算的机械计算机。1642 年，法国数学家布莱士·帕斯卡(Blaise Pascal)采用与钟表类似的齿轮传动装置，发明了能进行 8 位十进制运算的加法器，如图 1-3 所示。

图 1-3　加法器

1812 年，英国数学家查尔斯·巴贝奇(Charles Babbage)提出设计由机械操纵的计算机的设想。1822 年，他成功研制出一台用来计算多项式的加法且运算精度为 6 位小数的差分机，如图 1-4 所示。

1941 年，德国科学家康拉德·朱斯(Konrad Zuse)最先采用电气元件制成全自动继电器计算机 Z-3(见图 1-5)。该计算机已具备浮点计数、二进制运算、数字存储地址的指令形式等现代计算机的特征。

世界上第一台现代电子数字计算机是阿塔纳索夫-贝瑞计算机(Atanasoff-Berry computer，ABC)，它是由美国爱荷华州立大学的物理系副教授约翰·文森特·阿塔纳索夫(John Vincent Atanasoff)和他的研究生克利福德·贝瑞(Clifford Berry)在 1939 年 10 月研制成功的(见

图 1-6)。后来的第一台通用电子数字计算机(electronic numerical integrator and computer, ENIAC,埃尼阿克)仿制了 ABC。

图 1-4 差分机

图 1-5 全自动继电器计算机 Z-3

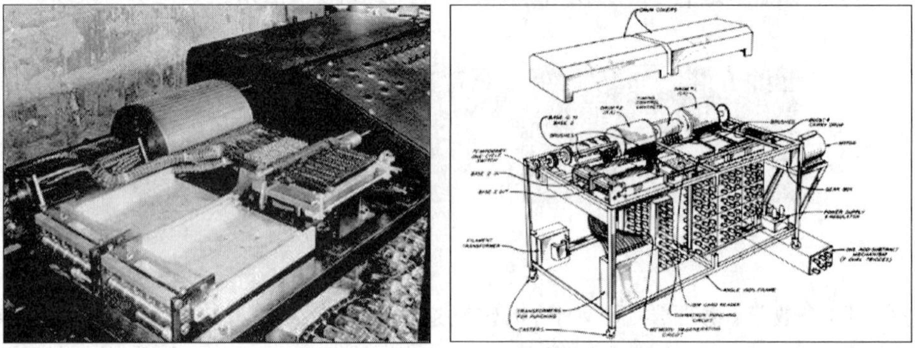

图 1-6 第一台现代电子数字计算机 ABC 及其设计示意图

阿塔纳索夫提出了现代计算机最重要的 3 个基本设计原则。

(1)以二进制的方式实现数字运算和逻辑运算,保证运算精度。

(2)利用电子技术实现控制和运算,保证运算速度。

(3)采用计算功能与存储功能相分离的结构,简化计算机设计。

1943 年 1 月,美国数学家霍华德·艾肯(Howard H. Aiken)研制出继电器计算机 Mark-1。Mark-1 是计算机发展史上占据重要地位的电磁式计算机,也是计算机"史前时代"最后一台著名的计算机,如图 1-7 所示。

图 1-7 继电器计算机 Mark-1

20 世纪中期,新兴的电子学和深入发展的数学将第一台电子数字计算机推上了历史舞台。从此，计算机的发展进入了一个全新的历史时期。

1.1.2　第一台通用电子数字计算机的诞生

世界上第一台通用电子数字计算机 ENIAC，于 1946 年 2 月诞生于美国宾西法尼亚大学，如图 1-8 所示。ENIAC 是为计算弹道和弹着点而设计的，主要元件是电子管，每秒能完成 5 000次加法运算，或 400 次乘法运算，比当时最快的计算工具快 300 倍。ENIAC 使用了 1 500个继电器，18 800 个电子管，占地 170 m^2，重 30 t 以上，耗电功率约为 150 kW，耗资 40 多万美元，可谓庞然大物。1955 年 10 月 2 日，ENIAC 正式退休，实际运行 80 223 h。至今人们仍然认为，它的问世标志着现代计算机时代的到来，它的出现具有划时代的伟大意义。

图 1-8　通用电子数字计算机 ENIAC

ENIAC 虽然是第一台正式投入运行的电子数字计算机，但仍然采用外加式程序，尚未具备现代计算机的存储程序功能。现代计算机的重大突破是由美籍匈牙利数学家约翰·冯·诺依曼(John von Neumann)领导的设计小组完成的。冯·诺依曼于 1944 年参与了 ENIAC 的研制工作。1945 年，冯·诺依曼等人发表了全新的“存储程序式通用电子计算机”设计方案。1946 年 6 月，冯·诺依曼等人提出了更为完善的设计报告《电子计算机装置逻辑结构初探》，并设计出第一台具有存储程序功能的离散变量自动电子计算机(electronic discrete variable automatic computer，EDVAC)。这台计算机的特点是使用二进制运算；包含输入设备、输出设备、控制器、运算器、存储器 5 个基本部件；能够存储程序，解决了内部存储和自动执行问题。具有 EDVAC 结构的计算机被人们普遍接受，这种计算机称为冯·诺依曼体系结构计算机。至此，电子计算机步入现代计算机的发展时期。

1.1.3　现代计算机发展的 4 个阶段

在现代计算机出现以来的 70 多年中，其发展速度之快令人咋舌。如果按计算机采用的基本电子元件来划分，计算机经历了电子管、晶体管、中小规模集成电路、大规模和超大规模集成电路 4 个发展阶段，如表 1-1 所示。

表 1-1　按基本电子元件划分现代计算机发展的 4 个阶段

阶段	第 1 代	第 2 代	第 3 代	第 4 代
时间	1946—1957 年	1958—1964 年	1965—1970 年	1971 年至今

续表

阶段	第 1 代	第 2 代	第 3 代	第 4 代
基本元件	电子管	晶体管	中小规模集成电路	大规模和超大规模集成电路
基本元件图片				
主要特点和应用领域	体积大,寿命短,可靠性差,成本高;采用电子管为主要元件,用穿孔纸带、磁鼓存储信息,容量很小;使用机器语言和汇编语言编制程序。主要用于科学计算和军事方面	体积减小,成本下降,可靠性和运算速度明显提高;普遍采用磁芯作为主存储器;开始使用系统软件,出现高级程序设计语言。不仅用于科学计算,还用于数据处理和事务管理	体积更小,速度更快,价格更便宜;采用半导体存储器作为主存储器;系统软件出现了分时操作系统,多用户可共享计算机资源。应用领域进一步拓展到办公处理、自动控制等方面。此阶段计算机多为大型机	性能大幅提高,价格大幅下降。计算机体系结构迅速发展,并行处理、多机系统、嵌入式系统、多媒体系统、网络通信、网格计算等进入实用阶段。应用领域涉及人类社会的各个方面。计算机向超大型化和微型化两极发展

1. 第 1 代(1946—1957 年)

第 1 代计算机采用电子管作为基本电子元件。主存储器有水银延迟线存储器、阴极射线示波管静电存储器、磁鼓和磁心存储器等类型。由于电子管体积大、耗电多,这一代计算机运算速度低,存储容量小,可靠性差,造价昂贵。这一代计算机中,几乎没有软件配置,编制程序用机器语言或汇编语言,主要用于科学计算和军事方面。代表机型为 1952 年由冯·诺依曼设计的 EDVAC,这台计算机的运算速度比 ENIAC 提高了 10 倍,冯·诺依曼的“程序存储”的设想首次在这台计算机上得到了体现。

2. 第 2 代(1958—1964 年)

第 2 代计算机采用晶体管作为基本电子元件。第 2 代计算机的一个很重要的特点是实现了存储器的革命。1951 年,尚在美国哈佛大学计算机实验室的华人留学生王安发明了磁芯存储器,这项技术彻底改变了继电器存储器的工作方式和其与处理器的连接方法,也大大缩小了存储器的体积,为第 2 代计算机的发展奠定了基础。

这个阶段,计算机软件配置开始出现,一些高级程序设计语言相继问世。例如,用于科学计算的 FORTRAN、用于商业事务处理的 COBOL、用于符号处理的 LISP 等高级语言开始进入实用阶段。操作系统也初步形成,使计算机的使用方式由手工操作改变为自动作业管理。

3. 第 3 代(1965—1970 年)

第 3 代计算机采用中小规模集成电路作为基本电子元件。计算机的体积和耗电量显著减小,计算速度也显著提高,存储容量大幅度增加。半导体存储器逐步取代了磁芯存储器的主存储器地位，磁盘成了不可缺少的辅助存储器，并且开始普遍采用虚拟存储技术。

同时，计算机的软件技术也有了较大的发展，出现了操作系统和编译系统，也出现了更多的高级程序设计语言。计算机的应用开始进入更多领域。国际商业机器公司(International Business Machines Corporation，IBM)于1964年推出的IBM System 360计算机是第3代计算机的代表产品(见图1-9)。

图1-9 IBM System 360计算机(1964年)

4. 第4代(1971年至今)

第4代计算机采用大规模和超大规模集成电路作为主要电子元件。主存储器使用了集成度更高的半导体存储器，计算机运算速度高达每秒几亿次至几百万亿次。在这个时期，计算机体系结构有了较大发展，并行处理、多机系统、计算机网络等都已进入实用阶段。软件方面更加丰富，出现了网络操作系统和分布式操作系统及各种实用软件。

1.1.4 微型计算机的发展

现代计算机发展的第4个阶段，也是微型计算机(microcomputer)的产生和迅速发展阶段。微型计算机简称微机或微电脑，又称个人计算机(personal computer，PC)。这个"微"字主要体现在体积小、重量轻、功耗低、价格便宜、环境要求低、易学易用等方面，且功能、速度、适用性毫不逊色于传统计算机。

早期的微机发明人是美国业余计算机爱好者爱德华·罗伯茨(Edward Roberts)，他拥有电子工程学学位。罗伯茨在1975年1月出版的《大众电子》杂志的封面上登出产品广告，介绍了他设计的"牛郎星"计算机(Altair 8800)(见图1-10)。文章称Altair 8800包括一个Intel 8080处理器、256 B的存储器(后来增加至4 KB)、一个电源、一个机箱以及有大量开关和显示灯的面板。Altair 8800外观非常简陋，既没有输入数据的键盘，也没有输出计算结果的显示器。插上电源后，使用者需要用手按下面板上的开关，把二进制数"0"或"1"输入机器。计算完成后，面板上的几排小灯泡忽明忽灭，用发出的灯光信号表示计算结果。Altair 8800当时的市场售价为375美元，更像是一台简单的游戏机。但是，它的销售情况出人意料地好。购买Altair 8800的大多是初出校门的高中生或正在读书的大学生。正是这台简陋的Altair 8800，掀起了一场改变整个计算机世界的革命。它的一些设计思想，如微型化设计方法、原始设备生产厂商(original equipment manufacturer，OEM)生产方式、开放式设计思想、硬件与软件分离等，直到今天也具有重要的指导意义。

在微机兴起的初期，大型计算机公司对它不屑一顾，认为微机只是计算机爱好者的试验品。但是，苹果公司于 1977 年在西岸计算机展（West Coast Computer Faire）首次发布微机 Apple Ⅱ（见图 1-11）后，Apple Ⅱ在市场上取得了巨大成功，由此带来的巨大经济利益促使一些大型计算机公司开始研发微机。

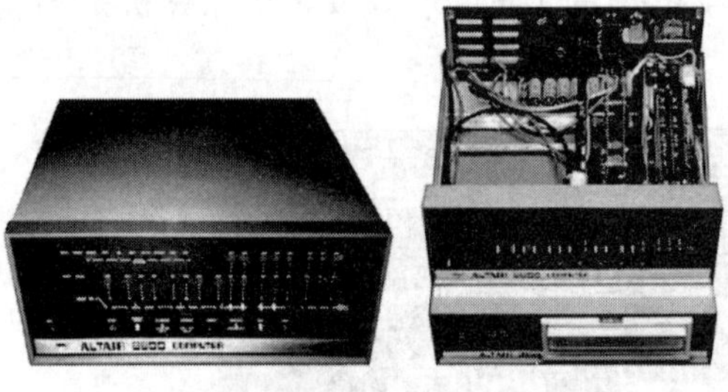

图 1-10 Altair 8800

图 1-11 Apple Ⅱ

1981 年 8 月 12 日，IBM 公司推出了第一台 16 位微机 IBM PC 5150（见图 1-12）。这台微机采用 Intel（英特尔）公司的 8088 作为中央处理器（central processing unit，CPU），工作频率为 4.77 MHz，内存为 16 KB。这台微机包含一个存储容量为 160 KB 的 5.25 in① 软盘驱动器，一个 11.5 in 的单色显示器，没有硬盘，操作系统为 Microsoft（微软）公司的 DOS 1.0。IBM 公司将这台微机命名为 PC，现在 PC 已经成为微机的代名词。微机终于突破了只为个人爱好者所使用的状况，其迅速普及到工程技术领域和商业领域中。

图 1-12 第一台 16 位微机 IBM PC 5150

1983 年 3 月，IBM 公司发布了改进机型 IBM PC/XT，它采用 Intel 公司的 8086 CPU（时钟频率为 4.77～10 MHz，是 x86 架构 CPU 的鼻祖），在主板上预装了 256 KB 的动态随机存储器（dynamic random access memory，DRAM，可扩展至 640 KB）和 40 KB 的只读存储器（read-only memory，ROM），总线扩展插槽从 5 个增加至 8 个。它还带有一个容量为 10 MB 的 5 in 硬盘，这是硬盘第一次成为微机的标准配置。IBM PC/XT 微机预装了 DOS 2.0 操作系统，DOS 2.0 支持“文件”的概念，并以“目录树”结构存储文件。

1984 年 8 月，IBM 公司推出了 IBM PC/AT 微机，它支持多任务、多用户。IBM PC/AT 采用 Intel 公司的 80286 CPU，仍然为 16 位结构，工作频率为 6～20 MHz，操作系统采用 Microsoft 公司的 DOS 3.0，并增加了网络连接功能，在软件上第一次采用了与以前的 CPU 兼容的设计思想。

1985 年 6 月，长城 0520 微机研制成功，这是我国第一台自行研制的 PC 兼容微机。

进入 20 世纪 90 年代后，每当 Intel 公司推出新型 CPU 产品，马上就会有新型的微机推出。

---

① in 即英寸。1 in＝2.54 cm。

在微机发展的各个时期，为了满足市场的需求，开发商都会推出一些相应的微机主流应用技术。早期的微机主要用于BASIC等简单语言的编程，解决了微机的普及化问题。之后开发商又推出了2D(二维)图形技术，解决了微机只能处理字符的问题，而且该技术采用的显示技术也得到了很好的应用。386微机时代，随着音频处理技术的发展，开发商又推出了多媒体技术，主要解决音频和视频播放问题。486微机时代，开发商推出了Windows操作系统，实现了图形化操作界面，使普通用户也可以很简单地使用微机。随着微机性能的增强，不同开发商推出了越来越多的微机设备和接口卡，为了简化对这些设备的安装和配置，即插即用技术得到了很好的应用。

微机的产生与发展，得益于微电子学及超大规模集成电路技术的飞速发展。微电子技术可将传统计算机心脏——CPU集成在一块芯片上，这样的芯片称为微处理器。微处理器是微机的核心部件，所以人们常依据微处理器来描述微机的发展历史。Intel公司自1971年制成第一个微处理器Intel 4004以来，CPU经历了以4位、8位、16位、32位、64位字长为主要特征的发展过程。这里的“位”指的是微机的字长，字长是微机运算部件一次能处理的二进制数据的位数(宽度)。CPU的字长越长，计算精度越高，微机的处理能力就越强。

1.2 计算机基本工作原理

计算机是一个复杂的系统，要详细地分析一台计算机的体系结构和工作原理，是一件十分困难的事情。但如果按照层次结构的观点来分析它，就会简单得多。

冯·诺依曼体系结构计算机的工作原理就是存储程序、程序控制。计算机能自动连续工作，就是因为内存中存储了程序，计算机在执行程序时，在控制器的控制下，逐条从内存中取出指令、分析指令、执行指令。

每种计算机对应一套指令系统，计算机的硬件依照指令来工作，所以计算机的工作过程就是对指令调度的执行过程。

1.2.1 计算机的基本工作原理

自第一台计算机诞生以来，尽管计算机的性能指标、工作方式、应用领域等都已经或正在发生变化，但它的硬件基本结构和工作原理没有改变，仍然以冯·诺依曼提出的“存储程序”原理为基础。冯·诺依曼的主要思想可概括为冯·诺依曼体系结构、采用二进制表示数据和指令及存储程序3个方面。

1. 冯·诺依曼体系结构

现代计算机广泛采用的冯·诺依曼体系结构包括输入设备、输出设备、存储器、控制器、运算器五大部分。它们之间的关系如图1-13所示。

运算器又称算术逻辑部件(arithmetic and logic unit，ALU)，是计算机进行算术运算和逻辑运算的部件。算术运算有加、减、乘、除等；逻辑运算有比较、移位、与运算、或运算、非运算等。在控制器的控制下，运算器从存储器中取出数据进行运算，然后将运算结果写回存储器。

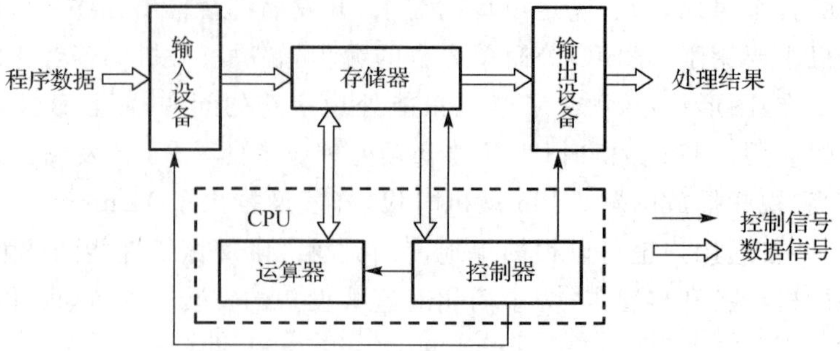

图 1-13 冯·诺依曼体系结构

控制器负责对操作命令进行处理和执行,对各功能部件发出控制信息,是各部件运行的指挥者。控制器由程序计数器、指令寄存器、指令译码器和其他控制单元组成。控制器工作时,根据程序计数器中的地址,从存储器中取出指令送到指令寄存器中,经译码单元译码后,再由控制器发出一系列命令信号送到相关硬件,引起相应动作,完成指令所规定的操作。

现代计算机的控制器和运算器通常集成在一个电路芯片内,这个芯片称为 CPU。

存储器的主要功能是存放运行中的程序和数据。程序是计算机执行操作的依据,数据是计算机操作的对象。为了实现自动计算,数据必须预先存放在存储器中。

在冯·诺依曼体系结构中,存储器是指内存单元。存储器中有成千上万个存储单元,每个存储单元存放一组二进制数据。对存储器的基本操作是数据的写入或读出,这个过程称为内存访问。为了便于写入或读出数据,存储器中所有存储单元均按顺序依次编号,每个存储单元的编号称为内存地址,存储器按内存地址存取(写和读)数据。当运算器需要从存储器的某存储单元读取或写入数据时,控制器必须提供内存地址。

输入设备的第一个功能是将现实世界中的数据输入计算机,如数字、文字、图形、电信号等,并将其转换成计算机使用的二进制代码。它的第二个功能是由用户对计算机进行操作控制。常见的输入设备有键盘、鼠标、数码相机等。

输出设备的功能是将计算机处理的结果转换成用户熟悉的形式,如数字、文字、图形、声音、视频等。常见的输出设备有显示器、打印机等。还有一些设备既可以作为输入设备,又可以作为输出设备,如硬盘、U 盘等。

2. 采用二进制形式表示数据和指令

指令是使计算机执行一个基本操作的命令,此操作由计算机硬件来执行。指令在计算机中采用二进制代码表示,可以使信息的数字化更容易实现,并可以用二值逻辑元件表示和处理指令。指令和数据在代码形式上并无区别,都是由 0 和 1 组成的二进制代码,只是各自约定的含义不同。

3. 存储程序

存储程序是冯·诺依曼体系结构的核心内容。程序是人们为解决某一实际问题而编写的指令集合。指令的设计及调试过程称为程序设计。存储程序指事先将编制好的程序(包含指令和数据)存入计算机存储器(内存)中,计算机在运行程序时就能自动、连续地从存储器中依次取出指令并执行。计算机的功能很大程度上体现为程序所具有的功能。或者说,为计算机设计的程序越多,计算机的功能就越多。

1.2.2　指令和指令系统

1. 指令

指令是能被计算机识别并执行的二进制代码，它规定了计算机能完成的某种操作。指令的数量与类型由 CPU 决定。系统内存用于存放程序和数据，程序由一系列指令组成，这些指令在内存中是有序存放的。什么时候执行哪一条指令由 CPU 的控制单元决定。数据是用户需要处理的信息，包括用户的具体数据和这个数据在内存中的地址。

一条指令通常由操作码和操作数两部分组成。操作码指明该指令要完成的操作类型或性质，如取数、做加法或输出数据等。操作码的二进制位数决定了计算机操作指令的条数。当使用定长操作码格式时，若操作码位数为 N，则指令条数为 2^N。

操作数指明操作对象的内容或所在的存储单元地址（地址码），操作数在大多数情况下是地址码，地址码可以有多个。从地址码得到的仅是数据所在的地址，可以是源操作数的存放地址，也可以是操作结果的存放地址。

2. 指令系统

一台计算机的所有指令的集合，称为该计算机的指令系统。不同体系结构的计算机，其指令系统不同。但无论哪种类型的计算机，指令系统都应具有实现以下功能的指令。

数据传送指令：将数据在内存与 CPU 之间进行传送。

数据处理指令：对数据进行算术、逻辑或关系运算。

程序控制指令：控制程序中指令的执行，如条件转移、无条件转移、调用子程序、返回等。

输入/输出（input/output，I/O）指令：用来实现外部设备与主机之间的数据传输。

其他指令：对计算机的硬件和软件进行管理等。

3. 指令的执行

对计算机来说，所有复杂的事务处理都可以简化为两种基本操作：二进制数据传输和二进制数据运算。因此，从软件运行层面来看，冯・诺依曼体系结构计算机相当于一台指令执行机器。一条程序指令的执行可能涉及许多操作，主要包括取指令、指令译码、指令执行、结果写回 4 种基本操作，这个过程是不断重复进行的，如图 1-14 所示。

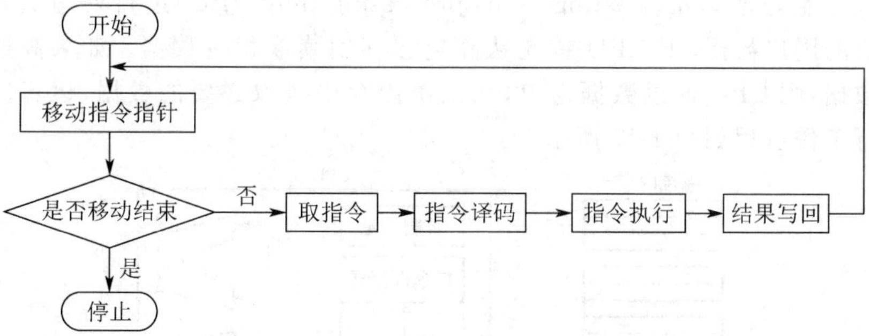

图 1-14　计算机中指令的执行过程

1）取指令（IF）

在 CPU 内部有一个指令寄存器（IP），它保存着当前要处理的指令的内存地址。当 CPU 开始工作时，便按照指令寄存器中的地址，通过地址总线，查找到指令在系统内存中的位置，然后利用数据总线将系统内存中的指令传送到 CPU 内部的高速缓存。取指令工作过程如图 1-15 所示。

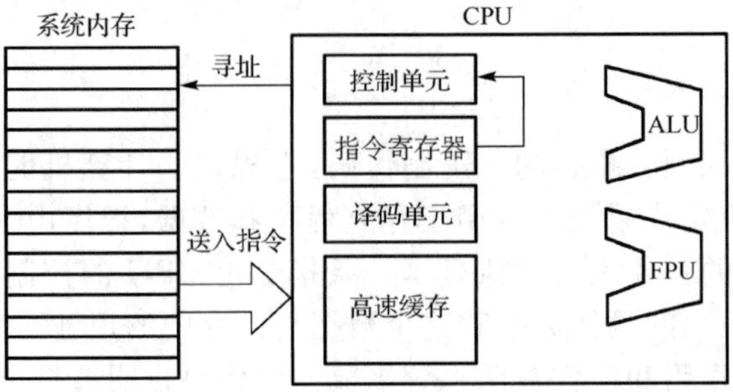

图 1-15 取指令工作过程

2)指令译码(ID)

CPU 内部的译码单元将解释指令的类型与内容,并且判定这条指令的作用对象(操作数),并将操作数从系统内存读入 CPU 内部的高速缓存。指令译码实际上就是将二进制指令代码翻译成特定的 CPU 电路微操作,然后由控制单元传送给 ALU。指令译码工作过程如图 1-16 所示。

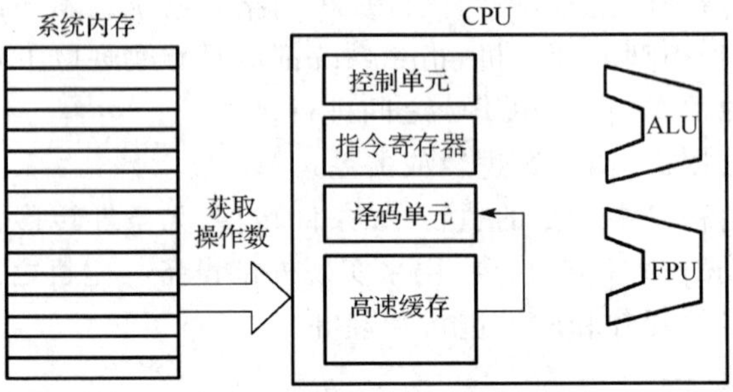

图 1-16 指令译码工作过程

3)指令执行(IE)

控制器根据不同的操作对象,将指令送入不同的处理单元。如果是整数运算、逻辑运算、内存单元存取、一般控制指令等,则送入 ALU 处理。如果操作对象是浮点数据(如三角函数运算),则送入浮点处理单元(floating-point processing unit,FPU)进行处理。如果在运算过程中需要相应的用户数据,则 CPU 首先从高速缓存中读取相应数据。如果高速缓存中没有用户需要的数据,则 CPU 通过数据通道,从系统内存中获取必要的数据,运算完成后输出结果。指令执行工作过程如图 1-17 所示。

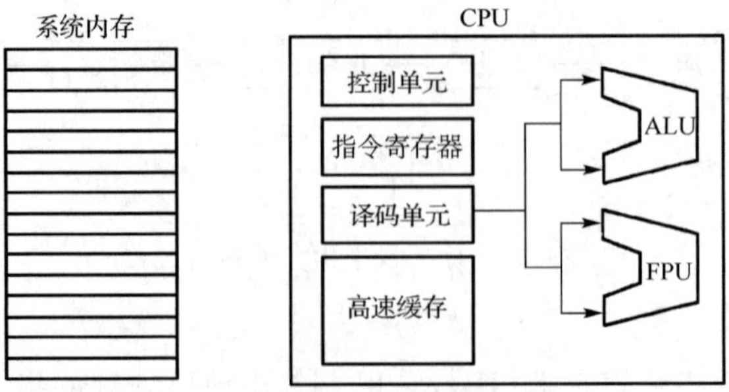

图 1-17 指令执行工作过程

4)结果写回(WB)

结果写回指将执行单元(ALU 或 FPU)的处理结果写回高速缓存或系统内存。结果写回工作过程如图 1-18 所示。

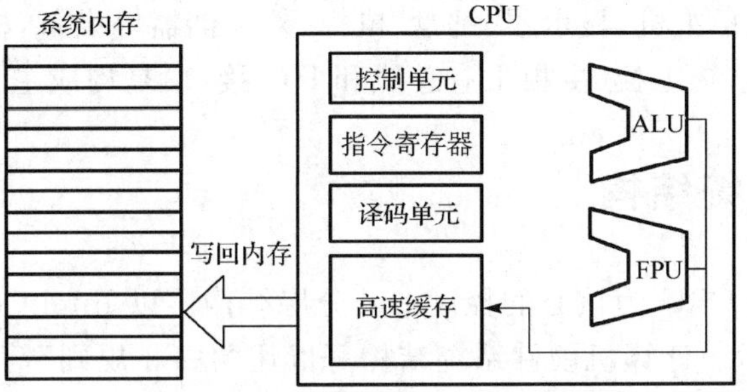

图 1-18 结果写回工作过程

在 CPU 解释和执行指令之后,控制单元告诉指令寄存器从内存单元中读取下一条指令。这个过程不断重复执行,最终产生用户在显示器上看到的结果。事实上各种程序都是由一系列指令和数据组成的。计算机的工作就是自动和连续地执行一系列指令,而程序开发人员的工作就是编制程序。

1.3 计算机系统的组成

一个完整的计算机系统由硬件系统和软件系统两部分组成。构成计算机系统的物理设备的集合称为硬件系统。硬件是看得见、摸得着的电子、机械装置,是计算机系统的物质基础,如 CPU、存储器(内存与外存)、I/O 设备等。指挥计算机工作的各种程序、数据和文档的集合称为软件系统。硬件是软件的基础,软件是硬件的灵魂,二者缺一不可。计算机之所以能够应用到各个领域,是因为各类软件能够出色地按照人们的意愿完成各种不同的任务。

硬件系统包括主机和外部设备,软件系统包括系统软件和应用软件(见图 1-19)。不同类

- 计算机系统
  - 硬件系统
    - 主机
      - CPU
        - 控制器
        - 运算器
      - 内部存储器
        - 只读存储器
        - 随机存储器
        - 高速缓存
    - 外部设备
      - 外部存储器(硬盘、光盘等)
      - 输入设备(键盘、鼠标、扫描仪、数码摄像机等)
      - 输出设备(显示器、打印机、绘图仪等)
      - 网卡、声卡等其他外部设备
  - 软件系统
    - 系统软件
      - 操作系统
      - 程序设计语言和语言处理程序
      - 数据库管理系统
      - 网络服务软件
    - 应用软件(办公、多媒体、辅助设计、网络应用等软件)

图 1-19 计算机系统组成

型的计算机的硬件组成不同。例如，大型计算机往往安装在成排的大型机柜中，网络服务器往往不需要显示器，笔记本计算机将大部分外设集成在一起。在计算机硬件中，CPU 是核心部件，它决定了一台计算机的基本规格与性能。

计算机硬件一般包括主机、显示器、键盘、鼠标、外存储器等设备，核心设备在主机箱内部。CPU、内部存储器以及系统主板（主板上有总线和 I/O 接口）是构成主机的主要部件。

1.3.1 计算机系统结构

目前计算机采用以 CPU 为核心的控制中心分层结构。以 Intel Core i7 为 CPU 的计算机系统结构如图 1-20 所示。计算机硬件系统结构可以用“1-2-3 规则”简要说明，即 1 个 CPU，2 大芯片，3 级结构。需要注意的是，“1-2-3 规则”只描述主要结构，实际产品会有一些增减。

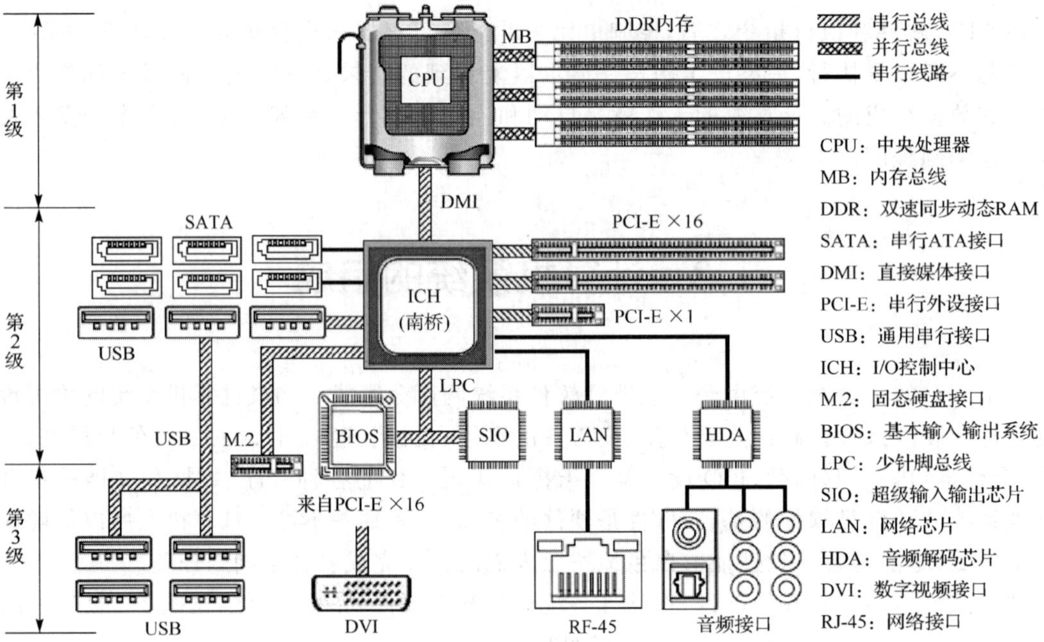

图 1-20 计算机系统结构（CPU 为 Intel Core i7）

1. 1 个 CPU

CPU 处于系统结构的顶层（第 1 级），控制系统运行状态，下层的数据必须逐级上传到 CPU 进行处理。从系统性能方面考察，CPU 运行速度远高于其他设备，各总线上越下层的设备，其性能越低。从系统组成方面考察，CPU 的更新换代将导致南桥芯片的改变及内存类型的改变等。从指令系统方面考察，指令系统进行改变时，必然引起 CPU 结构的变化，而内存系统不一定改变。因此，目前计算机系统仍然以 CPU 为核心进行设计。

2. 2 大芯片

南桥芯片（ICH）和基本输入输出系统（basic input output system，BIOS）芯片处于系统结构的第 2 级。南桥芯片负责数据的上传与下送。南桥芯片连接着多种外部设备，它提供的接口越多，微机的功能扩展性越强。BIOS 芯片主要解决硬件系统与软件系统的兼容性问题。

3.3 级结构

控制中心的结构分为 3 级。从速度方面考察，第 1 级工作频率最高(速度最快)，并逐级降低；从 CPU 访问频率方面考察，第 3 级最低，并逐级升高；从系统性能方面考察，前端总线和南桥芯片容易成为系统瓶颈；从连接设备多少方面考察，第 1 级连接的设备最少，并逐级增加，在计算机系统结构中，级别高的核心层设备较少，但是速度很快。CPU 和南桥芯片一旦出现问题(如发热)，必然导致致命性故障。下层接口和设备较多，发生故障的概率也较大(如接触性故障)，但是这些设备不会发生致命性故障。

1.3.2　CPU

CPU 是一块超大规模集成电路芯片，内部结构以控制器、运算器及寄存器为核心，是整个计算机系统的运算与控制中心。计算机的所有工作都要通过 CPU 来协调处理，完成各种运算、控制等。CPU 是计算机系统中最重要的部件，决定了计算机的性能和速度。

如图 1-21 所示，CPU 的外形是一个矩形块状物，表面是封装 CPU 核心部分的金属壳，在金属壳内部有一片薄薄的硅晶片，称为 CPU 核心。在这块小小的硅晶片上，密布着数千万甚至上亿个晶体管，它们相互配合，协调工作，完成各种复杂的运算和操作。金属壳周围是 CPU 基板，将 CPU 内部的信号引接到 CPU 针脚上。基板下面有许多镀金的针脚，是 CPU 与外部电路连接的通道。大部分 CPU 底部中间还有一些电容和电阻。

(a) CPU正面

(b) CPU背面

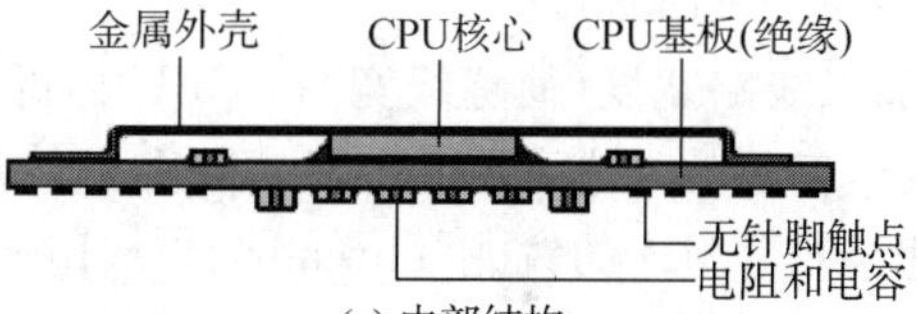

(c) 内部结构

图 1-21　Intel CPU 芯片外观和内部结构

目前 CPU 主要采用反转芯片针脚栅格阵列(flip chip pin grid array，FC-PGA)封装和栅格阵列(land grid array，LGA)封装两种形式。LGA 封装将 CPU 核心封装在有机底板上，CPU 表面是平整的金属贴片，针脚设计在主板的 CPU 底座上，即由主板提供针脚，主板上的针脚直接接触金属贴片，实现连通，这样可以缩短连线，并有利于散热。CPU 由半导体硅芯片核心、基板、引脚、电容、散热金属壳等部件组成。LGA 封装方式目前主要是Intel 处理器在使用，如 LGA775、LGA1155、LGA1151、LGA1200、LGA2066 等。

在 CPU 技术和市场上，Intel 公司一直是技术领头人，其他 CPU 设计和生产厂商主要有超威半导体(Advanced Micro Devices，AMD)公司、IBM 公司、安谋(ARM)公司等。Intel 酷睿 i7(Core i7)22 nm 工艺制造的 4 核 CPU，在 160 mm^2的硅核心上集成了 14.8 亿个晶体管，平均 900 万个/mm^2。Intel Core X-series i9 CPU 已经采用 7 nm 制作工艺，AMD 的锐龙 3、锐龙 5、锐龙 7、锐龙 9 等 CPU 已经普遍采用 7 nm 制作工艺。对 CPU 来说，更小的晶体管制造工艺意味着更高的 CPU 工作频率、更高的处理性能、更低的发热量。集成电路制造工艺几乎成了 CPU 更新换代的标志。

目前，Intel 公司的 CPU 产品主要有酷睿(Core)、至强(Xeon)、凌动(Atom)等系列，它们在设计技术上差异不大，在外观上也没有太大差别，主要应用于不同的商业市场。

Core 系列 CPU 是 Intel 公司的主流产品，主要用于台式计算机和笔记本计算机，性能高于 Atom 系列 CPU，低于 Xeon 系列 CPU。Xeon 系列 CPU 主要面向 PC 服务器，产品性能优越，但价格较高。Atom 系列 CPU 主要用于平板计算机，产品性能比 Core 系列 CPU 低，但是发热量小，功耗非常低，并且支持无线通信。

CPU 是整个计算机系统的控制中心，严格按照规定的脉冲频率工作。一般来说，工作频率越高，CPU 工作速度越快，功能也就越强。CPU 始终围绕着速度与兼容两个目标进行设计。CPU 的技术指标非常多，如字长、工作频率、加工线路宽度、高速缓存容量、系统结构、指令系统、工作电压、插座类型等。下面简单介绍其中的几项。

1)字长

字长指 CPU 内部运算单元通用寄存器一次处理二进制数据的位数。目前，CPU 通用寄存器字长主要有 32 位和 64 位两种类型，64 位 CPU 的处理速度更高。由于 x86 系列 CPU 是向下兼容的，因此 16 位、32 位的软件可以运行在 32 位或 64 位的 CPU 中。目前 CPU 绝大部分为 64 位产品。

2)工作频率

提高 CPU 工作频率可以提高 CPU 性能，现在主流的 CPU 工作频率在 2.0～4.0 GHz 之间。CPU 工作频率受生产工艺的限制。由于 CPU 是在半导体硅片上制造的，硅片上的元件之间需要导线进行连接，在高频状态下要求导线越细越短越好，这样才能减少导线分布电容等杂散信号的干扰，以确保 CPU 正常运行。

3)加工线路宽度

加工线路宽度(简称线宽)指 CPU 内部各元件之间的连接线宽度，以 nm 为单位。线宽越小，生产工艺越先进，CPU 内部功耗和发热量越小。目前，CPU 生产工艺已经达到 7 nm 的加工精度，如 AMD 的锐龙 Threadripper、Intel 的 Core X-Series i9 CPU。

4)高速缓存容量

高速缓存(cache)可以极大地改善 CPU 的性能。高速缓存是一种读写速度接近于 CPU 执行指令速度的小容量存储器。为了解决低速内存与高速 CPU 间速度的不匹配问题，加快 CPU 对内存的访问速度，采用在 CPU 和内存之间插入高速缓存的方法，可以极大地改善 CPU 的性能。目前，CPU 的三级高速缓存容量达到了 256 MB，甚至更高。高速缓存结构从一级发展到三级，对应 L1 cache(一级缓存)、L2 cache(二级缓存)和 L3 cache(三级缓存)。

CPU 工作频率越高，发热功率越大。部分台式计算机 CPU 的发热功率达到了 100 W 以上，CPU 的发热会造成其工作不稳定等一系列问题。对于笔记本计算机，则会造成电池消耗很快，工作时间缩短等问题。因此，降低 CPU 发热功率一直是 CPU 设计、制造的技术难题。

目前主要采用风冷散热方式和热管散热方式解决 CPU 的发热问题，风冷散热由散热片和风扇组成。一般来说，散热片表面积越大，散热效果越好；表面积越小，散热效果越差。风扇吹出来的风力越强，空气流动的速度越快，越能加速热循环，迅速将 CPU 产生的热量带走。

CPU 是计算机的核心部件，2004 年以前，CPU 技术的重点在于提升 CPU 的工作频率，但是 CPU 工作频率的提升遇到了一系列问题，如能耗问题、发热问题、工艺问题、量子效应问题、兼容问题等。近年来 CPU 技术发展的重点转向了多核 CPU、64 位 CPU、低功耗 CPU、嵌入式 CPU 等技术。

1.3.3　内部存储器

内部存储器(简称内存)又称为主存储器(简称主存),用于存放计算机进行数据处理必需的原始数据、中间结果、最后结果及指示计算机工作的程序。内存是计算机主要技术指标之一,其容量大小和性能直接影响程序运行效率。

1. 内存的类型

1)随机存储器

内存可分为随机存储器(random access memory,RAM)和只读存储器(ROM)。随机存储器又分为静态随机存取存储器(static random access memory,SRAM)和动态随机存取存储器(DRAM)。

SRAM 存储单元电路的工作状态稳定,速度快,不需要刷新,只要不掉电,数据就不会丢失。SRAM 一般应用在 CPU 内部作为高速缓存。

DRAM 中存储的信息以电荷形式保存在集成电路的小电容中,由于电容会漏电,因此数据容易丢失。为了保证数据不丢失,必须对 DRAM 进行定时刷新。

目前,计算机内存均采用 DRAM 并安装在专用电路板上,称为内存条,内存条需要插在主板的内存插槽上。现代计算机内存技术经历了 DDR DRAM、DDR2 DRAM、DDR3 DRAM、DDR4 DRAM 几代的发展,目前最新一代内存条是 DDR4 DRAM。各代内存条采用不同技术标准,互不兼容,区别主要集中在频率、容量以及电压等方面。当然,对于卡槽位置与金手指的数量,每一代内存条也不同。内存条容量有 128 MB、256 MB、512 MB、1 GB、2 GB、4 GB、8 GB、16 GB 等,目前市场上内存条的容量以 8 GB、16 GB 为主流。如图 1-22 所示,内存条由内存芯片(DRAM)、内存序列检测(serial presen detect,SPD)芯片、印制电路板(print-circuit board,PCB)、金手指、散热片(实际上很多内存条并没有散热片)等部分组成。

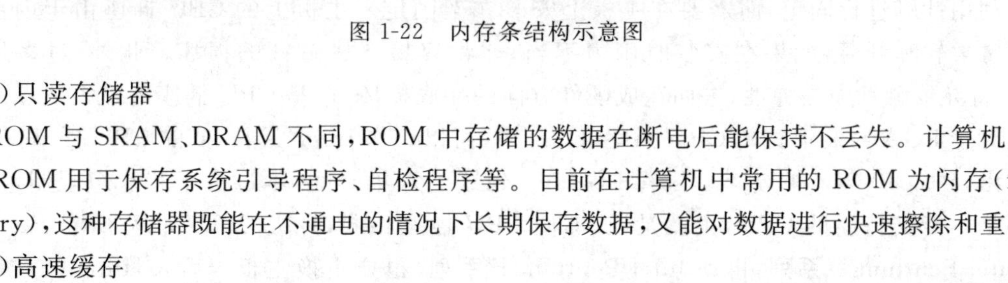

图 1-22　内存条结构示意图

2)只读存储器

ROM 与 SRAM、DRAM 不同,ROM 中存储的数据在断电后能保持不丢失。计算机主板上的 ROM 用于保存系统引导程序、自检程序等。目前在计算机中常用的 ROM 为闪存(flash memory),这种存储器既能在不通电的情况下长期保存数据,又能对数据进行快速擦除和重写。

3)高速缓存

高速缓存是一种高速存储器,为了提高 CPU 的运算速度,通常在 CPU 内部增设 L1 cache、L2 cache、L3 cache。高速缓存大大缓解了高速 CPU 与低速内存的速度匹配问题。

2. 内存的主要技术指标

内存的主要技术指标包括容量与存取周期。

1)容量

内存由大量的半导体存储单元组成,每个存储单元可存放1位二进制数据,称为1 b,b(位)是数据存储的最小单位,连续的8 b构成1 B,B(字节)是最基本的数据计量单位。内存容量是指内存存储单元包含的字节数,通常以KB、MB、GB、TB作为内存容量单位。1 B=8 b,1 KB=1 024 B,1 MB=1 024 KB,1 GB=1 024 MB,1 TB=1 024 GB。

2)存取周期

从内存中读出一个字或向内存写入一个字所需的时间称为读写时间。两次独立的读写操作的最短时间称为存取周期。这个指标反映了内存的存取速度,早期内存的存取周期为100 ns,目前为2~8 ns。

1.3.4 主板

1. 主板的功能

主板是计算机中重要的部件,计算机性能是否能够充分发挥,计算机硬件功能是否足够,计算机硬件兼容性的优劣等,都取决于主板设计的好坏。主板制造质量的高低,也决定了硬件系统稳定性的高低。主板与CPU的关系密切,每一次CPU的重大升级,必然导致主板的更新换代。

主板由集成电路芯片、电子元件、电路系统、各种总线插座和接口组成。主板的主要功能是传输各种电子信号,部分芯片也负责初步处理一些外围数据。从系统结构的观点看,目前市场上主板的系统结构为控制中心结构。主板由芯片组和各种总线构成,芯片组是主板的核心组成部分。芯片组确定后,主板上元件的选择和主板生产工艺决定主板的稳定性。

主板有XT、AT、ATX、BTX等类型,目前市场上的主流产品为ATX主板。不同类型的CPU需要不同类型的主板与之匹配。图1-23为典型的ATX主板结构图。

2. 主板的CPU插座

Intel公司的CPU插座采用全金属制造,这种CPU插座的机械强度较高,并且随着CPU功率的增加,CPU表面温度会提高,而金属材质的插座比较耐高温。

Intel公司采用LGA封装的CPU,没有针脚,只有一排排整齐排列的金属触点,因此CPU不能利用针脚进行固定,而需要在主板上安装扣架固定。主板上的CPU插座由于内部的触针非常柔软和纤薄,如果在安装时用力不当,非常容易造成触针的损坏。此外,过多地拆卸CPU将导致触针失去弹性,进而造成硬件方面的彻底损坏,这是CPU插座的最大缺点。

对于LGA封装形式的CPU插座,LGA775可以算作Intel“最长寿”的CPU插槽,从2004年推出,到2010年才被废弃。尽管LGA775延续了六年时间,不过由于芯片组限制,早期产品还是不能支持新的CPU,也就是说,即便CPU插座相同,升级CPU(如从Intel Pentium 4到Intel Pentium D系列,再到Intel Pentium E系列)也要更换主板。后来,Intel公司将针脚一起换掉,因为都不兼容,留着同样的插座容易被误解。酷睿时代来临,Intel公司的CPU不断升级的同时,针脚也换得越来越频繁。

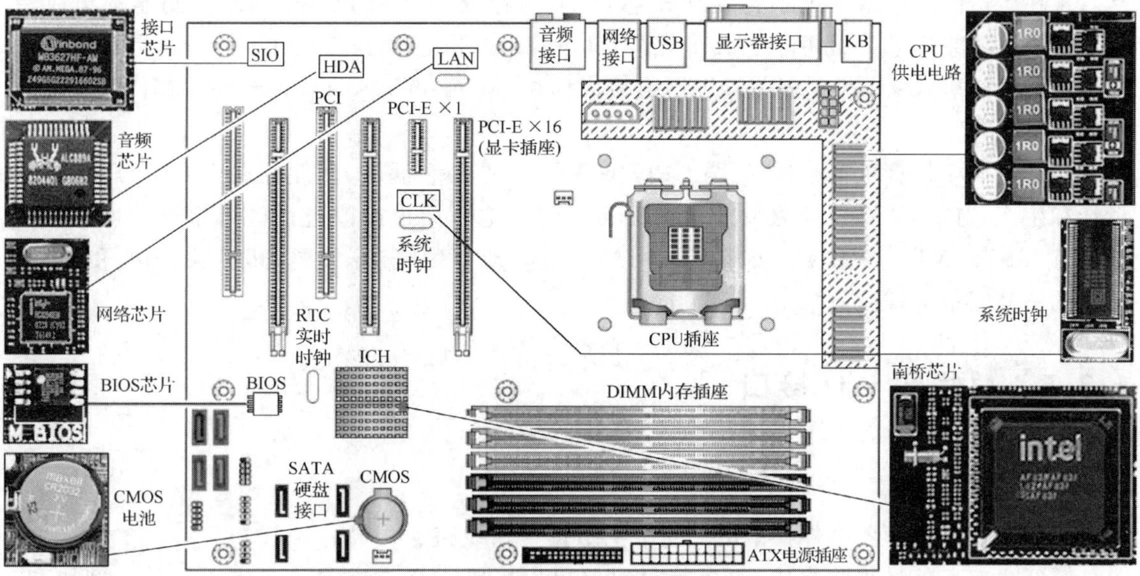

图 1-23　典型的 ATX 主板结构图

3. 主板芯片组

主板芯片组(chipset)是主板的核心组成部分，可以比作 CPU 与周边设备沟通的桥梁。在计算机界称设计芯片组的厂家为 core logic，core 的中文意思是核心或中心，从字面就足以看出其重要性。对主板而言，芯片组几乎决定了主板的功能，进而影响到整个计算机系统性能的发挥。芯片组是主板的灵魂，芯片组性能的优劣，决定了主板性能的好坏与级别的高低。目前，CPU 的型号与种类繁多、功能特点不一，如果芯片组不能与 CPU 协同工作，将严重影响计算机的整体性能，甚至使计算机不能正常工作。

芯片组按整合程度的高低可分为整合型芯片组和非整合型芯片组。按芯片数量分类可分为单芯片芯片组、标准的南北桥芯片组[其中北桥芯片起着主导性的作用，又称为主桥(host bridge)]和多芯片芯片组(主要用于高档服务器或工作站)。

很长一段时期内，PC 主板都是采用标准的南北桥芯片组结构来设计并生产的。南北桥芯片组结构是历史悠久且一度相当流行的主板芯片组结构。采用南北桥芯片组结构的主板都有两个面积比较大的芯片，靠近 CPU 的为北桥芯片，主要负责控制显卡、内存与 CPU 之间的数据交换；靠近外部部件互连标准(peripheral component interconnect，PCI)槽的为南桥芯片，主要负责软驱、硬盘、键盘及附加卡的数据交换。

AMD 公司在 K8 核心的 CPU 之后生产的 CPU，包括最新的速龙、羿龙、锐龙系列和工作站的皓龙系列，都将内存控制器集成在 CPU 内部，所以 AMD 芯片组的北桥芯片简化很多，甚至还能采用单芯片的芯片组结构。此外，Intel 公司的 Core i 系列，也采用了将内存控制器集成于 CPU 内部的做法。Intel 公司于 2009 年上半年推出核心代号为 Lynnfield 的 45 nm 台式机四核心处理器、核心代号为 Clarksfield 的 45 nm 笔记本四核心处理器，集成双通道 DDR3 内存控制器(支持 DDR3 800/1066/1333/1600 内存规格)，北桥芯片的大部分功能则直接内建在 CPU 之中，南桥芯片推出核心代号为 Ibexpeak 的新芯片，以平台路径控制器(platform controller hub，PCH)方式直接与 CPU 进行连接，改变南桥芯片通过北桥芯片与 CPU 互连的结构。

现在生产的主板基本上不存在北桥芯片了，内存控制器和PCI-E 16X控制器都集成在CPU内部。5系列芯片组中除了X58之外，就没有南北桥之分了，都是单芯片，也是以往南桥芯片组的加强版，CPU与主板芯片采用直接媒体接口(direct media interface，DMI)总线进行通信。

芯片组属于计算机核心技术，与CPU关系密切，产品利润高，因此往往由CPU厂商进行设计和生产，有时CPU厂商也发放生产许可证给其他厂商进行改进设计和生产。生产芯片组的有Intel、AMD、NVIDIA(英伟达)、VIA(威盛)、SiS(矽统)等公司，其中以Intel和AMD公司的芯片组最为常见。

1.3.5 总线和I/O接口

1. 总线

总线是计算机中各部件共享的一组公共数据传输线路。

总线由多条信号线路组成，每条信号线路可以传输一个二进制的0或1信号。例如，32位的PCI总线就意味着有32根数据通信线路，可以同时传输32位二进制信号。总线可以分为5个功能组：数据总线、地址总线、控制总线、电源线和地线。数据总线用来在设备或单元之间传输数据和指令，是双向传输的。地址总线用于指定数据总线上数据的来源与去向，一般是单向传输的。控制总线用来控制对数据总线和地址总线的访问与使用，大部分是双向传输的。在大部分计算机技术书籍中，为了简化讨论，往往省略了电源线和地线。

主板上有七大总线，分别是前端总线(front side bus，FSB)、内存总线(mod bus，MB)、Hub总线(Intel hub architecture，IHA)、图形显示接口(peripheral component interconnect express，PCI-E)总线、外部部件互连标准(peripheral component interconnect，PCI)总线、通用串行总线(universal serial bus，USB)、少针脚总线(low pin count bus，LPC)。总线的工作频率与宽度是非常重要的技术指标。结合图1-20可以了解主板上大部分总线(接口)的分布情况。

总线的性能可以通过总线宽度和总线频率来描述。总线宽度为一次并行传输的二进制位数。例如，32位总线一次能传送32位数据，64位总线一次能传送64位数据。计算机总线的宽度有8位、16位、32位、64位等。总线频率用来描述总线的速度，一般指FSB频率，即CPU连接到北桥芯片的总线频率。FSB是处理器与北桥芯片或内存控制集线器之间的数据通道，其频率直接影响CPU访问内存的速度。一般来说，FSB是由CPU决定的，如果主板不支持CPU所需要的FSB，系统就无法工作。一个CPU默认的FSB是唯一的，因此一个系统的FSB频率可以通过CPU相关参数知道。

FSB负责CPU与北桥芯片之间的通信与数据传输，是将CPU连接到北桥芯片的总线。数据传输频率有800 MHz、1 066 MHz、1 333 MHz、1 600 MHz等。当FSB频率为1 333 MHz时，CPU与北桥芯片之间的带宽为10.66 GB/s，FSB频率为1 600 MHz时，其带宽为12.8 GB/s。

虽然Intel处理器的FSB频率已经很高，但与不断提升的内存频率、高性能显卡(特别是双显卡或多显卡系统)相比，CPU与芯片组之间存在的FSB瓶颈仍未改变。例如，1 333 MHz的FSB所提供的内存带宽是1 333 MHz×64 b/8=10 664 MB/s=10.66 GB/s，与双通道的DDR2-667内存刚好匹配，但如果使用双通道的DDR2-800、DDR2-1066的内存，FSB的带宽就小于内存的带宽。

由于 FSB 不够用，速率提高受限，因此 Intel 公司在 2009 年推出了快速通道互连(quick path interconnect，QPI)总线技术，在 Intel Core i5/i7 中，把主板上的内存控制器与 PCI-E 控制器集成到 CPU 内部，让 CPU 通过 QPI 总线直接和内存与显卡通信，不再通过北桥芯片组，提升了计算机整体性能(速度)。这样相当于将北桥芯片整个集成到 CPU 内部，主板上只剩下了南桥芯片，这时 CPU 直接与南桥芯片相连，它们之间的总线叫作 DMI 总线。

QPI 是一种基于包传输的串行式高速点对点连接协议，采用差分信号与专门的时钟进行传输。20 位宽的 QPI 总线的带宽可达惊人的 25.6 GB/s[①]，为 1 600 MHz 的 FSB 的 12.8 GB/s 的 2 倍，远非 FSB 可比。QPI 总线最初能够大放异彩的原因是它支持多个处理器的服务器平台，QPI 总线可以用于多处理器之间的互联。

经过 FSB—QPI—DMI 总线的发展，CPU 内部集成了内存控制器和 PCI-E 控制器，实现了直接和内存及显卡进行数据传输，而由于南桥芯片整合了几乎所有的 I/O 功能，CPU 具备高频率的 DMI 总线的意义已经很小，因为磁盘类设备的速率无法跟上，DMI 总线的频率再高也是枉然。

MB 负责北桥芯片与内存条之间的通信与数据传输，总线宽度为 64 位，数据传输频率为 200 MHz、266 MHz、400 MHz、533 MHz 或更高。北桥芯片被集成到 CPU 中后，内存总线变成了 QPI 总线。QPI 总线采用的是 2∶1 比率，即 QPI 总线的时钟信号速率是传输速率的 1/2，实际的数据传输速率是实际的总线时钟速率的 2 倍。所以 6.4 GT/s 的总线速率对应的实际的总线时钟频率是3.2 GHz。

主板上一般有 2 个或 4 个双列直插式存储模块(dual-inline-memory modules，DIMM)内存总线插槽，用于安装内存条。

PCI-E 总线是一种高速串行总线。PCI-E 总线采用点对点串行连接方式(QPI 总线正是采用了与 PCI-E 总线类似的点对点设计)，是一种完全不同于 PCI 总线的总线规范，与 PCI 总线共享并行架构相比，其允许和每个 PCI-E 设备建立独立的数据传输通道，各设备并发的数据传输互不影响。而对于 PCI 共享总线方式，某一时刻 PCI 总线上只能有一个设备进行通信，一旦 PCI 总线上挂接的设备增多，每个设备的实际传输速率就会下降，性能得不到保证。PCI-E 总线以点对点的方式处理通信，每个设备在要求传输数据的时候各自建立传输通道，对于其他设备，这个通道是封闭的，保证了通道的专有性，避免其他设备的干扰。由于不用再向整个系统请求带宽，所以提高了总线带宽。

PCI-E 总线根据接口对位宽要求不同而不同，分为 PCI-E×1、PCI-E×4、PCI-E×8、PCI-E×16 和 PCI-E×32。其中 PCI-E×1 的传输速度为 250 MB/s，而 PCI-E×16 的传输速度等于 PCI-E×1 的速度的 16 倍，即 4 GB/s。对应 PCI-E 总线的接口长短也不同，PCI-E×1 最小，并依次增加。

在 Intel 公司的三芯片架构“CPU＋GMCH＋ICH”系统中，PCI-E×16 图形总线接口包括两条通道，一条可由显卡单独连接北桥芯片，而另一条则可由北桥芯片单独连接显卡，每条单独的通道均拥有 4 GB/s 的数据传输带宽。PCI-E×16 总线插槽用于安装显卡，有些主板将显

① 最早的 QPI 标准，其传输速度可达 6.4 GT/s，总计带宽可达到 25.6 GB/s。

卡集成在主板北桥芯片内部,因此不需要显卡。

Intel 公司在 2009 年第三季度推出核心代号为 Lynnfield 的台式机四核心处理器后,北桥芯片被集成到 CPU,即 CPU 不但集成了内存控制器,还集成了 PCI-E 控制器。Lynnfield 可以提供 16 条 PCI-E 信道(lane),并支持单×16 和双×8 模式,因此如果有授权的话就可以组建 SLI 或 CrossFire 平台。由于 PCI-E 控制器是集成在 CPU 内部的,与显卡通信就不需要经过北桥芯片,因此其传输延迟非常低。图 1-24 为 Lynnfield Core i5/i7 搭配 5 系列芯片组的结构示意图。

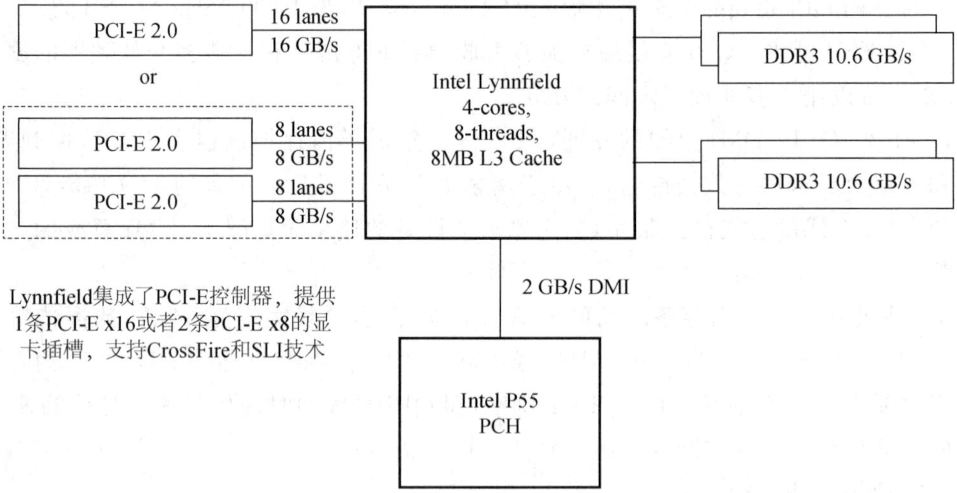

图 1-24 Lynnfield Core i5/i7 搭配 5 系列芯片组的结构示意图

PCI-E×16 插槽多半为显卡设计,但是第二插槽也具有非显卡的用途,所以弹性的插槽设置可以让更多适配卡同时运作。前一代系统芯片组将 16 个线路分隔成一个 PCI-E×16 插槽和两个只有 PCI-E×8 线路的 PCI-E×16 插槽,而新一代的 ATI 和 NVIDIA 芯片组可以支持额外的线路,得到两个 PCI-E×16 插槽。

由于 PCI-E×16 插槽常用于显卡,由 CPU 直接引出,故显卡与 CPU 之间的数据交换可以实现最低的延迟,系统的性能可以得到充分发挥。

PCI-E×16 插槽全长 89 mm,有 164 根针脚,分为前后两组,较短的插槽有 22 根针脚,主要用于供电,较长的插槽有 142 根针脚,主要用于数据传输。这样设计让 PCI-E×16 插槽拥有极佳的兼容性,可以向下兼容 PCI-E×1/×4/×8 级别的设备。再加上其 16 个通道带来的高带宽,PCI-E×16 插槽多用于安装数据吞吐量很大的产品,如显卡及独立磁盘冗余阵列(redundant arrays of idependent disks,RAID,简称磁盘陈列)卡等。

PCI-E 的×8 和×4 插槽适用于可以连接 8 个或更多个硬盘的 RAID 控制卡,或多连接的 Gigabit 网卡,这些 PCI-E 插槽将会取代工作站计算机中的 PCI-X 接口,让一台普通 PC 跃升为工作站等级的计算机。

PCI-E×4 插槽的长度为 39 mm,在 PCI-E×16 插槽的基础上,以减少数据针脚的方式实现,主要用于 PCI-E SSD,或者通过 PCI-E 转接卡安装 M. 2 SSD 等设备。

PCI-E×4 插槽起初一般由主板芯片扩展而来,随着 CPU 内部 PCI-E 通道的增多,主板开始提供直连 CPU 的 PCI-E×4 插槽。

PCI-E×1 插槽的长度最短,仅有 25 mm,相比 PCI-E×16 插槽,其数据针脚数大幅度减少至 14 个。PCI-E×1 插槽的带宽通常由主板芯片提供,面向的产品比较广泛,如独立网卡、独立声卡、USB 3.0/3.1 扩展卡等都会用到 PCI-E×1 插槽,甚至可以通过转接线给 PCI-E×1 插槽安装显卡,用来实现多屏输出。

PCI-E×1 插槽一般用来取代 PCI 插槽,而且在双向频宽上各增加 2 倍,对中等频宽需求的设备特别适用,如单连接 Gigabit 网卡或两颗硬盘用的 ATA 磁盘阵列控制器。

PCI 总线插座一般有 1～3 个,主要用于安装一些功能扩展卡,如声卡、网卡、电视卡、视频卡等。PCI 总线宽度为 32 位,工作频率为 33 MHz。

USB 总线即通用串行总线,一般在主板后部,支持热插拔。

2. I/O 接口

接口是指计算机系统中,在两个硬件设备之间起连接作用的逻辑电路。接口的功能是在各组成部件之间进行数据交换。主机与外部设备之间的接口称为 I/O 接口。

计算机的外部设备多种多样,系统总线上的数据是二进制数据,而且外部设备与 CPU 的处理速度相差很大,因此需要在系统总线与 I/O 设备之间设置接口,进行数据缓冲、速度匹配和数据转换等工作。外部设备与主机之间相互传送的信号有 3 类,即数据信号、状态信号和控制信号。接口中有多个端口,每个端口传送一类数据。从数据传送的方式看,接口可分为串行接口和并行接口两大类。串行接口中,接口和外部设备之间的数据按位进行传送,而接口和主机之间则是以字节或字为单位进行多位并行传送的。串行接口能够完成"串→并"和"并→串"的转换。计算机上的 USB 接口是一种常用的串行接口。在并行接口中,接口和外部设备之间的信息交换都是按字节或字进行传送的,其特点是多位数据同时传送,早期计算机上连接打印机的 LPT 就是一种并行接口。

计算机上配置的常见接口有 SATA 串行硬盘接口、光驱接口、COM 串行接口、PS/2 键盘接口、PS/2 鼠标接口、Line Out 音箱接口、MIC 话筒接口、RJ-45 网络接口等。图 1-25 所示是 2010 年后常见计算机主板上配置的部分 I/O 接口,其中包括 VGA、DVI、HDMI 三种显示接口。

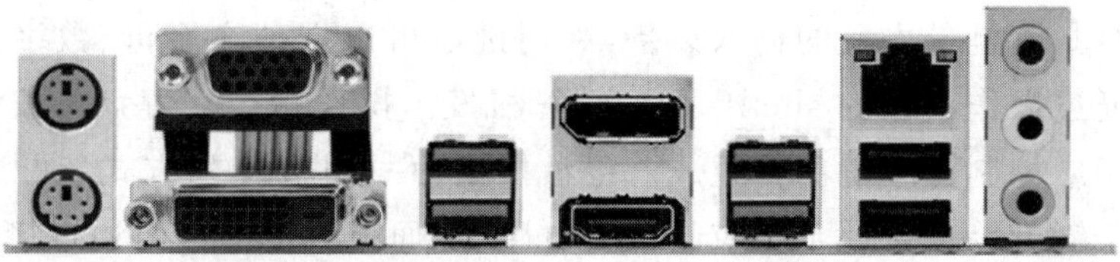

图 1-25　2010 年后常见计算机主板上配置的部分 I/O 接口

3. 计算机线路连接

计算机系统的连接线可以分为信号线与电源线,信号线的布置应当尽量避开干扰信号源,如电视机、音响设备等,电源线应当注意安全性。所有连接线应接触良好,以便于维护。

计算机设备的连接线集中在主机箱后部,每个接口上都标记了不同的颜色,将插头对色入座。那么会不会插反呢?一般不会,因为绝大部分接口都有防反插装置。计算机设计规范 ATX 2.0 对计算机接口的形状、位置和颜色都有规定。计算机常见的外部接口一览表如表 1-2 所示。

表 1-2 计算机常见的外部接口一览表

名称	标注	数量	颜色	接口说明
键盘接口	PS/2 KB	1	紫	圆形 6 孔
鼠标接口	PS/2 MS	1	绿	圆形 6 孔
通用串行接口	USB	6 或更多	黑	扁形 4 针
串行接口	COM	1	蓝	D 形 2 排 9 针
并行接口	LPT	1	桃红	D 形 2 排 25 孔
火线接口	IEEE1394	1	灰	扁形 4 针或 6 针
音频输出接口	SPK	1	绿	圆形孔
音频线性输出接口	Line Out	1	天蓝	圆形孔
话筒音频输入接口	MIC	1	粉红	圆形孔
局域网接口	RJ-45	1	黑	梯形孔
显示器模拟信号接口	VGA	1	蓝	D 形 3 排 15 孔
显示器数字信号接口	DVI	1	白	矩形 3 排 24 孔
高清多媒体接口	HDMI	1	—	D 形 2 排 19 针

1.3.6 I/O 设备

I/O 设备是计算机系统与用户(或其他系统)之间进行数据交换的设备。通过输入设备，可以把数据、程序、图像和语音输入计算机中。通过输出设备，可以将计算机的处理结果显示或打印出来。常用的输入设备是键盘、鼠标等；常用的输出设备是显示器等。

1. 键盘

键盘是最常用，也是最主要的输入设备，利用键盘可以把英文字母、数字、标点符号、汉字等输入计算机，通过操作系统的 shell(壳)对计算机发出操作指令。键盘由按键、键盘架、编码器、键盘接口及相应控制程序等部分组成。键盘按键由一组按阵列方式装配在一起的按键开关组成，每按一个键就等于接通了相应的开关电路，从而把该键的代码通过接口电路输入计算机。计算机使用的标准键盘通常为 101 键、104 键和 107 键等，主要分为主键盘区、副键盘区、功能键区和编辑控制键区 4 个区域。

键盘上常用键的基本功能如表 1-3 所示。

表 1-3 键盘上常用键的基本功能

键位	名称	功能
Space	空格键	每按一次产生一个空格
Esc	退出键	escape 的缩写，主要用于退出某个程序

续表

键位	名称	功能
Tab	制表键	table 的缩写，在文字处理软件中用于等距离移动光标
Shift	换挡键	当同时按 Shift 键和具有上下挡的字符键时，上挡字符起作用
Caps Lock	大写锁定键	当启动大写状态时，键盘上的 Caps Lock 指示灯亮，它是一个循环键，再按一下恢复为小写状态
Num Lock	数字锁定键	Num 灯亮，小键盘的数字键起作用，否则下挡光标定位键起作用
Ctrl	控制键	control 的缩写，需要配合其他键或鼠标使用
Alt	可选键	alternative 的缩写，需要配合其他键使用
Enter	回车键	主要作用是执行某一命令，在文字处理软件中起换行的作用
F1～F12	功能键	F 为 function 的缩写，是功能的意思。在不同的软件中，用于定义相应功能，也可以配合其他键起作用。例如，在常用软件中按 F1 键可打开帮助功能
Print Screen	打印屏幕键	将屏幕上的内容打印或复制到剪贴板
Scroll Lock	滚动锁定	可以将滚动条锁定
Pause break	暂停键	将某一动作或程序暂停，如将打印暂停
Insert	插入键	在文字处理软件中主要用于插入字符。它是一个开关键，切换插入与改写状态
Delete/Del	删除键	主要在 Windows 操作系统或文字处理软件中删除文件或内容
Home	原位键	在文字处理软件中，定位于本行的起始处。和 Ctrl 键一起使用可以定位到文档的开头
End	结尾键	在文字处理软件中，定位于本行的末尾。和 Ctrl 键一起使用可以定位到文档的结尾，与 Home 键相呼应
Page Up	向上翻页键	将光标定位到上一页
Page Down	向下翻页键	将光标定位到下一页，与 Page Up 键相呼应

2.鼠标

鼠标是图形化用户界面环境下用于屏幕坐标定位的手持式输入设备，鼠标通过 PS/2 串行接口或 USB 接口与主机连接。鼠标的工作原理是当移动鼠标时，把移动距离及方向的信息转换成脉冲信号传入计算机，计算机再将脉冲信号转变为光标的坐标数据，从而使光标移动到指定位置。常见的鼠标主要有三种，即机械鼠标（半光电鼠标）、轨迹球鼠标和光电鼠标，目前前两者已经全部被光电鼠标所取代。鼠标上一般有两个按键，在左、右按键之间设有一个滚轮。鼠标的一个重要技术参数是分辨率，即鼠标每移动 1 in，光标在屏幕上移动的像素距离，其单位是 dpi。鼠标的分辨率越大，说明鼠标的灵敏度越高。大多数鼠标的分辨率是 400 dpi 或 800 dpi。对鼠标的操作有移动、单击、双击、右击、拖曳等。

3. 显示器

显示器是计算机的标准输出设备。显示器分为阴极射线管(cathode ray tube,CRT)显示器和液晶显示器(liquid crystal display,LCD)。CRT 显示器采用模拟显示方式,显示效果好,色彩亮丽,使用寿命也很长,但是它的尺寸较大,主要用于台式计算机,已被 LCD 取代,退出了计算机外设市场。LCD 采用数字显示方式,体积轻薄,尺寸跨度大,显示效果已经超越 CRT 显示器,现在被普遍使用。

显示器显示的内容由显示适配卡(简称显卡)控制。显卡是主机与显示器之间的接口卡,其作用是将主机的输出信息转换成字符、图形和颜色等信息,传送到显示器上显示。

显示器的主要技术参数有屏幕尺寸、显示分辨率和点距(dot pitch)等。

(1)屏幕尺寸指显示器屏幕对角线的长度,以 in 为单位,表示显示器屏幕的大小。

(2)显示分辨率(屏幕分辨率)指屏幕像素的点阵,显示器所能显示的像素有多少,代表屏幕上画面的精密度。通常写成"水平像素点"×"竖直像素点"的形式。常用的显示分辨率有 1 024×768、1 024×1 024、1 600×1 200 等。由于屏幕上的点、线和面都是由像素组成的,显示器可显示的像素越多,画面就越精细,同样的屏幕区域内能显示的信息也越多,因此显示分辨率是一个非常重要的性能指标。

分辨率为 1 920×1 080 的显示屏通常称为全高清显示屏,而分辨率能够达到 2 560×1 440(2K)的显示屏称为 2K 显示屏,又称 2K 屏。2K 分辨率是指屏幕分辨率等级,具体到数值上体现为屏幕横向像素达到 2 000 以上,主流 2K 分辨率为 2 560×1 440。其他 2K 分辨率还有 2 048×1 536(QXGA)、2 560×1 600(WQXGA)、2 560×1 440(Quad HD)等。

27 in 或以上的显示器若仍然配置 1 080P 的分辨率,画面就会显得很粗糙。若显示器能够支持 2K 分辨率,画面粗糙的现象就消失了。2K 分辨率的画面足够清晰细腻,视觉效果极佳。

2K 显示器对于专业摄影、设计制图等尤其重要,能够保证画面细腻度及色彩还原度高,让作品效果更佳。除此之外,2K 屏还能让同样尺寸的显示屏显示更多的内容,实现一屏多用,提升工作效率。

现在,不少厂商给 27 in 或以上的显示器配置了 4K 分辨率。例如,分辨率为 3 840×2 160 的显示器就是 4K 屏。而要充分发挥 4K 屏的显示效果,软件(显卡驱动程序)、硬件(显卡和显示器)都需要同步优化适配。

(3)对于 LCD,点距指像素间距(pixel pitch)。其意义类似于 CRT 显示器的点距。点距一般指每个像素点到另一个相邻像素点的中心距离。画面是由许多点形成的,而画面的细腻度是由点距来决定的,点距的计算方式是用面板尺寸除以解析度。LCD 的点距对于产品性能的重要性远没有 CRT 显示器高。

CRT 显示器的点距会因为荫罩或光栅的设计、视频卡的种类、竖直或水平扫描频率的不同而有所改变,而 LCD 的像素数量是固定的,因此在尺寸与分辨率都相同的情况下,大多数 LCD 的点距相同。

分辨率为 1 024×768 的 15 in LCD,其点距为 0.297 mm(某些产品标示为 0.30 mm),而 17 in 的 LCD 的点距均为 0.264 mm;对于分辨率为 2 560×1 440 的 27 in 显示器,其点距一般为 0.233 1 mm;27 in 的 4K(3 840×2 160)高分辨率显示屏的点距可达 0.16 mm。

每分钟内屏幕画面刷新的次数称为刷新频率，LCD 的刷新频率一般为 60 Hz，也有刷新频率为 75～120 Hz、144 Hz、165～200 Hz，甚至达到 240 Hz 的显示器。

LCD 的其他性能参数还有液晶面板类型、响应时间、亮度、对比度、可视角度及提供的接口类型数量等，这里不作介绍。

1.3.7　计算机的主要性能指标

一台计算机功能的强弱或性能的好坏，由它的系统结构、指令系统、硬件组成、软件配置等多方面的因素综合决定。但对大多数普通用户来说，可以根据性能、功能、可靠性、兼容性等指标来评价。

1. 性能指标

计算机的性能主要指运行速度与存储器容量。计算机运行速度越快，在某一时间片内处理的数据就越多，计算机的性能就越好。存储器容量也是衡量计算机性能的一个重要指标，大容量的存储器可以满足海量数据的需要，还可以保证计算机维持正常的处理速度，计算机处理数据时需要对数据进行预存放，对存储器的容量有一定的要求。计算机的性能可以通过专用的基准测试软件进行测试。例如，计算机能不能播放高清视频是有没有这项功能的问题，但是画面质量如何是性能高低的问题。为了得到较高的画面质量，就必须使用高频率的 CPU 和大容量的内存。因为高清视频的数据量巨大，会使性能较差的计算机产生严重的卡顿效果和马赛克效果。

计算机的主要性能指标有以下几项。

1)CPU 字长

CPU 字长是指 CPU 能够同时处理二进制数据的位数。它直接关系到计算机的运算速度、精度和性能。CPU 字长有 8 位、16 位、32 位、64 位之分，当前主流产品为 64 位。

2)时钟频率

时钟频率指在单位时间内发出的脉冲数，通常以 MHz 为单位。计算机的时钟频率主要有 CPU 时钟频率和总线时钟频率。例如，酷睿 i7 3.4 GHz CPU，其时钟频率为 3.4 GHz。CPU 的时钟频率越高，计算机的运算速度越快。此外，百万条指令每秒(million instructions per second，MIPS)也常作为衡量计算机运算速度的指标之一。

3)内存容量

内存是 CPU 可以直接访问的存储器，需要执行的程序与需要处理的数据需要先读入内存。计算机的内存容量越大，能处理的数据量就越大，运行速度也越快。随着操作系统的升级，应用软件的不断丰富及其功能的不断扩展，人们对计算机内存容量的需求也在不断提高。一些操作系统和大型应用软件常对内存容量有较高要求。例如，Windows 10 操作系统建议内存容量为 4 GB 或以上。有的计算机的内存容量达到了 32 GB 乃至主板所支持内存的上限。

4)外部设备配置

外部设备的性能对计算机也有直接影响，如硬盘的容量、硬盘接口的类型、显示器的分辨率、打印机的型号等。机械硬盘限制了计算机性能的提高，固态硬盘的出现与使用极大地缓解了这一"木桶效应"，是外部设备影响计算机性能发挥的典型代表。

2. 功能指标

计算机的功能指提供服务的类型。随着计算机的发展,3D(三维)图形功能、多媒体功能、网络功能、无线通信功能等,都已经在计算机中实现,语音识别、笔式输入和智能推理等功能也在不断探索与解决中,计算机的功能将越来越多。计算机硬件提供了实现这些功能的基本硬件环境,而功能的多少和实现的方法主要由软件提供。例如,网卡提供了信号传输的硬件基础,而浏览网页、收发邮件、下载文件等功能由软件实现。计算机的所有功能都可以利用软件或硬件进行测试。

3. 可靠性指标

可靠性指计算机在规定工作环境下和恶劣工作环境下稳定运行的能力。例如,计算机经常性死机或重新启动,都说明计算机可靠性不好。可靠性是一个很难测试的指标,往往只能通过产品的工艺质量、产品的材料质量、厂商的市场信誉来衡量。在某些情况下,也可以通过极限测试的方法进行检测。例如,不同厂商的主板,由于采用同一芯片组,它们的性能相差不大,但是由于采用不同的工艺流程、不同的电子元件材料、不同的质量管理方法,产品的可靠性有很大差异。为了提高主板的可靠性,有些厂商采用了8层印刷电路板、蛇行布线、大量贴片电容、高质量的接插件、高温老化工艺等措施,提高主板的可靠性。

4. 兼容性指标

"兼容"这个词在计算机行业中可以说是流行语了,但是要对"兼容"下一个准确定义,却是一件不容易的事情。"软件兼容性"指软件运行在不同操作系统下,可以正常运行而不发生错误。例如,某一软件既可以在Windows XP操作系统下运行,又可以在Windows 10操作系统下运行,即该软件向上兼容Windows 10操作系统。"硬件兼容性"指不同硬件在同一操作系统下运行的性能。例如,A声卡在Windows 10操作系统下工作正常,B声卡在Windows 10操作系统下可能不发声,即B声卡的兼容性不好。因此大致可以将"兼容"理解为产品符合某一技术规范的特定要求,两个不同厂商的产品,如果能够在同一环境下应用,通常说它们是兼容的。硬件产品的兼容性不好,一般可以通过驱动程序或补丁程序解决;软件产品的不兼容,一般通过软件修正包或产品升级解决。

1.3.8 计算机软件系统

没有安装软件的计算机称为裸机,而裸机是无法进行任何工作的,不能从键盘、鼠标接收信息和操作命令,也不能在显示器屏幕上显示信息,更不能运行可以实现各种操作的应用程序。

计算机软件包括程序和程序运行时所需的数据,以及与这些程序和数据有关的文档资料。软件系统是计算机上可运行程序的总和。软件系统是计算机的灵魂,与硬件系统紧密配合才能使计算机正常工作。

计算机软件可以分为系统软件和应用软件两大类(见图1-26),系统软件的数量相对较少,其他绝大部分软件是应用软件。软件也可以分为商业软件与共享软件。商业软件功能强大,软件收费高,软件售后服务较好。共享软件大部分是免费或少量收费的,一般不提供软件售后服务。

- 计算机软件系统
  - 系统软件
    - 操作系统：如 Windows、Linux、UNIX、macOS
    - 网络通信服务模块：如 IIS、FTP Server
    - 数据库管理系统：如 Oracle、SQL Server、MySQL
    - 程序设计语言：如 C++、Java、Visual Basic
    - 语言处理程序：如 Java 语言虚拟机、语言编译程序
  - 应用软件
    - 办公自动化软件：如 Microsoft Office、Lotus、WPS Office
    - 多媒体软件：如 Photoshop、Flash、3DS Max
    - 辅助设计软件：如 AutoCAD、Visio、Protel
    - 企业应用软件：如财务管理软件、企业管理软件、工程管理软件
    - 网络应用软件：如 IE、QQ、MSN
    - 安全防护软件：如杀毒软件、防火墙软件
    - 系统工具软件：如数据恢复软件、优化软件、磁盘工具
    - 娱乐休闲软件：如游戏、电子杂志阅读器、电子相册软件

图 1-26 计算机软件系统分类

1. 系统软件分类

系统软件是指管理、控制、维护、运行计算机系统的各种资源，提供用户与计算机之间的界面，开发应用程序的软件。系统软件通常包括操作系统、网络通信服务模块、数据库管理系统、程序设计语言和语言处理程序等。

1）操作系统

操作系统是对计算机硬件资源和软件资源进行控制和管理的大型程序，是最基本的系统软件，其他软件必须在操作系统的支持下才能运行。操作系统一般包括进程管理、作业管理、存储管理、设备管理、文件管理等功能。目前常用的桌面操作系统有 Windows 7/10/11、Linux（如 Ubuntu 桌面版）等，服务器操作系统有 Windows Server、Linux、UNIX 等。

2）网络通信服务模块

操作系统本身提供了一些小型的网络服务功能，对于大型的网络服务功能，必须由专业软件实现。网络服务程序提供大型的网络后台服务，主要供网络服务提供商和企业网络管理人员使用。个人用户在利用网络进行工作和娱乐时，就是由这些软件提供服务的。例如，提供 Web 服务的软件有 IIS、Apache、Nginx、Domino 等，提供网络文件下载的服务软件有 FTP Server、Server-U 等，提供邮件服务的软件有 Exchang Server、Lotus Notes/Domino、Qmail 等。

3）数据库管理系统

数据库管理系统（database management system，DBMS）是对数据库进行有效管理和操作的系统软件。数据库是按一定方式组织起来的相关数据的集合。数据库管理系统是用户与数据库之间的接口，为用户提供了一系列管理数据库的功能，包括数据定义、数据组织、数据存储、数据操纵（如查询、插入、修改、删除）和运行管理与维护等功能。数据库管理系统是建立信息管理系统（如财务管理系统、企业管理系统等）的主要软件工具。常用的关系型数据库管理系统有 Oracle、SQL Server、Sybase、MySQL 等。

4）程序设计语言

程序设计语言是用来编写程序的语言，是人与计算机交换信息的工具。程序设计语言一般分为机器语言、汇编语言、高级语言三类。

机器语言是用二进制代码表示的指令集合，是计算机唯一能直接识别和执行的语言。用

机器语言编写的程序称为机器语言程序，其优点是占用内存少、执行速度快，缺点是难编写、难阅读、难修改、难移植。

汇编语言是将机器语言的二进制代码指令，用便于记忆的符号形式表示出来的一种语言，又称为符号语言。采用汇编语言编写的程序称为汇编语言程序，其特点是相对于机器语言程序易阅读、易修改。

机器语言和汇编语言都是面向机器的语言，一般称为低级语言。低级语言对机器依赖性大，所编程序通用性差，用户较难掌握。高级语言比较接近自然语言和数学语言。用高级语言编写的程序便于阅读、修改及调试，而且可移植性强。高级语言已成为人们充分发掘计算机功能与作用且被广泛使用的程序设计语言。

5)语言处理程序

用汇编语言和高级语言编写的程序称为源程序，不能被计算机直接执行，必须把它们翻译成机器语言程序，计算机才能识别及执行。这种翻译也是由程序实现的，不同的语言有不同的翻译程序，这些翻译程序统称为语言处理程序。

通常翻译有两种方式：解释方式和编译方式。解释方式是通过相应语言解释程序对源程序逐条翻译成机器指令，每翻译完一句立即执行一句，直至执行完整个程序，如BASIC、Ruby等语言。其特点是便于查错，但效率较低。编译方式是用相应语言的编译程序将源程序翻译成目标程序，再用连接程序将目标程序与函数库等连接，最终生成可执行程序并在机器上运行，C语言是先将源程序编译成目标代码再交给计算机执行的。图1-27为程序翻译的两种方式。

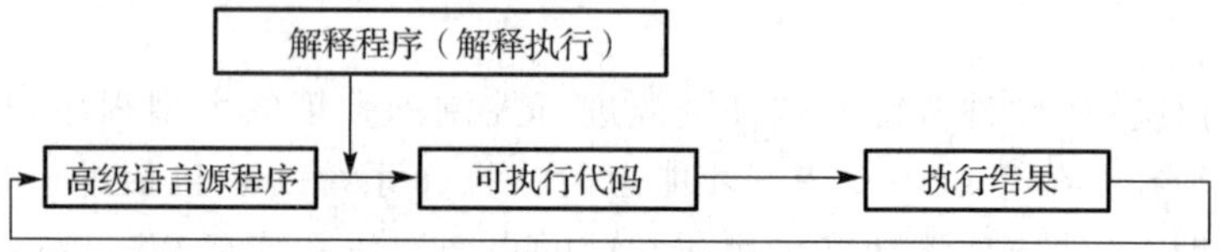

(a) 解释方式(反复解释，反复执行)

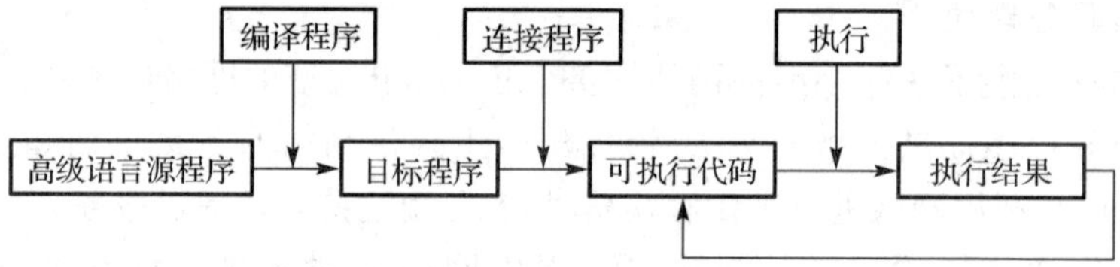

(b) 编译方式(一次解释，反复执行)

图1-27 程序翻译的两种方式

此外，随着Java等基于虚拟机的语言的兴起，不能把语言纯粹地分成解释型和编译型两种。用Java来举例，Java首先通过编译器将源程序编译成字节码文件，然后在运行时通过解释器将字节码解释成机器码来执行。所以Java是一种先编译后解释的语言。在计算机内部，Python也是先把源程序转换成称为字节码的中间形式后，再把它翻译成计算机使用的机器语言并运行的。

2. 应用软件分类

应用软件可以分为两类，第一类是针对某个应用领域的具体问题而开发的软件，具有很强的实用性、专业性。这类软件可以由计算机专业公司开发，也可以由企业人员自行开发。正是由于这类软件的应用，计算机日益渗透到社会的各行各业。但是，这类软件的使用范围小，导致其开发成本较高，通用性不强，软件的升级和维护有很大的依赖性。第二类是一些大型专业软件公司开发的通用型应用软件，这些软件功能非常强大，适用性非常好，应用也非常广泛。由于软件的销售量大，相对于第一类应用软件，其价格便宜很多。由于使用人员较多，故便于相互交换文档。

1)办公自动化软件

应用较为广泛的办公自动化软件是 Microsoft 公司开发的 Office 系列软件，由几个软件组成，如文字处理软件 Word、电子表格软件 Excel 等。国内优秀的办公自动化软件有 WPS Office 等。IBM 公司的 Lotus 也是一款非常优秀的办公自动化软件。Linux 操作系统中的免费办公套件还有 LibreOffice、Apache OpenOffice、WPS Office、ONLYOFFICE。

2)多媒体应用软件

多媒体应用软件非常多。其中图像处理软件有 Photoshop、CoreDRAW、Illustrator、Painter 等；二维动画设计软件有 Animo、RETAS PRO、USAnimation、Creature Animation Pro 等；三维动画设计软件有 3DS Max、Maya、LightWave、Softimage、iClone 等；音频处理软件有 Audition 等；视频处理软件有 Premiere 等；多媒体创作软件有 Authorware 等。

3)辅助设计软件

计算机辅助设计(computer aided design，CAD)软件一般与具体的行业密切相关，如机械和建筑辅助设计软件 Auto CAD、流程图和示意图设计软件 Visio、电子电路辅助设计软件 Protel 等。

4)企业应用软件

通用的企业应用软件有用友财务软件、SPSS 统计分析软件等。

5)网络应用软件

网络应用软件有网页浏览器软件 Chrome、Firefox，即时通信软件 QQ，网络文件下载软件迅雷等。

6)安全防护软件

安全防护软件有腾讯电脑管家、360 杀毒、360 安全卫士、金山毒霸等。对 Windows 10 操作系统而言，其自身提供的安全防护功能已经足够强大了，如果能充分利用其安全中心提供的各项功能，那么第三方提供的各类安全防护软件可以不安装。

7)系统工具软件

系统工具软件对于计算机使用与维护非常重要，很多系统工具软件属于系统软件的范畴。常用的系统工具软件有文件压缩与解压缩软件 WinRAR、数据恢复软件 EasyRecovery、磁盘克隆软件 Ghost 等。

8)娱乐休闲软件

娱乐休闲软件包括各种游戏软件、电子杂志阅读器软件、图片浏览软件及音频、视频播放软件等。

1.4 人工智能概述

1.4.1 人类智能与人工智能

人工智能是一门新思想、新观念、新理论、新技术不断涌现的新兴前沿学科，是在计算机科学、控制论、信息论、神经心理学、哲学、语言学等多种学科研究的基础上发展的综合性学科。人工智能自诞生起就引起了人们无限的想象和憧憬，但其理论发展跌宕起伏，与许多新兴学科一样，人工智能至今尚没有统一的定义，不同学科背景的人对人工智能有着不同的理解。在介绍人工智能的定义和内涵之前，先从词语结构上简单分析人工智能的含义。人工智能的“智能”是核心，“人工”是定语，简单来讲，人工智能的字面意思是“人工的智能”，即“人造的智能”。所谓“人造”，即人类通过模仿自然而创造的事物。例如，人类模仿鸟类制造了飞机，模仿天然河流开凿了人工运河，模仿人类器官培植了人造器官，模仿真实的卫星创造了人造卫星，模仿天然蚕丝制造了人造丝等。与此相似，人工智能也是人类通过模仿创造出来的人造智能，那么模仿的对象是什么呢？是人类智能。

人类智能是人类在漫长的进化过程中发展起来的，是人类认识世界和改造世界的关键。关于人类智能的起源和内涵有诸多来自不同学科、学派的探讨，这里不作介绍，仅给出以下简要定义。

人类智能是指人类所具有的认识、理解客观事物并运用知识、经验等解决问题的能力，包括记忆、观察、想象、思考、判断等。既然人工智能是模仿人类智能创造的，那么人工智能也应该具有上述的特征，即能够认识事物并且运用知识和经验解决问题。

通过与人类智能的类比，人工智能已经有了一个较为模糊的影像，但仍然是缥缈和不可触及的。众所周知，人类智能的核心是大脑，而人工智能也有“大脑”。但它的“大脑”与人类的不同，人工智能的“大脑”是由一段段计算机算法构成的，人工智能思考的过程也就是计算程序执行的过程。人类依靠思考获得解决问题的方法，人工智能则依靠程序运行结果获得解决问题的方法。人类智能与人工智能的对比如表 1-4 所示。

表 1-4 人类智能与人工智能的对比

比较项	人类智能	人工智能
智能来源	自然与进化	人类创造
智能核心	人脑	计算机算法
感知事物的途径	视觉、听觉等感觉器官	摄像头、麦克风等各种电子传感器
知识的保存	大脑的记忆系统	计算机存储设备
寻找解决方法的过程	大脑的思维活动	运行计算机程序
采取行动的载体	人体	计算机硬件、机械装置等

人类创造人工智能的目的是让机器能够像人一样思考，代替人类去解决部分问题。那么什么样的机器才算是智能的呢？这个问题也困扰了很多人。1950 年，计算机科学的创始人之一艾伦·麦席森·图灵(Alan Mathison Turing)发表了一篇名为《计算机器与智能》的论文，提出了一个模拟游戏来测试和评定机器智能，这个模拟游戏又称为图灵测试。

图灵测试有回答者 A、回答者 B、提问者 C 三位参与者，其中 B、C 是人类，A 是机器，如图 1-28所示。A 和 B 被安置在不同的房间里，C 在房间外当裁判，C 不断地向 A 和 B 提出相同的问题。A 和 B 同时作答，C 不能从感官上直接区分 A 和 B，只能通过问题的回答情况进行判断。如果在若干轮问答之后，C 仍然无法判断出 A 和 B 谁是人类，谁是机器，那么可以认为 A 具有智能。

图灵测试的另一种更宽松的表述为多名裁判(评委)在隔离的情况下通过设备向一台机器

和一个人随意提问，多次问答后，若超过 30%的裁判（评委）不能确定被测者是人还是机器，那么该机器被认为具有智能。

图 1-28　图灵测试示意图

显然，图灵测试的核心并不是机器能否和人对话，而是机器能不能表现出与人等价或无法区分的智能。图灵测试常被认为是判断机器是否能够思考的标志性试验。图灵首次对“机器”和“思考”的含义进行了探索，为人工智能科学提供了一种创造性的思考方法。图灵还对人工智能的发展给出了非常有益的建议。他认为，与其研制模拟成人思维的计算机，不如去试着制造更简单的系统。例如，制造一个与幼儿智能相当的人工系统，然后让这个系统不断地学习。这种思路正是目前用机器学习方法求解人工智能问题的核心指导思想。从图灵测试的设计可以看出，理想中的人工智能应能够实现与人类智能的无差异化。

图灵测试是促使人工智能从哲学探讨到科学研究的一个重要因素，引导了人工智能的研究方向。要使计算机能通过图灵测试，计算机就必须具备理解语言、学习、记忆、推理、决策等能力。因此，人工智能延伸出了很多不同的子学科，如机器感知（计算机视觉、语音信息处理）、学习（模式识别、机器学习、强化学习）、语言（自然语言处理）、记忆（知识表示）、决策（规划、数据挖掘）等，这些研究领域都可以归为人工智能的研究范畴。

目前，人工智能技术尚没有实现图灵的伟大远景，本节探讨的人工智能更为宽泛，并不把通过图灵测试作为机器具有智能的严格准则，但图灵测试仍是帮助大家认识人类智能与人工智能关系的一个重要辅助手段。

1.4.2　人工智能的定义

在人工智能的发展史上，图灵让人工智能从“0”走到“1”，而在人工智能从“1”扩展到无限大的过程中，包含了无数科学家共同的努力。图灵提出了让机器思考的问题，也描述了智能系统的雏形，但他并没有明确提出“人工智能”这一概念。一般认为现代人工智能（artificial intelligence，AI）起源于 1956 年夏季在美国达特茅斯学院召开的一场学术研讨会。

参加研讨会的学者一共有 10 名，主要包括会议的召集者，时任达特茅斯学院数学系助理教授的约翰·麦卡锡（John McCarthy）、马文·明斯基（Marvin Minsky）、克劳德·香农（Claude Shannon）、赫伯特·西蒙（Herbert A. Simon）和艾伦·纽厄尔（Allen Newell）等。会议上，他们交流了各自的研究内容和研究进展，约翰·麦卡锡首次提出了“人工智能”一词。当时的参会人员大部分只是名不见经传的青年学者，虽然在年龄上显得十分稚嫩，但在学术上他们有很深的造诣，称得上人工智能领域的先驱。后来，马文·明斯基参与创建麻省理工学院人工智能实验室，并于1969年获得图灵奖，成为人工智能领域获此荣誉的第一人；约翰·麦卡锡协助建立了斯坦福大学人工智能实验室，并于1971年获得图灵奖；赫伯特·西蒙和艾伦·纽厄尔于1975年获得图灵奖，提出了“物理符号系统假说”，成为人工智能中影响最大的符号主义学派的创始人。因此，达特茅斯会议被认为是人工智能发展史上的一个重要节点。自此人工智能进入了一个大步向前发展的时代。

对于在达特茅斯会议上提出的“人工智能”一词，约翰·麦卡锡当时的解释是：人工智能就是要让机器的行为看起来和人所表现出的智能行为一样。但他并没有给出精确的定义。那么到底什么是人工智能？为什么机器翻译、语音助理、智能搜索引擎、计算机视觉、无人驾驶、机器人等技术属于人工智能，而手机操作系统、浏览器、媒体播放器等不被归入人工智能的范畴？人工智能究竟有没有一个容易界定的科学定义呢？

人工智能的定义历经了多次改变，一些肤浅的、未能揭示其内在规律的定义很早就被研究者抛弃，直到今天，被大家广泛接受的定义仍有很多种。以下列出较为常见且接受度较高的人工智能的定义。

(1)人工智能是一门使机器做人需要通过智能来做的事情的科学。

(2)人工智能是制造能够完成需要人的智能才能完成的任务的机器的技术。

(3)人工智能研究如何让计算机做现阶段人类才能做得好的事情。

(4)人工智能是一种使计算机能够思考、使机器具有智力的尝试。

(5)人工智能是与人的思维、决策、问题求解和学习等有关活动的自动化。

(6)人工智能是关于知识的科学，主要研究知识的表示、获取和运用。

(7)人工智能是用计算模型对智力行为进行的研究。

(8)人工智能是一门通过计算过程解释和模仿智能行为的学科。

(9)人工智能是智能机器所执行的、通常与人类智能有关的智能行为，这些智能行为涉及学习、感知、思考、理解、识别、判断、推理、证明、通信、设计、规划、行动和问题求解等活动。

(10)人工智能是研究理解和模拟人类智能行为及其规律的一门学科。其主要任务是建立信息处理理论，进而设计可以展现某些近似于人类智能行为的计算系统。

这些定义各有侧重，却有着相似的内涵，即人工智能是基于对人类智能的理解而构造的具有一定智能的人工系统。人工智能学科主要研究应用计算机的软硬件来模拟人类的某些思维过程和智能行为的理论、方法和技术，其研究目的是让计算机去完成以往需要人类智能才能胜任的工作。

1.4.3 人工智能的三大学派

符号主义(symbolism)、连接主义(connectionism)和行为主义(behaviorism)被称为人工智能的三大学派，如图1-29所示。

1. 符号主义

符号主义又称逻辑主义、心理学派或计算机学派，其原理主要为物理符号系统假设和有限合理性。

符号主义认为人工智能源于数理逻辑。数理逻辑从19世纪末开始迅速发展，到20世纪

30 年代开始用于描述智能行为，后来又在计算机上实现了逻辑演绎系统。其代表性的成果为，启发式程序逻辑理论家证明了 38 条数学定理，表明可以应用计算机研究人的思维，模拟人类智能活动。后来又发展了启发式算法、专家系统、知识工程理论与技术，并在 20 世纪 80 年代取得很大发展。

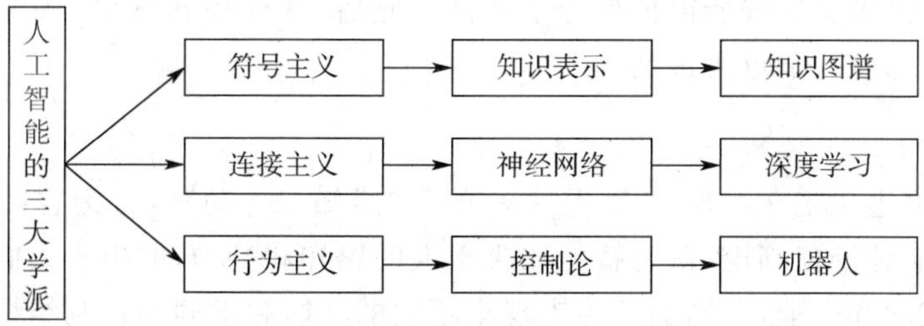

图 1-29 人工智能的三大学派

符号主义认为人类认知和思维的基本单元是符号，而认知过程就是符号表示上的一种运算。人是一个物理符号系统，计算机也是一个物理符号系统，因此能够用计算机来模拟人的智能行为，即用计算机的符号操作来模拟人的认知过程。这种方法的实质是模拟人左脑的抽象逻辑思维，通过研究人类认知系统的功能机理，用某种符号来描述人类的认知过程，并把这种符号输入能处理符号的计算机中，模拟人类的认知过程，实现人工智能。

专家系统的成功开发与应用，对人工智能走向工程应用和实现理论联系实际具有重要的意义。目前，以基于规则的系统为代表的符号主义，正向以神经网络、统计学习为代表的连接主义转变，同时以符号表示的表象主义也在向嵌入、进化、生成论方向发展。

2. 连接主义

连接主义又称仿生学派或生理学派，是一种基于神经网络及网络间的连接机制与学习算法的智能模拟方法。这一学派认为人工智能源于仿生学，特别注重对人脑模型的研究。连接主义的代表性成果是 1943 年由生理学家麦卡洛克(McCulloch)和数理逻辑学家皮茨(Pitts)创立的脑模型(MP 模型)，其开创了用电子装置模仿人脑结构和功能的新途径。

1959 年，研究者在麻醉的猫的视觉中枢上插入了微电极，然后在猫的眼前投影各种简单模型，观察猫的视觉神经元的反应。发现猫的视觉中枢中有些神经元对某种方向的直线敏感，另一些神经元对另一种方向的直线敏感；某些初等的神经元对简单模型敏感，另一些高级的神经元对复杂模型敏感，并且其敏感度和复杂模型的位置与方向无关。这证明了视觉中枢系统具有由简单模型构成复杂模型的功能。受视觉神经元的启发，计算机科学家发明了人工神经网络(简称神经网络)。

连接主义从神经生理学和认知科学的研究成果出发，把人的智能归结为人脑高层活动的结果，强调智能活动是由大量简单的单元通过复杂的连接后并行运行的结果。神经网络是连接主义的代表性技术。所以，连接主义的思想又称神经计算。连接主义认为神经元不仅是大脑神经系统的基本单元，而且是行为反应的基本单元。研究者认为任何思维和认知功能都不是由少数神经元决定的，而是通过大量突触相互动态联系的神经元协同作用完成的。

实质上，基于神经网络的智能模拟方法是，以工程技术手段模拟人脑神经系统的结构和功能，通过大量非线性并行处理器来模拟人脑众多的神经细胞(神经元)，用处理器的复杂连接关系来模拟人脑众多神经元之间的突触行为。这种方法在一定程度上能实现人脑形象思维的功能，即实现了人右脑的形象抽象思维功能的模拟。

1984年，美国物理学家霍普菲尔德(Hopfield)提出连续的神经网络模型，使神经网络可以用电子线路来仿真，开拓了神经网络应用于计算机的新途径。1986年，鲁梅尔哈特(Rumelhart)等提出了多层网络中的反向传播算法，这一技术在图像处理、模式识别等领域取得了重大突破，为实现连接主义的智能模拟创造了条件。此后，从模型到算法，从理论分析到工程实现，神经网络研究都取得了重大进展。

3. 行为主义

行为主义又称进化主义或控制论，是一种基于"感知—行动"的行为智能模拟方法。这一学派认为人工智能源于控制论，认为智能取决于人的感知和行为，取决于人们对外界复杂环境的感受，而不是表示和推理，不同的行为表现出不同的功能和不同的控制结构。

控制论把神经系统的工作原理与信息理论、控制理论、逻辑及计算机联系起来。早期的研究重点是模拟人在控制过程中的智能行为和作用，以及对自寻优、自适应、自校正、自镇定、自组织和自学习等控制论系统的研究，并在20世纪80年代诞生了智能控制和智能系统。

行为主义的主要观点如下。

(1)知识的形式化表示和模型化方法是人工智能的重要障碍之一。

(2)直接用机器对环境发出作用后，环境对作用者的响应作为原型。

(3)智能系统在现实世界中应具有行动和感知的能力。

(4)智能系统的能力应该分阶段逐渐增强，在每个阶段都应是一个完整的系统。

行为主义的杰出代表布鲁克斯(Brooks)教授提出了无须知识表示和无须推理的智能行为观点。布鲁克斯从自然界中生物体的智能进化过程出发，提出人工智能系统的建立应采用对自然智能进化过程仿真的方法。他认为智能只是在与环境的交互作用中表现出来的，任何一种"表达"都不能完整地代表客观世界的真实概念。

布鲁克斯的这种基于行为的观点开辟了人工智能的新途径。布鲁克斯的代表性成果是他研制的6足机器虫。这是一个由150个传感器和23个执行器构成的像蝗虫一样能进行6足行走的机器人试验系统。这个机器人虽然不具有人的推理、规划能力，但其应对复杂环境的能力大大超过了原有的机器人，在自然环境下，具有灵活的防碰撞和漫游行为。

1.4.4 人工智能的发展历史

自1956年达特茅斯会议上人工智能的概念被正式提出，探索人工智能的道路曲折起伏，人工智能的发展历程可以总结为6个阶段。各阶段中关于人工智能发展的重大事件如图1-30所示。

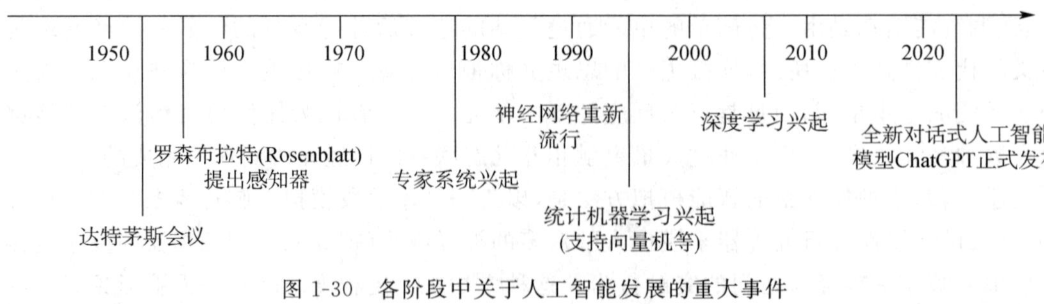

图1-30 各阶段中关于人工智能发展的重大事件

1. 起步期(1956年—20世纪70年代中期)

人工智能概念被提出后，人工智能迎来了发展史上的第一个小高峰，研究者疯狂涌入，相继取得了一批令人瞩目的研究成果，如机器定理证明、跳棋程序等。1956年，IBM公司的塞缪尔(A. M. Samuel)研制了一个具有学习能力的跳棋程序，该程序能够从棋谱中学习，也能在实践中总结经验，提高棋艺。1958年，麦卡锡开发了LISP语言，该语言成为人工智能研究中非常受欢迎的编程语言之一。1959年，第一台工业机器人在美国诞生。1964年，麻省理工学院研发了首台按固定套路聊天的机器人。1968年，斯坦福大学爱德华·费根鲍姆(Edward Feigenbaum)领导的研究小组成功研制出了第一个专家系统，它能根据质谱仪的数据推知物质的分子结构。1970年，第一个拟人机器人在日本早稻田大学诞生，具有可移动的肢体、视觉及交谈的能力。这一时期美国政府向这一新兴领域投入了大笔资金，大量人工智能程序和新的研究方向不断涌现。

2. 暗淡期(20世纪70年代中后期)

20世纪60年代人工智能的快速发展大大提升了人们对人工智能的期望，很多研究者过于乐观，提出了一些不切实际的研发目标，甚至预言具有完全智能的机器将在20年内出现，然而却迎来了接二连三的失败和预期目标的落空。例如，无法用机器证明两个连续函数之和还是连续函数；下棋程序获得了州冠军后便止步不前；机器翻译频繁出错等。早期的人工智能大多通过执行固定指令来解决特定的问题，并不具备真正的学习和思考能力①，问题一旦变得复杂，人工智能程序就不堪重负，变得不智能。由于此前人们期待过高，当研究人员的承诺无法兑现时，公众便开始批评研究人员，许多机构不断减少对人工智能研究的资助，直至停止拨款，人工智能迎来了第一个寒冬。

3. 发展期(20世纪70年代后期—20世纪80年代后期)

1977年，爱德华·费根鲍姆教授在第5届国际人工智能大会上提出了“知识工程”的概念，人工智能进入了“知识期”。知识处理成为人工智能研究的热点，一类名为“专家系统(expert system)”的人工智能程序开始迅速发展。

专家系统可以简单地理解为“知识库＋推理机”，是一类具有专门知识和经验的计算机智能程序系统。专家系统一般采用知识表示和知识推理等技术来完成通常由领域专家才能解决的复杂问题，因此专家系统也被称为基于知识的系统。

一个专家系统必须具备三个要素：掌握领域专家级知识；模拟专家思维；达到专家级水平。在这一时期，Prolog(programming in logic)语言是主要的开发语言，用来建造专家系统、智能知识库及处理、理解自然语言等。

专家系统通过模拟人类专家的知识和经验来解决特定领域的问题，实现了人工智能从理论研究走向实际应用的重大突破。1980年，卡内基梅隆大学为美国数字设备公司设计了名为XCON的专家系统，该系统每年能够为美国数字设备公司节省数千万美金。此后，专家系统在医疗、化学、地质等领域广泛应用，人工智能迎来了应用发展的新高潮。

与此同时，连接主义学派的神经网络也迎来了新的突破。1982年，物理学家霍普菲尔德

---

① 此阶段的人工智能研究者都是通过人类的经验，基于逻辑或者事实归纳出一些规则，然后编写程序让计算机完成某个任务，所以人工智能发展的起步期又称为推理期。

提出了离散神经网络模型，1984 年又提出了连续神经网络模型；1986 年，鲁梅尔哈特等人提出了反向传播算法。这些发现使 1970 年以来一直不受重视的连接主义重获新生，神经网络的研究重新受到关注。

4. 低迷期（20 世纪 80 年代后期—20 世纪 90 年代初期）

这一阶段人工智能的发展再次遭遇了困难。其一，苹果公司和 IBM 公司生产的 PC 机性能不断提升，到 1987 年时其性能已经超过了 Symbolics 公司等生产的昂贵的 LISP 机，致使人工智能硬件市场需求迅速下跌；其二，随着专家系统应用规模的不断扩大，其难以与现有数据库兼容、不易更新迭代与维护等问题逐渐暴露，实用性仅仅局限于某些特定情景，商业上很难获得成功。20 世纪 80 年代后期，各方对人工智能的资助再次大幅度削减，人工智能的研究进入第二个寒冬。

5. 稳健期（20 世纪 90 年代中期—2010 年）

经历了两次低谷，研究者们越来越趋于理性，不再过度渲染人工智能的功能，人工智能的研究进入了稳健的增长时期。网络技术特别是互联网技术的发展加速了人工智能的创新研究，人工智能技术的应用化进程也步入了成熟期。

对于人类的很多智能行为（如语言理解、图像理解等），研究者很难了解其中的原理，也无法描述这些智能行为背后的“知识”。因此，很难通过知识和推理的方式来实现这些行为的智能化。为了解决这类问题，研究者开始将研究重点转向让计算机从数据中学习。事实上，“学习”本身也是一种智能行为。从人工智能的萌芽时期开始，就有一些研究者尝试让机器来自动学习，即机器学习（machine learning，ML）。机器学习的主要目的是设计和分析一些学习算法，让计算机可以从数据（经验）中自动分析并获得规律，然后利用学习到的规律对未知数据进行预测，帮助人们完成一些特定任务，从而为人们提供智力支持。机器学习的研究内容十分广泛，涉及线性代数、概率论、统计学、数学优化、计算复杂性等多门学科。在人工智能领域，机器学习从开始就是一个重要的研究方向。1980 年后，机器学习因其在很多领域的出色表现，逐渐成为热门学科。所以，人工智能发展的这一时期又被称为学习期。

1997 年，IBM 公司的“深蓝”超级计算机战胜了国际象棋世界冠军卡斯帕罗夫，这是人类国际象棋特级大师首次在比赛中被计算机击败。1999 年，索尼推出了一款机器人宠物狗 AIBO，AIBO 能够通过与环境、所有者和其他宠物狗的互动来“学习”，能够理解和响应 100 多个语音命令。2005 年，斯坦福大学研发的一台机器人在一条沙漠小径上成功完成自动行驶，赢得 DARPA 挑战大赛头奖。2006 年，杰弗里·辛顿（Geoffrey Hinton）提出了基于多层神经网络的深度学习算法，引起业界的广泛关注。2008 年，IBM 公司提出了“智慧地球”的概念。2009 年，谷歌公司开始了无人驾驶汽车的研究。

6. 爆发期（2010 年至今）

大数据、云计算、互联网、物联网等信息技术的发展进一步推动了以机器学习为代表的人工智能技术的飞速发展，填充了研究与应用的“技术鸿沟”。人工智能技术在图像分类、语音识别、机器翻译、知识问答、人机对弈、无人驾驶等领域实现了从“不能用”到“可以用”的技术突破，迎来了爆发式增长的新高潮。2010 年，Microsoft 公司推出了第一款使用 3D 摄像头和红外探测技术跟踪人体动作的游戏设备 Kinect。2011 年，苹果公司发布了 Apple iOS 操作系统的虚拟助手 Siri，能够对语音命令进行响应。2013 年，卡内基梅隆大学的研究团队发布了一种可以比较和分析图像关系的语义机器学习系统 NEIL(never ending image learner)。2014 年，Microsoft 公司发布了 Windows 操作系统的虚拟助手微软小娜(Cortana)。2016 年，谷歌旗下深度思考(DeepMind)公司研发的计算机程序阿尔法围棋(AlphaGo)击败了围棋九段李世石，并于此后一年内击败了世界排名第一的围棋冠军柯洁。2017 年，华为正式发布全球第一款人工智能移动芯片麒麟 970。2018 年 9 月，阿里巴巴公司发布智慧城市系统"杭州城市大脑"2.0 版。2018 年 11 月，第五届世界互联网大会上，新华社联合搜狗公司发布了全球首个"AI 合成主播"，顺利完成了 100 s 的新闻播报。2019 年 9 月，图森科技公司在美国亚利桑那州开展了自动驾驶配送货服务，与美国邮政(USPS)合作，每天运行 22 h 以上。2019 年 10 月，腾讯公司发布了"腾讯觅影"青光眼筛查人工智能系统，该系统能够对医学影像进行分析，辅助临床医生筛查眼底病变等疾病。2019 年 11 月，小马智行有限公司宣布将与韩国现代汽车合作推出无人出租车服务。2019 年 12 月，百度公司发布语音交互硬件产品"小度在家 X8"，它具有远程语音交互、人脸识别、手势控制、眼神唤醒等功能。

2022 年下半年，人工智能文生成图软件首先点燃了生成式人工智能的热度，而这股热潮随着 ChatGPT(chat generative pre-trained transformer)的发布达到了前所未有的高度。OpenAI 公司于 2022 年 11 月推出聊天机器人 ChatGPT，受其影响，2023 年成为人工智能发展的一个转折点，活跃的开源环境和多模态模型共同推动了人工智能研究的进步。

生成式人工智能受到瞩目之前，大多数人工智能应用都使用了预测式人工智能。顾名思义，预测式人工智能会根据现有数据进行趋势的预测或提供见解，而不会生成全新的内容。相比之下，生成式人工智能会利用机器学习，从训练数据中学到"思考"的模式，以此生成具有创造性的输出。

生成式人工智能和深度伪造(deepfake)研究专家亨利·阿德(Henry Adjer)指出：我们仍处于这场生成式革命的初期阶段；未来，合成介质和内容将在日常生活中无处不在，并且实现民主化。这不仅是一个简单的新奇事物，还将在娱乐、教育和供给方面带来突破性的进步。

2023 年，人工智能产业开发出 51 个著名的机器学习模型，而学术界仅贡献了 15 个。此外，2023 年还有 21 个产学合作的著名机器学习模型，创下历史新高。

现在，越来越多的人在工作、学习时，会习惯性地打开 ChatGPT 等人工智能工具，让其作为"秘书"来随时辅助自己的工作和学习。在 2024 年 1 月的达沃斯论坛上，人工智能新锐巨头 OpenAI 公司的创始人兼 CEO 萨姆·奥尔特曼(Sam Altman)强调，人工智能带来的技术革命不同以往，但人工智能不会像人们担心的那样取代人类完成许多工作，而是成为一种"提高生产力的不可思议的工具"。

目前，先进的人工智能模型的训练成本已达到了前所未有的水平。例如，OpenAI 公司的 GPT-4 使用了价值约 7 800 万美元的算力进行训练，而谷歌公司花费了 1.91 亿美元用以提升 Gemini Ultra 的算力。人工智能在几项基准测试中已经超过了人类的表现，包括图像分类、视觉推理和英语理解等。不过人工智能在更复杂的任务中仍落后于人类，如竞赛级数学、视觉常识推理和规划等。

早期人工智能系统的功能有限，在文本理解方面表现出色，但在图像处理方面表现不佳。然而，近几年人工智能在多模态模型的发展方面取得了巨大进步，如谷歌的 Gemini 和 OpenAI 的 GPT-4。这些模型显示出强大的灵活性，能够处理图像和文本，在某些情况下甚至可以处理音频。

人工智能近十年的成功应用不胜枚举，中国的研究人员也在人工智能领域取得了许多具有国际领先水平的创造性成果。人工智能作为新一轮产业变革的核心驱动力,不断催生新技术、新产品、新产业的诞生,正以前所未有的速度蓬勃发展。

1.4.5 人工智能的发展趋势

经过多年的发展,人工智能在理论和应用方面都取得了重要进展,但人工智能领域还有许多问题亟待解决,未来仍有很长一段路要走。目前,人工智能受到各国政府的重视。人工智能未来的发展可以归纳为以下几个方面。

1. 从专用人工智能转向通用人工智能

专用人工智能即专门面向某一领域的人工智能,如下棋程序。通用人工智能又称强人工智能或人类级人工智能,指的是类似人类大脑的全能计算机,其能力范围不局限于某一狭窄的领域。通用人工智能是人工智能研究与应用领域的重大挑战。

2. 从机器智能走向人机混合智能

人机混合智能即借鉴脑科学和认知科学的研究成果,将人的作用或认知模型引入人工智能系统,提升人工智能系统的性能,使人工智能成为人类智能的自然延伸,通过人机协同可以更加高效地解决复杂问题。在我国新一代人工智能规划和美国的脑计划中,人机混合智能都被定义为重要的研发方向。

3. 从“人工+智能”走向自主智能

近年来,“深度学习”成绩斐然,但其应用过程需要大量的人工干预,如需要人为地设计深度神经网络模型、设定应用场景,此外还需要人工采集和标注大量训练数据,费时费力。下一步发展趋势将是研发关于减少人工干预的自主智能方法,提高机器智能对环境的自主学习能力。

应用一直是人工智能产业发展的瓶颈,近年来,人工智能产业化的主体是大型的互联网企业和人工智能创业公司。随着人工智能技术日趋成熟,政府和产业界的投入日益增长,扩大人工智能的应用广度与深度,让人工智能进入各个传统产业是必然趋势。这不能仅仅依靠人工智能技术本身,而要建立开放融合的人工智能生态,从底层硬件到上层应用软件,产业的上中下游紧密配合,实现传统产业的人工智能化转变。

人工智能的社会学研究日趋成熟,为了确保人工智能的健康可持续发展,使其发展成果造福于民,需要从社会学的角度系统、全面地研究人工智能对人类社会的影响,制定完善的人工智能法律、法规,规避风险。

如果在20世纪末推动世界发展的引擎是信息化,那么在21世纪,引领世界发展的火车头是智能化。人工智能既具有巨大的理论与技术创新空间,又具有广阔的应用前景。未来,人工智能必将深刻改变人类社会和世界的面貌。

1.5 小　　结

现代计算机的发展虽然经历了电子管、晶体管、中小规模集成电路、大规模和超大规模集成电路 4 个阶段，但其硬件基本结构和工作原理没有改变，仍然以冯·诺依曼提出来的“存储程序和程序控制”原理为基础。计算机硬件按基本结构划分为输入设备、输出设备、存储器、控制器、运算器 5 个组成部分。计算机内部采用二进制表示数据，而人类常用十进制表示数值，所以两者之间必须进行数据转换。

对计算机而言，其硬件系统包括主机和外部设备。主机包括主板、CPU、内存、总线和 I/O 接口等。外部设备包括外存和 I/O 设备。计算机的主要性能指标有 CPU 字长、时钟频率、内存容量、外部设备配置。

计算机软件可以分为系统软件和应用软件两大类。操作系统是系统软件的核心。应用软件是指为了解决计算机应用中的实际问题而编制的程序。

人工智能是计算机科学的一个分支，主要研究、开发用于模拟、延伸和扩展人类智能的理论、方法、技术及应用系统等。和很多其他学科不同，人工智能这个学科的诞生有着明确的标志性事件，即 1956 年的达特茅斯会议。在这次会议上，人工智能被提出并作为其研究领域的名称。同时，人工智能研究的使命也得以确定。

目前，人工智能的主要研究领域大体上可以分为以下几个方面。

(1)感知。模拟人的感知能力，对外部刺激信息(视觉信号和语音等)进行感知和加工。主要研究领域包括语音信息处理和计算机视觉等。

(2)学习。模拟人的学习能力，主要研究如何从样例或与环境的交互中进行学习。主要研究领域包括监督学习、无监督学习和强化学习等。

(3)认知。模拟人的认知能力，主要研究领域包括知识表示、自然语言理解、推理、规划、决策等。

机器学习是人工智能的重要分支。人工智能是一种使计算机模拟人类智能行为的技术，而机器学习则是人工智能实现的重要手段之一。机器学习是一门关于数据学习的科学技术，能帮助机器从现有的复杂数据中学习规律，预测未来的行为结果和趋势。

——第 2 章——

数据在计算机中的表示

计算机主要用于科学计算和信息处理，除了高速的数值计算能力，计算机还能借助程序软件自动、高速、精确地对信息进行存储、传输和处理。从用户角度来看，计算机要处理的信息是多种多样的，如日常的十进制数、文字、符号、图形、图像、视频、音频等，但是计算机无法直接识别并“理解”这些信息，计算机能够直接处理的数据是二进制的“0”和“1”组成的编码，因此必须将各种信息转换成计算机能够接收和“理解”的二进制编码，即计算机需要采用数字化编码的形式对信息进行存储、传输和处理。

学习目标

- 了解在计算机中为什么采用二进制编码。
- 掌握进位计数制及不同进制数的转换方法。
- 理解数值数据在计算机中的表示方法。
- 理解字符数据在计算机中的表示方法。

2.1 数据的二进制表示

信息的数字化表示就是采用一定的基本符号，使用一定的组合规则来表示信息。计算机中采用的二进制编码，其基本符号是“0”和“1”。二进制数及各种信息的二进制表示方法是计算机科学与技术的基础，是了解计算机科学与技术、培养计算思维的基本知识。

2.1.1 用二进制表示数据的优点

自然界的数据信息是丰富多彩的，有数字、西文字符、汉字、声音、图形、图像等。若将这些信息存入计算机中进行处理，必须采用二进制编码形式表示。在计算机内部采用二进制编码表示数据信息，而不采用人们熟悉的十进制数来存储和处理数据，其原因有以下几个方面。

1. 易于物理实现

二进制只使用数字符号“0”和“1”，可以用两种简单的物理状态来实现。例如，晶体管导通状态为 1，截止状态为 0；高电压为 1，低电压为 0；由晶体管组成的集成电路芯片的每一个引脚同样只能表示两个状态，即只有直流电压“0 V”或“5 V”两个状态（不考虑不接受电流信号的高阻抗状态）。虽然二进制不是专门为计算机及其集成电路芯片设计的，但是和计算机主要组成部件——集成电路的特性非常吻合。计算机的主要部件正是采用具有两种不同稳定状态的集成电路或磁性器件构成的，用“0”和“1”来表示，状态简单，比十进制容易实现，数据传输不易出错。

具有两种稳定状态的物理器件很多，门电路的导通与截止，电压的高与低，都可对应表示“1”和“0”两个符号。如果采用十进制，就要制造具有 10 种稳定状态的电子电路，那是非常困难的。

2. 二进制数运算简单

采用二进制进行算术求和、求积，各有少数几种运算规则，比采用常见的十进制进行运算的规则要简单得多(采用十进制进行算术求和、求积，各有 55 种运算规则)。

二进制的“和”与“积”的运算规则如下。

(1)加法：0+0=0，0+1=1，1+0=1，1+1=10。

(2)乘法：0×0=0，0×1=0，1×0=0，1×1=1。

这种运算规则大大简化了计算机中的运算电路。实际上，在计算机中减法可用加法电路来实现，乘法和除法运算都是分解为加法和移位运算来完成的。

因此，二进制的运算比十进制的运算简单，计算机采用二进制可以简化运算器、存储器等物理器件的设计。

3. 通用性强

二进制不仅适用于数值信息的编码，而且适用于各种非数值信息的数字化编码。特别是仅有的两个符号“0”和“1”正好与逻辑命题的两个值“真”与“假”对应，从而为计算机实现逻辑运算和逻辑判断提供了方便。这也使得逻辑代数和逻辑电路成为计算机集成电路设计的数学基础。

4. 可靠性高

因为电压的高低、电流的有无等都是一种质的变化，两种状态区别明显，所以二进制编码的抗干扰能力强，鉴别信息的可靠性高。

综上所述，计算机采用二进制与硬件息息相关，采用二进制也使信息存储量和计算量大大增加，而计算机最善于做的就是大量的、机械的、重复的高速计算工作。

2.1.2　数据信息存储单位

在计算机内部，信息以二进制编码形式存储。计算机处理信息的最小单位是“位”(符号为 b)，对应二进制中的一位。位的英文 bit 就是 binary digit(二进制数字)的缩写。通常将 8 个二进制位称为 1 字节(符号为 B)，字节是信息的基本单位，计算机中二进制的位数一般是 8 位、16 位、32 位、64 位等，即位数为 8 的倍数。信息的单位常采用位(bit)、字节(byte)、字(word)等来表示。

1. 位

位是度量数据的最小单位，表示 1 位二进制信息。

2. 字节

1 个字节由 8 个二进制位组成(1 B=8 b)，可以表示 256(2^8)种状态，可以存储一个在0～

255范围内的无符号整数，或一个英文字符的编码。因为字节是信息的基本单位，所以计算机的存储器(包括内存与外存)通常用字节来表示它的容量，也以字节为单位来存储和读写数据。

现在计算机存储器(包括内存与外存)的存储容量越来越大，为了表述方便，常用的表示存储容量(或者数据信息多少)的单位还有KB、MB、GB、TB。

$$1\ \text{KB}=2^{10}\ \text{B}=1\ 024\ \text{B}$$

$$1\ \text{MB}=2^{10}\ \text{KB}=1\ 024\ \text{KB}$$

$$1\ \text{GB}=2^{10}\ \text{MB}=1\ 024\ \text{MB}$$

$$1\ \text{TB}=2^{10}\ \text{GB}=1\ 024\ \text{GB}$$

3. 字

字由若干个字节组成(通常是字节的整数倍)，是计算机进行数据存储和数据处理的信息单位。它的长度取决于机器的类型及使用者的要求。常见的字长有8位、16位、32位、64位等。计算机的字长直接影响计算机的功能强弱、精度高低和速度快慢。

2.2 进位计数制及其转换

2.2.1 进位计数制与任意进制数转换为十进制数

计数制是指用一组固定的符号和统一的规则来表示数值的方法。按进位的方法进行计数，称为进位计数制。日常生活中，人们习惯用十进制来表述数值，即采用“逢十进一”的原则进行计数。用十进制表示的数值称为十进制数。

无论哪种进制数，都包含两个基本要素：基数和位权。在数制系统中，把用来计数的符号的个数称为基数，把表示数的大小的数位称为位权，其值等于以基数为底，数字符号所在位置的序号为指数的幂。

任意 R 进制数 N 可以按位权展开为

$$N=A_n\times R^{n-1}+A_{n-1}\times R^{n-2}+\cdots+A_1\times R^0+A_{-1}\times R^{-1}+\cdots+A_{-m}\times R^{-m} \tag{2-1}$$

式中，A 为任意进制数字符号；R 为基数；n 为整数的位数；m 为小数的位数。

1. 十进制数

(1)数字符号：0，1，2，3，4，5，6，7，8，9。

(2)基数：10。

(3)位权：各位的位权是以10为底的幂(10^i，其中 i 的值与数字符号所处的位有关)。

(4)进位规则：逢十进一。

【例2-1】 将$(2511.213)_{10}$按位权展开。

$$(2511.213)_{10}=2\times10^3+5\times10^2+1\times10^1+1\times10^0+2\times10^{-1}+1\times10^{-2}+3\times10^{-3}$$

2. 二进制数

(1)数字符号：0，1。

(2)基数:2。

(3)位权:各位的位权是以 2 为底的幂(2^i,其中 i 的值与数字符号所处的位有关)。

(4)进位规则:逢二进一。

【例 2-2】 将$(11011.11)_2$转换为十进制数。

$$(11011.11)_2=1\times2^4+1\times2^3+0\times2^2+1\times2^1+1\times2^0+1\times2^{-1}+1\times2^{-2}=(27.75)_{10}$$

3. 八进制数

(1)数字符号:0,1,2,3,4,5,6,7。

(2)基数:8。

(3)位权:各位的位权是以 8 为底的幂(8^i,其中 i 的值与数字符号所处的位有关)。

(4)进位规则:逢八进一。

【例 2-3】 将$(2511.213)_8$ 转换为十进制数。

$$(2511.213)_8=2\times8^3+5\times8^2+1\times8^1+1\times8^0+2\times8^{-1}+1\times8^{-2}+3\times8^{-3}=(1\ 353.271\ 484\ 375)_{10}$$

4. 十六进制数

(1)数字符号:0,1,2,3,4,5,6,7,8,9,A,B,C,D,E,F。

(2)基数:16。

(3)位权:各位的位权是以 16 为底的幂(16^i,其中 i 的值与数字符号所处的位有关)。

(4)进位规则:逢十六进一。

【例 2-4】 将$(2EC.FA)_{16}$转换为十进制数。

$$(2EC.FA)_{16}=2\times16^2+E\times16^1+C\times16^0+F\times16^{-1}+A\times16^{-2}=(748.976\ 562\ 5)_{10}$$

综上所述,二进制数、八进制数、十六进制数转换为十进制数的方法是将各进制数的各位按位权展开并计算出结果。

【例 2-5】 将$(1001011.101)_2$ 转化十进制数。

$$\begin{aligned}(1001011.101)_2&=1\times2^6+0\times2^5+0\times2^4+1\times2^3+0\times2^2+1\times2^1+1\times2^0+1\times2^{-1}+\\&\quad 0\times2^{-2}+1\times2^{-3}\\&=64+0+0+8+0+2+1+0.5+0+0.125\\&=(75.625)_{10}\end{aligned}$$

【例 2-6】 将$(174)_8$ 转换为十进制数。

$$\begin{aligned}(174)_8&=1\times8^2+7\times8^1+4\times8^0\\&=64+56+4\\&=(124)_{10}\end{aligned}$$

【例 2-7】 将$(1B2)_{16}$转换为十进制数。

$$\begin{aligned}(1B2)_{16}&=1\times16^2+B\times16^1+2\times16^0\\&=256+176+2\\&=(434)_{10}\end{aligned}$$

同一数据在不同的数制下表示形式不同。常用数制之间的对应关系如表 2-1 所示。

表 2-1　常用数制之间的对应关系

十进制	二进制	八进制	十六进制
0	0000	0	0
1	0001	1	1
2	0010	2	2
3	0011	3	3
4	0100	4	4
5	0101	5	5
6	0110	6	6
7	0111	7	7
8	1000	10	8
9	1001	11	9
10	1010	12	A
11	1011	13	B
12	1100	14	C
13	1101	15	D
14	1110	16	E
15	1111	17	F

由表 2-1 可知，1 位十六进制数可以表示为 4 位二进制数，1 位八进制数可以表示为 3 位二进制数。

2.2.2　十进制数与其他进制数的转换

1. 十进制整数转换为二进制整数

十进制整数转换为二进制整数采用“除以 2 取余数”的方法，即将十进制整数除以 2，再将得到的商逐次除以 2，直到商为 0 为止，并依次记下每一次相除所得到的余数，将余数从右到左排列（先得到的余数为低位，后得到的余数为高位）。

【例 2-8】　将$(75)_{10}$转换为二进制数。

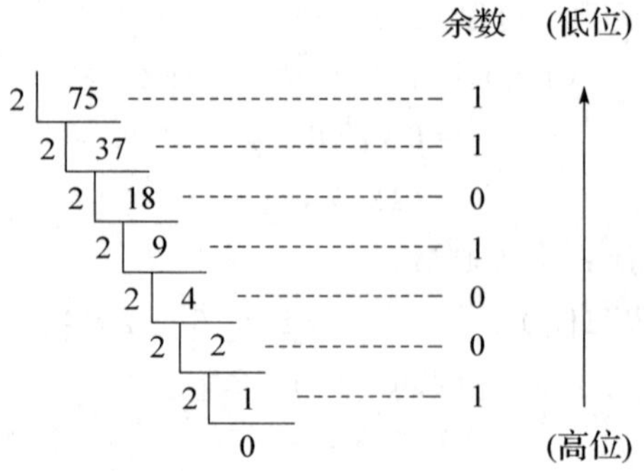

所以，$(75)_{10}=(1001011)_2$。

2. 十进制小数转换为二进制小数

十进制小数转换为二进制小数采用“乘以 2 取整数”的方法，即将要转换的十进制小数乘以 2，再将得到的积的小数部分乘以 2，按这种方式连续乘以 2，直到积的小数部分为 0 或认为不必继续乘为止，并将各次所得积的整数部分从左到右排列（先得到的整数为高位，后得到的整数为低位）。

【例 2-9】 将$(0.625)_{10}$转换为二进制数。

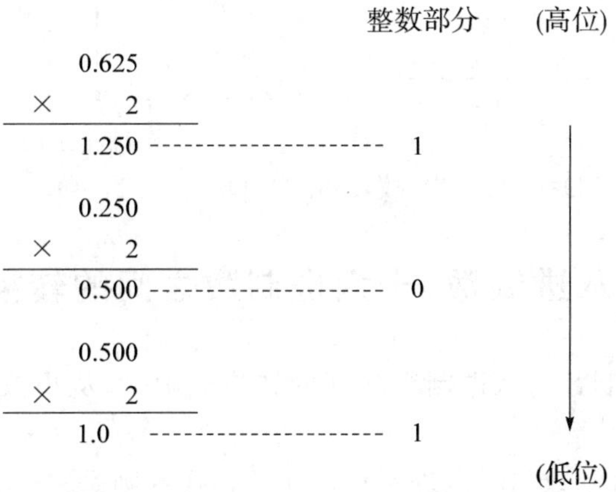

所以，$(0.625)_{10}=(0.101)_2$。

当十进制数包含整数和小数两部分时，将整数和小数分别转换，然后相加。

3. 十进制数转换为任意进制数

一个十进制整数转换成任意进制数，可以将该十进制数除以基数，再将所得的商逐次除以基数，直到商为 0。将得到的余数从后往前排列，便得到该进制数。将十进制小数转换为其他进制小数，可以将该十进制小数乘以基数，再将得到的积的小数部分乘以基数，按这种方式逐次乘以基数，直到小数部分为 0 或达到精度要求为止。将每次得到的积的整数部分从前往后排列，便得到该进制的小数。

下面以十进制数转换为八进制数为例说明。

【例 2-10】 将$(153.245)_{10}$转换为八进制数（精确到小数点后第 3 位）。

整数部分转换：

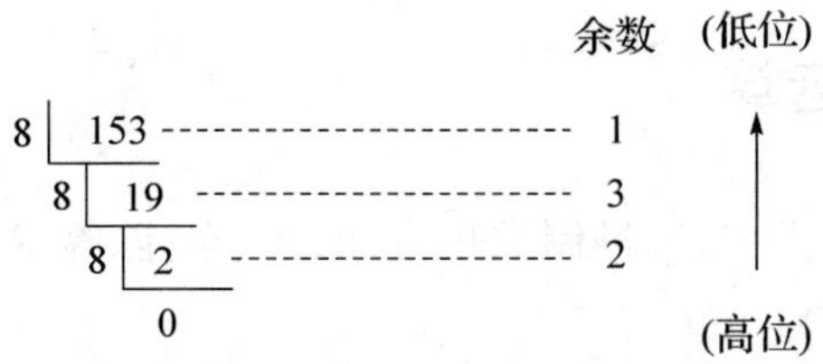

所以，整数部分为 153D=231O，这里字母 D 表示十进制，字母 O 表示八进制。

小数部分转换：

```
                                          整数  (高位)
        0.245
    ×       8
    ─────────
        1.960 ------------------- 1        │
                                           │
        0.960                              │
    ×       8                              │
    ─────────                              │
        7.680 ------------------- 7        │
                                           │
        0.680                              │
    ×       8                              │
    ─────────                              │
        5.440 ------------------- 5        ▼
                                         (低位)
```

所以,小数部分为 0.245D≈0.175O,故 153.245D≈231.175O。

2.2.3 二进制数与八进制数、十六进制数之间的转换

因为 $2^3=8$,所以二进制数与八进制数之间的转换规则是,从小数点开始,每 3 位二进制数对应 1 位八进制数。

因为 $2^4=16$,所以二进制数与十六进制数之间的转换规则是,从小数点开始,每 4 位二进制数对应 1 位十六进制数。

【例 2-11】 将 $(60.17)_8$ 与 $(70C.1)_{16}$ 转化成二进制数。

$(60.17)_8=\underline{110}\ \underline{000}.\underline{001}\ \underline{111}=(110000.001111)_2$

$(70C.1)_{16}=\underline{0111}\ \underline{0000}\ \underline{1100}.\underline{0001}=(11100001100.0001)_2$

二进制数转换成八进制数,整数部分从右向左每 3 位一组,每一组对应一位八进制数;小数部分从左向右每 3 位一组,不足补零,每一组对应一位八进制数。

二进制数转换成十六进制数,整数部分从右向左每 4 位一组,每一组对应一位十六进制数;小数部分从左向右每 4 位一组,不足补零,每一位对应一位十六进制数。

【例 2-12】 将 $(1111100110.10111)_2$ 转换成八进制数,将 $(1100001110.100101)_2$ 转化成十六进制数。

$(1111100110.10111)_2=\underline{001}\ \underline{111}\ \underline{100}\ \underline{110}.\underline{101}\ \underline{110}=(1\ 746.56)_8$

$(1100001110.100101)_2=\underline{0011}\ \underline{0000}\ \underline{1110}.\underline{1001}\ \underline{0100}=(30E.94)_{16}$

2.2.4 二进制数的运算

与十进制数的算术运算类似,二进制数也有加、减、乘、除算术运算。应用二进制数模拟逻辑量,还有与、或、非逻辑运算。

1. 二进制数的算术运算

二进制数的算术运算与十进制数基本相同,唯一的区别在于二进制数是"逢二进一"(或借位)。

加法运算:0+0=0;1+0=0+1=1;1+1=10(向高位进 1)。

减法运算:0-0=1-1=0;1-0=1;0-1=-1(需借位)。

乘法运算:0×0=0×1=1×0=0;1×1=1。

除法运算：0/1=0；1/1=1（0 不能做除数）。

【例 2-13】　已知 $X=00110010B$，$Y=10010010B$，计算 $Y+X$ 与 $Y-X$。

```
  10010010B          10010010B
+ 00110010B        - 00110010B
-----------        -----------
  11000100B          01100000B
```

计算结果为 $Y+X=11000100B$，$Y-X=01100000B$。

【例 2-14】　已知 $X=11001B$，$Y=101B$，计算 $X\times Y$。

```
    11001B
 ×    101B
 ---------
    11001
 +11001
 ---------
  1111101B
```

计算结果为 $X\times Y=11001B\times 101B=1111101B$。

【例 2-15】　已知 $X=11011B$，$Y=101B$，计算 X/Y。

根据二进制除法运算规则，X/Y 的算式如下。

```
        101          商
    ---------
101 ) 11011          被除数
      101
    ---------
        111
        101
    ---------
         10          余数
```

计算结果为 $X/Y=11011B/101B=101B$，余 10B。

2. 二进制数的逻辑运算

计算机之所以有逻辑判断功能，是因为计算机使用了各种逻辑电路，利用逻辑代数规则进行逻辑运算。

1）逻辑数据的表示

二进制的数码只有 1 和 0，用来表示逻辑上的真和假很方便。通常 1 表示真（true），0 表示假（false）。逻辑变量的取值即为 1 或 0。

逻辑量或逻辑变量之间的运算称为逻辑运算。显然，逻辑运算是以二进制数为基础的。

2）逻辑运算的特点

逻辑运算与算术运算的规律不同，所有的逻辑运算都要注意以下问题。

（1）逻辑运算是一种位运算，逐位按规则运算即可。

（2）逻辑运算不同位之间没有任何关系，不存在进位或借位问题。

（3）由于逻辑运算没有进位，因此不存在溢出问题。

（4）逻辑运算数据没有符号问题，因此逻辑值在计算机中以原码进行表示和存储。

（5）逻辑运算特别适用于计算机逻辑电路设计。

3）逻辑运算

逻辑运算的基本运算有与、或、非。这三种基本运算可以组成其他复杂的逻辑运算。这里仅介绍与、或、非这三种基本运算的法则。

(1)逻辑与运算(AND)又称逻辑乘,可以用符号“·”表示。

逻辑与运算规则:

$$1\cdot 0=0\cdot 1=0\cdot 0=0;1\cdot 1=1$$

因此,只有当A和B均为真时,A·B才为真。

(2)逻辑或运算(OR)又称逻辑加,可以用符号“+”表示。

逻辑或运算规则:

$$1+0=0+1=1+1=1;0+0=0$$

可见,只有当A和B均为假时,A+B才为假。

(3)逻辑非运算(NOT)是对操作数进行取反操作,逻辑量A的非可以用$\overline{A}$来表示。

逻辑非运算规则:

$$\overline{0}=1;\overline{1}=0$$

逻辑运算规则如表2-2所示。

表2-2 基本逻辑运算规则

A	B	A·B	A+B	$\overline{A}$
0	0	0	0	1
0	1	0	1	1
1	0	0	1	0
1	1	1	1	0

【例2-16】 已知两逻辑操作数X=10101100B,Y=01110110B,计算$X\cdot Y$和$X+Y$。

```
   10101100B          10101100B
 · 01110110B        + 01110110B
 -----------        -----------
   00100100B          11111110B
```

计算结果为

$$X\cdot Y=10101100B\cdot 01110110B=00100100B$$

$$X+Y=10101100B+01110110B=11111110B$$

当遇到逻辑运算的与、或、非的混合运算时,运算顺序为括号优先,然后依次为逻辑非、逻辑与、逻辑或运算。同级运算按照从左至右的顺序进行。

2.3 数值在计算机中的表示

数值在计算机中有定点表示(fixed-point notation)与浮点表示(floating-point notation)两种方法,有符号数有原码、反码与补码表示法,这些是认识和了解计算机数值处理的基础。

2.3.1 数值型数据的特点

在计算机中表示数值型数据,要考虑以下三个方面。

1. 数的长度

在数学中，数的长度是指用十进制数表示时所占用的实际位数，如整数 7 221 的长度为 4。在计算机中，数的长度按二进制位来计算。因为存储容量常以字节为计量单位，所以数据的长度也常以字节为单位计算。值得指出的是，数学中数的长度有长有短，有几位就写几位，但在计算机中，同类型的数据（如同属于整型数的数据）的长度往往是统一的，不足的部分用 0 填充，这样便于统一处理。换句话说，计算机中同一类型的数据具有相同的数据长度，与数据的实际长度无关。

2. 数的符号

由于数有正负之分，在计算机中必然要采用一种方法来描述数的符号。一般用数的最高位（左边第一位）来表示数的正负号，并约定以 0 表示正，以 1 表示负。

3. 小数点的表示方法

在计算机中表示数值型数据，其小数点的位置是隐含的，即约定小数点的位置，以节省存储空间。

2.3.2 真值和机器数

在实际运算中处理的数据有正有负，通常在其绝对值前加“＋”或“－”符号来表示。在计算机中，有符号数的“＋”“－”号可以用二进制位的 0 和 1 表示（0 代表“＋”号，1 代表“－”号），可以将数的符号也数码化。这种在机器中使用的包括符号都数码化的数称为机器数，所表示的实际值称为机器数的真值。例如，8 位二进制机器数 01101100、10010011 的真值分别是＋1101100 和－0010011。

机器数的特点主要有以下两个方面。

(1)机器数的位数是固定的，能表示的数值范围受计算机字长的限制。例如，某种字长为 16 位的计算机，能表示的无符号整数范围为 0～65 535（$0 \sim 2^{16}-1$）。如果计算机的运算结果超出机器数能表示的范围，就会产生“溢出”，计算机会停止当前计算，进行溢出处理。

(2)机器数的正、负用 1 和 0 表示。不考虑符号的数，称为无符号数。如果要处理有符号数，计算机通常把数的最高位作为符号位，其余位作为数值位，并规定用 0 表示正号，用 1 表示负号。因此，机器数是连符号一起数字化的数，如＋79 和－79 可分别用机器数表示为 01001111 和 11001111。

2.3.3 有符号数的表示

存放在计算机中的数带有符号，计算时若要考虑符号问题，将增加计算机实现的难度。若将符号位与数值一起直接参加运算，则又会产生错误的结果。

例如，－7＋10 的结果应为 3，但若将符号位与数值位一起参加运算，显然结果会出错。

$$
\begin{array}{rr}
10000111\text{ B} & -7\text{D} \\
+\ 00001010\text{ B} & 10\text{D} \\
\hline
10010001\text{ B} & -17\text{D}
\end{array}
$$

为了解决这类问题,引入数的原码、反码与补码。

1. 原码

用最高位表示数值的符号,其后各位表示该数值的绝对值的表示法称为原码表示法。符号位为 0 表示正数,符号位为 1 表示负数。

【例 2-17】 两数 X_1、X_2 的真值分别为 $X_1=+1001011$,$X_2=-1001011$,求各自的原码。

$$[X_1]_{原}=[+1001011]=01001011$$

$$[X_2]_{原}=[-1001011]=11001011$$

数的原码的表数范围与采用的二进制位数有关。计算机存放二进制数时通常按 8 个二进制位为一组进行划分,8 个二进制位构成 1 个字节,一个数占用的二进制位的长度通常是字节的整数倍。下面以 1 个字节长度来说明原码的表数范围。

由于最高位用于表示数的符号,因此 1 个字节的 8 个位只有 7 个位用于表示数的绝对值。7 位二进制的编码范围为从 0000000 到 1111111,转换成十进制为从 0 到 127。即 8 位二进制编码可以表示+0~+127 和−127~−0 之间的数。所以在原码中,当用 8 位二进制来表示一个整数时,其表数范围为−127~+127。

在原码中有+0 和−0 之分,其编码形式分别为

$$[+0]_{原}=00000000$$

$$[-0]_{原}=10000000$$

但是,实际中是没有+0 和−0 之分的,0 只有一个。

2. 反码

计算机中反码表示规定:正数的反码与其原码相同;负数的反码则是在其原码的基础上保持符号位不变,其余各位取反(即 0 变成 1,1 变成 0)。

【例 2-18】 写出二进制数+1000110 与−1000110 的反码。

$$[+1000110]_{反}=01000110$$

$$[-1000110]_{反}=10111001$$

【例 2-19】 求十进制数−117 的反码(用 1 字节表示)。

−117 的二进制形式为−1110101,$[-1110101]_{原}=11110101$,保持其符号位不变,其余各位取反,有

$$[-1110101]_{反}=10001010。$$

当用 8 位二进制数表示一个整数时,反码的表示范围为−127~+127。

显然,在反码中也有+0 和−0 之分,其编码形式分别为

$$[+0]_{反}=00000000$$

$$[-0]_{反}=11111111$$

3. 补码

1)补码的引入

若采用原码做乘、除运算,可取其符号位后的绝对值直接运算,并按照同号取正、异号取负的规则得到结果的符号位,符号位单独处理,这样看起来比较简单。但是,计算机中乘除运算一般是用加法电路来完成的,即乘除运算是转化为加法运算来完成的。原码做加、减运算时,其运算规则就没有这么简单了。例如,用原码表示的操作数做加法运算,如 11101+01010,表

面上看要做加法操作(－13＋10),但是由于两个操作数异号,实际上需要做减法操作(1010－1101)。因此,原码表示的操作数在做加、减运算时,不仅要根据指令规定操作性质(加或减),还要考虑两个操作数的符号,才能决定实际操作是加还是减。

考虑的情况越多,硬件实现的逻辑越复杂,硬件的设计与实现就越困难。有没有一种方法可以将这些条件判断简化呢?例如,不需要考虑操作数的符号,直接参与运算就能得到正确结果。答案是肯定的,只要对操作数进行合理的编码就能达到这一目的。

下面讨论时钟的工作过程。假设现在时针指向 3 点整的位置,把时间拨到 1 点整的位置,可以有两种方法:一是顺时针方向拨 10 个刻度,二是逆时针方向拨 2 个刻度。假设顺时针方向拨动是做加法,逆时针方向拨动是做减法,则上述拨动指针的操作表明以下两个等式都成立。

$$3+10=1 \tag{2-2}$$

$$3-2=1 \tag{2-3}$$

式(2-2)之所以成立,是因为时针是以 12 为模进行工作的,时针自动对时间做了模 12 的运算。

时钟盘面刻度能够记录的最大小时数不能超过 12,达到 12 后时间就会溢出。也就是说,时针不断地将小时数除以 12 取余,余数在时钟盘面上被记录下来。因为3＋10大于 12,所以时钟就丢弃 12,将余数 1 记录下来。时钟盘面能够记录的最大小时数 12 就称为时针的模,时针表示的数除以 12 取余的运算称为模运算。

将等式(2-3)改写成

$$3+(-2)=1 \tag{2-4}$$

比较式(2-2)和式(2-4)可以发现,3 加上正数 10 与加上负数－2 等价,如果用 10 来取代－2 做加法运算,就将一个事实上的减法运算变成了加法运算。进一步观察发现,负数－2 与用于取代它的正数 10 及模(12)之间存在如下关系。

$$10=12+(-2) \tag{2-5}$$

或者写成

$$10+2=12 \tag{2-6}$$

即用于取代负数－2 的正数 10 等于该负数与模(12)的和。或者说,用于取代负数的那个正数与该负数的绝对值之和等于模。此时,称这个正数为对应负数的补数。由此推广到一般情况,在模运算中,一个负数可以用它的补数来代替,从而把事实上的减法运算转化为加法运算。

在计算机中数的表示受字长的限制,其运算都是模运算。模在机器中是表示不出来的,若运算结果超出能表示的数的范围,机器就会自动丢弃溢出量,只保留小于模的部分。设机器字长为 $n+1$ 位,对于定点小数 $x_0.x_1x_2\cdots x_n$,由于其最大值不超过 2,所以它的模为 2。对于定点整数 $x_nx_{n-1}\cdots x_1x_0$,由于其最大值不超过 2^{n+1},因此它的模为 2^{n+1}。

2)补码的定义

一个数 x 的补码记为$[x]_{补}$,设模为 M,其补码定义如下。

$$[x]_{补}=M+x \pmod M \tag{2-7}$$

式(2-7)是一个包含了正数和负数的统一定义式。

若 $x\geqslant 0$,则模作为溢出量被丢弃,因而正数的补码就是其本身,形式上与原码相同。

【例 2-20】 若用一个字节(8 位二进制)来表示数据,则模为 $M=2^8=256$。设 $x=$

$+01001111$，求$[x]_{原}$和$[x]_{补}$。

$$[x]_{原}=01001111$$

$$[x]_{补}=2^8+x=100000000+01001111=101001111=01001111$$

最高位的1由于超出表数范围被丢弃。

若$x<0$，则

$$[x]_{补}=M+x=M-|x| \pmod M$$

【例2-21】 若用一个字节(8位二进制)来表示数据，则模为$M=2^8=256$。设$x=-01001111$，求$[x]_{原}$和$[x]_{补}$。

$$[x]_{原}=11001111$$

$$[x]_{补}=2^8+x=2^8+(-01001111)=100000000-01001111=10110001$$

可见，负数的补码与其原码的形式是不同的，虽然其符号位与原码形式上相同，都是用1表示负号，但这两个1得到的方法是不一样的。原码符号位的1是根据规则给定的，需要机器单独处理；补码符号位的1是通过模运算得到的，它是数值的一部分，可以直接参加运算，不需要机器单独处理。

3)从真值到补码

若用补码表示计算机中带符号的数，则需要将输入的用真值或原码表示的数转换为补码表示。如例2-20和例2-21，根据原码和补码的定义式，由真值求得其原码和补码。但仔细分析负数的原码和补码的对应关系后，总结出以下实用的转换方法。

将负数的原码转换为补码时，符号位保持不变(为1)，其余各位取反，然后在末位加1(事实上就是在反码的末位加1)。此方法称为取反加1法。

通过上面的讨论可以知道，正数的补码与原码相同，负数的补码与原码不同；对于负数的补码，通过保持符号位不变，其余各位取反，然后在最低位加1得到；补码的最高位是符号位，在形式上与原码一样，但原码的符号位是设定的，需要机器单独处理，不能直接参与数值运算，而补码的符号位是通过模运算得到的，它是数值的一部分，可以直接参与数值运算。在补码运算中，通过对负数适当处理，无论是求和还是求差，一律都是做加法，从而简化了运算的实现电路。

【例2-22】 用补码形式计算表达式119－117的补码。

只需要将119与－117的补码相加即可得到结果的补码(即＋2的补码)。

$$[119]_{补}=01110111$$

$$[-117]_{补}=10001011$$

因而

$$\begin{array}{r} 01110111 \\ +\ \ 10001011 \\ \hline 00000010 \end{array}$$

00000010正好是＋2的补码，即表达式119－117的结果的补码。

4)从补码到真值

计算机中利用补码实现了将减法运算转换为加法运算。应该指出，当运算结果为负数时，计算结果的值也是以补码形式来表示的。例如，对于运算表达式20－21，用二进制补码表示就是计算表达式00010100＋11101011，运算结果为11111111。其最高位是1，表示这个运算结果是一个负数，那么这个结果表示的是真值－1111111，即－127吗？显然不是。联想负负得正这个性质，假设这个计算结果也是补码形式，通过求解补码的补码，就可以得到结果的真值。对结果 11111111 求补码得到 10000001，真值为－0000001，即十进制的－1，这就是 20－21 的计算结果。即对一个补码再次求补码就得到这个补码的真值。

2.3.4　定点数和浮点数

计算机中常用的数据表示格式有两种，一是定点格式，二是浮点格式。所谓定点和浮点，是指在计算机中一个数的小数点的位置是固定的，还是浮动的。如果一个数中小数点的位置是固定的，则为定点数(fixed-point number)；如果一个数中小数点的位置是浮动的，则为浮点数(floating-point number)。一般来说，定点格式可表示的数值的范围有限，处理这类数据的硬件电路比较简单。而浮点格式可表示的数值的范围很大，处理这类数据的硬件电路比较复杂。

采用定点数表示法的计算机称为定点计算机，采用浮点数表示法的计算机称为浮点计算机。定点计算机在使用上不够方便，但其构造简单，造价低。例如，单片机大多采用定点数表示法。浮点计算机可表示的数的范围比定点计算机大得多，使用也比较方便，但是比定点计算机构造复杂，造价高，在相同的条件下浮点运算比定点运算的速度慢。目前，一般大、中型计算机及高档微机都采用浮点表示法，或同时具有定点和浮点两种表示方法。

1. 定点数

所谓定点数，即约定计算机中数据的小数点位置是固定不变的。定点数又分为定点整数和定点小数，由于小数点位置固定不变，因此存储数据时小数点不进行存储，按照约定的小数点的位置计算数值。原理上，小数点的位置可以是任何位置，但通常将定点数表示成纯小数或纯整数。为了运算及硬件设计方便，约定定点整数的小数点位于整个数值最低位的右边，即把小数点固定在数值部分的最后面，即纯整数格式；而为了将定点数表示成纯小数，通常把小数点固定在数值部分的最高位之前，符号位之后。

假设计算机机字长为 $n+1$ 位，定点数中从低位到高位的数分别为 $x_0, x_1, x_2, x_3, \cdots, x_{n-1}, x_n$，其中 x_n 取 0 或 1，分别表示正号或负号，则对于任意一个定点数 $x=x_nx_{n-1}\cdots x_2x_1x_0$，在定点计算机中可表示为如图 2-1 所示的形式。

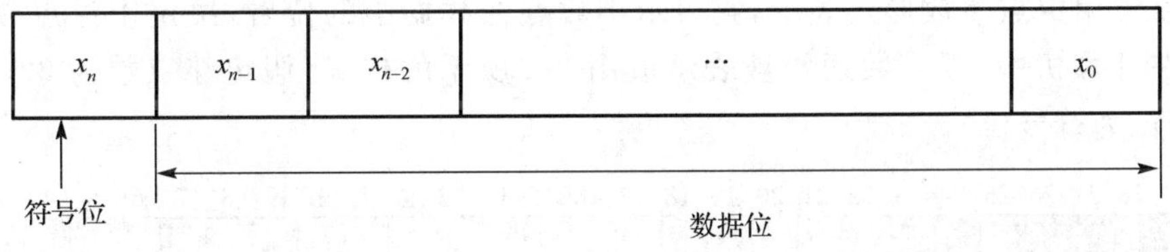

图 2-1　定点数编码结构

如果 x 表示的是纯小数，那么小数点位于 x_n 与 x_{n-1} 之间，数的表示范围为

$$0\leqslant|x|\leqslant 1-2^{-n} \tag{2-8}$$

如果 x 表示的是纯整数，那么小数点位于 x_0 的右边，数的表示范围为

$$0\leqslant|x|\leqslant 2^n-1 \tag{2-9}$$

若计算机字长为 $n+1$ 位，则可以计算定点整数的表数范围如下所示。

原码定点整数表数范围：$-(2^n-1)\sim 2^n-1$。

补码定点整数表数范围：$-2^n \sim 2^n-1$。

【例 2-23】 求字长为 16 位的带符号整数 x 的表数范围。

这里 $n=15$。

原码表数范围：$-(2^{15}-1) \sim 2^{15}-1$，即 $-32\ 767 \sim +32\ 767$。

补码表数范围：$-2^{15} \sim 2^{15}-1$，即 $-32\ 768 \sim +32\ 767$。

若计算机字长为 $n+1$ 位，则定点小数的表数范围如下所示。

原码定点小数表数范围：$-(1-2^{-n}) \sim 1-2^{-n}$。

补码定点小数表数范围：$-1 \sim 1-2^{-n}$。

定点小数的小数点约定在固定位置上是由软件来实现的，因此并不需要在机器硬件上给小数点分配一个二进制位。也就是说，在计算机中，小数点事实上是不存在的，计算机在计算过程中只是按约定的格式来解释二进制字符串。对计算机来说，处理定点小数和定点整数，在硬件上并无区别。

由于对定点小数并无统一的规范，且数值表示的范围和精度有限，故普通计算机对于小数的表示采用浮点数形式。程序设计语言 C/C++中也没有定点小数类型，一般使用单精度浮点数 float 和双精度浮点数 double 来表示小数。

2. 浮点数

1)浮点数的表示

浮点数是一种公式化的表数方式，用来近似表示实数，并且可以在表数范围和表数精度之间进行权衡，因此得名。

浮点数通常表示为

$$N=M \times R^E \tag{2-10}$$

例如，$12.345=1.234\ 5 \times 10^1$。

式(2-10)中，M(mantissa)称为浮点数的尾数，通常是纯小数，R(radix)称为阶码的基数，E(exponent)称为阶的阶码，即指数，为有符号数。计算机中一般规定 R 为 2、8 或 16，与尾数的基数相同，是一个确定的常数(同一种计算机的 R 值是固定不变的)，不需要在浮点数中明确表示出来，是隐含约定的。因此，在已知标准下，要表示浮点数，一是要给出尾数 M 的值，通常用定点小数形式表示，它决定了浮点数的表示精度，即可以给出的有效数字的位数；二是要给出阶码，通常用定点整数形式表示，它表示小数点在数据中的位置，决定了浮点数的表示范围。因此，在计算机中，浮点数通常被表示成图 2-2 所示的格式(假定浮点数为 32 位，基数为 2，其中最高位为符号位)。

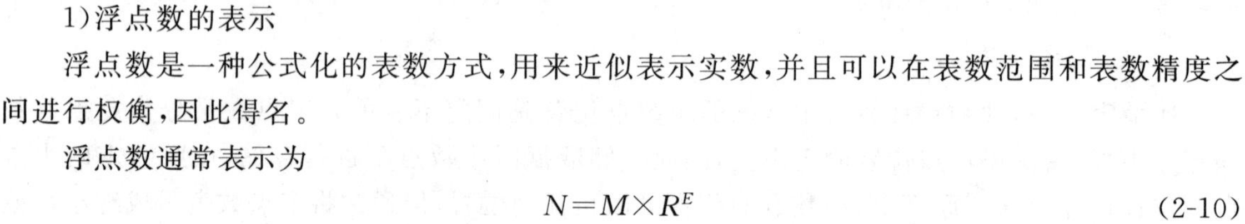

图 2-2 浮点数编码结构

图 2-2 中，最左端是尾数的符号位，标识了整个浮点数的正负。

浮点数的表数范围由阶码决定，表数精度由尾数决定。为了充分利用尾数的有效位数，通常规定尾数的最高位不能为 0，这实际上就规定了尾数的取值范围为 $2^{-1} \leqslant M \leqslant 1$。尾数符合这一规定的浮点数称为规格化的浮点数。

2)浮点数的规格化表示

按照指数表示方法,一个浮点数的不同表示方法为

$$0.3\times10^0;0.03\times10^1;0.003\times10^2;0.0003\times10^3。$$

为了提高数据的表示精度,同时保证数据表示的唯一性,需要对浮点数作规格化处理。

在计算机内,对非0值的浮点数,要求尾数的绝对值必须大于或等于基数的倒数,即

$$|M|\geqslant R^{-1} \tag{2-11}$$

也就是要求尾数的最高有效位为1,满足这种要求的浮点数为规格化浮点数。把不满足这一要求的尾数变成满足这一要求的尾数的操作过程,称为浮点数的规格化处理,浮点数的规格化处理通过尾数移位和修改阶码来实现。

例如,二进制原码的规格化表示形式(0表示正号,1表示负号)如下。

正数　0.1××××××

负数　1.1××××××

注意,尾数的最高位始终是1,因此可以省略该位。这样用同样多的位数就能多存1位二进制数,有利于提高数据表示精度,这种处理方案使用了隐藏位技术。在取回浮点数并将其传输到运算器执行运算时,必须先恢复该隐藏位。

因此,计算机中引入了IEEE 754标准①,该标准约束了浮点数的大部分使用设置。

2.4　二-十进制数字编码

计算机中还有一种数值数据的表示方法,即每位十进制数用4位二进制数表示,称为二进制编码的十进制(binary-coded decimal,BCD),又称为二-十进制编码。它既具有二进制的形式,又具有十进制的特点。许多计算机备有BCD码运算指令,并设计专门的线路在BCD码运算时使每4位二进制数对应1位十进制数。

4位二进制数可以表示16种状态,BCD码只需要10种,所以有6种冗余状态,从16种状态中选取10种状态来表示十进制数中0～9这10个符号的方法很多,可以产生多种BCD码。表2-3列出了几种常用的BCD码。

表2-3　几种常用的BCD码

十进制数	8421码	2421码	余3码	Gray(格雷)码
0	0000	0000	0011	0000
1	0001	0001	0100	0001
2	0010	0010	0101	0011
3	0011	0011	0110	0010

① IEEE 754:IEEE二进制浮点数算术标准,是20世纪80年代以来应用最广泛的浮点数运算标准。

续表

十进制数	8421码	2421码	余3码	Gray(格雷)码
4	0100	0100	0111	0110
5	0101	1011	1000	1110
6	0110	1100	1001	1010
7	0111	1101	1010	1000
8	1000	1110	1011	1100
9	1001	1111	1100	0100

8421码有10个不同的码,0000、0001、0010、0011、0100、0101、0110、0111、1000、1001分别代表0～9。

1.8421码

8421码是计算机中应用最广泛的一种BCD码,8421是指这种编码的各位所代表的“权”。最高位的权是8,其余依次为4、2、1。知道了每位的权,就能方便地得到表2-3中每个8421码所代表的十进制数值。

【例2-24】 计算8421码0110表示的十进制数值。

$$(0110)_{8421}=0\times8+1\times4+1\times2+0\times1=6$$

【例2-25】 求$(0110\ 0100\ 0101\ 1000.0011\ 0111\ 1001)_{8421}$对应的十进制数。

根据8421码的编码机制,采用类似二进制数转化成十六进制数的做法。将该二进制字符串以小数点为中心,4位为1组分别转换为十进制数即可。

$$(0110\ 0100\ 0101\ 1000.0011\ 0111\ 1001)_{8421}=6458.379$$

【例2-26】 求$(101101.101)_2$对应的8421码。

二进制数不能直接转换成8421码,可以将二进制数101101.101转换成十进制数后,再转换成8421码。

$$(101101.101)_2=(45.625)_{10}$$
$$45.625=(0100\ 0101.0110\ 0010\ 0101)_{8421}$$

8421码的编码规则是依据每位的权的数值获得编码值,每位上的权值是固定的,属于有权码。因为每位上权值8、4、2、1和通常的二进制数位上的权一致,所以是最自然、最简单明了的一种有权码。下面几种BCD码也是用4个二进制位表示1个十进制位,但编码规则不同。

2.2421码

2421码也属于有权码,规定每位的权从左端最高位起依次为2、4、2、1。从表2-3中可以发现,2421码的编码特点是0与9、1与8、2与7、3与6、4与5这样每一对BCD码的和都等于1111 B,2421码又称自补码。这种性质的编码便于简化运算电路。

3.几种4位无权码

当4位BCD码的编码规则不符合每位上有固定权值时称为无权码。表2-3中的余3码、Gray码均属于4位BCD无权码。一个十进制数的余3码,根据这个十进制数的8421码再加上 0011 B 得到的编码也属于自补码。Gray 码的编码规则是使相邻两个 BCD 码之间只有一位不同，符合这种规则的编码方案有多种，表 2-3 所示仅是其中一种方案。

2.5　字符数据在计算机中的表示

存储在计算机内存中的任何数据都是以二进制形式存在的，计算机只能处理能识别的二进制数据；而人类所能识别的是包括英文字母、阿拉伯数字、标点符号、汉字等字符构成的字符集。计算机处理的数据中，字符型数据占很大比例。字符包括西文字符（字母、数字、符号）和汉字字符。这些字符数据必须转换成计算机能识别的二进制形式才能存储在计算机中并进行处理，这个过程称为字符编码，其逆过程就是字符解码。目前，人们已经开发出不同的编码方案来表示字符在计算机中的存储和传输。对于西文字符与汉字字符，由于字符数量与形式的不同，使用的编码方式可能相同，也可能不同。

2.5.1　ASCII 码

计算机最初在美国被发明并使用，需要编码的字符集并不大，无外乎 26 个英文字母、10 个阿拉伯数字和一些简单的标点符号，因此采用了一种单字节编码方案。在这套编码规则中，人们将所需编码字符集中的字符一一映射到 128 个二进制数上，这 128 个二进制数的最高位为 0，其余 7 位参与实际编码，从 00000000～01111111(0x00～0x7F)。0x00～0x1F 及 0x7F 共 33 个二进制数，用来对控制字符和通信专用字符[如 LF(换行)、DEL(删除)、BS(退格)等]编码；0x20～0x7E 共 95 个二进制数，用来对阿拉伯数字、大小写英文字母和下画线、括号等标点符号编码，将这套字符集映射到 0x00～0x7F 二进制数的过程就称为基础 ASCII 编码，通过这个编码过程，计算机将人类的语言（英文字符）转化为自己的语言存储起来。反之，从磁盘中读取二进制数并转化为字母、数字、标点符号等字符在输出设备上显示出来的过程称为解码。

ASCII 码(American Standard Code for Information Interchange，美国信息交换标准码)字符集是在 20 世纪 60 年代初开发的，现在几乎所有的计算机制造商都采用了这种字符编码方式。

ASCII 码是目前国际上最为流行的字符信息编码方案。一个字符的 ASCII 码通常占一个字节，用 7 位二进制数编码组成，字节的最高位一般规定为 0，或者用作校验码。所以，ASCII 码最多可表示 128 个不同的符号。

所有字符的 ASCII 码都可以通过查表得到（见表 2-4）。表内有 33 种控制码，位于表的左首两列和右下角位置上，主要用于打印或显示时的格式控制、对外部设备的操作控制及对数据通信时的传输控制等。其余 95 个字符为可打印或可显示字符。

表 2-4 中的高位是指 ASCII 码二进制的前 3 位（$d_6d_5d_4$），低位是指 ASCII 码二进制的后 4 位（$d_3d_2d_1d_0$），高位和低位合起来组成一个完整的 ASCII 码。例如，字母 A 的 ASCII 码的高 3 位是 100，低 4 位是 0001，合起来组成的 ASCII 码为 1000001，转换成十进制数为 65。

表 2-4 ASCII 编码表

$d_3d_2d_1d_0$	$d_6d_5d_4$							
	000	001	010	011	100	101	110	111
0000	NUL	DLE	SP	0	@	P	'	p
0001	SOH	DC1	!	1	A	Q	a	q
0010	STX	DC2	“	2	B	R	b	r
0011	ETX	DC3	#	3	C	S	c	s
0100	EOT	DC4	$	4	D	T	d	t
0101	ENQ	NAK	%	5	E	U	e	u
0110	ACK	SYN	&	6	F	V	f	v
0111	BEL	ETB	‘	7	G	W	g	w
1000	BS	CAN	(	8	H	X	h	x
1001	HT	EM	)	9	I	Y	i	y
1010	LF	SUB	*	:	J	Z	j	z
1011	VT	ESC	+	;	K	[	k	{
1100	FF	FS	,	<	L	\	l	|
1101	CR	GS	—	=	M	]	m	}
1110	SO	RS	.	>	N	^	n	~
1111	SI	US	/	?	O	_	o	DEL

2.5.2 扩展 ASCII 码、Unicode 编码与 UTF-8、UTF-16 编码

1. 扩展 ASCII 码与 ISO－8859 系列标准

随着计算机被迅速推广使用，欧洲的非英语国家的人们发现这套由美国人设计的字符集不够用。由 7 位二进制编码构成的 ASCII 码基本字符集只有 128 个字符，不能满足信息处理的需要。虽然在英语中，用 128 个符号编码已经够用，但是无法再表示其他语言的字符。例如，希腊字母无法用 ASCII 码表示；在法语中，一些字母上方有注音符号，也无法用 ASCII 码表示。于是，一些欧洲国家就决定，利用字节中闲置的最高位编入新的符号，例如法语中 é 的编码为 130（二进制为 10000010B）。这样一来，这些欧洲国家使用扩展的字符编码体系，可以表示最多 256 个符号。

但是，这里又出现了新的问题。不同的国家有不同的字母，哪怕都使用 256 个符号的编码方式，代表的字母却不一样。例如，130 在法语编码中代表 é，在希伯来语编码中却代表字母 Gimel(λ)，在俄语编码中又会代表另一个符号。

为了表示更多的欧洲常用字符，国际标准化组织（International Organization for Standardization，ISO）对 ASCII 码进行了扩展，制定了一系列标准来扩展 ASCII 码，它们是 ISO 8859-1～ISO 8859-16，称为 ISO 8859 系列标准，如表 2-5 所示。其中 ISO 8859-1 涵盖了大多数西欧语言字符，应用得最广泛，通常称为 Latin-1。Latin-1 利用 128～255 这 128 个二进制数，包括了足够的附加字符集来涵盖基本的西欧语言字符，同时在 0～127 的范围内兼容 ASCII 编码规则。

表 2-5　ISO-8859 系列标准

标准	别称	说明
ISO 8859-1	Latin-1	西欧常用字符,包括德国、法国的字母
ISO 8859-2	Latin-2	东欧字符
ISO 8859-3	Latin-3	南欧字符
ISO 8859-4	Latin-4	北欧字符
ISO 8859-5	Cyrillic	斯拉夫语系字符
ISO 8859-6	Arabic	阿拉伯语系字符
ISO 8859-7	Greek	希腊字符
ISO 8859-8	Hebrew	希伯来语字符
ISO 8859-9	Latin-5 或 Turkish	土耳其语、库尔德语字符
ISO 8859-10	Latin-6 或 Nordic	北欧(主要指斯堪的纳维亚半岛)字符
ISO 8859-11	Thai	从泰国的 TIS620 标准字符集演化而来
ISO 8859-12	未定义	
ISO 8859-13	Latin-7	主要涵盖波罗的海(Baltic Sea)诸国(波罗的语)的字符
ISO 8859-14	Latin-8	它将 Latin-1 中的某些符号换成凯尔特语(Celtic)的字符。凯尔特族是指英伦外围的威尔斯人(Welsh)和盖尔人(Gaelic)
ISO 8859-15	Latin-9	匿称 Latin-0,它将 Latin-1 中较少用到的符号删除,换成当初遗漏的法文和芬兰语字母;把英镑和日元之间的货币符号,换成了欧盟货币符号
ISO 8859-16	Latin-10	涵盖阿尔巴尼亚语、克罗地亚语、匈牙利语、意大利语、波兰语、罗马尼亚语及斯洛文尼亚语等东南欧国家的语言

ISO 8859 系列都是单字节编码,且都与 ASCII 码兼容,都采用扩展 ASCII 码的形式(利用 ASCII 码没使用的那 128 个字符空间),每个字符集收录欧洲某地区共同的常用字符。

2. Unicode 编码

扩展 ASCII 码仍然是单字节编码,能编码的字符集规模仍然非常小。最明显的缺陷是,无法用来编码中文字符(中文编码至少需要 2 个字节)。所以,我国制定了 GB/T 2312—1980《信息交换用汉字编码字符集　基本集》的国家标准,用来对常用的中文字符编码。

除了我国的 GB/T 2312—1980 汉字编码国家标准外,计算机在全世界各个国家不断普及,不同的国家或地区都开发出自己的一套编码标准,因此编码规则五花八门。这时问题就开始凸显了,特别是在互联网通信的大环境下,使用不同编码规则的计算机系统之间进行通信,彼此不知道对方在“说”些什么。按照 A 编码方案的编码方式将所需字符转换成二进制码后,在使用 B 编码方案的计算机系统中解码是无法得到原始字符的,相反会出现一些出人意料的古怪字符,这就是所谓的乱码。

世界上有许多不同的语言,需要一种统一的编码方案,把所有语言用到的字符都统一到一套编码里,这样就不会限制计算机在不同语言国家的普及,而且不会再有乱码问题了。为了实现跨语言、跨平台的文本转换和处理需求，ISO 在 20 世纪 90 年代提出了 UCS(universal multiple-octet coded character set)编码方案，俗称 Unicode 编码方案，这套方案中包含 Unicode 字符集和一套编码规范。Unicode 字符集能够涵盖世界上所有语言的文字和符号字符，Unicode 编码方案为字符集中的每一个字符指定了统一且唯一的二进制编码，能彻底解决之前不同国家或地区之间不同编码标准导致的冲突和乱码问题。Unicode 编码方案中的 UCS-4 是用 4 个字节表示一个字符。现代操作系统和大多数编程语言都支持 Unicode 编码。Unicode 编码已成为一种被广泛使用的编码方案，且兼容 ASCII 码。

ASCII 码使用 1 个字节表示，而 Unicode 编码通常使用 4 个字节表示。例如，字母 A 的 ASCII 码是十进制的 65，二进制的 01000001；而在 Unicode 编码中，需要在前面补 0 以填充为 4 个字节，即 00000000 00000000 00000000 01000001，前面增加的 3 个字节全部是 0，这样很容易做到与 ASCII 码兼容。

将世界上使用的所有语言字符的编码统一成 Unicode 编码是计算机发展普及的必然要求与结果。但是，如果文本全部是英文，用 Unicode 编码比 ASCII 码需要多花 3 倍的存储空间，在存储和网络传输上十分不划算。为此，又出现了把 Unicode 编码转化为可变长编码的 UTF-8、UTF-16 编码。

3. UTF-8、UTF-16 编码

到目前为止我们一直混淆了两个概念，即字符代码和字符编码。字符代码是特定字符在某个字符集中的序号，而字符编码是在传输、存储过程中用于表示字符的以字节为单位的二进制序列。ASCII 编码系统中，字符代码和字符编码是一致的，如字符 A，在 ASCII 字符集中的序号就是所谓的字符代码，即 65，存储在磁盘中的二进制序列是 01000001(0x41，十进制也是 65)。另外，在 GB2312 编码系统中字符代码和字符编码的值也是一致的，所以无形之中忽略了二者的差异性。而在 Unicode 编码方案中，使用的是 UCS-4，即字符集中每一个字符的字符代码都用 4 个字节表示，其中字符代码 0～127 兼容 ASCII 字符集，一般的通用汉字的字符代码也都集中在 65 535 之前，大于 65 535 的字符代码，即需要超过 2 个字节来表示的字符代码是比较少的。因此，如果仍然采用字符代码和字符编码相一致的编码方式，那么英语字母、数字原本仅需要用 1 字节编码，目前就需要用 4 个字节编码，汉字原本仅需用 2 个字节编码，目前也需要用 4 个字节编码，这对存储或传输资源而言是很不划算的。因此，需要在字符代码和字符编码间再编码，从而引出了 UTF-8、UTF-16 等编码方式。

UTF-8(8-bit Unicode transformation format)是一种针对 Unicode 的可变长度字符编码，是将位于不同范围的字符代码转化成不同长度的字符编码，这种编码方式是以字节为单位，并且完全兼容 ASCII 码，即 0x00～0x7F 的字符代码和字符编码完全一致，也是用 1 个字节来编码 ASCII 字符集，而常用汉字在 Unicode 中的字符代码是 4E00-9FA5，于是用 3 个字节来编码汉字字符。同理，UTF-16 就是以 16 位二进制数为基本单位对 Unicode 字符集中的字符代码再编码，原理和 UTF-8 一致。

Unicode 是一个字符集，只规定了字符集的二进制代码，但没有规定这个二进制代码应该如何存储。UTF-8 是目前使用最广的一种 Unicode 编码方式。UTF-8 用 1～4 个字节编码 Unicode 字符。UTF-8 的编码规则很简单，只有两条(见表 2-6)。

(1)对于单字节的字符，字节的第 1 位设为 0，后面 7 位为这个符号的 Unicode 码。因此对于英语字母，UTF-8 编码和 ASCII 码是相同的。

(2)对于 n 字节的字符($1<n\leqslant 4$),第1个字节的前 n 位都设为1,第 $n+1$ 位设为0,后面字节的前2位一律设为10。剩下的没有提及的二进制位,全部为这个字符的 Unicode 码。

表 2-6 基于 Unicode 字符集的 UTF-8 的编码规则

n	Unicode 编码范围(十六进制)	UTF-8 编码方式(二进制)
1	0000 0000~0000 007F	0xxxxxxx
2	0000 0080~0000 07FF	110xxxxx 10xxxxxx
3	0000 0800~0000 FFFF	1110xxxx 10xxxxxx 10xxxxxx
4	0001 0000~0010 FFFF	11110xxx 10xxxxxx 10xxxxxx 10xxxxxx

【例 2-27】 "联"的 Unicode 编码是 0x8054。如图 2-3 所示,由于 0x8054 位于 0x0800~0xFFFF 之间,因此使用3字节 UTF-8 转换模板 1110xxxx 10xxxxxx 10xxxxxx。0x8054 的二进制表示是 1000 0000 0101 0100,用这个比特流依次代替模板中的 x,得到 11101000 10000001 10010100,即十六进制的 E88194。如图 2-4 所示,已知"通"的 Unicode 编码是 0x901A,以此规则可得"通"的 UTF-8 编码为 E9809A。

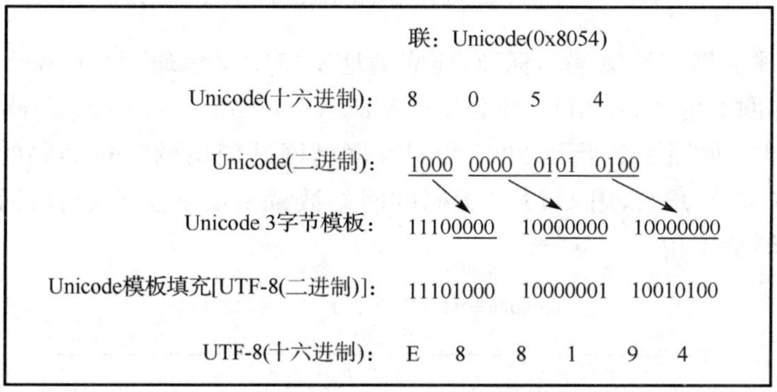

图 2-3 求"联"的 UTF-8 编码

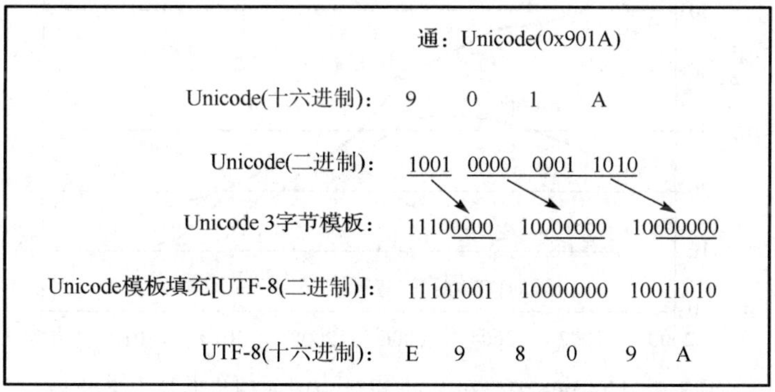

图 2-4 求"通"的 UTF-8 编码

ASCII 码实际上可以看作 UTF-8 编码的一部分,大量只支持 ASCII 码的历史遗留软件可以在 UTF-8 编码下继续工作。

因此,在目前全球互联的大背景下,Unicode 字符集和编码方式解决了跨语言、跨平台的信息交换、交流问题,同时 UTF-8 等编码方式又有效地节约了存储空间和传输带宽,因而得到了极大的推广应用。

在计算机内存中，字符统一使用 Unicode 编码，当需要保存到硬盘或者需要传输的时候，就转换为 UTF-8 编码。用“记事本”编辑的时候，从文件读取的 UTF-8 编码字符被转换为 Unicode 编码字符存放到内存里，编辑完成后，再把 Unicode 编码转换为 UTF-8 编码保存到文件(见图 2-5)。

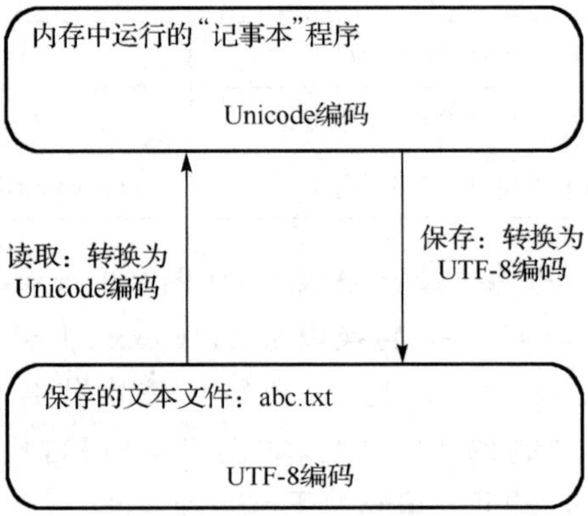

图 2-5 “记事本”程序与 Unicode 和 UTF-8 编码

UTF-8 是全球通用字符集编码标准，能完美地支持中文编码，目前 Web 网站一般都会使用 UTF-8 编码，在网页的＜HEAD＞部分用＜META content＝"text/html;charset＝utf-8"＞指明字符集编码标准。如图 2-6 所示，2008 年对互联网网站使用的字符编码的调查统计情况可以看出，大概从 2005 年开始，用 UTF-8 编码的网站数量呈明显上升趋势，而其他编码方式在 Web 设计制作中渐渐不用。

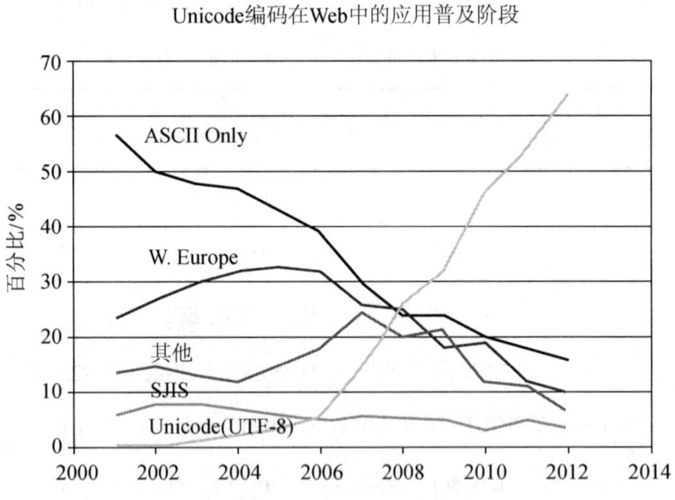

图 2-6 Unicode 编码在 Web 设计中的使用呈明显上升趋势

2.5.3 中文字符在计算机中的表示

计算机在处理中文信息时也要将汉字转化为二进制的数字化信息编码。汉字的数量大，常用的也有几千个，并且形状复杂，因此在计算机的输入、内部处理、存储和输出过程中不能像西文字符一样使用同一编码。涉及汉字处理的编码有输入码、交换码、机内码、字形码等。中文系统在处理汉字时,需要对各种编码进行转换,其工作过程如图 2-7 所示。首先输入设备接收用户输入汉字的输入码(如拼音输入法、五笔输入法、区位码输入法等);然后根据输入码与交换码的对照,将其转换成机内码;最后由机内码与汉字字形码对照,依照汉字字形码进行输出。

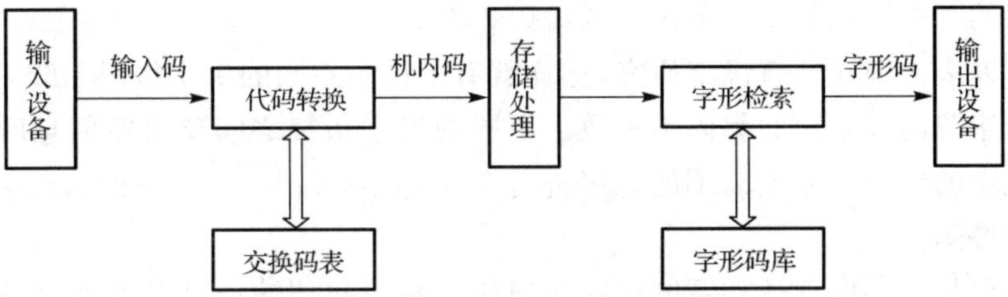

图 2-7 汉字信息处理过程

1. 汉字输入码

汉字输入码是为输入汉字而设计的编码,简称外码。按照输入设备的不同,外码可分为键盘输入、手写输入和语音输入三大类。目前应用最广泛的是键盘输入法——用计算机标准键盘上的按键的不同组合来输入汉字的方法。这些按键的组合称为外码,根据编码原理不同,键盘输入码又可以分为音码(如全拼码)、形码(如五笔字型码)、音形结合码(如自然码)和对应码(如区位码)4 类。

目前各种输入法大致可以分为以下 4 类。

1)数字编码

数字编码是用一个数字串代码来输入一个汉字。如区位码、电报码等。优点是无重码,该输入码与机器内部编码的转换比较方便。缺点是每个汉字通常要用 4 个数字编码,很难记忆,输入困难,所以很难推广使用。

2)字音编码

字音编码根据汉字的读音进行编码。由于汉字的同音字很多,输入重码率较高,输入时一般要对同音字进行选择,且对不知道读音的汉字无法输入;优点是简单易学。常见的输入法有全拼、双拼、智能 ABC、微软拼音等输入法。这种输入法简单易用,被大多数用户采用。

3)字形编码

根据汉字的字形进行编码。汉字都是由笔画和偏旁部首组成的,把汉字的笔画和偏旁部首用键盘上的字符进行编码,按笔画和偏旁部首的顺序依次输入就能输入一个汉字。常用的字形编码有五笔字型码、表形码、大众码等。

4)音形编码

音形编码是将汉字的读音和字形相结合进行编码。音形码吸收了字音编码和字形编码的优点,使编码规则化、简单化,且重码少。常见的音形编码有全息码和自然码。

目前,汉字键盘输入法有几百种之多。一种好的输入法应该具备易学易记、编码短、击键次数少、重码少、可以实现盲打等特点。

2. 汉字交换码

使用扩展 ASCII 码后,对于欧洲国家使用的编码体系,最多可以表示 256 个符号。至于亚洲国家的文字，使用的文字符号就更多了，我国的汉字就多达 10 万左右。一个字节只能表示 256 种符号，肯定是不够的，必须使用多个字节来表示一个文字符号。例如，简体中文常见的编码方式是 GB/T 2312—1980 标准，其使用两个字节表示一个汉字，所以理论上最多可以表示 256×256=65 536 个文字符号。但为了与西文字符的编码相区别，把表示一个汉字的两个字节的最高位都固定为 1，余下的 7 位能表示的汉字字符的个数就是 128×128=16 384 个，足够日常使用的了。这就是双字节汉字的编码方案。

国内外有许多人都在从事汉字研究，这样就有了许多不同的汉字编码系统，导致同一汉字在不同计算机系统内部采用的编码不一致。不同的汉字系统之间要交换信息时，由于同一汉字在不同系统中的编码不一致而不能直接进行交换，必须采用某一统一的编码标准进行交换，这就是汉字交换码。

汉字交换码是汉字信息处理系统之间或通信系统之间传输信息时所使用的汉字编码，规定同一汉字在计算机系统内的编码是唯一的。

1)国标码

为了使每个汉字有一个全国统一的代码，我国于 1981 年颁布了汉字编码的国家标准《信息交换用汉字编码字符集 基本集》(GB 2312—1980)(简称《基本集》)(2017 年本标准转为推荐性标准，编号改为 GB/T 2312—1980)，这个字符集是我国中文信息处理技术的发展基础，也是目前国内所有汉字系统的统一标准，简称国标码，是我国现在的汉字交换码。国标码是双字节码，用两个 7 位二进制数编码表示一个汉字。在国标码中，两个字节的最高位均固定为 0，把第 6 位(即 B6，从低位到高位的第 6 位)设置为 1，“啊”“雹”的国标码如表 2-7 所示。

表 2-7 国标码编码示意表

汉字	国标码第一字节	国标码第二字节	十六进制国标码
啊	0011 0000	0010 0001	3021H
雹	0011 0001	0010 0010	3122H

在国标码中，收入的汉字排列在一个 94×94 的矩阵中，最多可以规定 94×94=8 836 个编码。其中每一行称为区，每一列称为位，表中的汉字由它所在表中的行号和列号唯一确定一个代码。

目前《基本集》共收入汉字和图形符号 7 445 个。其中包含 6 763 个汉字，按其使用频率分为两级，其中一级汉字(常用)3 755 个，分布在 16～55 区，按汉语拼音排序；二级汉字 3 008 个，分布在 56～87 区，按偏旁部首排序。

《基本集》共收入 682 个西文字符和各种图形符号。其中汉语拼音符号 26 个；汉语注音符号 37 个；数字 22 个，即 0～9，Ⅰ～Ⅻ；序号 60 个，即①～⑩，(1)～(20)，1.～20.，(一)～(十)等。

《基本集》共收入一般符号 202 个，包括标点符号、运算符号及制表符。

《基本集》共收入大小写英文字母 52 个；大小写希腊字母 48 个；日文假名 169 个，其中平假名 83 个，片假名 86 个；大小写俄文字母 66 个。

《基本集》字符的大致区域分布情况如表 2-8 所示。

表 2-8　《基本集》字符的大致区域分布情况

区	字符分布情况
01～09	特殊符号
10～15	用户自定义符号区(未编码)
16～55	一级汉字,按拼音排序
56～87	二级汉字,按部首/笔画排序
88～94	用户自定义汉字区(未编码)

随着网络技术的发展,计算机的应用领域越来越广,GB/T 2312—1980 中的 6 763 个汉字明显不够用了,为满足用字的需要,信息产业部和国家质量技术监督局联合发布了《信息技术　中文编码字符集》(GB 18030—2022)。在新标准中采用了单、双、四字节混合编码,收录了 27 000 多个汉字和藏族、蒙古族、维吾尔族等主要的少数民族文字,总的编码空间超过了 150 万个码位。新标准适用于图形字符信息的处理、交换、存储、传输、显示、输入和输出,并直接与 GB/T 2312—1980 内码标准相兼容。

2)区位码

区位码是在国标码的基础上改造而成的。每个国标码或区位码都对应一个唯一的汉字或符号。把国标码高低字节的 B6 位设置为 0,就得到区位码,其中高字节代表区码,低字节代表位码。

国标码和区位码的换算关系为国标码＝区位码＋2020H。

例如,“啊”的区位码为 1601D,其十六进制编码为 1001H,加上 2020H 后得 3021H,即“啊”的国标码。

注意:区位码转换为十六进制编码时,区号和位号是分别进行转换的。

3. 汉字机内码

机内码又称内码,是设备和汉字信息处理系统内部存储、处理、传输汉字时使用的编码。在西文系统中没有交换码和内码之分,各公司均以 ASCII 码为内码来设计计算机系统。ASCII 码采用 1 字节表示,而汉字采用 2 字节表示,ASCII 码的最高位为 0,为了把汉字字符和英文字符的机内码区分开,将国标码的两个字节的最高位均设置为 1,形成汉字字符的机内码,也就是将由 GB/T 2312—1980 国标交换码的两个字节的最高位分别置 1 得到的编码加上 8080H。

“啊”的国标码为 3021H,则其机内码为

$$3021H+8080H=B0A1H$$

“补”的国标码为 3239H,则其机内码为

$$3239H+8080H=B2B9H$$

以下是区位码、国标码和内部码之间的关系。

“啊”的区位码是 1001H。

“啊”的国标码是 1001H＋2020H＝3021H。

“啊”的内部码是 3021H＋8080H＝B0A1H。

$$\text{国标码}=\text{区位码}+2020H \tag{2-12}$$

$$内部码＝国标码＋8080H \tag{2-13}$$

$$内部码＝区位码＋A0A0H \tag{2-14}$$

4. 汉字字形码

字形码是指汉字字库中存储的汉字字形信息的数字化编码。它主要用于汉字显示或打印输出时产生汉字字形。

通常将字形码(字体编码)的集合称为字库,字库通常作为操作系统的一部分,以文件的形式存放在磁盘中。在输出(显示和打印)字符时,根据字符编码在字库中找到对应的字形码,再输出到外部设备(显示器或打印机)中。与西文字符类似,汉字的风格也有多种形式,如宋体、黑体、楷体等,因此计算机中通常有几十种中英文字库。

常用的字形码是点阵字形码和矢量字形码。

1)点阵字形

点阵字形码是用一组点阵来表现汉字的形体,每个点用二进制的0或1表示(如黑、白特征)。例如,16×16点阵字形如图2-8所示,把构成一个汉字字形的横向和纵向区域都分为16格,一共有256个小方块。笔画经过的小方块编码为1,笔画未经过的小方块编码为0,这样一个16×16点阵的汉字字形信息就可以用256位二进制串来表示,存储时占用32个字节。

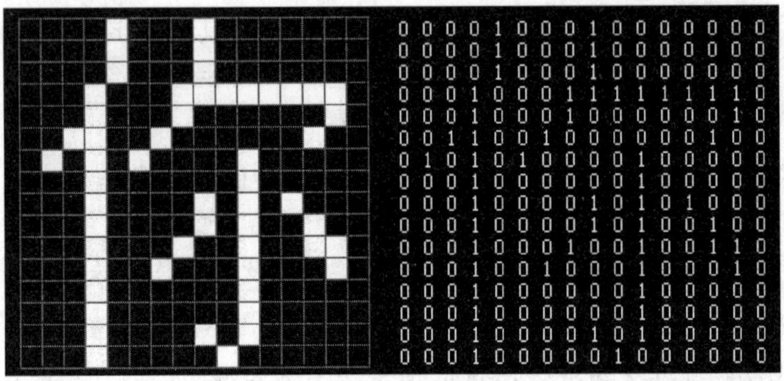

图2-8 16×16点阵字形

除了16×16点阵外,汉字系统还有24×24点阵、32×32点阵等。显然,点阵越大,显示的汉字字形信息就越精细,汉字的笔画就越平滑,但占据的内存空间越多。

计算机要显示和打印所有的汉字,必须事先对每个汉字的字形信息进行编码并存储在计算机的存储器中,这一套汉字字形码的集合称为汉字库。一般的汉字系统只收集了国标码中的6 763个汉字,该汉字系统的汉字库就是这6 763个汉字的字形码信息集合。

在汉字库中,所有汉字的字形码被存储在一系列连续的存储空间中,每个汉字的字形码要占若干字节(例如,16×16点阵的汉字字形信息,每个汉字占用32个字节),每个汉字字形码所占存储单元的首地址称为该汉字字形码的地址码,简称地址码。

点阵汉字库与汉字的字体、点阵大小有关系。不同的字体有不同的字库,如宋体字库、仿宋体字库、楷体字库、黑体字库、行书字库等。不同点阵有不同的字库,不同点阵的同种字体也有不同的字库,如宋体,可以有16×16点阵宋体字、24×24点阵宋体字、32×32点阵宋体字、48×48点阵宋体字等。

不同点阵的汉字库所占用的存储空间是不同的。例如,16×16点阵字库,每个汉字占32个字节,则整个汉字库占用7 445×32＝238 240字节存储空间,约232 KB。

汉字库可分为软字库和硬字库。软字库以文件的形式存放在硬盘上(外存)，现在多用这种方式。硬字库则将汉字库固化在一个单独的存储芯片中，如汉卡、打印机自带的字库等。

2)矢量字体编码

矢量字体(vector font)的每个字形都是通过数学方程来描述的，一个字形上分割出若干个关键点，相邻关键点之间由一条光滑曲线连接，这条曲线可以由有限个参数来唯一确定。矢量字体库中每一个字形是通过数学曲线来描述的，通常使用贝塞尔曲线、绘图指令和数学公式进行绘制，它包含了字形边界上的关键点、连线的导数信息等，字体的渲染引擎通过读取这些数学矢量，进行一定的数学运算来渲染。

矢量字体的优点是字体实际尺寸可以任意缩放且保持字体边缘依然光滑，且字体色素不会丢失。目前，主流的矢量字体包括 Type 1、TrueType、OpenType。这 3 种矢量字体都是与平台无关的。

Type 1 全称 PostScript Type 1，是 1985 年由 Adobe 公司提出的一套矢量字体标准，由于这个标准是基于 PDL(postscript description language)的，而 PDL 又是高端打印机首选的打印描述语言，所以 Type 1 迅速流行起来。但是 Type 1 是非开放字体，Adobe 公司对使用 Type 1 的公司征收高额的使用费。

TrueType 是 1991 年由苹果公司与 Microsoft 公司联合推出的另一套矢量字体标准。

Type 1 使用三次贝塞尔曲线来描述字形，TrueType 则使用二次贝塞尔曲线来描述字形。所以，Type 1 字体比 TrueType 字体更加精确、美观。一个误解是，Type 1 字体比 TrueType 字体占用空间多。这是因为同样描述一个圆形，二次贝塞尔曲线只需要 8 个关键点和 7 段二次曲线；而三次贝塞尔曲线则需要 12 个关键点和 11 段三次曲线。然而一般 Type 1 比 TrueType 占用的空间小 10%左右。这是因为对于稍微复杂的字形，为了保持平滑，TrueType 必须使用更多的关键点。由于现代大部分打印机使用 PDL 作为打印描述语言，所以 Type 1 字体打印的时候不会产生形变，速度快；而 TrueType 则需要翻译成 PDL，由于曲线方程的变化，还会产生一定的形变，因此 TrueType 不如 Type 1 美观。

这么说来，Type 1 应该比 TrueType 更具优势，为什么如今的计算机上 TrueType 反而比 Type 1 应用得更广泛呢？

首先，Type 1 字体方程复杂，因此在屏幕上渲染的时候，花费的时间多，解决方案是大部分 Type 1 字体嵌入了点阵字体，这样渲染快，但是边缘不光滑、不美观。很多 Photoshop 文档和 Photoshop 转换的 PDF 文档都是这样，在计算机上浏览的时候字体不好看，但是打印出来很美观。TrueType 则渲染得比较快，可以平滑地显示在屏幕上，看上去很美观。

其次，Type 1 的高额使用费，使 Type 1 没有被所有的操作系统支持。Windows 系列只有 OS/2 和 Windows 2000 及之后的版本从操作系统层面开始支持 Type 1。由于这个问题，Adobe 公司只好在其所有的产品中嵌入 ATM(adobe type manager)作为渲染引擎。

OpenType 是 Type 1 与 TrueType 之争的最终产物，又称 Type 2 字体。1995 年，Adobe 公司和 Microsoft 公司开始联手开发一种兼容 Type 1 和 TrueType，并且真正支持 Unicode 字符集的轮廓字体，在发布的时候，命名为 OpenType。OpenType 可以嵌入 Type 1 和 TrueType，支持很大的字符集，可以说是 Type 1 和 TrueType 的超集。这样就兼有了二者的特点，无论是在屏幕上显示还是打印，质量都非常高，并且支持多个平台。可以说 OpenType 的出现是一个三赢的结局，无论是 Adobe、Microsoft 公司还是用户，都从 OpenType 中得到了好处。Windows 系列从 Windows 2000 操作系统开始，正式支持 OpenType 字库，其系统自带的西文字库已升级到 OpenType 字体格式，苹果公司也从 macOS 开始完全兼容 OpenType 字库。而 Adobe 公司不仅将 Adobe 字体全部升级到 OpenType 格式，还推出 Adobe Creative Suite 2 软件包，其中的 InDesign、Illustrator 和 Photoshop 对 OpenType 字库的排版特性都有非常好的支持。

同一个 OpenType 字体文件可以用于 macOS、Windows 和 Linux 操作系统，这种跨平台的字库大大方便了用户的使用，用户再也不必为不同的系统配置字库而烦恼。

OpenType 还定义了 OpenType 文件名称的后缀名。包含 TrueType 字体的 OpenType 文件后缀名为“. ttf”，包含 PostScript 字体的文件后缀名为“. otf”，包含一系列 TrueType 字体的字体包文件的后缀名为“. ttc”。

从 OpenType 文件结构来看，确切地讲它是 TrueType 格式的扩展延伸，在继承了 TrueType 格式的基础上增加了对 PostScript 字型数据的支持，所以 OpenType 的字型数据既可以采用 TrueType 的字型描述方式，也可以采用 PostScript 的字型描述方式，完全由字体厂商决定。从文件结构的角度来讲，OpenType 或许并不是一种真正新的字体格式，但是该字体格式所增加的排版特性从功能上为用户开辟了新的用字方式，为用户提供了更高效率的排版模式。

如果在 Windows 操作系统中双击打开 Arial 字体文件，可以看到如 OpenType Layout、TrueType Outlines 等描述性信息内容（见图 2-9）。说明这款 OpenType 字库采用的就是 TrueType 描述方式，这种字库在原有的 TrueType 字库的基础上加入了 OpenType 字库的排版特性，使其升级到了 OpenType 字库格式，这些排版特性的加入可以更好地控制字型的替换和排版位置。

图 2-9　Windows 操作系统中 Arial 字体的描述信息

如果双击汉仪柏青简体字库文件（需要在 Windows 操作系统中安装该字库），可以看到 OpenType Font、PostScript Outlines、Single Master，说明这种 OpenType 字库使用 PostScript 描述方式，采用 Adobe CID-Keyed font 技术，该字库简称为 CFF OpenType。

过去前端可使用的 PostScript 字库很少，一般是 Type 1 字库，仅能容纳 256 个字符，显然这种字型格式不适合中文字库，并且不是所有软件都支持这种格式。而 OpenType 字体格式不仅可以包含上万的字型，而且兼容性非常好，对图形或排版的专业人员来说，前端使用 CFF

OpenType 字库是很好的选择。

矢量字体最重要的特征是轮廓(outline)和字体精调(hint)控制点。轮廓是一组封闭的路径,它由线段或贝塞尔曲线(二次或三次贝塞尔曲线)组成。字形控制点有轮廓锚点和精调控制点,缩放这些点的坐标将缩放整个字体轮廓。

轮廓虽然精确地描述了字体的外观形式,但是数学上的正确对人眼来说并不一定合适。特别是字体缩小到较小的分辨率时,字体可能变得不美观或者不清晰。字体精调就是采用一系列的技术来精密调整字体,让字体变得美观、清晰。

大部分计算机采用矢量字体来显示和打印。矢量字体尽管可以任意缩放,但缩得太小时字体会变得不美观或者不清晰,即使采用字体精调技术,效果也不一定好。因此,小字体一般采用点阵字体来弥补矢量字体的不足。

矢量字体的显示需要经历初始化字体的渲染引擎、加载字体、设置字体大小、加载字体数据、字体转换(旋转或缩放)、字体渲染(计算并绘制字体轮廓、填充色彩等)等步骤(见图2-10)。可见,在计算机屏幕上显示文字,计算机要做的计算工作比我们想象的多得多。

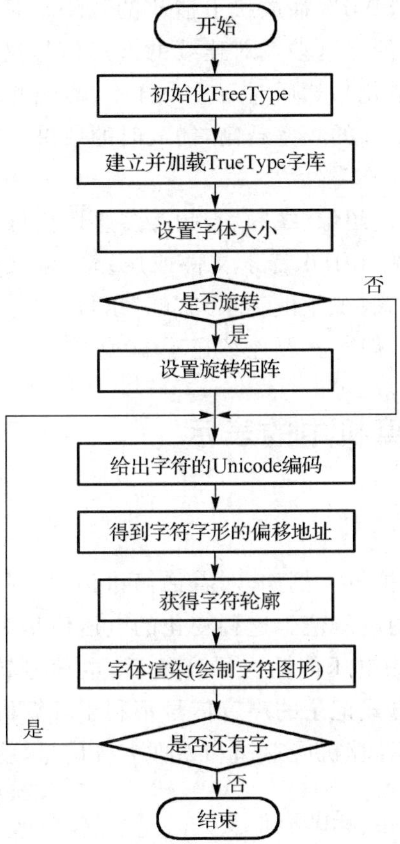

图 2-10　矢量汉字或字符的输出流程(用 FreeType 的 API 绘制字符的流程图)

矢量字体的获取除了通过坐标数据及坐标点之间的连接曲线方程由渲染引擎渲染得到外,还可以利用栅格(点阵)数据到矢量数据的转换技术将点阵汉字转换成矢量汉字。栅格数据转换为矢量数据,需要将离散的栅格单元转换为独立表达的点、线、多边形,特征的属性取决于栅格单元的属性。转换的关键是正确识别点数据单元、边界数据单元、节点和角点单元,并对构成特征的数据单元进行拓扑处理。

2.6 多媒体数据在计算机中的表示

计算机通常被称为数字设备，数字数据(digital data)是以二进制形式存储的数据，数字设备(digital device)则是处理二进制数据的任何设备。本章已经初步介绍了数字和字符是如何以二进制形式存储的，即数值数据和字符数据都要转换成二进制编码来存储和处理。计算机也可以处理图形、图像、视频、音频等多媒体信息，这些多媒体信息同样要经过编码并转换成二进制编码后计算机才能存储和处理，这一转换过程称为多媒体信息的数字化。

例如，对使用数码相机拍摄的照片来说，每一张照片就是由称为像素(pixel)的小点组成的。像素代表图像元素(picture element)。在显示器上显示一张照片时，图像中的每个像素被转换成一串代表像素颜色的数字代码，该数字代码作为二进制数存储在内存(显存)中。

用户在CD播放机、iPod或MP3播放机上播放的音乐也是数字式数据，存储在计算机存储器中的声音文件都是数字式的。这涉及对连续的波形信号进行数字化转换的过程，首先对连续的波形信号进行采样(离散化)，然后对每一个样本(sample)进行二进制编码，存放在内存中。歌曲拆分出的样本越多，采样的频率越高，播放时的效果就越接近原声。一首CD音质的歌曲每秒可以拆分出44 000多个样本。

由此可见，计算机对于图形、图像、视频、音频等多媒体信息的编码方式是完全不同的。在计算机中，声音往往用波形文件、MIDI音乐文件或压缩音频文件方式表示；图像的表示主要有位图编码和矢量编码两种方式；视频由一系列"帧"组成，每一帧实际上是一幅静止的图像，需要连续播放才会变成动画(一般每秒要连续显示30帧左右)。

2.6.1 声音数据在计算机中的表示

1. 声音的采样、量化和编码

自然声音是连续变化的模拟量。例如，对着话筒讲话时[见图2-11(a)]，话筒根据周围空气压力的变化，输出连续变化的电压值。这种变化的电压值是对讲话声音的模拟，称为模拟音频[见图2-11(b)]。将模拟音频电压值输入录音机后，电信号转换成磁信号记录在录音磁带上，从而记录了声音。但这种方式记录的声音信号不利于计算机存储和处理，因为计算机存储的是一个个离散的数字。要使计算机能存储和处理声音信号，就必须将模拟音频信号数字化。

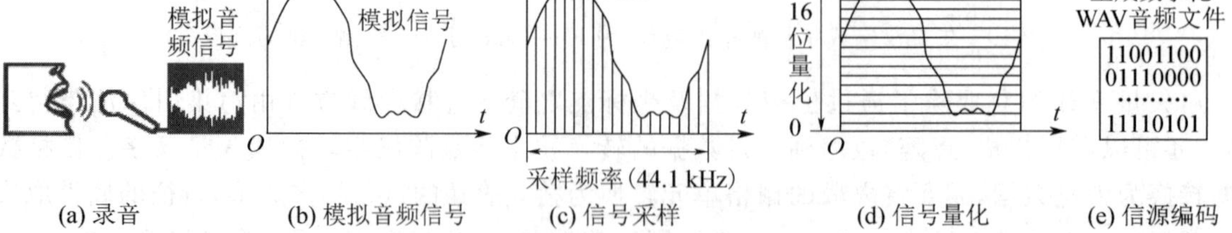

图2-11 音频信号数字化过程

(1)采样。将模拟音频信号转换成数字信号,必须经过采样。采样是在每个固定的时间间隔内对模拟音频信号截取一个振幅值[见图 2-11(c)],并用给定字长的二进制数表示,可将连续的模拟音频信号转换成离散的数字音频信号。截取模拟音频信号振幅值的过程称为采样,所得到的振幅值为采样值。单位时间内采样的次数越多(采样频率越高),数字信号就越接近原声。根据奈奎斯特(Nyquist)采样定理,采样频率只要达到信号最高频率的 2 倍,就能精确描述被采样的信号。一般人耳的听力范围在 20 Hz～20 kHz 之间。因此,采样频率达到 20 kHz×2=40 kHz 时,就可以满足要求。目前大多数声卡的采样频率都已达到了 44.1 kHz 或更高。

(2)量化。另一个影响音频数字化的因素是对采样信号进行量化的位数。例如,声卡的采样位数为 8,就有 256(2^8)种采样等级;如果采样位数为 16,就有 65 536(2^{16})种采样等级[见图 2-11(d)];如果采样位数为 32,就有 4 294 967 296(2^{32})种采样等级。目前大部分声卡为 24 位或 32 位量化。

(3)编码。对模拟音频信号采样、量化完成后,计算机得到了一大批原始音频数据,将这些信源数据(采集的原始数据)进行文件类型(如 WAV、MP3 等)规定的编码后,再加上音频文件格式的头部,就得到了一个数字音频文件[见图 2-11(e)]。这项工作由计算机中的声卡和音频处理软件(如 Adobe Audition)共同完成。

数字化的音频数据的优点是传输时抗干扰能力强,存储时重放性能好,易处理,能进行数据压缩,可纠错,容易混合。

2. 声音信号的输入与输出

数字音频信号可以通过光盘、电子琴 MIDI 接口等设备输入计算机。模拟音频信号一般通过话筒和音频输入接口(line in)输入计算机,然后由计算机声卡转换为数字音频信号,这一过程称为模/数(A/D)转换。当需要将数字音频文件播放时,可以利用音频播放软件将数字音频文件解压缩,然后通过计算机上的声卡或音频处理芯片,将离散的数字量再转换成连续的模拟量(如电压),这一过程称为数/模(D/A)转换。

2.6.2　图像数据在计算机中的表示

图像又称位图图像(要注意图像与图形的区别)。图形又称矢量图形,是由点或线依照多种数学公式绘制的图形。矢量图形基于数学公式而非像素阵列来定义,计算机存储的矢量图形文件中只记录生成图形的各个图元对象的生成算法和图上的特征点及属性值。显示图形时,图形处理程序从图形文件中读取各个图元对象的绘图算法,以及相关的特征点和属性值,绘图算法依据提供的特征点和属性值完成对应图元的绘制,包括颜色、形状、轮廓、大小和位置。显然,矢量图形不存在传统意义上的数字化过程,因为它们本身就是基于数字公式和工具在数字环境中创建和编辑的。矢量图形从一开始就是数字化的,不存在从模拟信号到数字信号的转换过程。下面主要介绍图像(位图)数字化的相关内容。

1. 图像数字化的过程

图像数字化是指把真实的图像转变成计算机能够接受的二进制数据存储下来。与声音信息的数字化过程相似,图像的数字化也分为采样、量化和编码。

采样是指要用多少个点来描述一幅图像。将二维空间上连续的图像离散化,也就是将图像从水平、竖直方向划分为若干个小格，每一个小格称为一个像素或像素点。一幅图像被采样成由有限个像素点构成的集合。将单位尺寸内的像素点数目称为分辨率。它是表示图像大小的一个参数，一般表示为"水平分辨率×竖直分辨率"的形式。例如，一幅图像的分辨率为640像素×480像素，表示这幅图像由307 200个像素点组成。分辨率越高，图像越清晰，图像文件所占的存储空间也越大。

量化是指要用多大范围的数值来表示一个像素点。每个像素点呈现不同的颜色(彩色图片)或层次(黑白图片)。如果是黑白图像，则每个像素点只需要1位，即可以用0或1表示黑或白；如果是彩色图像，则每个像素点可采用3字节来表示，每字节分别表示一个像素的三原色——红色(R)、绿色(G)、蓝色(B)(见图2-12)，这就是常说的24位真彩色图像，总共能够表示约1 670万(2^{24})种不同颜色。这里一个像素用24位二进制数表示，即这幅数字图像的色彩深度是24位。

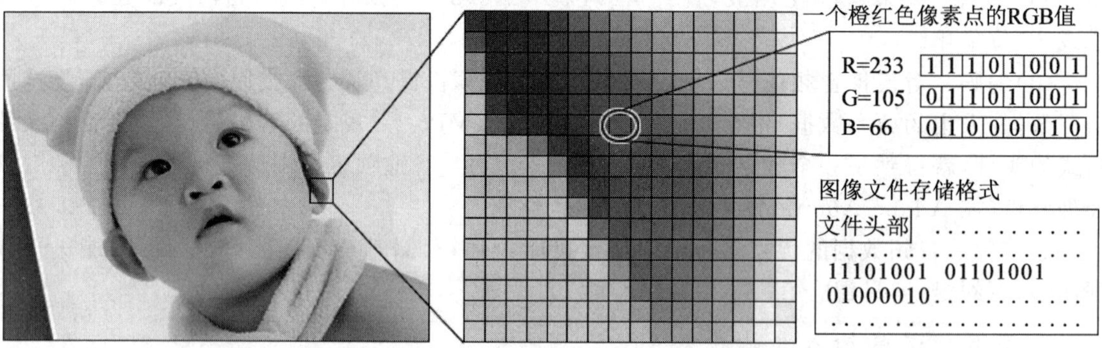

图2-12 24位色彩深度的图像编码方式(无压缩)

如果图像为灰度图，图像中每个像素点的亮度值用8位二进制数表示，亮度表示范围有256(2^8)个灰度等级(0～255)。

对每个像素点进行编码，也就是用一串二进制数来表示像素点，然后按行组织一行中所有像素点的编码，再按顺序将所有行的编码连起来，构成整幅图像的编码。一幅图像占用的存储空间为"分辨率×像素点位数"。例如，一幅分辨率为3 264像素×2 448像素的24位真彩色图像占用的存储空间是3 264×2 448×24÷8÷1 024÷1 024≈22.86 MB。形成图像文件时，必须根据图像文件的格式加上文件头部。这个数据是很大的，因此图像存储需要考虑压缩的问题。

2. JPEG静止图像压缩标准

ISO和国际电信联盟(International Telecommunication Union，ITU)共同成立的联合图片专家组(Joint Photographic Experts Group，JPEG)，于1991年提出了"多灰度静止图像的数字压缩编码"(简称JPEG标准)。这个标准适用于对彩色和单色多灰度等级的图像进行压缩处理。

JPEG标准支持很高的图像分辨率和量化精度。它包含两种算法：第一种是无损压缩，采用差分脉冲编码调制(differential pulse code modulation，DPCM)的预测编码；第二种是有损压缩，采用离散余弦变换(discrete cosine transform，DCT)和哈夫曼(Huffman)编码，通常压缩比达到20∶1～40∶1倍。前者图像压缩无失真，但是压缩比很小。目前，主要应用的是后一种算法，虽然图像画质有损失但压缩比很大，当压缩为原来的1/20时，基本不失真。

JPEG算法主要存储颜色变化，尤其是亮度变化，因为人眼对亮度变化比对颜色变化更为敏感。JPEG 算法的设计思想是:恢复图像时不重建原始画面,而是生成与原始画面类似的图像,丢掉那些没有被注意到的颜色。

2.6.3　视频数据在计算机中的表示

随着计算机网络和多媒体技术的发展,数字视频信息技术成为人们生活中不可或缺的一部分,渗透工作、学习、娱乐等各个方面。与图像不同,视频是活动的图像,由一系列的图像帧组成,每帧是一幅静止的图像,并且每幅图像都使用位图文件形式表示。正如像素是一幅数字图像的最小单元一样,帧是视频的最小和最基本的单元。以一定的速率将一幅幅图像投射到屏幕上时,由于人眼的视觉暂留效应,就会产生动态画面的效果。

1. 数字视频

数字视频就是先用摄像机之类的视频捕捉设备,将外界影像的颜色和亮度信息转变为电信号,电信号经过数字化后记录到存储介质(如内置硬盘)上。播放时,视频信号被转变为帧信息,并以约 30 帧/s 的帧率投影到显示器上,人眼看到的就是连续变化的动态画面。电影播放的帧率大约是 24 帧/s。

如果用示波器来观看,未数字化的模拟电信号看起来就像脑电波的扫描图像,由一些连续的、锯齿状的“山峰”和“山谷”组成。为了适应计算机存储和处理视频数据的需要,模拟视频信号的“山峰”和“山谷”必须通过模/数转换器来转变为二进制的“0”或“1”。这个转变过程就是视频捕捉(或采集)过程。如果要在模拟电视上观看数字视频,就需要一个数/模转换器将二进制信息解码成模拟信号。数字电视则可以直接播放数字视频。2020 年底,无线模拟电视退出历史舞台,我国全面进入数字电视时代。

2. 视频图像压缩技术

数字视频的数据量非常大,视频数据量的计算公式为

数据量(字节)=分辨率的宽度×分辨率的高度×帧率×颜色深度(位)/8×时长

例如,一段时长为 1 min、分辨率为 640 像素×480 像素的视频(30 帧/s,真彩色),未经压缩的视频数据量为

$$
\begin{aligned}
&640\times480\times30\times\frac{24}{8}\times60\ \text{B}\\
&=1\ 658\ 880\ 000\ \text{B}\\
&\approx1.54\ \text{GB}
\end{aligned}
$$

如此庞大的数据量,无论是存储、传输还是处理都是很困难的,所以必须要对视频数据进行压缩。视频压缩是计算机处理图像和视频及网络传输的重要基础。

在非线性编辑中最常用的是 MJPEG(Motion JPEG)。它是将视频信号的帧率由 50 帧/s (PAL 制式)变为 25 帧/s,然后按照 25 帧/s 的帧率使用 JPEG 算法对每一帧进行压缩。通常压缩比在 3.5∶1～5∶1 时可以达到 Betacam① 的图像质量。MJPEG 是适用于动态视频的压缩算法,除了对单幅图像进行编码以外,还利用图像序列中的相关原则将帧间的冗余去掉,大

---

① Betacam 是 Sony 公司于 1982 年开发的半英寸专业录像带系列产品。在口语上,Betacam 常指 Betacam 摄影机、Betacam 录像带、Betacam 录影机或其格式。

大提高了图像的压缩比，通常保持了较高的图像质量，而压缩比高达 100∶1。MJPEG 算法的缺点是压缩算法复杂，实现困难。

2.7 小　　结

计算机系统是对二进制数据进行存储、运算、加工处理的系统。然而，科学计算和日常事务处理的主要是十进制数据和各种字符、图形、图像等信息。如何利用二进制代码有效地表示人们日常生活中的各种数据信息是本章的主要内容。

在进位计数制中，常用的有十进制、二进制、八进制、十六进制等。掌握它们之间的转换方法是学习后续内容的基本要求。对于数值数据在计算机中的表示，一般采用定点整数、定点小数、浮点数的表示方法；对于数值数据中的正号、负号，计算机中采用真值和机器数来表示；为了完成减法由加法来实现的机制，计算机对数值数据通常采用补码表示方法。

对于非数值数据，本章除介绍了英文字符、汉字字符的表示方法外，还简要介绍了音频数据、图像数据、视频数据在计算机中的表示方法。英文字符的存储与表示比较简单，采用 ASCII 码可以很好地解决问题，而对于汉字字符，则要采用输入码、机内码、交换码及输出码等形式分别处理。音频数据、图像数据、视频数据属于计算机多媒体数据处理的范畴，感兴趣的读者可以进一步阅读与计算机多媒体技术相关的书籍。

掌握计算机对各类信息的编码和处理的基本规则与方法，是了解计算机数据存储、处理与传输的基础，也是更好认识和使用计算机的基础。

习　题　1

一、选择题

1. 现代计算机经历了电子管、(　　)、中小规模集成电路、大规模和超大规模集成电路 4 个发展阶段。

A. 电子　　B. 机电　　C. 晶体管　　D. 芯片

2. 美国宾夕法尼亚大学于 1946 年研制成功的一台大型通用数字电子计算机是(　　)。

A. ENIAC　　B. Intel　　C. IBM PC　　D. Pentium

3. 计算机的主要特点是运算速度快、计算精度高、存储容量大、(　　)、通用性强。

A. 控制功能强　　B. 具有逻辑判断功能

C. 模拟功能强　　D. 具有算术运算功能

4. 按应用市场分类，计算机大致可以分为大型计算机、(　　)、嵌入式系统三类。

A. 微机　　B. 服务器　　C. 工业 PC　　D. 笔记本微机

5. 现代计算机之所以能自动地连续进行数据处理，主要是因为(　　)。

A. 采用了开关电路　　B. 采用了半导体器件

C. 具有存储程序的功能　　D. 采用了二进制

6. 冯·诺依曼结构计算机包括输入设备、输出设备、存储器、控制器、(　　)五大组成部分。

A. 处理器　　B. 运算器　　C. 显示器　　D. 模拟器

7. 一条指令通常由(　　)和操作数两个部分组成。

A. 程序　　B. 操作码　　C. 机器码　　D. 二进制数

8. 计算机中最重要的核心部件是(　　)。

A. CPU　　B. DRAM　　C. CD-ROM　　D. CRT

9. 能够直接与 CPU 进行数据交换的存储器称为(　　)。

A. 外存　　B. 内存　　C. 缓存　　D. 闪存

10. (　　)是微机中各种部件之间共享的一组公共数据传输线路。

A. 数据总线　　B. 地址总线　　C. 控制总线　　D. 总线

11. CRT 显示器采用(　　)显示方式，因此显示效果好，色彩比较亮丽。

A. 数字　　B. 模拟　　C. 电信号　　D. 高分辨率

12. LCD 采用(　　)显示方式，显示效果比 CRT 显示器稍差。

A. 数字　　B. 模拟　　C. 电信号　　D. 高分辨率

13. 程序翻译有解释和(　　)两种方式。

A. 英译中　　B. 中译英　　C. 说明　　D. 编译

14. 在软件方面，第一代计算机主要使用(　　)。

A. 机器语言　　B. 高级程序设计语言

C. 数据库管理系统　　D. BASIC 和 FORTRAN 语言

15. 个人计算机简称 PC 机，这种计算机属于(　　)。

A. 微型计算机　　B. 小型计算机　　C. 超级计算机　　D. 巨型计算机

16. 计算机辅助教学的英文缩写是(　　)。

A. CAD　　B. CAI　　C. CAM　　D. CAT

17. 从第一代计算机到第四代计算机的体系结构都是相同的，都是由运算器、控制器、存储器及 I/O 设备组成的。这种体系结构称为(　　)体系结构。

A. 艾伦・图灵　　B. 罗伯特・诺依斯　　C. 比尔・盖茨　　D. 冯・诺依曼

18. 一个完整的计算机系统通常应包括(　　)。

A. 系统软件和应用软件　　B. 计算机及其外部设备

C. 硬件系统和软件系统　　D. 系统硬件和系统软件

19. 一个计算机系统的硬件一般由(　　)构成。

A. CPU、键盘、鼠标和显示器　　B. 运算器、控制器、存储器、I/O 设备

C. 主机、显示器、打印机和电源　　D. 主机、显示器和键盘

20. CPU 是计算机硬件系统的核心，它由(　　)组成。

A. 运算器和存储器　　B. 控制器和存储器

C. 运算器和控制器　　D. 加法器和乘法器

21. CPU 中控制器的功能是(　　)。

A. 进行逻辑运算　　B. 进行算术运算

C. 控制运算速度　　D. 分析指令并发出相应的控制信号

22. 微型计算机的主机由(　　)组成。

A. 运算器和存储器　　B. CPU 和内存

C. 主板、CPU、内存储器、总线、接口　　D. CPU、软盘和硬盘

23. 计算机的存储系统通常包括(　　)。

A. 内存储器和外存储器　　B. 软盘和硬盘

C. ROM 和 RAM　　D. 内存和硬盘

24. 计算机的内存储器简称内存,由(　　)构成。

A. 随机存储器和软盘　　B. 随机存储器和只读存储器

C. 只读存储器和控制器　　D. 软盘和硬盘

25. 随机存储器简称为(　　)。

A. CMOS　　B. RAM　　C. XMS　　D. ROM

26. 计算机一旦断电后,(　　)中的信息会丢失。

A. 硬盘　　B. 软盘　　C. RAM　　D. ROM

27. 在下列存储器中,存取速度最快的是(　　)。

A. 软盘　　B. 光盘　　C. 硬盘　　D. 内存

28. 计算机的软件系统一般分为(　　)两大部分。

A. 系统软件和应用软件　　B. 操作系统和计算机语言

C. 程序和数据　　D. UNIX 和 Windows

29. 在计算机中信息存储的基本单位是(　　)。

A. 位　　B. 字节　　C. 字　　D. 字长

30. 在计算机系统中,一个字节等于(　　)个二进制位。

A. 1　　B. 4　　C. 8　　D. 16

31. 将计算机外部信息传入计算机的设备是(　　)。

A. 输入设备　　B. 输出设备　　C. 软盘　　D. 电源线

32. 系统软件包括(　　)。

A. 文件系统、Microsoft Office

B. 操作系统、语言处理系统、数据库管理系统

C. Windows、WPS、UNIX

D. 操作系统、数据库文件、文件系统

33. 程序设计语言一般分为机器语言、(　　)、高级语言 3 类。

A. 汇编语言　　B. 自然语言　　C. 解释语言　　D. 编译语言

34. 为便于区分,二进制数用下标 2 或在数字尾部加(　　)表示。

A. H　　B. B　　C. D　　D. O

35. 为便于区分,十六进制数用下标 16 或在数字尾部加(　　)表示。

A. H　　B. B　　C. D　　D. O

36. 表达式 $1\times2^3+1\times2^0+1\times2^{-2}$ 对应的二进制数是(　　)。

A. 1001.01　　B. 1100.11　　C. 1001.11　　D. 1101.11

37. 二进制数 1101.1 转换成十进制数是(　　)。

A. 3.1　　B. 13.1　　C. 13.5　　D. 13.625

38. 十进制数 25 转换成二进制数是(　　)。

A. 11001　　B. 11010　　C. 10011　　D. 10101

39. ASCII 码使用(　　)位二进制数对一个西文字符进行编码。

A. 4　　B. 7　　C. 16　　D. 10

40. GB/T 2312—1980 标准共收录了(　　)个简体汉字字符和 682 个符号字符。

A. 10 000　　B. 6 763　　C. 21 003　　D. 13 060

41. GB/T 2312—1980 标准规定 1 个汉字用(　　)个字节表示。

A. 1　　B. 2　　C. 4　　D. 3

42.(　　)是目前计算机中使用最广泛的字符编码。

A. 拼音输入码　　B. 五笔字型输入码

C. GB/T 2312—1980　　D. ASCII 码

43. 二进制数 111101 转换成十进制数是(　　)。

A. 46　　B. 49　　C. 51　　D. 61

二、填空题(“D”表示十进制数,“B”表示二进制数,“O”表示八进制,“H”表示十六进制,“BCD”表示 8421 码)

1. 1010 11111101.111B=________ O=________ H。

2. 4F78.3H=________ B。

3. 765.3O=________ B。

4. 101111 10011011B=________ H。

5. 45D=________ BCD。

6. 10010101B=________ BCD。

7. 10011000 BCD=________ D。

8. 00100101 BCD=________ B。

9. 10.89D=________ BCD。

10. 01110110.10000001 BCD=________ D。

11. 111101.101B=________ BCD。

三、简答题

1. 把下列二进制数、八进制数、十六进制数转换为十进制数。

(1)10101001B　　(2)11111111.01B　　(3)145O　　(4)126.7O

(5)FFFFH　　(6)1245BH

2. 把下列十进制数分别转换为二进制数、八进制数、十六进制数。

(1)255.625　　(2)1876.5　　(3)213.125　　(4)215

3. 计算机的“存储程序”的工作原理的基本思想是什么?为什么要在计算机内部采用二进制数?

4. 计算机有什么特点?其主要应用领域有哪些?

5. 计算机与计算器的本质区别是什么?

6. 巨型机和微机之间的区别是什么?它们各有什么优缺点?

7. 什么是摩尔定律?你认为摩尔定律会失效吗?为什么?

8. 一个完整的计算机系统包括哪些部分?

9. 如何评价一台计算机的性能?

10. 计算机中的总线有什么作用?总线有哪些类型?

11. 计算机能够直接识别和处理的语言是什么?

12. 计算机对高级语言编写的程序如何进行处理?

13. 简述汇编程序、解释程序、编译程序的特点及异同。

14. 你觉得 PC 会消失吗？

15. 简述计算机指令的执行过程。

16. 了解当前市场上 PC 各主要组成部件（CPU、内存、主板、显卡、硬盘、显示器）的规格、型号、主要参数、价格等。根据性能和价位需求，选用合适的部件配置一台 PC，并简要说明选择这些部件的顺序（一些部件对另一些部件会有决定作用）和理由。

17. 写出下列二进制数的原码、反码和补码。

(1) −0.1000　　(2) 0.1010　　(3) 0.1111　　(4) −0.1111

(5) 0.1000　　(6) −0.1010　　(7) 1010111　　(8) −1111111

18. 求下列补码的真值。

(1) 11111111　　(2) 11110000　　(3) 01010111　　(4) 01111111

19. 依据 IEEE 754 标准中单精度浮点数的表示规定，求十进制数 0.156 25 在计算机中的存储形式。

20. 依据 IEEE 754 标准中单精度浮点数的表示规定，求实数 −9.625 的单精度浮点数表示形式。

21. 已知 $x=128.75\times2^{-10}$，$y=(-128.75)\times2^{10}$，依照图 2-2 所示浮点数编码结构，求 x、y 的浮点数表示形式。

22. 假设字长为 16 位，表示定点正数时，数值位为 15 位，符号位为 1 位；表示浮点数时，阶码为 6 位（包括符号位）；尾数位为 10 位（包括符号位）；阶码底为 2。请回答以下问题。

（1）定点补码表示整数时，最大正数、最小负数各为多少？

（2）浮点表示时，阶码、尾数均用补码，在尾数规格化的情况下，能表示的最大正数、最小负数各是多少？

23. 如果采用 24×24 点阵存储一个汉字，那么存储 4 096 个汉字需要多少字节存储空间？

24. 计算机中有哪几种编码？汉字信息处理中，机内码、国标码、字形码、输入码各自的作用是什么？

25. 为什么要有原码、反码、补码等不同的编码？

26. 机器数主要是为了解决符号数字化问题，请问从原码到补码主要是为了解决什么问题？

27. 二进制的表数范围是 0～255，为什么 8 位补码的表数范围是 −128～+127？

28. 在计算机中打开文件可能会出现乱码，请阐述出现乱码的根本原因。

29. 在计算机中，应用最普遍的字符编码是什么？

30. ASCII 码的用途是什么？

31. 什么编码方案足以代表世界上不同语言的所有字符？

32. UTF-8、UTF-16 编码方案与 Unicode 编码方案有何关联？又有何异同？

33. 术语“数字数据”和“数字设备”的含义各是什么？

34. 已知“静”的 Unicode 编码是 0x9759，试求“静”的 UTF-8 编码的十六进制形式。

35. 表 2-11 是 Unicode 字符集某平面区域的一部分，该部分位于 4E00～9FBF，即 CJK 统一表意符号（CJK① unified ideographs）常用汉字区域，请查表给出汉字字符“地”“道”“遠”的

① CJK=Chinese-Japanese-Korean。

Unicode 编码(十六进制形式),然后再进一步求出其 UTF-8 编码(十六进制形式)。

表 2-11　Unicode 编码表某平面的截取部分

	00	01	02	03	04	05	06	07	08	09	0A	0B	0C	0D	0E	0F	10	11	12	13
9000	退	送	适	逃	逄	逅	逆	迆	逈	选	逊	逋	逌	逍	逎	透	逐	逑	递	逓
9020	造	逡	逢	連	逤	逥	逦	逧	逨	逩	逪	逫	逬	逭	逮	逯	逰	週	進	逳
9040	遀	遁	遂	遃	遄	遅	遆	遇	遈	遉	遊	運	遌	遍	過	遏	遐	遑	遒	道
9060	違	遡	遢	遣	遤	遥	遦	遧	遨	適	遪	遫	遬	遭	遮	遯	遰	遱	遲	遳
9080	邀	邁	邂	邃	還	邅	邆	邇	邈	邉	邊	邋	邌	邍	邎	邏	邐	邑	邒	邓

36. 理解并举例阐述“将二进制的值取反加 1 的结果,和原来的值相加,结果为 0”这一法则。

37. 分别计算下面三幅图像的数据量。

(1)一幅 640 像素×480 像素分辨率的 256 色图像。

(2)分辨率为 1 024 像素×768 像素;颜色深度为 16 位。

(3)分辨率为 1 920 像素×1 080 像素;颜色深度为 24 位。

第二篇

计算机软件技术基础

计算机的应用日益广泛，它不仅是人们不可或缺的现代化工具，而且提升了人们的思维能力。计算机软件技术是计算机技术的重要组成部分，是计算机技术中非常活跃的领域之一，是衡量计算机技术发展阶段的重要标志。计算机硬件是计算机系统的物质基础，计算机软件是计算机运行所需的各种程序。没有硬件，就无法组装计算机，但只有硬件而没有软件，计算机也不能工作，两者缺一不可。各种计算机应用都离不开计算机软件的支持。计算机软件技术基础主要指与软件相关的一些基础知识，如数据结构、程序设计、软件工程、数据库技术等。学习和应用计算机需要掌握计算机软件技术的基础知识。

——第3章——
数据结构基础

数据结构在计算机应用中具有举足轻重的作用，本章主要讲述算法设计与数据结构的基础原理和技术，主要研究数据的各种逻辑结构和存储结构，以及对数据的各种操作。

学习目标

- 理解算法与数据结构的基本概念。
- 掌握几种常用的数据的逻辑结构和存储结构。
- 了解查找算法。
- 理解排序算法的基本思想。

3.1　数据结构的基本概念

计算机通过执行人们编制的程序完成预定的任务。从广义上说，计算机按照程序所描述的算法对某种结构的数据进行加工处理。著名的瑞士计算机科学家沃斯(N. Wirth)教授曾提出“算法＋数据结构＝程序”。

数据结构是一门研究非数值计算的程序设计问题中计算机的操作对象及它们之间的关系和操作的学科。因此，数据结构可以表述为“数据结构＝数据元素＋数据元素之间的关系”。

1. 数据结构的定义

1)数据

数据(data)是对客观事物的符号表示，在计算机科学中是指能够输入计算机，并被计算机识别和处理的符号的总称。例如，利用数值分析方法解代数方程的程序，其处理的数据是整数和实数；文字处理程序处理的数据是字符与字符串。因此，对计算机科学而言，数据的含义极为广泛，数字、字母、汉字、图形、图像、声音等都称为数据。

2)数据元素与数据项

数据元素(data element)是数据的基本单位，在计算机程序中通常作为一个整体进行考虑和处理。一个数据元素可由若干个数据项组成。数据项是数据不可分割的最小单位。例如，包括书名、作者名、分类号、出版单位及出版时间在内的一条书目信息，在计算机图书管理程序中被当作一个数据元素看待，而书名、作者名、分类号等称为数据项。

3)数据对象

数据对象(data object)是性质相同的数据元素的集合，是数据的一个子集。例如，正整数数据对象集合可以表示为 $N=\{1,2,3,\cdots\}$，字母字符数据对象集合可以表示为 $C=\{'A','B',$

'C',…,'Z'}。

4)数据结构

数据结构(data structure)是指相互之间存在一种或多种特定关系的数据元素集合,数据结构应该包括数据元素集合及元素间关系的集合,即数据的组织形式。具体来说,数据结构包含 3 个方面的内容,即数据的逻辑结构、数据的存储结构和对数据施加的运算。

2. 数据的逻辑结构

数据之间的逻辑关系是根据实际问题抽象出来的,而这种逻辑关系就是数据的逻辑结构。数据的逻辑结构有两种划分方法。第一种方法是将数据元素之间的逻辑结构划分为线性结构和非线性结构两种基本类型。在线性结构中,有且仅有一个开始结点和一个终端结点,并且所有结点最多只有一个直接前驱和一个直接后继,如线性表、栈、队列和串等;在非线性结构中,一个结点可能有多个直接前驱和直接后继,如树和图等。第二种方法是将数据元素之间的逻辑结构划分为如图 3-1 所示的 4 种基本类型。集合结构中的数据元素除了同属于一种类型外,无其他关系;线性结构中的数据元素之间存在一对一关系;树形结构中的数据元素之间存在一对多关系;图状结构(网状结构)中的数据元素之间存在多对多关系。

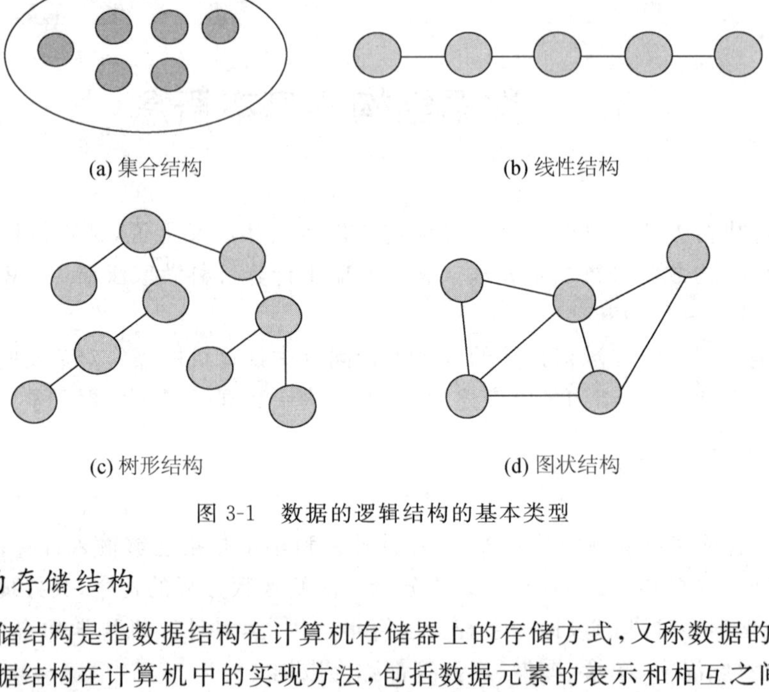

(a) 集合结构 (b) 线性结构 (c) 树形结构 (d) 图状结构

图 3-1 数据的逻辑结构的基本类型

3. 数据的存储结构

数据的存储结构是指数据结构在计算机存储器上的存储方式,又称数据的物理结构。它所研究的是数据结构在计算机中的实现方法,包括数据元素的表示和相互之间关系的表示。数据的存储结构依赖于计算机语言,可用以下 4 种基本存储方法得到。

1)顺序存储方法

逻辑上相邻的结点存储在物理位置上相邻的存储单元里,结点间的逻辑关系由存储单元的邻接关系来体现,由此得到的存储方式称为顺序存储结构(sequential storage structure),通常借助程序语言的数组描述。该方法主要应用于线性的数据结构。非线性的数据结构也可通过某种线性化的方法实现顺序存储。

2)链接存储方法

不要求逻辑上相邻的结点在物理位置上相邻,结点间的逻辑关系由附加的指针字段表示,由此得到的存储方式称为链式存储结构(linked storage structure),通常借助程序语言的指针类型描述。

3)索引存储方法

该方法通常在存储结点信息的同时建立附加的索引表。索引表由若干索引项组成。若每个结点在索引表中都有一个索引项,则该索引表称为稠密索引(dense index)。若一组结点在索引表中只对应一个索引项,则该索引表称为稀疏索引(spare index)。索引项的一般形式是(关键字,地址),其中关键字是能唯一标识一个结点的数据项。稠密索引中索引项的地址指示结点所在的存储位置;稀疏索引中索引项的地址指示一组结点的起始存储位置。

4)散列存储方法

散列存储方法的基本思想是,根据结点的关键字直接计算出该结点的存储地址。

上述4种基本存储方法,既可单独使用,也可组合起来对数据结构进行存储映像。同一逻辑结构采用不同的存储方法,可以得到不同的存储结构。选择何种存储结构来表示相应的逻辑结构,视具体要求而定,主要考虑运算的方便性及算法的时间、空间要求。

4. 数据类型

数据类型是一个值的集合和定义在这个集合上的一组操作的总称。数据类型是一个和数据结构密切相关的概念。例如,C语言的数据类型有基本数据类型和构造数据类型,基本数据类型包括整型、实型、字符型等,构造数据类型包括结构体、共用体等。

数据结构不同于数据类型,也不同于数据对象,它不仅要描述数据类型的数据对象,而且要描述数据对象各元素之间的相互关系。

5. 数据运算

研究数据结构,除了要研究数据结构本身,还要研究与数据结构关联的运算。这里的运算是指对数据结构中的数据元素进行的操作处理,而这些操作与数据的逻辑结构和物理结构有直接关系,结构不同,实现方法也不同。

与数据结构关联的运算的种类很多,主要包括以下几种。

(1)创建(create):建立一个数据结构。

(2)撤销(destroy):清除一个数据结构。

(3)删除(delete):从一个数据结构中删除一个数据元素。

(4)插入(insert):把一个数据元素插入一个数据结构中。

(5)访问(access):对一个数据结构进行访问。

(6)修改(modify):对一个数据结构中的数据元素进行修改。

(7)排序(sort):按照指定的关键字,对一个数据结构进行从小到大或从大到小的有序排列。

(8)查找(search):按照指定的关键字,对一个数据结构进行定位。

同一种运算存在各种各样的算法,完成一种指定的运算,需要选择一种最好或最优的算法。但对某一种具体的数据结构来说,完成一种运算的算法效率较高,完成另外一种运算的算法效率可能较低,而对另一种数据结构来说,情况可能正好相反。因此,要解决一个实际问题,数据结构的设计和算法的选择要综合考虑,对各种情况要反复比较,最终选择一个较好的数据结构和高效率的算法。

3.2 算　　法

1. 算法的定义及特性

算法是对特定问题求解步骤的一种描述，是指令的有限序列，其中每条指令表示一个或多个操作。算法有以下 5 个重要的特性。

(1)有穷性：算法必须在有限步内结束，且每一步都可在有限时间内完成。

(2)确定性：组成算法的操作必须有确切的含义，不会产生二义性。

(3)可行性：一个算法是可行的，即算法中描述的操作可以通过已经实现的基本运算的有限次执行来实现。

(4)输入性：一个算法有 0 个或多个输入。

(5)输出性：一个算法有 1 个或多个输出。

算法的含义与程序十分相似，但二者是有区别的。一个程序不一定满足有穷性(死循环)。另外，程序中的指令必须是机器可执行的，而算法中的指令则无此限制。一个算法若用计算机语言来书写，就可以是一个程序。

2. 算法设计的要求

算法和数据结构是相辅相成的，解决某一特定类型的问题可以选择不同的数据结构，而且选择的恰当与否直接影响算法的执行效率的高低。要设计一个好的算法通常需要考虑以下几个方面的要求。

(1)正确性：算法的执行结果应当满足预先规定的功能要求。

(2)可读性：一个算法应当思路清晰、层次分明、简单明了、易读易懂。

(3)健壮性：当输入不合法数据时，能进行适当处理，而不会引起严重后果。

(4)通用性：算法应具有一般性，即算法的处理结果对于一般的数据集合都成立。

(5)高效性：有较高的时间效率和有效地使用存储空间。

3. 算法的复杂度

算法的复杂度主要包括时间复杂度和空间复杂度。

1)时间复杂度

算法的执行时间需要依据该算法编制的程序在计算机上运行时所消耗的时间来度量。它大致等于计算机执行一种简单操作(如赋值、比较等)所需的平均时间与算法中进行简单操作的次数的乘积。因为执行一种简单操作所需的平均时间随计算机而异，是由计算机的软硬件环境决定的，与算法无关，所以只需讨论影响算法执行时间的另一因素，即算法中进行简单操作的次数。通常把算法中进行简单操作的次数称为算法的时间复杂度，它是一个算法执行时间的相对度量。

当算法简单时，时间复杂度容易计算；当算法比较复杂时，时间复杂度的计算就相对困难。一般不需要计算出算法的精确的时间复杂度，只要大致计算出相应的数量级即可。

若解决问题的规模为 n，那么算法的时间复杂度就是问题规模 n 的一个函数 $f(n)$，假定时

间复杂度记为 $T(n)$，则

$$T(n)=O(f(n))$$

它表示随着问题规模 n 的增大，算法的执行时间的增长率与 $f(n)$ 的增长率相同，可将时间复杂度表示为 $O(n)$。

按数量级递增顺序，时间复杂度由小到大为 $O(1)$、$O(\log_2 n)$、$O(n)$、$O(n\log_2 n)$、$O(n^2)$、$O(n^3)$。

一个算法的时间复杂度除了与问题的规模有关外，还与输入数据的次序有关，输入的次序不同，算法的时间复杂度不同，所以当分析算法的时间复杂度时，还要考虑到最好、最坏和平均时间复杂度。

2)空间复杂度

与时间复杂度类似，空间复杂度是指算法在计算机内执行时所需存储空间的量度，记作 $S(n)=O(f(n))$。其中，n 为问题的规模。

算法执行期间需要的存储空间包括 3 个部分：算法程序所占的空间、输入的初始数据所占的存储空间、算法执行过程中所需要的额外空间。

在许多实际问题中，为了减少算法所占的存储空间，通常采用压缩存储技术。特别是对图像、动画、音频、视频数据进行处理时要采用这种技术。

3.3 线 性 表

线性表是一种最简单、最常用的数据结构。

1. 线性表的定义

线性表(linear list)是数据结构的一种，一个线性表是 n 个具有相同特性的数据元素的有限序列。数据元素是一个抽象的符号，其具体含义在不同的情况下一般不同。

在稍复杂的线性表中，一个数据元素可由多个数据项(item)组成，这种情况下常把数据元素称为记录(record)，含有大量记录的线性表称为文件(file)。

线性表中记录的个数 n 定义为线性表的长度，$n=0$ 时称为空表。在非空表中每个数据元素都有一个确定的位置，若用 a_i 表示数据元素，则 i 称为数据元素 a_i 在线性表中的位序。

线性表的相邻元素之间存在着序偶关系。若用(a_1，a_2，…，a_{i-1}，a_i，a_{i+1}，…，a_n)表示一个顺序表，则表中 a_{i-1} 领先于 a_i，a_i 领先于 a_{i+1}，称 a_{i-1} 是 a_i 的直接前驱元素，a_{i+1} 是 a_i 的直接后继元素。当 $i=1,2,\cdots,n-1$ 时，a_i 有且仅有一个直接后继；当 $i=2,3,\cdots,n$ 时，a_i 有且仅有一个直接前驱。

"线性"和"非线性"只在逻辑层次上讨论，而不考虑存储层次，所以双向链表和循环链表依旧是线性表。

在数据结构逻辑层次上细分，线性表可分为一般线性表和受限线性表。一般线性表就是通常所说的线性表，可以自由删除或添加结点。受限线性表主要包括栈和队列，受限表示对结点的操作受到限制。

从线性表的定义总结出线性表具有如下特征。

(1)有且仅有一个开始结点(表头结点)a_1,它没有直接前驱,只有一个直接后继。

(2)有且仅有一个终端结点(表尾结点)a_n,它没有直接后继,只有一个直接前驱。

(3)其他结点都有一个直接前驱和一个直接后继。

(4)数据元素之间为一对一的线性关系。

2. 线性表的基本操作

(1)创建线性表:CreateList()。

初始条件:线性表不存在。

操作结果:构造一个空的线性表。

(2)求线性表的长度:LengthList(L)。

初始条件:线性表 L 存在。

操作结果:返回线性表中元素的个数。

(3)按值查找:SearchList(L,x),x 是一个给定的数据元素。

初始条件:线性表 L 存在。

操作结果:在线性表 L 中查找值为 x 的数据元素,其结果是在线性表 L 中首次出现的值为 x 的元素的序号或地址,称为查找成功;若在线性表 L 中未找到值为 x 的数据元素,则返回一个特殊值表示查找失败。

(4)插入操作:InsertList(L,i,x)。

初始条件:线性表 L 存在,插入位置正确($1\leqslant i\leqslant n+1$,$n$ 为插入前的表长)。

操作结果:在线性表 L 的第 i 个位置上插入一个值为 x 的新元素,这样使原序号为 $i,i+1,\cdots,n$ 的数据元素的序号变为 $i+1,i+2,\cdots,n+1$,新表长=原表长+1。

(5)删除操作:DeleteList(L,i)。

初始条件:线性表 L 存在,$1\leqslant i\leqslant n$。

操作结果:在线性表 L 中删除序号为 i 的数据元素,删除后使序号为 $i+1,i+2,\cdots,n$ 的数据元素的序号变为 $i,i+1,\cdots,n-1$,新表长=原表长-1。

(6)显示操作:ShowList(L)。

初始条件:线性表 L 存在,且非空。

操作结果:显示线性表 L 中的所有元素。

3. 线性表的顺序存储

数据结构只有在内存中正确表示出来,才能实现其基本操作。数据结构在内存中的表示通常有两种形式,即顺序存储表示和链式存储表示。线性表的顺序存储结构又称顺序表。

将表中结点依次存放在计算机内存中一组连续的存储单元中,数据元素在线性表中的邻接关系决定它们在存储空间中的存储位置,即逻辑结构中相邻的结点其存储位置也相邻。用这种存储形式存储的线性表称为顺序表。

顺序表的存储特点是用物理上的相邻实现逻辑上的相邻。

顺序存储可以按序号随机访问每一个数据元素。

设a_1的存储地址为 $Loc(a_1)$,每个数据元素占 d 个存储地址,则第 i 个数据元素的地址为 $Loc(a_i)=Loc(a_1)+(i-1)d$,$1\leqslant i\leqslant n$(见图 3-2)。

顺序存储结构的主要特点如下。

(1)结点中只有自身信息域,没有连接信息域,因此存储密度大,存储空间利用率高。

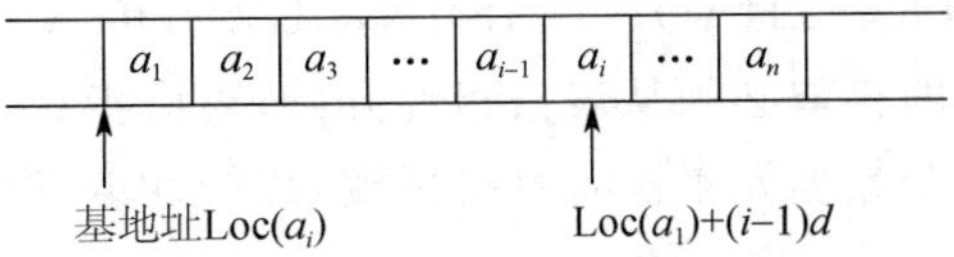

图 3-2 线性表的顺序存储表示

(2)可以通过计算直接确定数据结构中第 i 个结点的存储地址 L_i，计算公式为 $L_i=L_0+(i-1)m$。其中 L_0 为第一个结点的存储地址；m 为每个结点所占用的存储单元个数。

(3)插入、删除运算不便，会引起大量结点的移动。

4. 线性表的链式存储

线性表的链式存储结构又称链表。

链表是指用一组任意的存储单元来依次存放线性表的结点，这组存储单元既可以是连续的，也可以是不连续的，甚至是零散分布在内存中的任意位置上的。链表中结点的逻辑次序和物理次序不一定相同。

为了能正确表示结点间的逻辑关系，在存储每个结点值的同时，还必须存储指示其后继结点的地址(或位置)信息，这个信息称为指针(pointer)或链(link)。这两部分组成了链表中的结点结构。

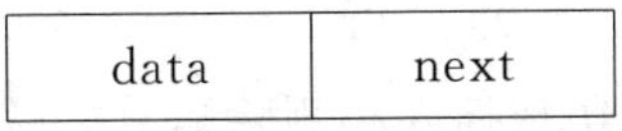

其中，data 是数据域，用来存放结点的值；next 是指针域(又称链域)，用来存放结点的直接后继的地址。

链式存储结构的主要特点如下。

(1)结点中除自身信息之外，还有表示链接信息的指针域，因此比顺序存储结构的存储密度小，存储空间利用率低。

(2)逻辑上相邻的结点物理上不必相邻，可用于线性表、树、图等多种逻辑结构的存储表示。

(3)插入、删除操作灵活方便，不必移动结点，只改变结点中的指针值即可。

链表正是通过每个结点的链域将线性表的 n 个结点按其逻辑次序连接在一起的。由于上述链表的每一个结点只有一个链域，故将这种链表称为单链表(single linked)。

链式存储结构有三类，即线性链表、循环链表和双向链表。

1)线性链表

线性链表就是链式存储的线性表，其结点中只含有一个指针域，用来指出其后继结点的存储位置。线性链表的最后一个结点无后继结点，它的指针域为空(记为 null 或 ∧)。另外还要设置表头指针 head，指向线性链表的第一个结点，如图 3-3 所示。

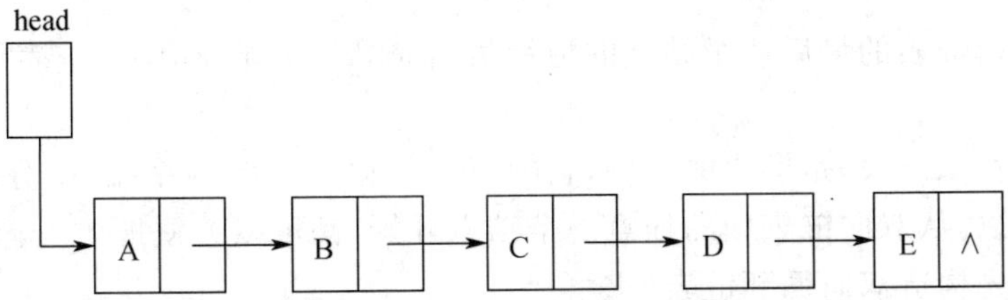

图 3-3 链式存储结构示意图

例如,图 3-4 所示为线性表(ZHAO,LIU,SUN,LI,ZHOU,GUO,ZHENG,WANG)的线性链表存储结构,整个链表的存取必须从表头指针开始,表头指针指向链表中第一个结点的存储位置。同时,由于最后一个数据元素没有直接后继,故线性链表中最后一个结点的指针为空(NULL)。

存储地址	数据域	指针域
1	LI	43
7	LIU	13
13	SUN	1
19	WANG	NULL
25	GUO	37
31	ZHAO	7
37	ZHENG	19
43	ZHOU	25

图 3-4 线性链表示例

采用 C 语言中的结构指针可以对线性链表进行描述。

```
type struct Lnode{
  ElemType data;
  structLnode * next;
}Lnode, * LinkList;
```

在单链表中可以方便、灵活地实现插入和删除运算。假设在线性表的两个数据元素 a 和 b 之间插入一个数据元素 x,已知 p 为其单链表存储结构中指向结点 a 的指针,如图 3-5(a)所示。

为插入数据元素 x,首先生成一个数据域为 x 的结点(令 s 指向该结点),然后将其插入单链表中。根据插入操作的逻辑定义,还需要修改结点 a 中的指针域,令其指向结点 x,而结点 x 中的指针域应指向结点 b,从而实现 3 个元素之间逻辑关系的变化。插入数据元素 x 后的单链表如图 3-5(b)所示。

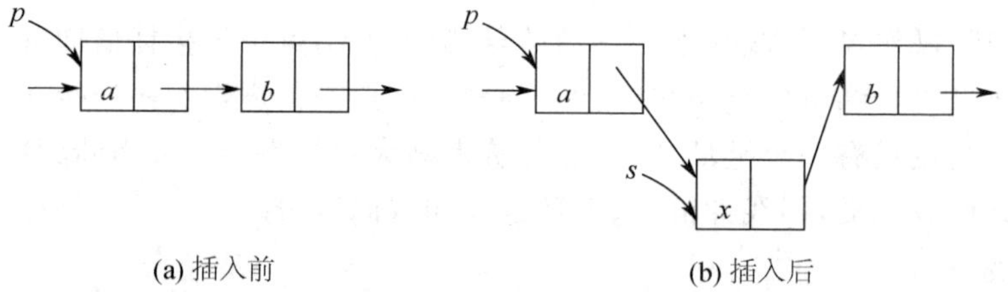

图 3-5 单链表插入运算

类似地,可以实现单链表的删除操作。

2)循环链表

循环链表是指链表的最后一个结点的指针值指向第一个结点,整个链表形成一个环。

3)双向链表

双向链表又称双链表,是链表的一种,它的每个数据结点有两个指针,分别指向直接后继和直接前驱。所以,从双向链表中的任意一个结点开始,都可以方便地访问它的前驱结点和后继结点。一般优先构造双向循环链表。

3.4　栈

1. 栈的定义

向一个直径稍大于苹果直径的桶中放苹果时，只有最后被放进去的苹果才能最先被取出来，这种后进先出(last in first out，LIFO)的结构称为栈(stack)。栈在处理数据时有非常广泛的应用。

栈是限定仅在表尾进行插入和删除操作的线性表。对栈来说，表尾端有其特殊含义，称为栈顶(top)。相应地，表头端称为栈底(bottom)。不含任何元素的栈称为空栈。

如图 3-6 所示，假设栈 $S=(a_1,a_2,a_3,\cdots,a_n)$，则称$a_1$为栈底元素，称$a_n$为栈顶元素。栈中元素按$a_1,a_2,a_3,\cdots,a_n$的次序进栈，出栈的第一个元素为栈顶元素，也就是说，栈的操作是按后进先出的原则进行的。

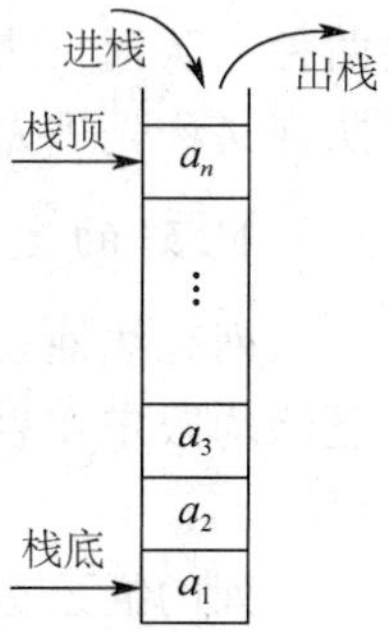

图 3-6　栈的示意图

2. 栈的基本运算

栈的基本操作除了在栈顶插入和删除元素外，还有栈的初始化、判空及取栈顶元素等。对栈来说，常见的基本操作如下。

(1)Init_Stack(S)：栈的初始化。操作结果是构造一个空栈。

(2)Empty_Stack(S)：判别是否空栈。操作结果是若栈为空则返回 1，否则返回 0。

(3)Push_Stack(S,x)：入栈操作。操作结果是在栈 S 的顶部插入一个新元素 x，x 成为新的栈顶元素。

(4)Pop_Stack(S)：出栈操作。在栈 S 存在且非空的情况下，操作结果是将栈 S 的栈顶元素从栈中删除。

(5)Peek_Stack(S)：读取栈顶元素。在栈 S 存在且非空的情况下，操作结果是读取栈顶元素，栈不发生变化。

3. 栈的存储结构

由于栈是运算受限的线性表，因此线性表的存储结构对栈也是适用的，只是操作受限而已。栈也有两种存储结构，即顺序存储结构和链式存储结构。

1)栈的顺序存储结构

利用顺序存储方式实现的栈称为顺序栈。类似于顺序表的定义，栈中的数据元素用一个预设的长度足够的一维数组表示：Elemtype data[MAXSIZE]。栈底位置可以设置在数组的任意端点，而栈顶是随着插入和删除元素而变化的，用一个 int top 作为栈顶的指针，即栈顶元素的数组下标。

通常将以 0 为下标的一端设为栈底，这样空栈时的栈顶指针 top＝－1；入栈时，栈顶指针加 1，即 top＋＋；出栈时，栈顶指针减 1，即 top－－。

2)栈的链式存储结构

用链式存储结构实现的栈称为链栈，通常链栈用单链表表示。链栈的结点结构与单链表的相同。因为栈的主要运算是在栈顶进行插入和删除，显然将链表的头部作为栈顶是最方便的，而且不需要像单链表那样为了运算方便而附加一个头结点。

3.5 队　　列

排队买东西的时候，通常都要遵守一定的规则：最先排队的人可以先买到东西出队，后来的人只能排在队伍的最后面。这种先进先出的规则在数据结构中称为队列(queue)。队列是程序设计中常用的一种数据结构。它的逻辑结构是线性结构，存储结构有顺序存储和链式存储两种。队列只能在一端进行插入(入队)，另一端进行删除(出队)，与生活中的队列相似，因此队列又称先进先出(first in first out，FIFO)表。

1. 队列的定义

队列是线性表的一种特殊情况，与栈不同，其所有的插入均限定在表的一端进行，而所有的删除均限定在表的另一端进行。允许插入的一端称为队尾(rear)，允许删除的一端称为队头(front)。

队列的插入运算又称入队，删除运算又称出队。队列的例子在日常生活中随处可见，任何一次排队都形成一个队列，它反映了“先来先服务”的原则。如排队上汽车，食堂排队买饭菜等，新来的成员总是在队尾加入，每次离队的又总是队头的成员，当最后一个人上车或者买了饭菜离队后，队列为空。

如图 3-7 所示，假设 $Q=(a_1,a_2,a_3,\cdots,a_n)$为一个队列结构，那么队头元素为$a_1$，队尾元素为$a_n$。该队列的元素是按$a_1,a_2,a_3,\cdots,a_n$的顺序入队的，出队也只能按照这个顺序进行。也就是说，只有在$a_1,a_2,a_3,\cdots,a_{n-1}$都已出队后，$a_n$才能出队。

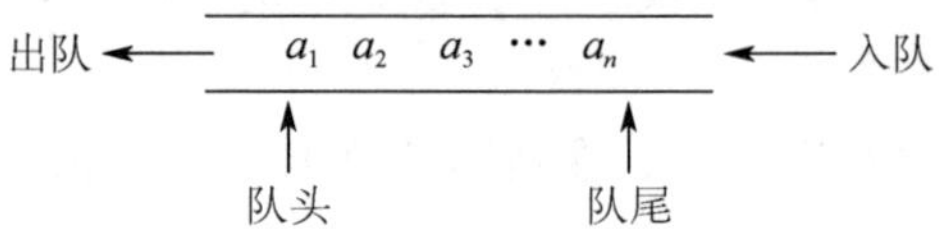

图 3-7　队列示意图

2. 队列的基本运算

在队列上进行的基本操作如下。

(1)Init Queue(Q)：队列初始化。

(2)In Queue(Q，x)：入队操作。在队列 Q 存在的情况下，操作结果是在队列 Q 的队尾插入一个元素 x，队列发生变化。

(3)Out Queue(Q，x)：出队操作。在队列 Q 存在且非空的情况下，操作结果是删除队头元素，并返回其值，队列发生变化。

(4)Peek Queue(Q，x)：读队头元素。在队列 Q 存在且非空的情况下，操作结果是读出队头元素，并返回其值，队列不变。

(5)Empty Queue(Q)：判别队列是不是空队列。在队列 Q 存在的情况下，操作结果是若 Q 为空队列则返回 1，否则返回 0。

3. 队列的存储结构

与线性表和栈类似,队列也有顺序存储和链式存储两种存储结构。

1)顺序存储结构

由于队列也是一种线性表,因此可以用一维数组来描述队列的顺序存储结构。但它的顺序存储结构比栈的顺序存储结构稍微复杂一点,即除了定义一个数组外,还要定义两个变量 front 和 rear,分别指出队头元素和队尾元素。为了算法设计方便和算法本身简单,约定队头指针 front 指向实际队头元素所在位置的前一个位置,而队尾指针 rear 指向实际队尾元素所在的位置。

2)链式存储结构

队列的链式存储结构就是用一个单链表来表示队列,简称链队列。把单链表的头指针定义为队头指针 front,在链表尾结点建立指针 rear 作为队尾指针;并且限定只能在链头进行删除,在链尾进行插入,这个单链表就构成了一个链队列。与顺序存储结构不同的是,链队列的队头指针与队尾指针都指向实际的队头与队尾,即它们分别给出了实际队头元素与队尾元素所在结点的存储地址。

从对顺序存储结构和链式存储结构的讨论来看,对使用过程中数据元素变动较大的数据结构来说,采用链式存储结构比采用顺序存储结构更有利。队列就是有这种特点的数据结构。

3.6 树和二叉树

前几节讨论的数据结构主要是线性结构,线性结构中数据元素的关系是一一对应的,其特点是逻辑结构简单,易于实现基本操作。而现实社会中许多事物之间的关系往往是错综复杂的,描述这些事物之间的关系应该采用非线性结构。所谓非线性结构,是指在该结构中至少存在一个数据元素有两个或两个以上的直接前驱(或直接后继)元素。

树形结构(简称树)是一类重要的非线性结构。树是结点之间有分支,并具有层次关系的结构。它类似于自然界中的树。树在客观世界中是大量存在的,如家谱、行政组织机构等都可用树形象地表示。树在计算机领域中也有着广泛的应用。例如,在编译程序中,可用树来表示源程序的语法结构;在数据库系统中,可用树来组织信息;在分析算法的行为时,可用树来描述其执行过程。

1. 树的定义及相关术语

1)树的定义

树是 $n(n\geqslant 0)$ 个结点的有限集 T,当 $n=0$ 时,称这棵树为空树(用 $\varnothing$ 表示)。在任意非空树中有以下结论。

(1)有且仅有一个称为根(root)结点的数据元素,根结点没有前驱结点。

(2)当 $n>1$ 时,除根结点外,其余结点可分为 $m(m>0)$ 个互不相交的有限集 $T_1, T_2, \cdots, T_m$,其中每一个集合本身又是一棵树,并且称为根的子树。由此可见,树的定义是递归的,即用树来定义树。

从树的定义可以看出,树具有以下两个特点。

(1)树的根结点没有前驱结点,除根结点之外的所有结点有且只有一个前驱结点。

(2)树中所有结点可以有0个或多个后继结点。

例如,图3-8所示是有10个结点的树。

$T=\{A,B,C,D,E,F,G,H,I,J\}$

其中A是根结点,其余结点分成三个互不相交的子集。

$T_1=\{B,E,J\}$

$T_2=\{C,F,G\}$

$T_3=\{D,H,I\}$

T_1、T_2、T_3也是树,且都是A的子树。

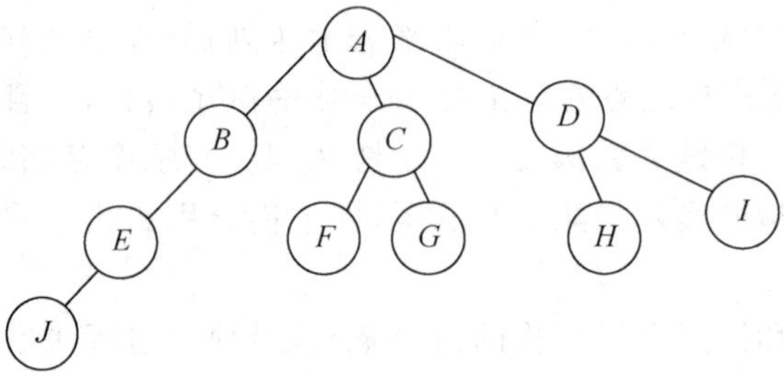

图3-8 树示意图

2)树的相关术语

树的基本术语有结点的度(degree)、子结点(child)、父结点(parent)、结点的层数(level)、树的高度(height)、森林(forest)等。

(1)结点的度。树中的一个结点拥有的子树数称为该结点的度,一棵树的度是指该树中结点的最大度数,度为0的结点称为叶子(leaf)或终端结点,度不为0的结点称为分支结点或非终端结点,除根结点之外的分支结点统称为内部结点,根结点又称开始结点。

(2)子结点和父结点。树中某个结点的子树的根结点称为该结点的子结点,相应地,该结点称为子结点的父结点;同一个父结点的子结点互为兄弟结点(sibling)。结点的祖先是从根结点到该结点所经过的分支上的所有结点。反之,以某结点为根的子树中的任意结点都称为该结点的子孙结点。

(3)结点的层数和树的高度。结点的层数从根结点算起,根结点的层数为1,其余结点的层数等于其父结点的层数加1,父结点在同一层的结点互为堂兄弟结点,树中结点的最大层数称为树的高度或深度。

如果一棵树的结点的各子树从左到右是有次序的,即若交换了某结点各子树的相对位置,则构成不同的树,称这棵树为有序树;反之,则称为无序树。在有序树中最左边子树的根结点称为第一个子结点,最右边子树的根结点称为最后一个子结点。

(4)森林。$m(m\geqslant 0)$棵互不相交的树的集合称为森林。对树中的每一个结点而言,其子树的集合即为森林。因此,一棵树可以看作由根结点和根结点下的森林构成,而森林中的每一棵子树的构成也是一样的。所以,也可以用树和森林相互递归的方法来描述树。

2.二叉树

二叉树是树形结构的一个重要类型。许多实际问题抽象出来的数据结构往往是二叉树的形式,即使是一般的树也能简单地转换为二叉树,而且二叉树的存储结构及其算法都较为简单。

1)二叉树的定义

二叉树(binary tree)是 $n(n\geqslant 0)$ 个结点的有限集,或者是空集($n=0$),或者由一个根结点及两棵互不相交的、分别称为这个根的左子树和右子树的二叉树组成。根结点可以有空的左子树或右子树;或者左、右子树皆为空。

二叉树的 5 种基本形态如图 3-9 所示。

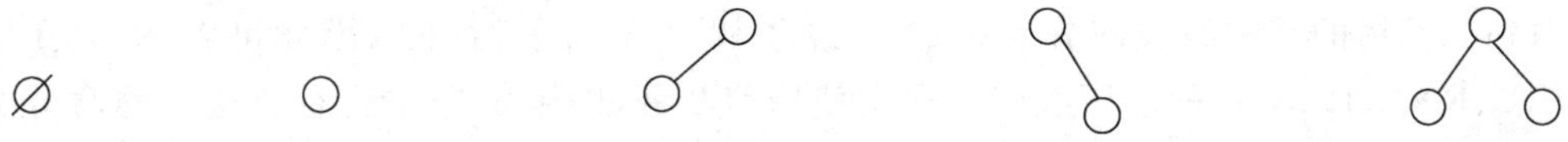

(a) 空二叉树　(b) 仅有根结点的二叉树　(c) 右子树为空的二叉树　(d) 左子树为空的二叉树　(e) 左、右子树非空的二叉树

图 3-9　二叉树的 5 种基本形态

二叉树并非树的特殊情形,它们是两种不同的数据结构。二叉树中,每个结点最多只能有两棵子树,并且有左右之分。在有序树中,虽然一个结点的子树之间是有左右次序的,但是若该结点只有一个子树,就无须区分其左右次序。而在二叉树中,即使是一个子树也有左右之分。

2)二叉树的类型

(1)完全二叉树。若设二叉树的高度为 h,除第 h 层外,其他各层 $(1\sim h-1)$ 的结点数都达到最大值,第 h 层有叶子结点,并且叶子结点都从左到右依次排布,这就是完全二叉树。

(2)满二叉树。除了叶子结点外每一个结点都有左右子树且叶子结点都处在最底层的二叉树,称为满二叉树。

(3)平衡二叉树。平衡二叉树又称 AVL 树(区别于 AVL 算法),它是一棵二叉排序树。它是一棵空树,或者它的左右两个子树的高度差的绝对值不超过 1,并且左右两个子树都是平衡二叉树。

3)二叉树的性质

(1)在非空二叉树中,第 i 层的结点总数不超过 2^{i-1},$i\geqslant 1$。

(2)深度为 h 的二叉树最多有 2^h-1 个结点($h\geqslant 1$),最少有 h 个结点。

(3)对于任意一棵二叉树,如果其叶子结点数为 N_0,而度数为 2 的结点总数为 N_2,则 $N_0=N_2+1$。

(4)具有 n 个结点的完全二叉树的深度为 $\lfloor \log_2 n \rfloor+1$(注:$\lfloor\ \rfloor$ 表示向下取整)。

(5)有 n 个结点的完全二叉树各结点如果用顺序方式存储,则结点之间有如下关系。

当 I 为结点编号时,如果 $I>1$,则其父结点的编号为 $\lfloor I/2 \rfloor$。

若 $2I\leqslant n$,则其左子树的根结点的编号为 $2I$;若 $2I>n$,则其无左子树;

若 $2I+1\leqslant n$,则其右子树的根结点的编号为 $2I+1$;若 $2I+1>n$,则其无右子树。

(6)给定 n 个结点,能构成 $h(n)$ 种不同的二叉树。$h(n)$ 为卡特兰数的第 n 项。

$$h(n)=C(2n,n)/(n+1)$$

(7)设有 i 个枝点,I 为所有枝点的道路长度总和,J 为叶子的道路长度总和,$J=I+2i$。

4)二叉树的存储

二叉树的存储通常采用链接存储方式。每个结点除存储结点自身的信息外再设置两个指针域 lchild 和 rchild,分别指向结点的左子树和右子树,当结点的某个子树为空时,相应的指针值为空。结点的形式如下:

lchild	data	rchild

一棵二叉树里所有此形式的结点，再加上一个指向树根的指针 t，构成此二叉树的存储表示。

5)二叉树的遍历

遍历(traversal)是指沿着某条搜索路线，依次对树中每个结点均做一次且仅做一次访问。访问结点所做的操作依赖于具体的应用问题。遍历是二叉树上重要的运算之一，是二叉树上进行其他运算的基础。

考虑到二叉树的基本组成部分是根(N)、左子树(L)、右子树(R)，因此可有 NLR、LRN、LNR、NRL、RNL、RLN 六种遍历次序。通常使用前 3 种，即限定先左后右。这 3 种遍历次序的递归定义分别如下。

(1)先序遍历法(NLR)，访问结点的操作发生在遍历其左右子树之前。先序遍历法的递归算法如下。

若二叉树非空，则依次执行如下操作：访问根结点；遍历左子树；遍历右子树。

(2)后序遍历法(LRN)，访问结点的操作发生在遍历其左右子树之后。后序遍历的递归算法如下。

若二叉树非空，则依次执行如下操作：遍历左子树；遍历右子树；访问根结点。

(3)中序遍历法(LNR)，访问结点的操作发生在遍历其左右子树之间。中序遍历的递归算法如下。

若二叉树非空，则依次执行如下操作：遍历左子树；访问根结点；遍历右子树。

例如，图 3-10 所示为一棵二叉树，分别采用先序遍历法、中序遍历法和后序遍历法进行遍历。

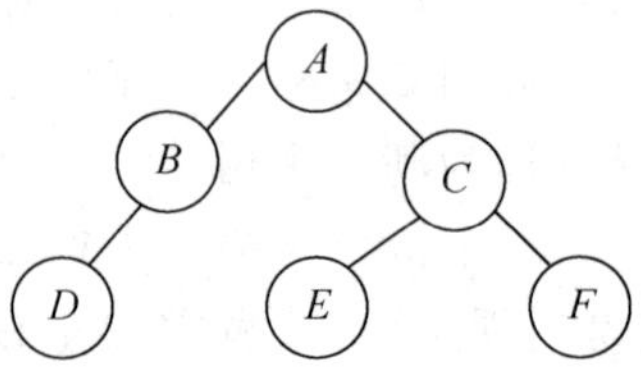

图 3-10　二叉树

先序遍历法：*ABDCEF*。

中序遍历法：*DBAECF*。

后序遍历法：*DBEFCA*。

3.7 查　　找

1. 查找的定义

查找(searching)是指在给定的数据结构中，确定表中是否有一个关键字等于给定值的记录或数据元素。一般来说，根据不同的数据结构，采用不同的查找方法。查找效率直接影响数据处理速度。衡量查找效率的标准是平均查找长度(average search length，ASL)，即查找过程中关键字和给定值比较的平均次数。查找的结果有两种，一是查找成功，找到给定值；二是查找不成功，没找到给定值。

2. 查找的方法

线性表的查找方法主要有顺序查找、二分查找和分块查找，其中以二分查找效率最高。

1)顺序查找

顺序查找就是将给定的 K 值与表中记录的关键字逐个进行比较,找到要查找的记录。

2)二分查找

二分查找又称折半查找,是一种效率较高的针对有序表的查找方法。在查找过程中,先确定待查找记录在表中的范围,然后逐步缩小范围(每次将待查找记录所在区间缩小一半),直到找到或找不到记录为止。

二分查找的方法是首先用要查找的关键字值与线性表中间位置结点的值相比较,这个中间结点把线性表分成了两个子表,比较结果相等则查找完成;不等则根据比较结果确定下一步的查找应在哪一个子表中进行,如此进行下去,直到找到满足条件的结点,或确定表中没有这样的结点为止。

例如,已知如下包含 11 个数据元素的有序表(关键字为数据元素值):

(5,13,18,21,37,56,64,76,80,88,92)

现在要查找关键字为 21 和 85 的数据元素。

设指针 low 和 high 分别指示待查元素所在范围的下界和上界,指针 mid 指示中间位置,即 mid=(low+high)/2。

low 和 high 分别为 1 和 11,即[1,11]为待查区间。

先对 key=21 进行查找。

首先令查找范围中间位置的数据元素的关键字 ST. elem[mid]. key 与给定 key 相比较,如图 3-11 所示,因为 ST. elem[mid]. key>key,说明待查元素若存在,则必在[low,mid-1]范围内,故令指针 high 指向第 mid-1 个元素,根据求 mid 的公式重新计算出 mid 的值,可以得出 mid=3。

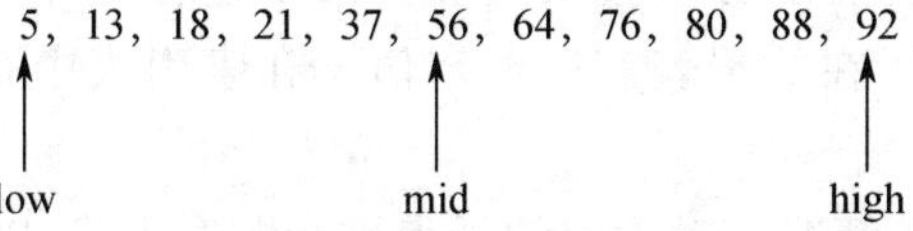

图 3-11　第一次比较

仍以 ST. elem[mid]. key 与给定 key 相比较,如图 3-12 所示,因为 ST. elem[mid]. key<key,说明待查元素若存在,则必然在[mid+1,high]范围内,故令指针 low 指向第 mid+1 个元素,计算 mid 的新值为 4。比较 ST. elem[mid]. key 和 key,因为两者相等,所以查找成功,所查元素在表中的序号等于指针 mid 的值,如图 3-13 所示。

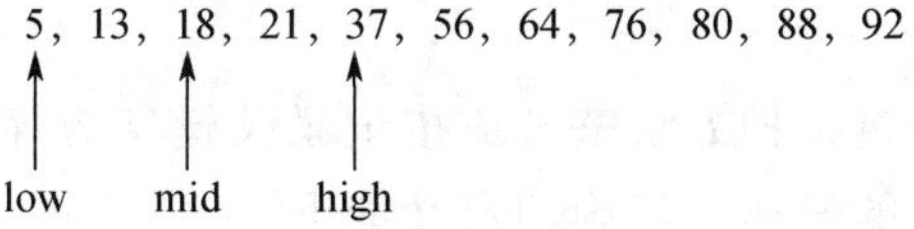

图 3-12　第二次比较

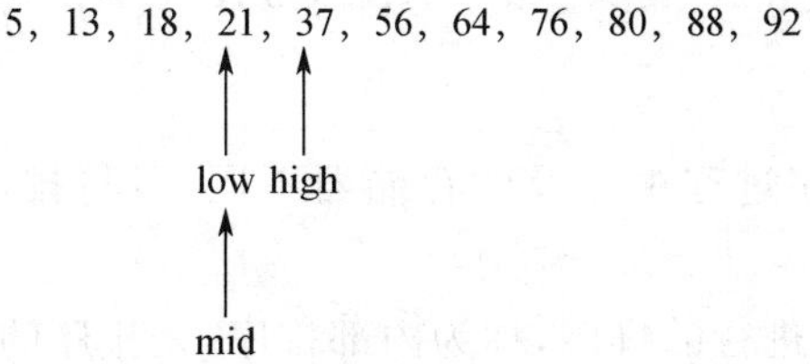

图 3-13　第三次比较

根据前面查找key=21的方法,采用C语言完成key=85的查找过程,实现二分查找的算法如下。

```
int Search_Bin(SSTable ST,KeyType key){
    low=1;high=ST.length;
    while(low<=high){
        mid=(low+high)/2;
        if(EQ(key,ST.elem[mid].key))
            return mid;
        else if(LT(key,ST.elem[mid].key))
            high=mid-1;
        else
            low=mid+1;
    }
    return 0;
}
```

3)分块查找

分块查找是二分查找和顺序查找的一种改进方法,虽然二分查找的效率很高,但其前提条件是线性表顺序存储且元素按照关键字排序,这一条件在线性表很大且元素动态变化时是难以满足的。而顺序查找可以解决元素动态变化的问题,但查找效率很低。如果既要保持对线性表的查找具有较快的速度,又要满足表元素动态变化的要求,则可采用分块查找的方法。

分块查找又称分块索引查找,分块查找过程分两步进行。

(1)确定要查找的记录所在的子表。用给定值 k 在索引表中查找索引项,以确定要查找的记录位于哪个子表中。

(2)确定要查找的记录的情况。对确定的子表进行顺序查找,以确定要查找的记录的情况。

3.8 排　序

1.排序的定义

将任意文件中的记录通过某种方法整理成按记录关键字有序排列的处理过程称为排序。排序是数据处理中一种常见的操作。其确切定义如下。

输入:n 个记录 $R_1,R_2,\cdots,R_n$,其相应的关键字分别为 $K_1,K_2,\cdots,K_n$。

输出:$R_{i1},R_{i2},\cdots,R_{in}$,使得 $K_{i1}\leqslant K_{i2}\leqslant\cdots\leqslant K_{in}$(或 $K_{i1}\geqslant K_{i2}\geqslant\cdots\geqslant K_{in}$)。

2.排序的分类

由于文件大小不同,排序过程中涉及的存储器不同,可将排序分为内部排序和外部排序两类。

整个排序过程都在内存进行的排序,称为内部排序,是排序的基础。

内部排序的方法很多,有直接插入排序、交换排序等。

(1)直接插入排序。每次将一个待排序的记录，按其关键字大小插入已经排好序的子文件中的适当位置，直到全部记录插入为止。假设待排序的记录存放在数组 R[1]～R[n]中。初始时，R[1]自成一个有序区，无序区为 R[2]～R[n]。从 $i=2$ 起至 $i=n$ 为止，依次将 R[i]插入当前的有序区 R[1]～R[$i-1$]中，生成含 n 个记录的有序区。

(2)交换排序。两两比较待排序记录的关键字，发现两个记录的次序相反时就进行交换，直到没有逆序的记录为止。应用交换排序基本思想的主要排序方法有冒泡排序和快速排序。

冒泡排序(bubble sort)的基本思想是，通过对相邻元素的比较和交换，使全部记录有序排列。

冒泡排序的过程是对每两个相邻的元素进行比较，若为逆序，则将两者交换。这样的操作反复进行，直至全部记录都已比较、交换为止。经过冒泡排序之后，就将关键字最大的元素安排在最后一个元素的位置上。然后，对剩下的 $n-1$ 个元素分别重复进行同样的操作，将次大的元素安排在倒数第二个元素的位置上等。重复以上过程，直至没有元素需要交换为止。至此，整个序列的记录按关键字由小到大的顺序排列完毕。

例如，待排序文件的关键字为

49,38,65,97,75,12,27,49

按照冒泡排序的思路，将其开序排列的演算过程如图 3-14 所示。

初始关键值	第1趟排序	第2趟排序	第3趟排序	第4趟排序	第5趟排序	第6趟排序
49	38	38	38	38	12	**12**
38	49	49	49	12	27	**27**
65	65	65	12	27	38	**38**
97	75	12	27	49	**49**	
75	12	27	49	**49**		
12	27	49	**65**			
27	49	**75**				
49	**97**					

图 3-14　冒泡排序

第 4 章 程序设计基础

程序(program)是为实现特定目标或解决特定问题,用计算机语言编写的命令系列的集合,编写程序的过程称为程序设计(programming),用于描述计算机所执行操作的语言称为程序设计语言(programming language)。程序设计语言经历了机器语言、汇编语言、高级语言等多个阶段。

学习目标

- 了解程序设计语言的发展过程。
- 理解程序设计的基本概念。
- 掌握结构化程序设计和面向对象程序设计的特点。

4.1 程序设计语言的发展

程序设计语言是一组用来定义计算机程序的语法规则,包括语法、语义和语用三个方面的因素。语法表示程序的结构或形式,即表示构成语言的各个记号之间的组合规律,但不涉及这些记号的特定含义,也不涉及使用者;语义表示程序的含义,即表示按照各种方法所表示的各个记号的特定含义,但不涉及使用者;语用表示程序与使用者的关系。程序设计语言的发展经历了机器语言(第 1 代)、汇编语言(第 2 代)、高级语言(第 3 代)和第 4 代语言等阶段。

1. 机器语言

机器语言是直接用二进制代码指令表达的计算机能直接识别和执行的语言,指令是用 0 和 1 组成的一串代码,它们有一定的位数,并分成若干段,各段的编码表示不同的含义。机器语言的特点是无二义性,编程质量高、执行速度快、占存储空间小,但难读、难记、难编程、调试修改麻烦,而且不同型号的计算机具有不同的机器指令和系统。

2. 汇编语言

为了减轻使用机器语言编程的不便,人们进行了一种有益的改进,即用一些简洁的英文字母、符号串来替代一个特定指令的二进制字符串。比如,用 ADD 代表加法,用 MOV 代表数据传递等,这样一来,人们很容易读懂并理解程序在干什么,纠错及维护都变得方便了,这种程序设计语言称为汇编语言,即第 2 代计算机语言。计算机是不认识这些符号的,这就需要一个专门的程序,负责将这些符号翻译成二进制的机器语言,这种翻译程序称为汇编程序。

3. 高级语言

高级语言是高度封装了的编程语言，是以人类的日常语言为基础的一种编程语言，使用人们易于接受的文字来表示。用高级语言编写的程序能在不同机器上使用，其语法和结构更类似于普通英文，且由于远离对硬件的直接操作，一般人经过学习之后都可以编程。高级语言具有易学、易用、易维护、可移植性强的特点。高级语言可分为：面向过程的语言，如 FORTRAN、BASIC、Pascal 和 C 等；面向对象的语言，如 C＋＋、Java 和 Visual Basic 等。

4. 第 4 代语言

第 4 代语言(fourth-generation language，4GL)以数据库管理系统所提供的功能为核心，进一步构造了开发高层软件系统的开发环境，如报表生成、多窗口表格设计、菜单生成系统、图形图像处理系统和决策支持系统，为用户提供了一个良好的应用开发环境。它提供了功能强大的非过程化问题定义手段，用户只需告知系统做什么，而无须说明怎么做，因此可大大提高软件生产率。

4.2 程序设计风格

所谓程序设计风格，是指编写程序时表现出来的特点、习惯和逻辑思路。它主要强调“清晰第一，效率第二”。程序设计风格的实现包括 4 个方面：源程序文档化，数据说明，语句结构和输入、输出方法。

1. 源程序文档化

(1)符号的命名：要做到“见名知义”。

(2)程序的注释：分为序言性注释和功能性注释。序言性注释通常位于每个程序模块的开头部分，用于给出程序的整体说明，对于理解程序本身具有引导作用。功能性注释嵌在源程序体中，用于描述其后的语句或程序块的主要功能。程序的注释是程序员与程序员之间沟通的重要手段，正确的注释能够帮助读者理解程序，给程序阅读带来很大的方便。

(3)视觉组织：利用空格、空行和缩进格式，提高程序的可视化程度，使人们在视觉上对程序的结构一目了然。

2. 数据说明

在编写程序时，需注意数据说明的风格。为了使程序中的数据说明更易于理解和维护，必须注意以下几点。

(1)使用规范化的数据说明。

(2)当多个变量名用一个语句说明时，应当对这些变量按字母顺序排列。

(3)复杂的数据结构应该有注释进行说明。

3. 语句结构

(1)在一行内只写一条语句。

(2)程序编写应优先考虑清晰性，尽量使用库函数，避免采用复杂的条件语句。

(3)编写程序要做到清晰第一,效率第二。

(4)尽量减少"否定"条件语句的使用。

(5)要模块化,使模块功能尽可能单一。

(6)修补不好的程序,要重新编写。

4. 输入、输出方法

输入、输出信息与用户直接相关,所以其方式和格式应当尽可能方便用户使用。

(1)检验输入数据的合法性,应允许缺省值。

(2)在以交互式输入时,要在屏幕上使用提示符,明确提示输入的请求,同时在数据输入过程中和输入结束时,应在屏幕上给出状态信息。

(3)输出的数据要有准确的意义表述。

4.3 程序设计方法

随着计算机硬件的快速发展,程序设计的方法也不断地进步,主要有结构化程序设计方法和面向对象程序设计方法。

1. 结构化程序设计

1)结构化程序设计的概念

迪杰斯特拉(Dijskstra)最早提出了结构化程序设计方法,结构化程序设计是以模块化设计为中心,将待开发的软件系统划分为若干个相互独立的模块,将设计一个系统的工作演变为完成每一个模块的工作,任务经过分解简化后变得单纯而明确,为设计一些较大的软件打下了良好的基础。

2)结构化程序设计的原则

结构化程序设计的主要原则为自顶向下、逐步细化、模块化设计、限制使用 goto 语句。

3)结构化程序的基本结构

结构化程序的基本结构有 3 种类型,即顺序结构、选择结构和循环结构。

顺序结构是最基本、最普通的结构形式,按照程序中语句出现的先后顺序逐条执行,其流程图如图 4-1 所示。

选择结构又称分支结构,根据设定的条件,判断应该选择哪一条分支来执行相应的语句序列,其流程图如图 4-2 所示。

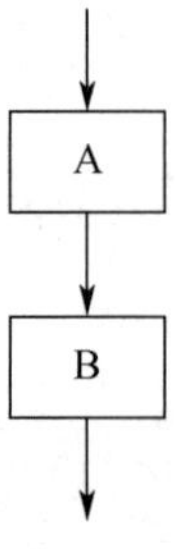

图 4-1 顺序结构流程图

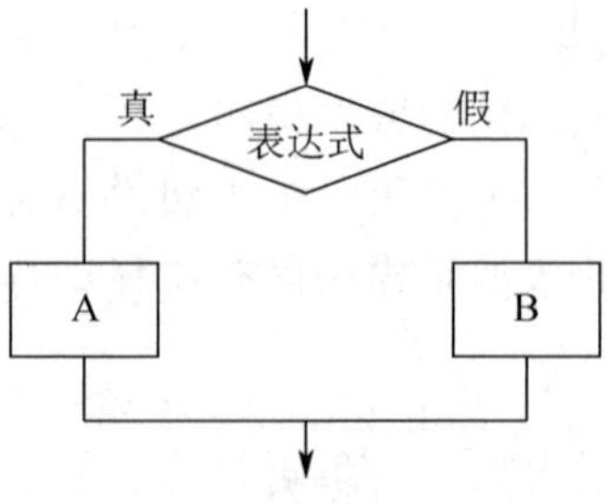

图 4-2 选择结构流程图

循环结构根据给定的条件，判断是否重复执行某一相同或类似的程序段。在循环结构中最主要的是什么情况下执行循环，哪些操作需要循环执行。循环结构的基本形式有两种，当型循环和直到型循环，其流程图如图 4-3 所示。

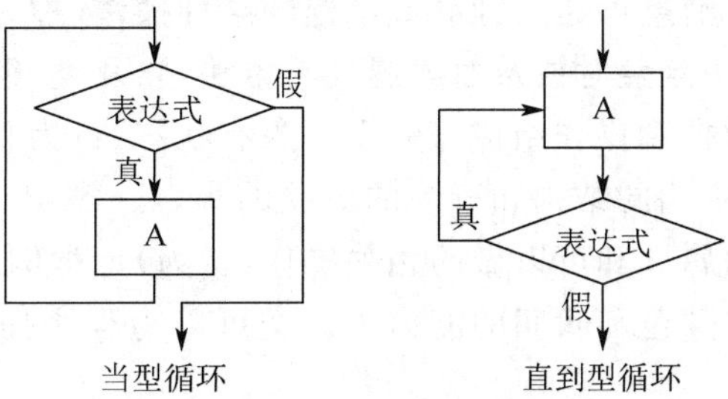

图 4-3　循环结构流程图

下面分别以 C 语言为例，介绍三种结构的具体使用方法。

(1)顺序结构代码如下。

```
x=10;                  //给变量 x 赋值
printf("%d",x);        //输出 x 的值
```

(2)选择结构代码如下。

```
scanf("%d",&x);        //从键盘上接收一个数据，将其赋给变量 x
if(x>10)               //条件判断
  printf("%d",x);      //如果条件为真，输出 x 的值
else
  printf("%d",x+10);   //否则，输出 x+10 的值
```

(3)循环结构代码如下（以直到型循环为例，采用的语句为 do-while）。

```
s=0;                   //定义变量 s，并给 s 赋初始值 0
do {                   //开始执行循环
  s=s+1;               //将 s 和 1 相加，然后再赋给 s
}while(s<=5);          //判断条件，如果为真，继续执行循环，否则停止循环
printf("%d",s);        //输出 s 的值
```

4)结构化程序设计的主要优点

结构化程序相比非结构化程序有较好的可靠性、易验证性和可修改性。结构化程序设计方法简单清晰，符合人们处理问题的习惯，易学易用，模块层次分明，便于分工开发和调试，程序可读性强。

2. 面向对象程序设计

面向对象程序设计(object-oriented programming，OOP)继承了结构化程序设计的优点，同时有效地克服了结构化程序设计的缺点。面向对象程序设计的思路更接近于真实世界。真实世界是由各类不同的事物组成的，每一类事物都有共同的特点，各类事物互相作用构成了多彩的世界。面向对象程序设计方法要分析待解决的问题中事物有哪些种类，每类事物都有哪些特点，不同的事物种类之间是什么关系，事物之间如何相互作用等。这与结构化程序设计考虑如何将问题分解成一个个子问题的思路完全不同。

1)面向对象程序设计的概念

面向对象程序设计使用对象、类、继承、封装、消息等概念进行程序设计。面向对象程序设计以对象作为程序的主体,对象是数据和操作的封装体,封装在对象内的程序通过消息来驱动运行。在图形用户界面上,消息可通过键盘或鼠标的某种操作(称为事件)来传递。

面向对象程序设计方法涵盖对象及对象属性与方法,以及类、继承、多态几个基本要素。

(1)对象(object):由数据和操作组成。一个对象有状态、行为和标识三种属性。

(2)类(class):一个共享相同结构和行为的对象的集合。类定义了一件事物的抽象特点。通常来说,类定义了事物的属性和可以做的相关操作(行为)。举例来说,“狗”这个类包含狗的一切基础特征,如它的毛皮颜色和吠叫的能力等。类可以为程序提供模板和结构。一个类的方法和属性称为成员。

(3)封装(encapsulation):第一层意思是将数据和操作捆绑在一起,创造出一个新的类型的过程;第二层意思是将接口与实现分离的过程。

(4)继承:类之间的关系。在这种关系中,一个类共享了一个或多个其他类定义的结构和行为。子类可以对基类的行为进行扩展、覆盖、重定义。

(5)组合:既是类之间的关系也是对象之间的关系。在这种关系中一个对象或者类包含了其他的对象和类。组合描述了“有”关系。

(6)多态:类型理论中的一个概念,一个名称可以表示很多不同类的对象,这些类和一个共同的超类有关。因此,这个名称表示的任何对象可以以不同的方式响应一些共同的操作集合。

(7)动态绑定:又称动态类型,指一个对象或者表达式的类型直到运行时才确定。通常由编译器插入特殊代码来实现。与之对立的是静态绑定。

(8)静态绑定:又称静态类型,指一个对象或者表达式的类型在编译时确定。

(9)消息传递:指一个对象调用了另一个对象的方法。

(10)方法:又称成员函数,是指对象上的操作,作为类声明的一部分来定义。方法定义了可以对一个对象执行哪些操作。

2)面向对象程序设计的主要优点

(1)与人类习惯的思维方法一致。

(2)稳定性好。

(3)可重用性好。

(4)易于开发大型软件产品。

(5)可维护性好。

——第 5 章——
软件工程基础

20 世纪 60 年代中期，随着生产力水平的提高，原先的软件开发不能满足社会需求，软件危机开始爆发。软件危机是指在计算机软件的开发和维护过程中所遇到的一系列严重问题。为了研究和解决软件危机，1968 年，北大西洋公约组织的计算机科学家在联邦德国召开国际会议，第一次讨论这一问题，从而促进了一门新兴学科“软件工程”的诞生。软件的规模、复杂程度决定了软件开发的难度。软件开发时，必须采用科学的软件开发方法。例如，采取抽象、分解等科学方法，降低复杂度；以工程的方法管理和控制软件开发的各个阶段，从而保证大型软件系统开发的正确性、易维护性、可读性和可重用性等。

学习目标

- 了解软件工程的基本概念。
- 了解软件开发的基本过程。
- 理解和掌握常用的软件开发方法。
- 理解和掌握软件测试实施的基本步骤与方法。

5.1 软件工程的基本概念

1. 软件

1)软件的概念

计算机软件(software)是计算机系统中与硬件相互依赖的另一部分，它由程序、数据、文档共同组成。其中，程序是按事先设计的功能和性能要求执行的指令序列；数据是程序处理的对象；文档是与程序开发、维护和使用相关的资料。软件的国际定义是：与计算机系统的操作有关的计算机程序、规程、规则，以及可能有的文件、文档及数据。

2)软件的特点

(1)软件是一种逻辑实体，而不是具体的物理实体，具有抽象性。

(2)软件没有明显的制造过程。对软件的质量控制，必须在软件开发方面下功夫。

(3)软件不存在老化问题，但存在退化问题，必须修改和维护。

(4)软件对计算机系统有着依赖性，即软件移植的问题。

(5)软件复杂性高，开发和维护成本高。

(6)软件开发涉及诸多社会因素。

3)软件的分类

软件按应用范围划分,一般分为系统软件、应用软件和介于这两者之间的中间件。

(1)系统软件。系统软件是指控制和协调计算机及外部设备,支持应用软件开发和运行的软件,是无需用户干预的各种程序的集合,其主要功能是调度、监控和维护计算机系统,负责管理计算机系统中各种独立的硬件,使它们可以协调工作。系统软件使计算机使用者和其他软件将计算机当作一个整体,而不需要顾及底层每个硬件是如何工作的。

操作系统是一种管理计算机硬件与软件资源的不可或缺的系统软件。操作系统身负管理与配置内存、决定系统资源供需的优先次序、控制输入与输出设备、操作网络与管理文件系统等基本事务。操作系统也提供使用者与系统交互的操作接口。

还有一类系统软件对于软件开发起工具与支撑作用,是支撑各种软件的开发与维护的软件,又称软件开发环境(software development enviroment,SDE)。它主要包括数据库管理系统、各种接口软件和工具组。著名的软件开发环境有IBM公司的WebSphere、Microsoft公司的Visual Studio等。这类软件开发的支撑软件包括一系列基本的工具(如编译器、数据库管理系统、测试管理工具、接口测试工具、网络测试工具、Web安全测试工具、性能测试工具等)。

(2)应用软件。系统软件并不针对某一特定应用领域,而应用软件则相反。不同的应用软件根据用户和所服务的领域提供不同的功能。

应用软件是为某种特定的用途而被开发的软件。它可以是一个特定的程序,如一个图像浏览器;也可以是一组功能联系紧密、可以互相协作的程序的集合,如Microsoft Office软件。

2. 软件工程

1)软件危机

软件工程源自软件危机,软件危机是指在计算机软件的开发和维护过程中遇到的一系列严重问题。由于软件技术的发展不能满足计算机软件的需求,导致了一系列软件危机,主要表现如下。

(1)软件需求的增长得不到满足。

(2)软件开发成本和进度无法控制。

(3)软件质量难以保证。

(4)软件不可维护或维护程度非常低。

(5)软件成本不断提高。

(6)软件开发生产效率不能满足硬件的发展和应用需求的增长。

软件危机可以归结为成本、质量和生产效率等问题。

2)软件工程的概念

中华人民共和国国家标准简称国标(GB),其中对软件工程的定义是:应用于计算机软件的定义、开发和维护的一整套方法、工具、文档、实践标准和工序。德国计算机科学家弗里茨·鲍尔(Fritz Bauer)教授曾经将软件工程定义为:软件工程是为了经济地获得能够在实际机器上有效运行的可靠软件而建立和使用的一系列完善的工程化原则。1983年,IEEE给出的定义为:软件工程是开发、运行、维护和修复软件的系统方法。后来,也有一些软件工程的定义。综合来说,软件工程是一门研究用工程化方法构建和维护有效的、实用的和高质量的软件的学科。它涉及程序设计语言、数据库系统、软件开发工具、系统开发平台、标准和设计模式等方面的知识,应用计算机科学、数学及管理科学等原理,借鉴传统工程的原则和方法创建软件,以达到提高质量、降低成本的目的。软件工程包括 3 个要素：方法（methodologies）、工具（tools）和过程（procedures）。

5.2 软件工程过程与软件生命周期

软件工程过程又称软件过程，是为建造高质量软件所需完成的任务的框架，即形成软件产品的一系列步骤，包括中间产品、资源、角色及过程中采取的方法、工具等范畴。软件工程的过程则是将软件工程的方法和工具综合起来以达到合理、及时地进行计算机软件开发的目的。软件过程定义了方法使用的顺序、要求交付的文档资料、为保证质量和协调变化所需要的管理及软件开发各个阶段完成的里程碑。

软件过程主要针对软件生产和管理进行研究。为了获得满足工程目标的软件，软件过程不仅涉及工程开发，还涉及工程支持和工程管理。

对于一个特定的项目，可以通过剪裁过程定义所需的活动和任务，使活动并发执行。与软件有关的单位，根据需要和目标，可采用不同的过程、活动和任务。

软件生命周期是软件产品从提出、实现、使用、维护到停止使用的整个过程。该过程可分为 3 个阶段，如图 5-1 所示。

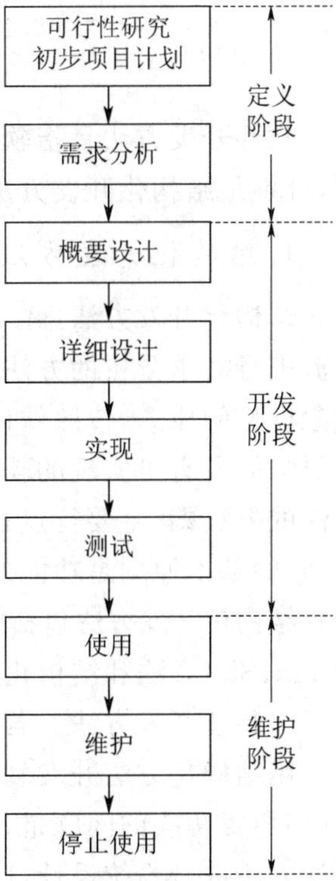

图 5-1 软件生命周期

定义阶段主要完成制定计划（"能做吗?"）和需求分析（"做什么?"）。

开发阶段主要完成软件设计（"如何做?"），分为概要设计和详细设计两个阶段，软件实现（"实现"）的主要工作是编码，完成编码工作后要进行测试（"做得怎么样?"）。

维护阶段的主要工作是软件使用及不断维护和升级。

5.3 软件工程的目标与原则

1. 软件设计的基本目标

软件设计的基本目标可概括为在给定成本、进度的前提下，开发出具有有效性、可靠性、可理解性、可维护性、可重用性、可适应性、可移植性、可追踪性和可互操作性且满足用户需求的产品。基于此目标，软件工程理论和技术研究的内容主要包括软件开发技术和软件工程管理技术。

2. 软件工程的原则

上述的软件设计的基本目标适用于所有的软件工程项目。为了达到此目标,在软件开发中必须遵循抽象、信息隐蔽、模块化、局部化、确定性、一致性、完备性和可验证性等软件设计原则。

5.4 软件开发方法

软件开发方法是指软件开发过程所遵循的方法和步骤。目前有两种开发方法被广泛应用,分别是结构化开发方法和面向对象开发方法。

1. 结构化开发方法

结构化开发方法(structured developing method)是需求分析阶段采用的技术,是面向数据流进行需求分析的方法,适合数据处理类软件的需求分析。具体来说,结构化分析方法就是抽象模型的概念,按照软件内部数据传递、变换的关系,自顶向下,逐层分解,直到找到满足功能要求的所有可实现的软件为止。结构化开发方法是现有的软件开发方法中最成熟、应用最广泛的方法,其主要特点是快速、自然和方便。结构化方法总的指导思想是自顶向下、逐步求精,它的基本原则是功能的分解与抽象。

结构化开发方法包括结构化程序设计(structured program,SP)方法、结构化设计(structured design,SD)方法和结构化分析(structured analysis,SA)方法。SA、SD、SP 方法相互衔接,形成了一整套开发方法。若将 SA 和 SD 方法结合起来,又称结构化分析与设计技术(SADT)。

用结构化方法开发软件的过程为:从系统需求分析开始,运用结构化分析方法建立环境模型(用户要解决的问题是什么,以及要达到的目标、功能和环境);需求分析完成后采用结构化设计方法进行系统设计,确定系统的功能模型;最后,进入软件开发的实现阶段,运用结构化程序设计方法确定用户的实现模型,完成目标系统的编码和调试工作。

结构化分析方法利用图形工具来表达需求,主要工具包括数据流图(data flow diagram,DFD)、数据字典、结构化自然语言、判定表和判定树。其中,数据流图表达系统内数据的运动情况;数据字典定义系统中的数据;结构化自然语言、判定表和判定树都是描述数据流的加工的工具。结构化分析的步骤如下。

(1)分析当前的情况,做出反映当前物理模型的 DFD。

(2)推导出等价的逻辑模型的 DFD。

(3)设计新的逻辑系统,生成数据字典。

(4)建立人机接口,提出可供选择的目标系统物理模型的 DFD。

(5)确定各种方案的成本和风险等级,据此对各种方案进行分析。

(6)选择一种方案。

(7)建立完整的需求规格说明书。

2. 面向对象开发方法

面向对象开发方法(Object Oriented,OO)又称快速原型法,是一种以对象为中心思想的软件开发方法。它将现实世界中的实体抽象为对象，并通过封装、继承和多态等概念来描述对象之间的关系和行为。

面向对象开发方法的开发过程如下。

(1)系统调查和需求分析：对系统将要面临的具体管理问题以及用户对系统开发的需求进行调查研究，即先弄清要干什么的问题。

(2)分析问题的性质和求解问题：在繁杂的问题域中抽象地识别出对象以及其行为、结构、属性、方法等。一般称为面向对象的分析，即 OOA。

(3)整理问题：对分析的结果作进一步的抽象、归类、整理，并最终以范式的形式将它们确定下来。一般称为面向对象的设计，即 OOD。

(4)程序实现：用面向对象的程序设计语言将上一步整理的范式直接映射(即直接用程序设计语言来取代)为应用软件。一般称为面向对象的程序，即 OOP。

(5)识别客观世界中的对象以及行为，分别独立设计出各个对象的实体；分析对象之间的联系和相互所传递的信息，由此构成信息系统的模型；由信息系统模型转换成软件系统模型，对各个对象进行归并和整理，并确定它们之间的联系；由软件系统模型转换成目标系统。

5.5 软件测试

1. 软件测试的目标

软件测试的目标是检验软件是否满足规定的需求或者确定预期结果与实际结果之间的差别。为了以最少的代价找出软件潜在的错误与缺陷，需要注意以下几点。

(1)所有测试都应追溯到需求。

(2)严格执行测试计划，排除测试的随意性。

(3)充分注意测试中的群集现象。

(4)程序员应避免检查自己的程序。

(5)穷举测试不可能实现。

(6)妥善保存测试计划、测试用例、出错统计和最终分析报告，为维护提供方便。

2. 软件测试的步骤

软件测试过程分为 4 个步骤：单元测试、集成测试、确认测试和系统测试。

(1)单元测试是对软件设计的最小单元进行正确性检测。单元测试的技术可以采用静态分析和动态分析，单元测试主要对模块接口、局部数据结构、重要的执行通路、出错处理通路和边界条件进行测试。静态测试是指使用人工评审软件文档或程序，以发现其中的错误，主要方法包括代码检查、静态结构分析和代码质量度量。动态测试采用上机测试的方法，测试关键是检测软件是否设计高效、用例合理。单元测试主要是以白盒测试为主，辅以黑盒测试。

(2)集成测试的任务是把模块按照设计要求组装起来的同时进行测试，主要目的是发现与接口有关的错误，即模块之间的协调与通信，主要依据是概要设计说明书。集成测试设计的内容包括软件单元的接口测试、全局数据结构测试、边界条件和非法输入的测试等。集成测试时将模块组装成程序，通常采用非增量方式组装与增量方式组装。

(3)确认测试又称有效性测试,主要目的是验证软件的功能和性能及其他特性是否与用户的要求一致,主要依据是软件需求规格说明书,确认测试的实施首先运用黑盒测试对软件进行有效性测试,即验证被测软件是否满足需求规格说明书确认的标准。

(4)系统测试的主要任务是在实际运行(使用)环境下,对软件进行的一系列的组装测试和确认测试,目的是通过与系统的需求定义作比较,发现软件与系统定义不符合或与之矛盾的地方,主要依据需求分析规格说明来设计,具体实施的内容一般包括功能测试、性能测试、操作测试、配置测试、外部接口测试、安全性测试等。

3. 程序调试

程序成功测试之后,将进行程序调试(debug),程序调试主要在开发阶段进行,程序调试的任务是诊断和改正程序中的错误。

程序调试由两部分组成,一是根据错误的迹象确定程序中错误的确切性质、原因和位置;二是对程序进行修改,排除这个错误。

1)程序调试的基本步骤

程序调试的基本步骤包括错误定位、纠正错误、回归测试。

2)程序调试的原则

程序调试的原则可以分两个方面考虑。

(1)确定错误的性质和位置的原则。分析思考与错误征兆有关的信息;避开死胡同;只把调试工具当作辅助手段来使用;避免用试探法,只能把它当作最后手段。

(2)修改错误的原则。在出现错误的地方,可能还有别的错误;只修改了这个错误的征兆或这个错误的表象,而没有修改错误的本身;修改一个错误的同时可能会引入新的错误;修改错误的过程将迫使人们暂时回到程序设计阶段;修改源代码程序,不要改变目标代码。

——第 6 章——

数据库技术基础

信息在现代社会中的作用越来越大，信息系统越来越突显其重要性。人们在对各种工作进行管理的过程中，积累了大量的信息，如商品销售情况、学生成绩、职工工资等，这些信息都需要长期保存，必要时需要对信息进行查询、汇总和统计。

数据库技术为信息系统的构建提供了强有力的平台，从而成为信息系统的核心技术。各种基于数据库技术的管理系统已融入人们的日常生活和工作中。数据库技术是一门研究如何存储、使用和管理数据的技术，是计算机数据管理技术新的发展阶段，它能把大量的数据按照一定的结构存储起来，在数据库管理系统的集中管理下实现数据共享。

学习目标

- 理解数据库的基本概念和原理。
- 掌握数据库设计与管理的方法和技巧。

6.1 数据库系统的基本概念

1. 数据、信息和数据处理

数据(data)是指存储在某一种介质上的能够被识别的物理信号，用来表示各种信息，可以描述事物的特征、特点和属性。

信息是客观存在的一切事物通过物质载体所发生的消息、情报和信号中包含的一切可传递和交换的内容的总称，其特点是可存储、可加工、可传递和可再生。

学生的信息可以用学号、姓名、性别、出生日期、家庭住址、成绩及照片等来描述。其中，学号、姓名、性别是字符串；成绩是数值；照片是图像。因此，不同的信息用不同类型的数据来表示。

数据处理指利用计算机对各种类型的数据进行加工处理，包括对数据的采集、整理、排序、检索、维护、加工、存储、统计和传输等一系列操作过程。

数据处理的目的是从大量原始数据中，获得需要的资料、提取有用的数据成分，作为行为和决策的依据。

2. 数据库、数据库系统、数据库管理系统和数据库应用系统

数据库(database)可理解为存放数据的仓库，是指按照一定的组织结构存储在计算机存储介质上的各种信息的集合，并可被应用程序所共享。数据库的作用主要是描述数据，反映事物间的联系。

数据库的特点如下。

(1)具有较小数据冗余。

(2)较高的数据独立性和可扩展性。

(3)为各种合法用户共享。

数据库系统(database system,DBS)指引入了数据库的软件系统,一般由数据库软件支持环境、数据库管理系统、数据库、开发使用和管理数据库应用系统的人员(包括数据库管理员)组成。它可以有组织地、动态地存储大量相关数据,提供数据处理和信息资源共享服务。数据库管理员(database administrator,DBA)专门完成数据库的建立、使用和维护等工作,如图 6-1 所示。

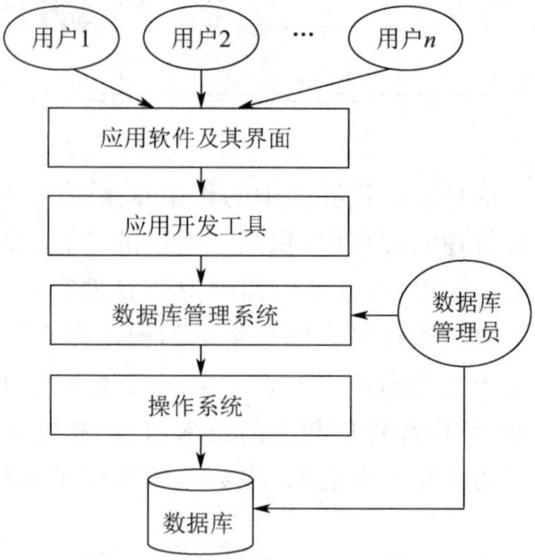

图 6-1　数据库系统的组成

数据库管理系统(database management system,DBMS)是位于用户(数据库应用系统)与操作系统之间的一个数据库管理软件,负责数据库中的数据组织、数据操作、数据维护、数据控制、数据共享与保护等。数据库管理系统是信息系统的核心,主要有以下功能。

(1)数据定义功能。通过数据定义语言对数据库中的数据对象进行定义。

(2)数据操纵功能。使用数据操纵语言操纵数据,如查询、插入、删除和修改。

(3)数据库的运行管理功能。数据库在建立、运行和维护时由数据库管理系统统一管理和控制。

(4)数据库的建立和维护功能。包括数据库初始数据的输入、转换功能,数据库的转储、恢复功能等。

数据库应用系统又称管理信息系统,指系统开发人员利用数据库系统资源开发出来的,面向某一类实际功能的应用软件系统,如教学管理系统、财务管理系统、人事管理系统等。

6.2 数据模型

数据模型是用来抽象、表示和处理现实世界中的数据和信息的工具,是反映客观事物及客观事物之间联系的数据的组织结构和形式。

在数据库技术中,用数据模型描述数据的整体结构,包括数据的结构和性质、数据之间的联系、完整性约束及数据变换规则等。

数据模型可分为概念模型和结构模型。

1. 概念模型

概念模型是现实事物之间的一种抽象,表示数据的逻辑特性,从概念上表示数据库中将要存储的信息,而不涉及这些信息在数据库中的存储形式。最常见的是实体-联系(entity-relationship，E-R)图。

1)实体

实体是指客观存在并相互区别的事物及事物之间的联系。例如，一个学生、一门课程、学生的一次选课、一次考试等都是实体。

2)属性

属性是指实体所具有的各种特性。例如，学生的学号、姓名、性别、出生年份、院系、入学时间等都是属性。属性的表示由两部分组成，即属性的名称和属性的取值。

3)实体型和实体集

用实体名及其属性名集合来抽象和刻画同类实体，这个集合称为实体型。例如，学生(学号，姓名，性别，出生年份，院系，入学时间)就是一个实体型。同类型实体的集合称为实体集。

4)实体间的联系

实体与实体之间及实体与组成它的各属性间的关系称为实体间的联系。

例如，一名学生可以学习多门课程，每门课程又有多名同学选修；一名教师可以教授多名学生，而每名学生又由多名教师教授。课程和学生、教师和学生之间都具有实体间的联系。

实体间的联系分为 3 种情况。

(1)一对一联系(1∶1)。如果对于实体集 A 中的每一个实体，实体集 B 中至多有一个(也可以没有)实体与之联系，反之亦然，则称实体集 A 与实体集 B 具有一对一联系，记为 1∶1。

(2)一对多联系(1∶n)。如果对于实体集 A 中的每一个实体，实体集 B 中有 n 个实体($n \geqslant 0$)与之联系，反之，对于实体集 B 中的每一个实体，实体集 A 中至多有一个实体与之联系，则称实体集 A 与实体集 B 具有一对多联系，记为 1∶n。

(3)多对多联系(m∶n)。如果对于实体集 A 中的每一个实体，实体集 B 中有 n($n \geqslant 0$)个实体与之联系，对于实体集 B 中的每一个实体，实体集 A 中有 m($m \geqslant 0$)个实体与之联系，则称实体集 A 与实体集 B 具有多对多联系，记为 m∶n。

5)实体-联系模型

实体-联系模型是反映实体之间联系的结构形式，简称 E-R 模型。E-R 模型通常用 E-R 图表示，E-R 图提供了表示实体型、属性和联系的方法。

E-R 图有 3 个要素。

(1)实体型：用矩形表示，矩形框内写明实体名。

(2)属性：用椭圆形表示，并用无向边将其与相应的实体连接起来。

(3)联系：用菱形表示，菱形框内写明联系名，并用无向边分别与有关实体连接起来，同时在无向边旁标上联系的类型(1∶1，1∶n 或 m∶n)，如图 6-2 所示。

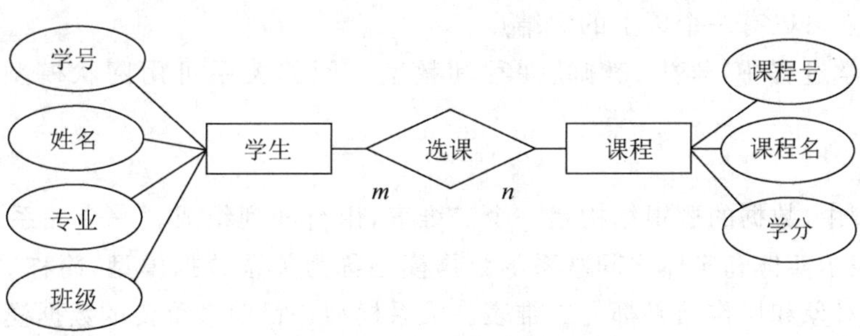

图 6-2　学生和课程 E-R 图

2. 结构模型

为了反映现实世界中客观事物本身及其与其他事物之间的联系，将数据按照一定的结构存储在数据库中，这种结构就是结构模型，又称逻辑模型。结构模型是数据之间逻辑关系的一种反映。

结构模型通常分为层次模型、网状模型、关系模型。

1)层次模型

从数据结构的角度来说，层次模型是有向树结构，其主要特征如下。

(1)有且仅有一个结点无父结点，这个结点称为根结点。

(2)其他结点有且仅有一个父结点。

某公司的行政组织结构如图 6-3 所示。

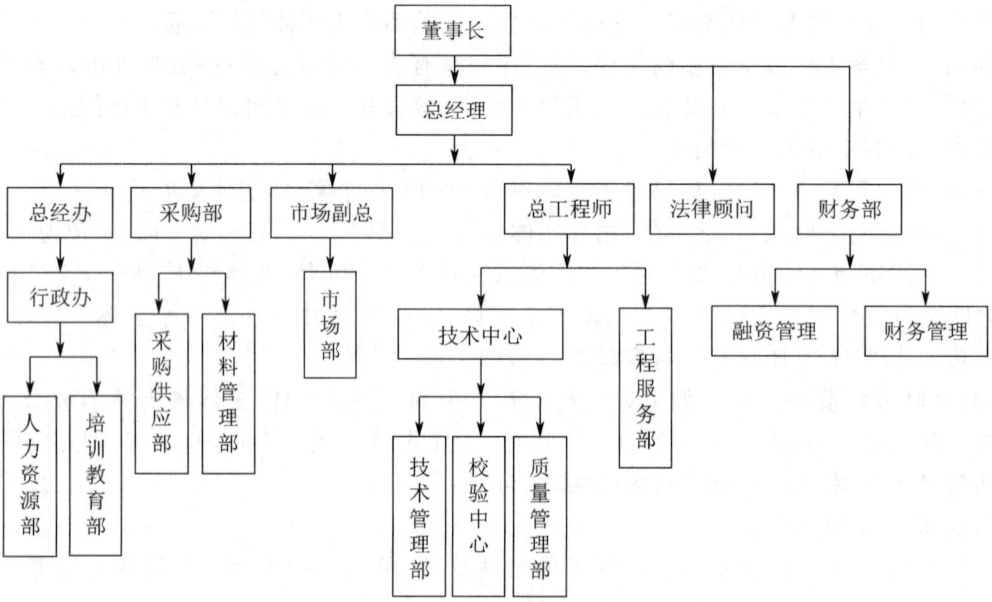

图 6-3　某公司的行政组织结构

2)网状模型

从数据结构的角度来说，网状模型是一个有向图结构，即用有向图表示实体及实体之间的联系的数据结构模型称为网状模型，其主要特征如下。

(1)允许一个以上的结点无父结点。

(2)一个结点可以有一个以上的父结点。

例如，在教学过程中，学生、教师、课程和教室之间的关系可用网状模型表示，如图 6-4 所示。

3)关系模型

在关系模型中，数据的逻辑结构是一个二维表，由行和列组成。一个关系对应一个表，以二维表的形式表示实体和实体之间联系的数据模型称为关系数据模型，简称关系模型。在关系模型中，操作对象和操作结果都是二维表。关系模型是目前最重要的数据模型，几乎被所有数据库管理系统支持。

在数据库中，满足下列条件的二维表都称为关系模型。

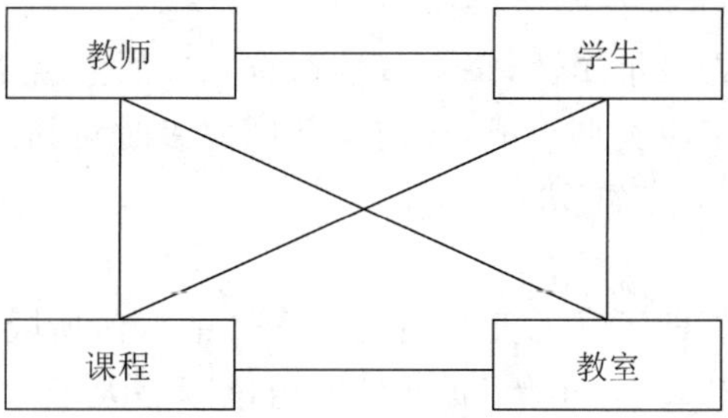

图 6-4 网状模型

(1)每一列中的分量是类型相同的数据。

(2)列的顺序可以是任意的。

(3)行的顺序可以是任意的。

(4)列中的分量是不可再分割的最小数据项,即表中不允许有子表。

(5)表中的任意两行不能完全相同。

关系模型与网状模型、层次模型的最大差别是关系模型用关键码而不是用指针导航数据。关系模型的表格简单,用户易懂,用户只需要用简单的查询语句就可以对数据库进行操作,并不涉及存储结构、访问技术等细节。

6.3 关系型数据库

利用关系模型建立的数据库就是关系型数据库(relational database,RDB)。在关系型数据库中,数据被分散到不同的数据表中,每个数据表中的数据只记录一次,从而避免数据的重复输入,减少数据冗余。

1. 基本概念

1)关系

一个关系就是一个二维表,每个关系都有一个关系名。在 Access 数据库中,一个关系可以存储在一个数据表中,每个表有唯一的表名,即数据表名。

2)元组

在二维表中,每一行称为一个元组,对应表中一条记录。例如,在表 6-1 中,“徐勇波”的信息用元组(“1”,“徐勇波”,“男”,“2002-22-88”,“北京”,“true”)表示。

表 6-1 学生基本情况表

学号	姓名	性别	生日	籍贯	少数民族
1	徐勇波	男	2002-28-88	北京	true
2	杨小帆	女	2006-09-89	四川	false
3	李艺凡	女	2011-18-88	云南	false
4	谢峰	男	2005-08-89	湖北	false
5	胡斌斌	男	2011-13-89	广西	false

3)属性

在二维表中,每一列称为一个属性,每个属性都有一个属性名。在 Access 数据库中,属性又称字段。字段由字段名、字段类型组成,在定义和创建表时对其进行定义。在学生基本情况表中,有字段“姓名”,其类型为字符型。

4)域

属性的取值范围称为域,即不同的元组对同一属性的取值所限定的范围。例如,“性别”属性的取值范围只能是“男”或“女”,“年龄”属性的取值范围是大于 0 的整数,“成绩”属性的取值范围通常是 0～100。

5)关键字、主键

关键字是二维表中一个属性或若干属性的组合,即属性组,它的值可以唯一地标志一个元组。例如,在学生基本情况表中,学号可以作为关键字,而姓名不能作为关键字。

当一个表中存在多个关键字时,可以指定其中一个作为主关键字或主键,而其他的关键字为候选关键字。

6)外部关键字

如果一个关系中的属性或属性组并非该关系的关键字,而是另外一个关系的关键字,则称其为该关系的外部关键字或外键(foreign key)。

2. 关系运算

由于关系是属性个数相同的元组的集合,因此可以从集合论角度对关系进行集合运算。在关系运算中,并、交、差运算是从元组(二维表格中的行)的角度进行的,沿用了传统的集合运算规则,又称传统的关系运算;而选择、投影、连接运算是关系数据库中专门建立的运算规则,不仅涉及行而且涉及列,因此称为专门的关系运算。

1)传统的关系运算

传统的关系运算是二目运算,包括并、交、差、广义笛卡儿积 4 种运算。其操作是基于同类关系而言的,即两个关系都具有 n 个属性,且相同的属性取自同一个域。

(1)并。设有两个关系 R 和 S,它们具有相同的结构。R 和 S 的并是由属于 R 或属于 S 的元组组成的集合,运算符为“∪”,记为 $T=R\cup S$,如图 6-5 所示。

R

A	B	C
3	6	7
2	5	7
7	2	3
4	4	3

S

A	B	C
3	4	5
7	2	3

$R\cup S$

A	B	C
3	6	7
2	5	7
7	2	3
4	4	3
3	4	5

图 6-5　并运算

(2)交。设有两个关系 R 和 S,它们具有相同的结构。R 和 S 的交是由既属于 R 又属于 S

的元组组成的集合，运算符为“∩”，记为 $T=R\cap S$，如图 6-6 所示。

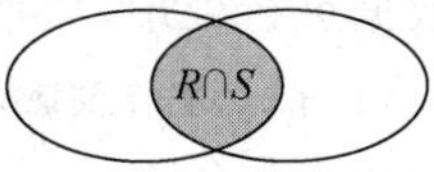

R

A	B	C
3	6	7
2	5	7
7	2	3
4	4	3

S

A	B	C
3	4	5
7	2	3

R∩S

A	B	C
7	2	3

图 6-6　交运算

(3)差。设有两个关系 R 和 S，它们具有相同的结构。R 和 S 的差是由属于 R 但不属于 S 的元组组成的集合，运算符为“－”，记为 $T=R-S$，如图 6-7 所示。

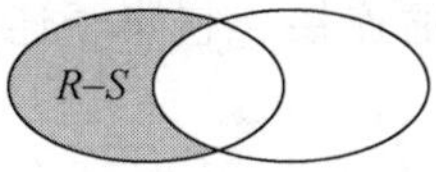

R

A	B	C
3	6	7
2	5	7
7	2	3
4	4	3

S

A	B	C
3	4	5
7	2	3

R–S

A	B	C
3	6	7
2	5	7
4	4	3

图 6-7　差运算

(4)广义笛卡儿积。

设 R 是一个包含 m 个元组的 j 元关系，S 是一个包含 n 个元组的 k 元关系，则 R 和 S 的广义笛卡儿积是一个包含 $m\times n$ 个元组的 $j+k$ 元关系，记为 $R*S$，并定义

$$R*S=\{(r_1,r_2,\cdots,r_j,s_1,s_2,\cdots,s_k)\mid(r_1,r_2,\cdots,r_j)\in R \text{ 且 } \{s_1,s_2,\cdots,s_k\}\in S\}$$

如图 6-8 所示。

R

A	B
α	1
β	2

S

C	D	E
α	11	a
β	11	a
β	22	b
φ	11	b

R*S

A	B	C	D	E
α	1	α	11	a
α	1	β	11	a
α	1	β	22	b
α	1	φ	11	b
β	2	α	11	a
β	2	β	11	a
β	2	β	22	b
β	2	φ	11	b

图 6-8　广义笛卡儿积运算

2)专门的关系运算

在关系数据库中,可以对表中的数据进行处理,如查找满足条件的记录,选取某些列,从多个表中获取数据项等。专门的关系运算包括选择、投影和连接等。

(1)选择。选择运算指在关系中选择满足条件的元组,即在二维表中选择满足指定条件的行。例如,在学生表中,若要查询所有男同学的信息,则使用选择运算,条件是:性别="男"。

(2)投影。投影运算指在关系中选择某些属性,即在二维表中选择某些列。例如,在学生基本情况表中,选取学生的学号、姓名、性别生成学生名单,可以使用投影运算来实现。

(3)连接。连接是将两个和多个关系模式通过公共的属性名连接成一个新的关系模式,生成的新关系包含满足连接条件的元组。例如,设有3个关系:学生(学号,姓名,所在系,性别,现住址),课程(课程号,课程名,学分),选修(学号,课程号,成绩)。若想查询成绩在90分以上的学生姓名和选修课程名,则需要使用连接运算,连接结果包括学生、课程、选修3个关系中属性的并集。

连接运算中最为常见的两种形式是等值连接和自然连接。

①等值连接以连接条件中的关系运算符"="表示,即两个属性等值连接。

②自然连接是去掉重复属性的等值连接。它属于连接运算的一个特例。

6.4 数据库设计

数据库设计是指对于一个给定的应用环境,构造最优的数据库模式,建立数据库及其应用系统,使之能够有效地存储数据,满足特定环境用户的应用需求(信息需求和处理要求)。在数据库领域内,常常把使用数据库的各类系统统称为数据库应用系统。数据库是信息系统的核心和基础。数据库是信息系统的各个部分能否紧密地结合在一起,以及如何结合的关键所在。数据库设计是信息系统开发和建设的重要组成部分。

数据库设计有两种方法,即面向数据的方法和面向过程的方法。面向数据的方法是以信息需求为主,兼顾处理需求;面向过程的方法则是以处理需求为主,兼顾信息需求。考虑数据库开发的全过程,可以将数据库设计分为6个阶段,即需求分析阶段、概念设计阶段、逻辑设计阶段、数据库物理设计阶段、数据库实施阶段、数据库运行和维护阶段。

1.需求分析阶段

需求分析阶段就是综合各个用户的应用需求,是整个设计过程的基础,也是起点。需求分析做得不好,可能会导致整个数据库设计失败。

需求分析的任务是通过详细调查现实世界要处理的对象(组织、部门、企业等),充分了解原系统(手工系统或计算机系统)的工作概况,明确用户的各种需求,在此基础上确定新系统的功能。新系统必须充分考虑今后可能的扩充和改变,不能仅按当前应用需求来设计数据库。需求分析的重点是调查、收集与分析用户在数据管理中的信息采集要求、处理要求、安全性与完整性要求。

2.概念设计阶段

将需求分析阶段得到的用户需求抽象为信息结构(概念模型)的过程就是概念设计,是整个数据库设计的关键。

通过对用户需求进行综合、归纳与抽象,形成一个独立于具体数据库管理系统的概念模型。概念模型具有如下特点。

(1)能真实、充分地反映现实世界,包括事物和事物之间的联系,能满足用户对数据的处理要求。概念模型是对应现实世界的一个真实模型。

(2)易于理解,从而和不熟悉计算机的用户交换意见(用户的积极参与是数据库设计成功的关键)。

(3)易于更改,当应用环境和应用要求改变时,容易对概念模型进行修改和扩充。

(4)易于向关系、网状、层次等各种数据模型转换。

涉及概念设计的4类方法为自顶向下、自底向上、逐步扩张、混合策略。

3. 逻辑设计阶段

数据库的逻辑设计是指将概念模型转换成具体的数据库产品(数据库管理系统)支持的数据模型,并对其进行优化,形成数据库逻辑模式。根据用户数据的处理要求和安全性考虑,可以在基本表上建立必要的视图,形成数据的外模式。

4. 数据库物理设计阶段

数据库物理设计是指为逻辑数据模型选取合适的物理结构,即根据数据库管理系统的特点和数据处理的需要,进行物理存储安排,建立索引,形成数据库内模式。

数据库的物理设计通常分为两步。

(1)确定数据库的物理结构,在关系数据库中主要指存储结构和存取方法。

(2)对物理结构进行评价,评价的重点是时间和空间效率。

5. 数据库实施阶段

数据库实施是指运用数据库管理系统提供的数据库语言、工具及宿主语言,根据逻辑设计和物理设计的结果建立数据库、编制与调试应用程序、组织数据入库并进行试运行。

在数据库系统中,数据量都很大,并且数据来源于各个不同的部门,数据的组织方式、结构和格式都与新设计的数据库系统有很大的差距,组织数据录入要将各类源数据从各个局部应用中抽取出来,输入计算机,再分类转换,最后综合成符合新设计的数据库结构的形式输入数据库。

6. 数据库运行和维护阶段

数据库试运行合格后,数据库开发工作就基本完成。在数据库应用系统正式运行后,还要不断对其进行评价、调整和修改,这是一项长期的任务,也是设计的继续和提高。

习 题 2

一、选择题

1. 算法的有穷性是指(　　)。

A. 算法程序的运行时间是有限的　　B. 算法程序所处理的数据量是有限的

C. 算法程序的长度是有限的　　D. 算法只能被有限的用户使用

2. 算法空间复杂度的度量方法是依据(　　)。

A. 算法程序的长度　　B. 算法所处理的数据量

C. 执行算法所需要的工作单元　　D. 执行算法所需要的存储空间

3. 设数据结构 $B=(D,R)$,其中 $D=\{a,b,c,d,e,f\}$,$R=\{(f,a),(d,b),(e,d),(c,e),(a,c)\}$,该数据结构为(　　)。

A. 线性结构　　B. 循环队列　　C. 循环链表　　D. 非线性结构

4. 下列关于栈的叙述中正确的是(　　)。

A. 栈按"先进先出"组织数据　　B. 栈按"先进后出"组织数据

C. 只能在栈底插入数据　　D. 不能删除数据

5. 下列结构中为非线性结构的是(　　)。

A. 树　　B. 向量　　C. 二维表　　D. 矩阵

6. 设某棵树的度为 3,其中度为 3、2、1 的结点个数分别为 3、0、4,则该树中的叶子结点数为(　　)。

A. 7　　B. 8

C. 6　　D. 不可能有这样的树

7. 设二叉树共有 500 个结点,其中叶子结点有 250 个,则度为 2 的结点个数是(　　)。

A. 0　　B. 1

C. 249　　D. 不可能有这样的二叉树

8. 在快速排序法中,每经过一次数据交换(或移动)后(　　)。

A. 能消除多个逆序

B. 只能消除一个逆序

C. 不会产生新的逆序

D. 消除的逆序个数一定比新产生的逆序个数多

9. 下列关于对象概念的描述中正确的是(　　)。

A. 对象间的通信靠消息传递　　B. 对象是名字和方法的封装体

C. 任何对象必须有继承性　　D. 对象的多态性是指一个对象有多个操作

10. 结构化程序设计风格强调的是(　　)。

A. 程序的易读性　　B. 程序的执行效率

C. 不考虑 goto 语句的限制使用　　D. 程序的可移植性

11. 不属于对象构成成分的是(　　)。

A. 规则　　B. 属性　　C. 标识　　D. 方法(或操作)

12. 面向对象方法中,将数据和操作置于对象的统一体中的实现方式是(　　)。

A. 封装　　B. 抽象　　C. 结合　　D. 隐藏

13. 下列选项中,不是面向对象主要特征的是(　　)。

A. 复用　　B. 抽象　　C. 继承　　D. 封装

14. 计算机软件包括(　　)。

A. 算法和数据　　B. 程序和数据

C. 程序和文档　　D. 程序、数据及相关文档

15. 软件生命周期中,解决软件"做什么"的阶段是(　　)。

A. 需求分析　　B. 软件设计　　C. 软件实现　　D. 可行性研究

16. 软件生命周期可分为定义阶段、开发阶段和维护阶段，下列选项中不属于开发阶段任务的是(　　)。

A. 测试　　B. 设计　　C. 编码　　D. 需求分析

17. 程序流程图是(　　)。

A. 编码阶段使用的表达工具　　B. 总体设计阶段使用的表达工具
C. 测试阶段使用的表达工具　　D. 详细设计阶段使用的表达工具

18. 程序调试的任务是(　　)。

A. 设计测试用例　　B. 验证程序的正确性
C. 发现程序中的错误　　D. 诊断和改正程序中的错误

19. 黑盒测试技术依据的是(　　)。

A. 软件行为的描述　　B. 软件功能的描述
C. 程序的物理结构　　D. 程序的逻辑结构

20. 负责数据库中查询操作的数据库语言是(　　)。

A. 数据定义语言　　B. 数据管理语言
C. 数据操纵语言　　D. 数据控制语言

21. 公司的开发人员可以同时参加多个项目的开发，一个项目由多个开发人员参与，则实体开发人员和实体项目间的联系是(　　)。

A. 多对多　　B. 一对多　　C. 多对一　　D. 一对一

22. 关系数据库规范化的目的是解决关系数据库中的(　　)。

A. 数据操作复杂的问题　　B. 查询速度低的问题
C. 插入、删除异常及数据冗余问题　　D. 数据安全性和完整性保障的问题

23. 数据库概念设计阶段得到的结果是(　　)。

A. 数据字典　　B. E-R 模型　　C. 关系模型　　D. 物理模型

24. 数据库三级模式体系结构的划分有利于保持数据库的(　　)。

A. 数据独立性　　B. 数据安全性　　C. 结构规范化　　D. 操作可行性

25. 在关系 A(S，SN，D)和 B(D，CN，NM)中，A 的主关键字是 S，B 的主关键字是 D，则 D 是 A 的(　　)。

A. 外键(码)　　B. 候选键(码)　　C. 主键(码)　　D. 候选键或主键

二、填空题

1. 设一棵树的度为 3，共有 27 个结点，其中度为 3、2、0 的结点数分别为 4、1、10。该树中度为 1 的结点数为________。

2. 设二叉树的中序序列为 BCDA，前序序列为 ABCD，则其后序序列为________。

3. 结构化程序的 3 种基本控制结构是________、选择结构、________。

4. 在结构化程序设计中，模块划分应遵循________内聚、________耦合的原则，即提高模块内聚性和减弱模块之间的耦合性，有利于提高软件模块的独立性。

5. 计算机软件包括________、数据及相关文档。

6. 两个或两个以上模块之间关联的紧密程度称为________。

7. 在 E-R 图中用来表示实体的图形是________。

8. 在关系模型中，每一个二维表称为一个________。

第三篇

WPS 文字应用

WPS Office 是金山公司开发的一套办公软件，其主要包括文字、表格、演示、流程图、脑图、表单等多个组件，提供了强大的办公自动化功能，是国产软件中功能最为强大、使用用户最多的一款办公软件。WPS Office 的前身要追溯到磁盘操作系统(disk operating system，DOS)下的一款文字处理软件，它的全名为 word processing system，只能用于文字文档的编辑处理。随着图形化操作系统 Windows 的普及，WPS Office 也扩展成了具有文字、表格、演示(writer、spreadsheet、presentation)三大套件的办公软件。目前，WPS Office 已成为一个覆盖桌面终端和移动终端，集成了多种办公套件，提供了跨设备、跨平台办公能力的数字化办公服务平台(workspace platform service)。

WPS 文字是 WPS Office 中最重要的组件之一，它具有友好的操作界面和完备的文档处理功能，还提供了文字工具、段落布局、斜线表头、横向页面等特色排版工具，能够进行文字文档的创建、编辑、排版、打印和数据处理，可以便捷、高效地制作出具有专业水平的文档。本篇将以 WPS Office 教育考试专用版中的文字组件为例，介绍它的基本功能和使用方法。本篇的学习目标和主要内容包括下列 5 个部分。

(1)熟悉 WPS Office 的操作界面，掌握 WPS 文档创建、使用、查看、保存及保护的方法，熟悉 WPS Office 中功能命令的用法，云文档的用法。

(2)掌握文档的输入与编辑方法，文档的字符排版、段落排版、页面排版方法，文档打印的方法。

(3)掌握表格的创建、编辑和排版方法，表格中的数据计算与排序方法。

(4)掌握图片、图形、艺术字、智能图形等对象的插入和设置方法，样式、注释、目录、索引、域、自动图文集的用法。

(5)熟悉文档的批注和修订方法，邮件合并的概念和使用方法。

第7章 WPS 文字的基本概念与操作

7.1 WPS Office 首页

WPS Office 教育考试专用版将文字、表格、演示等组件整合到了一个窗口中，可以利用窗口中的各个标签在各个文档和组件之间切换。在 Windows 操作系统“开始”菜单中找到“WPS Office”，单击后即可启动 WPS Office 软件并进入“首页”界面(见图 7-1)。

图 7-1 WPS Office“首页”界面

WPS Office“首页”界面是用户进行工作的起始界面，包含下列功能区域。

(1)标签与工作区。在“首页”界面顶端左侧是一系列标签,包含“首页”“新建”等功能界面标签和正在打开编辑的文档标签,单击这些标签可以在不同功能界面和文档操作界面之间进行切换。右侧是“工作区/标签列表”按钮,单击它可以打开工作区管理界面(见图 7-2)。在这里可以创建不同的工作区,每个工作区里还可以打开不同的文档标签。

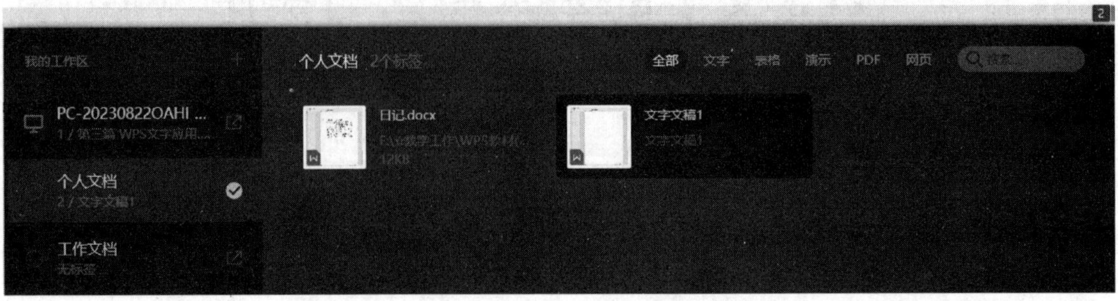

图 7-2　工作区管理界面

(2)全局搜索框。可以搜索本地文档、云文档、模板、Office 技巧、应用等资源,打开需要访问的网址链接。

(3)设置中心。可以进行软件皮肤和外观的更改,修改云同步、备份、网页浏览、文件格式关联、窗口管理模式等全局设置,配置和修复 WPS,访问 WPS 服务中心。

例如,如果要关闭 WPS Office 的推荐和广告信息,可以单击设置中心的“全局设置”按钮 ,选择“配置和修复工具”命令,在打开的对话框中单击“高级”按钮,打开“WPS Office 配置工具”对话框,在“功能定制”选项卡中勾选“关闭模板推荐”“关闭在线素材资源推荐”“关闭场景化功能推荐”复选框,再切换到“其他选项”选项卡,勾选“关闭 WPS 热点”“关闭广告弹窗推送”复选框。

(4)账号管理。可以登录 WPS Office 用户账号,查看用户个人账号和云空间信息。WPS 的云文档、同步、协作、分享功能必须要用户登录账号才能使用。

(5)导航栏。可以新建和打开 WPS 文档,对本地文档和云文档进行管理,打开 WPS 日历对日程和待办事项进行设置和处理。

(6)应用栏。可以快速打开常用的应用工具,还能打开应用中心,搜索、使用和添加各种工具软件和服务。

(7)文档导航和文档列表。在导航栏单击“文档”按钮后,会出现“文档导航”和“文档列表”区域,可以对本地文档和云文档进行访问和管理。

(8)扩展面板。用于显示文档、账号等信息,展开功能的选项,推送资源、应用及技巧等内容。

7.2　文档的创建与使用

7.2.1　文档的创建

在 WPS Office 中,可以创建空白文档,也可以根据选定的模板来快速创建文档。所谓模板，就是一类预先设置好的，具有一定结构和格式的文档。用户利用模板建立文档后，只需要在相应位置输入内容，就可以快速建立标准格式的文档。利用 WPS Office 中的文字组件创建的文档通常采用“. wps”“. docx”作为扩展名，常用的文档创建方法主要有以下两种。

(1)先启动 WPS Office，再选择需要新建的文档类型。步骤如下。

①启动 WPS Office 软件，在“首页”界面中，单击左侧的“新建”按钮或顶部的“新建标签”按钮 +，打开“新建”界面(见图 7-3)。

图 7-3　“新建”界面

②在“新建”界面中单击“文字”按钮，在下方的推荐模板中选择“新建空白文档”选项，即可建立一个空白的 WPS 文字文档。当然也可以选择某个需要的模板来建立文档，如果模板从未使用过，则需要从网络下载后才能使用。

(2)直接在文件夹中创建 WPS 文件，重命名后打开、编辑。步骤如下。

①打开或新建一个用来存放文档的文件夹，利用 Windows 资源管理器的“新建项目”命令或者快捷菜单，新建一个“DOCX 文档”类型的文件，将文件根据需要重命名。

②打开创建的文件，就可以自动启动 WPS 文字组件并进行编辑。但这种方法只能新建空白文档，不能利用模板创建文档。

7.2.2　文档的打开

对于已经创建的 WPS 文档，可以利用 Windows 资源管理器找到该文件，直接打开进行编辑。如果已经打开了 WPS Office，也可以在软件界面中打开需要编辑的文件。步骤如下。

(1)单击 WPS Office 软件界面左上角的“首页”按钮，打开“首页”界面。

(2)在左侧导航栏中单击“文档”按钮，再在文档导航区选择“最近”“星标”“我的云文档”

“共享”选项或其他本地文件位置，在文档列表区域中会列出该位置内的文档和文件夹名称（见图 7-1），找到需要操作的文档后双击即可打开。

（3）也可以在左侧导航栏中单击“打开”按钮，在“打开文件”对话框（见图 7-4）中找到需要打开的云文档或本地文档，打开后即可进行编辑操作。

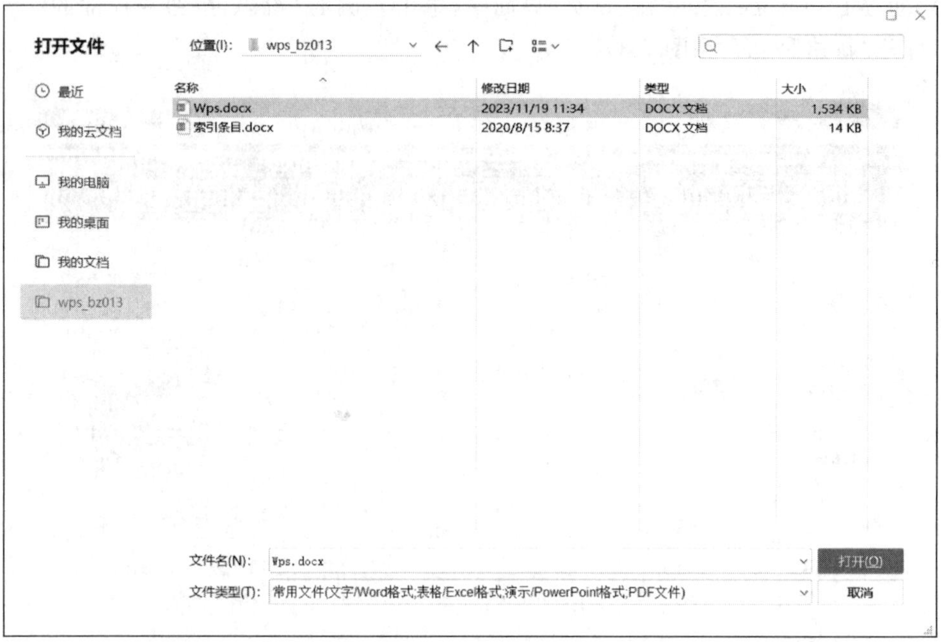

图 7-4 “打开文件”对话框

7.3 WPS 文字界面

当新建或打开一个 WPS 文字类型的文档后，就会进入 WPS 文字组件的工作界面，该界面的主要组成部分如图 7-5 所示。

（1）标题栏和文档标签。标题栏中显示了当前正在打开编辑的文档名，每一个打开的文档都会用一个标签来表示。

（2）快速访问工具栏。其中包含了用户使用最频繁的操作，如“保存”、“打印”、“撤销”、“恢复”等按钮。还可以自定义快速访问工具栏，在其中加入自己常用的操作。

（3）选项卡和功能区。选项卡是 WPS Office 提供的一种直观的程序操作方式，它的组成部分如图 7-6 所示，利用标签，可以在多个选项卡之间切换，每个选项卡下的按钮根据功能的相关性被划分成了若干功能组。在有些功能组的右下角还有一个对话框启动器按钮，利用它可以打开相应的对话框，进行更多设置。

WPS 文字组件中的常用选项卡有下列几种。

①“开始”选项卡：用于对 WPS 文字文档进行编辑和格式设置，是最常用的选项卡。

②“插入”选项卡：用于在 WPS 文字文档中插入符号、文本、表格、图形、批注、页眉页脚、链接、多媒体、页面、对象等各种元素。

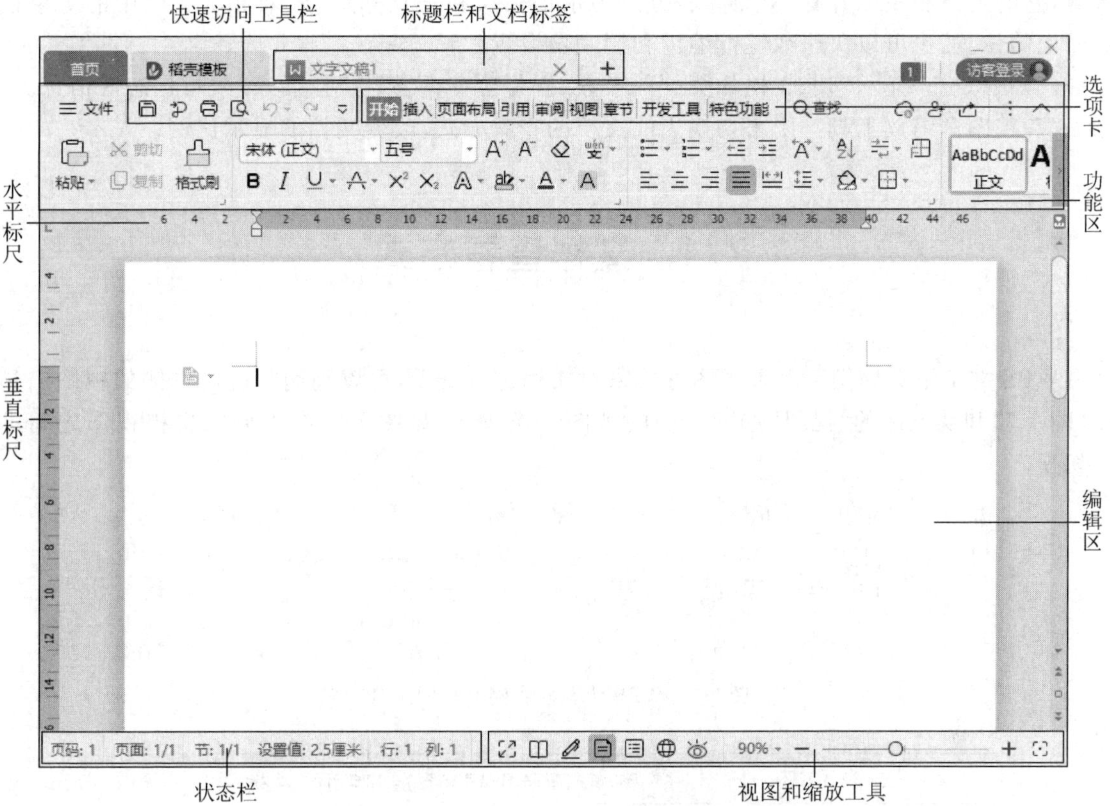

图 7-5　WPS 文字组件工作界面的主要组成部分

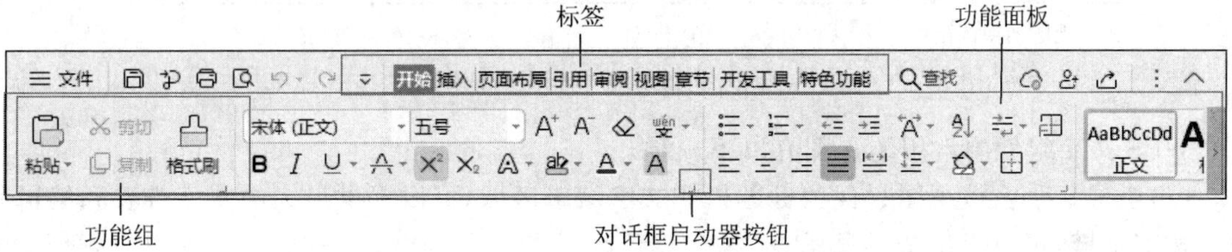

图 7-6　选项卡和功能区的组成部分

③“页面布局”选项卡：用于对文档的页面、段落和对象效果进行设置。

④“引用”选项卡：用于在文档中插入目录、题注、脚注、尾注、索引及进行邮件合并等。

⑤“审阅”选项卡：用于对文档进行校对和修正。

⑥“视图”选项卡：用于设置文档的查看和显示方式。

⑦“章节”选项卡：用于进行章节导航和页面设置。

另外，当文档中的图形、表格等对象被选中时，还会出现与对象相关的动态选项卡，从而能够更方便地对对象进行相关操作。

(4)“文件”按钮。单击功能区左侧的“文件”按钮，会出现下拉菜单，在这里可以进行文档的新建、打开、保存、输出、打印、分享、备份等操作，以及对 WPS 文字组件的各项选项进行设置。

(5)编辑区和标尺。编辑区是在 WPS 文字组件中对文档进行查看、编辑、排版等工作的区域，它的上方和左侧各有一个标尺，分别为水平标尺和垂直标尺，用来标示文档中的对象在页面上的位置，也可以快速地进行缩进和制表位设置。

(6)状态栏。显示当前文档的页、节、字数、拼写检查、文档校对、插入/改写状态等信息。

(7)视图和缩放工具。用来切换当前文档的查看方式，改变文档的显示比例。

7.4 文档查看方式

WPS 文字组件提供了多种视图方式来对文档进行查看，可以利用状态栏右侧的视图工具(见图 7-7)和功能区的“视图”选项卡中的视图切换按钮(见图 7-8)在不同的文档视图之间进行切换。

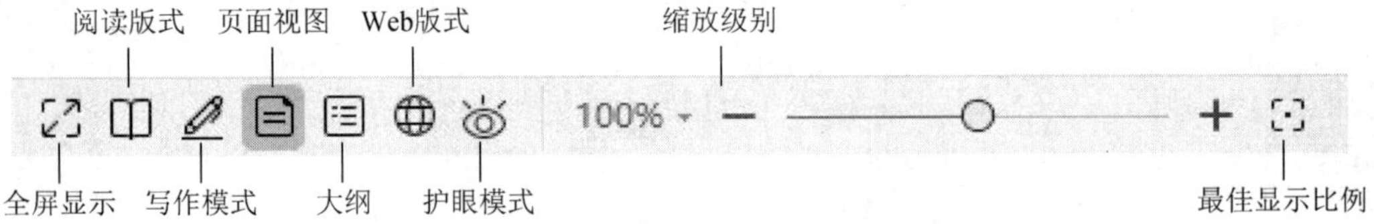

图 7-7 WPS 状态栏右侧的视图工具

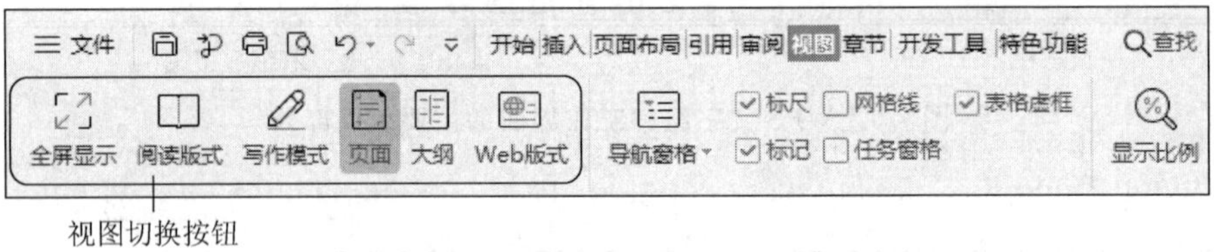

图 7-8 “视图”选项卡中的视图切换按钮

WPS 文字组件中常用的视图有以下 6 种。

(1)全屏显示。该视图只保留标题栏和文字编辑区域，可以提供最大的文字查看和编辑区域。按 Esc 键，可以退出全屏显示。

(2)阅读版式。该视图可以以全屏方式显示文档，屏幕空间被充分利用来显示内容，适合进行书籍、长文档内容的阅读，还可以避免文档内容被修改。

(3)写作模式。该视图可以提供一个简洁的操作界面，便于用户集中注意力进行文字的撰写。

(4)页面。该视图是 WPS 文字组件中默认的视图，可以进行页面的设置和其中各种对象的插入、编辑和格式化，以纸张形式显示文档打印的真实效果，是一种“所见即所得”的文档查看方式。

(5)大纲。该视图根据文档内容的大纲级别，按层次关系来显示各级内容。在大纲视图下的文档内容可以折叠与展开，还可以很方便地设定各文本的级别。该视图对于建立和查看文档的大纲十分方便，但是取消了页面元素的显示。

(6)Web 版式。该视图以浏览器中网页的形式来显示文档，此时文档的左右缩进与窗口的大小相关。该视图适合在将文档保存为网页格式前对显示效果进行预览。

7.5 命令功能的使用

在 WPS 文字组件中，可以通过下列方式来使用软件提供的各项命令功能。

(1)命令按钮。在软件界面中，可以通过快速访问工具栏、选项卡的功能面板、状态栏以及“文件”菜单中提供的各种命令按钮来执行相应的操作命令。

(2)对话框。利用某些命令按钮或功能组右下角的对话框启动器按钮可以打开相应的对话框，利用它可以完成各种操作。

(3)快捷键。有很多命令提供了快速执行的组合键，称为快捷键。例如，Ctrl＋S 快捷键表示保存当前文档，Ctrl＋B 快捷键表示对选中的文字设置加粗格式。

(4)快捷菜单。将鼠标指针指向某一对象时右击，会出现一个快捷菜单，利用菜单中的命令项可以对该对象进行相应操作。

另外，在 WPS Office 的使用过程中，要熟练利用“撤销”“恢复”等操作。

(1)“撤销”操作。WPS Office 能够记录近期完成的一系列操作步骤，如果操作失误，可以利用快速访问工具栏中的“撤销”按钮或 Ctrl＋Z 快捷键回退到上一步操作。WPS Office 具有多级撤销功能，可以连续使用撤销功能来回退多步操作。也可以单击“撤销”按钮右边的下拉按钮，打开下拉菜单，从中选择需要撤销的多步操作。

(2)“恢复”操作。恢复功能与撤销功能相反，使用快速访问工具栏中的“恢复”按钮或 Ctrl＋Y 快捷键可以恢复之前被撤销的一步或多步操作。

7.6 文档的保存与保护

7.6.1 保存文档

对于正在编辑的文档，其修改的内容是存放在内存中的，如果计算机断电或重启会导致内存中的数据丢失，要长期存储当前内容，必须进行保存操作，将文档保存在外存中。WPS 中常用的保存文档的方法有下列几种。

1. 直接保存文档

单击快速访问工具栏中的“保存”按钮，或者单击“文件”按钮，在“文件”菜单中选择“保存”命令，可以把当前文档内容以当前文件名直接保存。

使用这种方法保存文档时，文档的位置和文件名不发生变化，文档原来的内容被当前正在编辑的内容覆盖保存。如果当前文档是新建文档，没有进行过保存操作，则会进入另存文档的操作流程。

2. 另存文档

如果要重新设置当前文档的保存位置和文件名，可以使用另存操作。如果当前文档是新建文档，第一次保存时就会进入另存文档操作流程。文档另存的操作步骤如下。

(1)单击“文件”按钮，打开“文件”菜单。

(2)选择“另存为”命令，打开“另存文件”对话框(见图 7-9)。

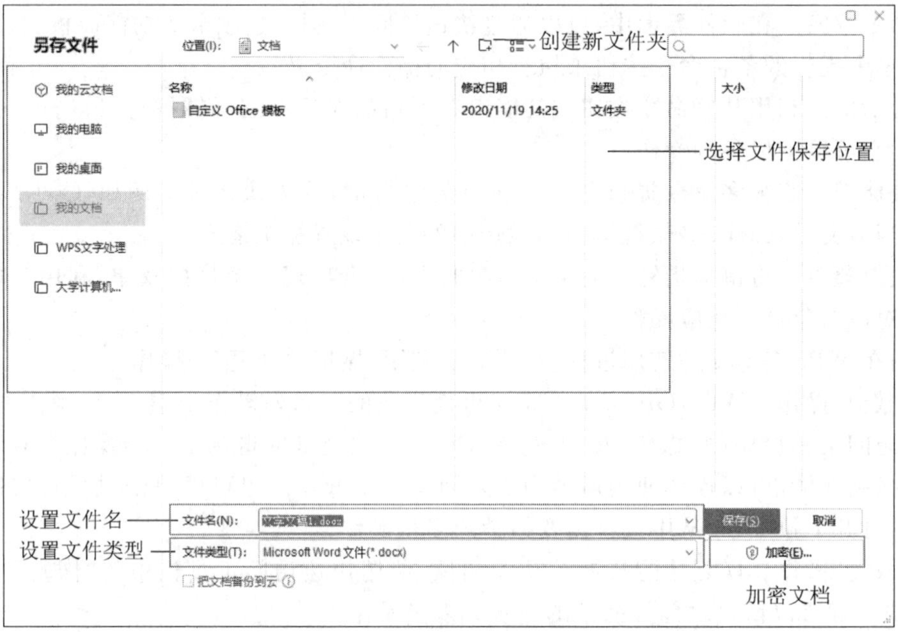

图 7-9 “另存文件”对话框

(3)在“另存文件”对话框中选择文件保存的位置，也可以单击“创建新文件夹”按钮创建新的文件夹。

(4)默认的文件保存类型为“Microsoft Word 文件(＊.docx)”，这种类型的文件可以与 Word 文字处理软件兼容。如果需要更改文件类型，可以在“文件类型”下拉列表中选择需要更改的文件类型选项，＊.wps 是 WPS 文字组件专有的文件格式。

(5)在“文件名”后的文本框中输入保存后的文件名称。

(6)单击“保存”按钮，即可将当前文档在选定的文件夹位置以新的文件名保存，其内容为当前的文档内容。

此时 WPS Office 窗口中当前编辑的文档会变为新保存的文档，原来文件名所对应文档的内容仍然是上一次保存的内容，自上次保存以来文档新修改的内容不会出现在旧文档中。因此，如果打开一个文档后，希望新修改的内容不影响原来的文档，应该使用另存操作。

7.6.2 保护文档

当文档内容属于重要内容，为了防止他人随意打开或者修改文档，可以通过对文档设置密码来保护文档。文档能够设置打开密码和修改密码，常用的设置方法有两种。

1.另存文档时设置

在进行文档另存操作时,可以利用“加密”按钮直接设置打开密码和修改密码,具体步骤如下。

(1)单击“文件”按钮,打开“文件”菜单,选择“另存为”命令,打开“另存文件”对话框(见图7-9)。

(2)单击“文件类型”下拉列表框右侧的“加密”按钮,打开“密码加密”对话框(见图7-10)。

(3)在“打开权限”区域可以设置文件的打开密码,在“编辑权限”区域可以设置文件的修改密码。

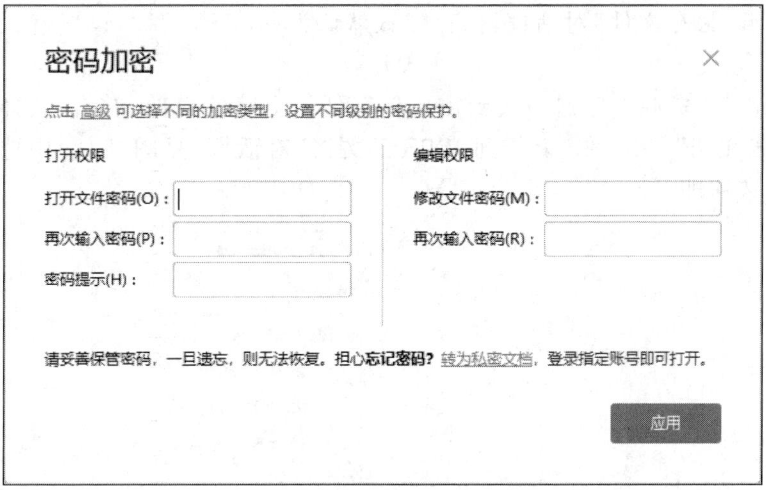

图7-10 “密码加密”对话框

2.在“文件”菜单中设置

利用“文件”菜单中的“文档加密”功能可以对文档进行保护,具体步骤如下。

(1)单击“文件”按钮,打开“文件”菜单。

(2)选择“文档加密”→“密码加密”命令,打开“密码加密”对话框(见图7-10),设置文件的打开密码和修改密码即可。

7.7 云文档的使用

WPS Office除了提供本地文档处理功能外,还提供了一系列在线办公服务,云文档功能就是其中之一。在WPS Office界面右上角单击“访客登录”按钮,在打开的对话框中使用微信、QQ、手机号等方式登录金山办公账号,就可以使用云文档功能。WPS Office的云端文档是与账号绑定的,使用同一个账号登录不同平台、不同设备的WPS Office软件,可以实现各端数据文档的共享。

7.7.1 保存云文档

将 WPS 文档保存为云文档可以将文档保存在 WPS 云空间中，从而实现文档的多端共享、同步、协作等操作。保存云文档的方法有以下几种。

(1)新建或打开 WPS 文档后，选择“文件”菜单中的“另存为”命令，在“另存文件”对话框(见图 7-9)中设置保存位置为“我的云文档”或“WPS 网盘”，设置好文件名，单击“保存”按钮即可。

(2)将光标停留在打开的 WPS 文档标题标签上，在弹出的文档信息框(见图 7-11)中选择“上传到云”命令，或者在文档标题标签上右击，选择快捷菜单里的“保存到 WPS 云文档”命令，同样可以打开“另存文件”对话框，保存位置默认为“WPS 网盘”，设置好文件名，单击“保存”按钮即可。

(3)在 Windows 资源管理器中找到需要保存到云空间的文件，右击，选择快捷菜单中的“上传到 WPS 云文档”命令，在“上传到 WPS 云文档”对话框(见图 7-12)中选择具体的位置后，单击“确定”按钮即可。

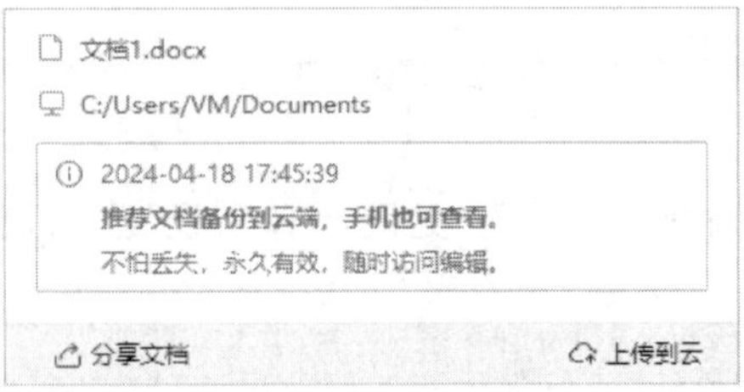

图 7-11 文档信息框

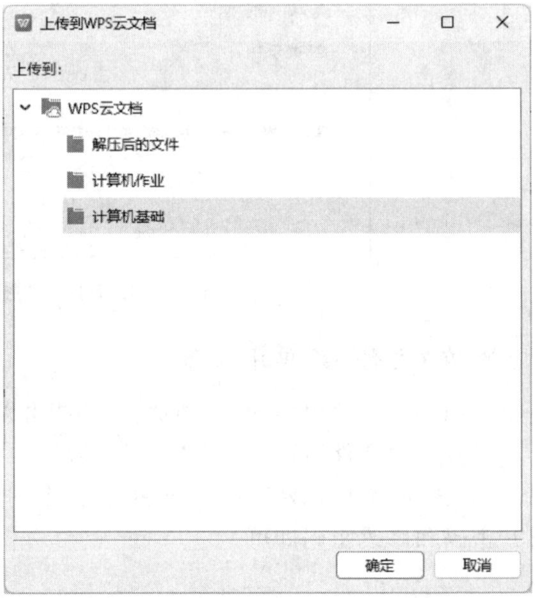

图 7-12 “上传到 WPS 云文档”对话框

7.7.2 管理云文档

云空间是 WPS 为用户提供的一个网络存储区，上传和保存的云文档就放置在云空间里，选择“我的云文档”选项可以对云空间里的内容进行管理。“我的云文档”选项可以通过下面两种方法打开。

(1)进入 WPS Office“首页”界面，在左侧导航栏中单击“文档”按钮，再在文档导航区中选择“我的云文档”选项，在右侧的文件列表区可以对 WPS 云空间里的文档进行管理，如图 7-13 所示。

图 7-13　WPS Office 中"我的云文档"界面

(2)打开 Windows 资源管理器,在导航栏中选择"WPS 网盘"选项,选择其中的"我的云文档"选项,在右侧的文件列表区对 WPS 云空间进行管理,如图 7-14 所示。

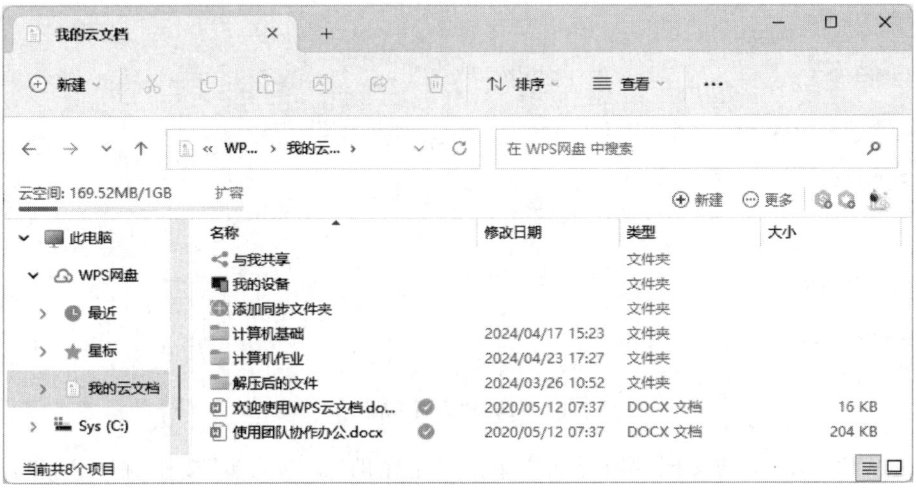

图 7-14　Windows 资源管理器中"我的云文档"界面

可以使用"我的云文档"界面右上角的命令按钮进行云空间内文件和文件夹的新建、上传等操作,也可以像使用 Windows 资源管理器一样利用快捷菜单和快捷键在云空间里进行文件和文件夹的复制、移动、删除等操作。

7.7.3　云同步功能

利用 WPS Office 的云同步功能可以自动地将本地文档保存到云空间,还能在不同终端、不同平台的环境下保持文档的一致性,WPS Office 主要提供了下列几种云同步功能。

1. 文档云同步

启用文档云同步功能后,在每个不同终端或平台上使用 WPS Office 打开编辑过的文档都会自动保存到 WPS 云空间里,从而能够在其他终端或平台的 WPS Office 中访问这些文档。文档云同步后的文件实际保存位置在"我的云文档"里的"我的设备"文件夹里,每一个不同的平台或终端都有一个对应名称的子文件夹来存放文件。

打开文档云同步功能的方法有下列几种。

(1)在WPS Office的“首页”界面单击“全局设置”按钮，选择菜单中的“设置”命令，打开“设置”界面(见图7-15)，在此界面中打开“文档云同步”后的控制开关。

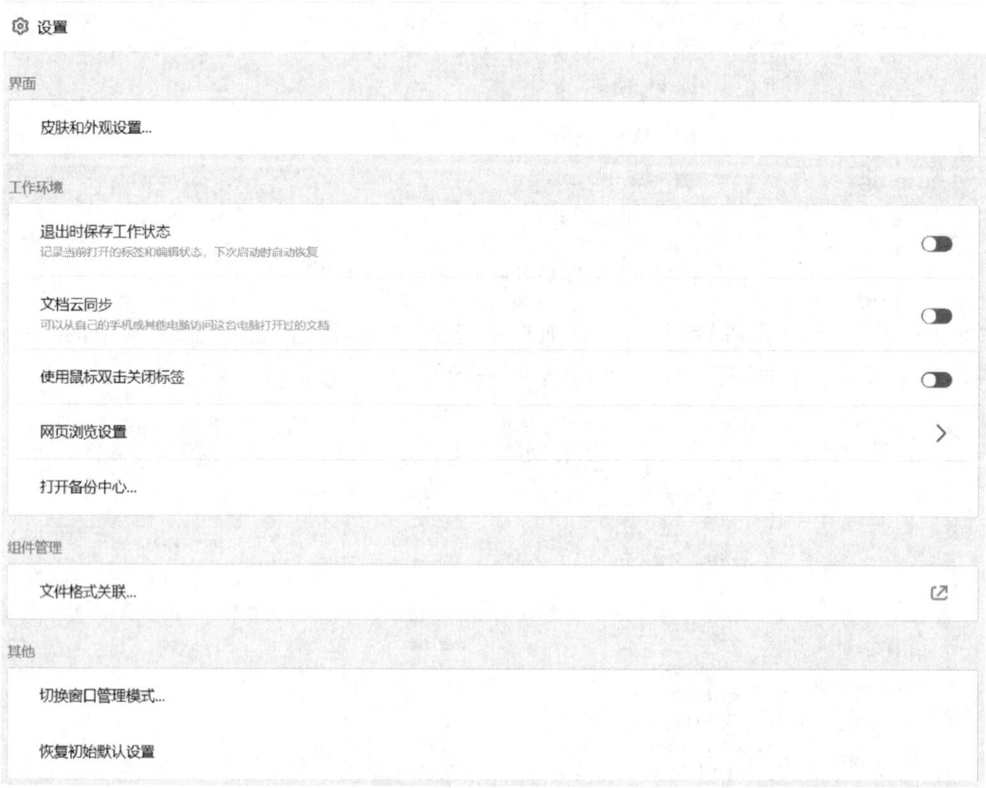

图7-15 “设置”界面

(2)在WPS Office的文档编辑界面中单击右上角的“未同步”按钮，在云同步提示框(见图7-16)中单击“立即启用”按钮。

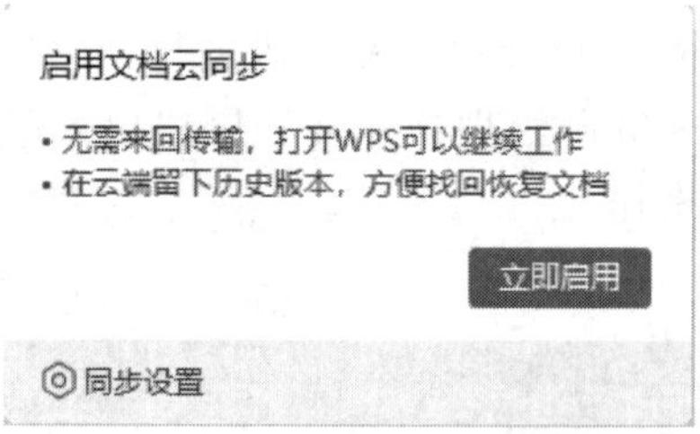

图7-16 云同步提示框

(3)单击WPS Office文档编辑界面右上角的“未同步”按钮，在提示框中单击“同步设置”按钮，打开“云服务设置”对话框(见图7-17)，或者在Windows资源管理器中选择“WPS网盘”选项，单击右上角的“更多”按钮，在打开的菜单中选择“同步管理”命令，打开“云服务设置”对话框。在“云服务设置”对话框的“我的电脑”选项卡中打开“文档云同步”后的控制开关。

图 7-17　“云服务设置”对话框

2. 同步文件夹

将本地文件夹设置为同步文件夹，可以自动完成云端文件夹和本地文件夹内文件的同步，保证同步文件夹内的文件为最新的文件版本。

要设置同步文件夹，可以在 WPS Office 的“我的云文档”界面中单击右上角的“同步文件夹”按钮，打开选择同步文件夹对话框（见图 7-18），或者打开“云服务设置”对话框，单击“同步文件夹”后的“添加”按钮，打开选择同步文件夹对话框，在此对话框中选择需要设置为同步文件夹的本地文件夹。

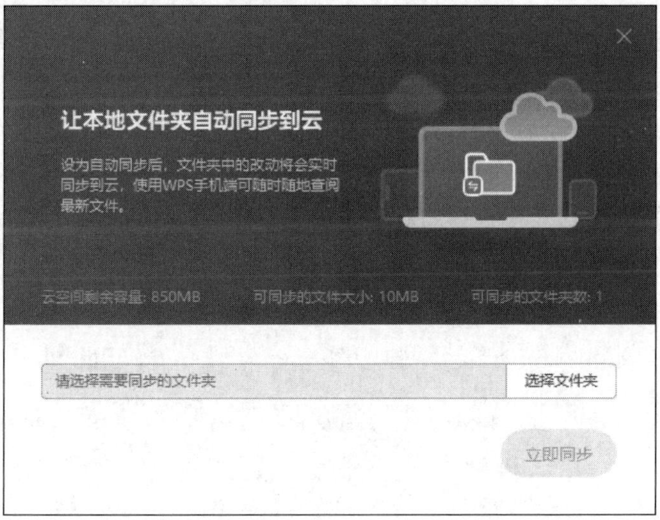

图 7-18　选择同步文件夹对话框

3. 桌面云同步

桌面云同步功能与同步文件夹功能类似，打开该功能后可以将保存在桌面上的文档自动同步到云空间“我的云文档”的“桌面”文件夹里。在“云服务设置”对话框里单击“桌面云同步”后的“设置”按钮，在“WPS-桌面云同步”对话框（见图 7-19）里单击“开启桌面云同步”按钮，再在“WPS 办公助手”对话框（见图 7-20）里单击“开启云同步”按钮即可。

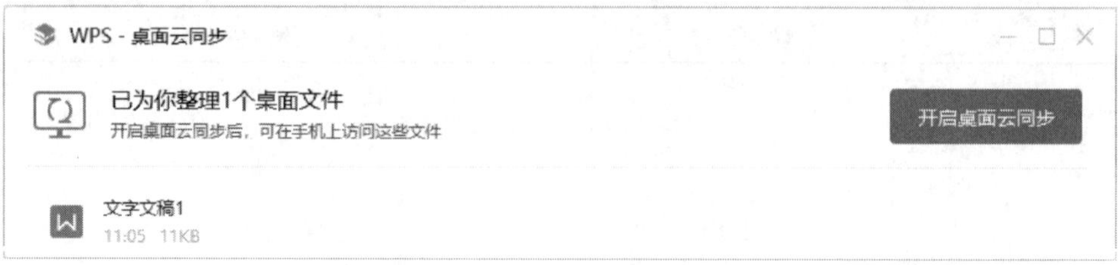

图 7-19 “WPS-桌面云同步“对话框

图 7-20 “WPS 办公助手”对话框

4. 恢复云文档历史版本

对于 WPS 云空间中的文档，每次编辑保存后的历史文件均会自动保存，可以利用云文档的历史版本功能恢复指定日期时间的历史文件，具体介绍两种方法。

(1)打开文档云同步功能后，在打开的文档编辑界面右上角单击按钮，在“版本信息”列表中会列出文档的历史版本信息，单击“历史版本”按钮打开“历史版本”对话框（见图 7-21），在某个历史文件后的操作列表中选择“恢复”命令可以将云文档恢复为该版本，选择“导出”命令可以将该历史文件保存到其他指定位置。

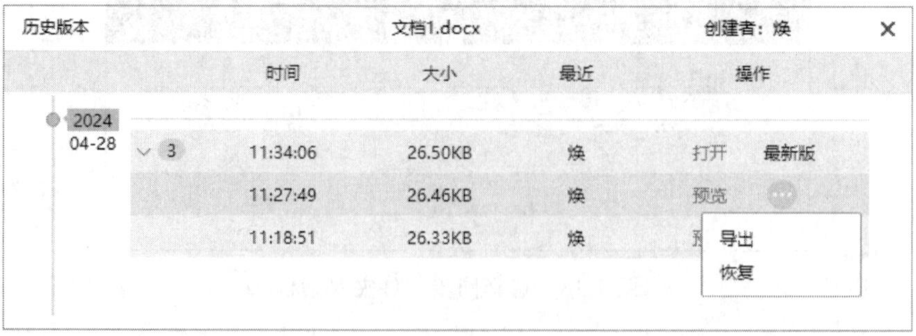

图 7-21 “历史版本”对话框

(2)在 WPS Office“首页”界面或 Windows 资源管理器中选择“我的云文档”选项，找到需要恢复历史版本的文件，右击，打开快捷菜单，选择“◷历史版本”命令，打开“历史版本”对话框，在某个历史文件后的操作列表中选择“恢复”或“导出”命令完成对历史文件的操作。

7.7.4　共享与协作

1. 文档分享

WPS Office 提供了文档分享功能，可以与他人一起对分享的文档进行编辑，还可以设置文档编辑权限、分享范围、链接有效期等。进行文档分享的方法有下列几种。

(1)打开需要分享的文档(如果是新建立的文档则需要先保存)，将光标移到文档标题标签上，在弹出的文档信息框里单击“分享文档”按钮，或者单击文档编辑界面右上角的“分享”按钮，在打开的文档分享设置对话框(见图 7-22)中设置编辑权限和分享范围后单击“创建并分享”按钮，即可打开文档分享信息对话框(见图 7-23)，在该对话框里可以设置编辑权限、分享时限等参数，可以将分享链接发送给其他人一起编辑该文档，也可以取消文档的分享。

(2)在 WPS Office“首页”界面或 Windows 资源管理器中选择“我的云文档”选项，找到需要分享的文档，右击，打开快捷菜单，选择“分享”或“分享文档”命令，打开文档分享设置对话框(见图 7-22)，可以采用同样的方法进行设置。

图 7-22　文档分享设置对话框

图 7-23　文档分享信息对话框

2. 共享文件夹

如果希望将 WPS 云空间内的文件夹与他人分享，可以设置共享文件夹。在 WPS Office“首页”界面中选择“我的云文档”选项，找到需要共享的文件夹，在快捷菜单中选择“共享”命令或在文件夹右侧单击“共享”按钮，在打开的文件夹共享对话框(见图 7-24)中单击“立即共享”按钮，即可打开文件夹共享信息对话框(见图 7-25)，在该对话框里可以设置共享权限、选择共享成员，将共享链接发送给其他人一起使用该共享文件夹，也可以取消文件夹的共享。

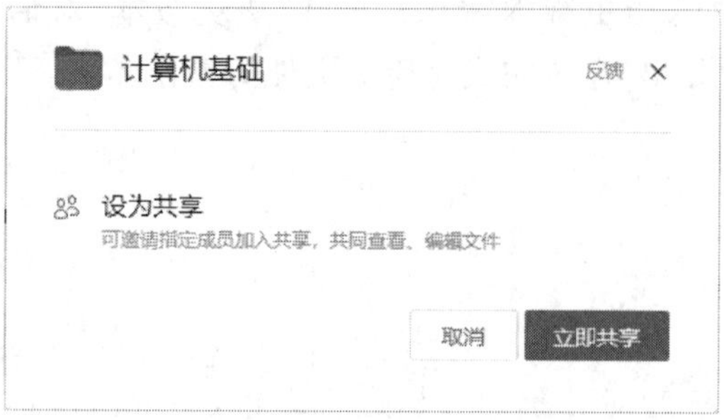

图 7-24　文件夹共享对话框

图 7-25　文件夹共享信息对话框

3. 查看共享的文档和文件夹

打开 WPS Office“首页”界面，在导航栏的“文档”区域中选择“共享”选项，打开共享项目列表(见图 7-26)，在“我的共享”选项卡中可以查看已共享的文档和文件夹，在“共享给我”选项卡中可以查看打开过的其他用户所共享的文档和文件夹。

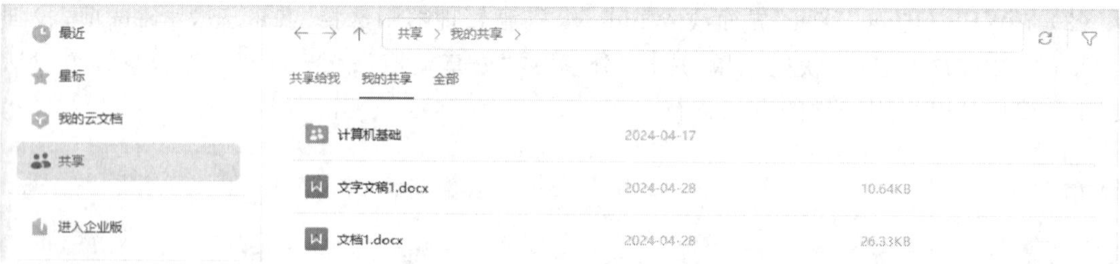

图 7-26　共享项目列表

4. 在线协作

通过文档共享的链接打开共享的文档，可以对文档进行在线协作编辑，此时不同用户对文档的编辑结果会自动同步保存到文档上。用 WPS Office 打开文档后，在文档编辑界面右上角单击“协作”按钮，也可以进入在线协作编辑状态(见图 7-27)。

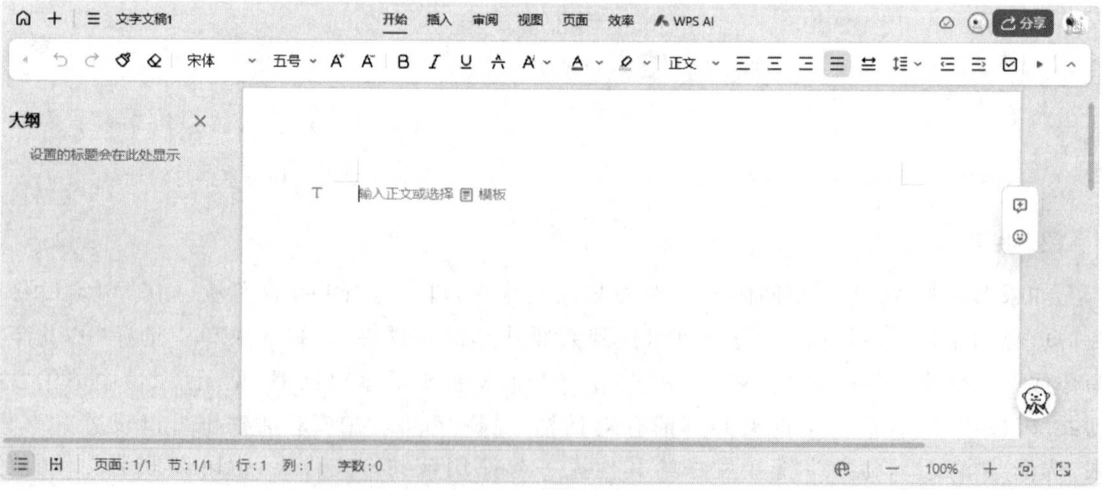

图 7-27　文档在线协作编辑界面

通过共享文件夹链接打开共享文件夹后，可以共同对文件夹中的文件进行查看和编辑(见图 7-28)，共享成员对文件的修改会自动同步到文件夹中。

图 7-28　文件夹在线协作管理界面

——第 8 章——

文档的输入与编辑

8.1 文本的输入

文本是构成 WPS 文字文档内容的基础，除了常规的中英文文字、标点外，有时还需要输入一些特殊字符。

8.1.1 常规文本输入

1. 光标定位

在 WPS 文字组件中进行文本输入时，编辑区中会有一个闪动的黑色短竖线，称为光标或插入点，代表文字输入的当前位置，新输入的文字会在光标处出现，可以通过鼠标和键盘改变光标的位置。

(1)鼠标方式。直接单击已输入文本中的某个位置，可以将光标定位到该处。如果要在没有输入文字的区域中定位光标，可以双击该位置，WPS 文字组件会自动加上格式符号来确定光标位置。

(2)键盘方式。按键盘上的↑、←、↓、→键，可以在已输入的文字范围内移动光标位置；按 Ctrl+↑、Ctrl+↓键，可以上下移动一个段落；按 Ctrl+←、Ctrl+→键，可以左右移动一个词。按 Home、End 键，可以将光标移动到行首或行尾；按 PageUp、PageDown 键，可以将光标向上或向下移动一页。

2. 输入状态设置

在文字处理软件中输入文字时，有插入和改写两种状态，按键盘上的 Insert 键可以在这两种状态间进行切换。WPS 文字组件的状态栏上有“改写”按钮，单击该按钮也能在插入和改写状态间进行切换。如果状态栏上的“改写”按钮没有出现，可以右击状态栏，在弹出的快捷菜单中选择“改写”命令。

在插入状态下，光标为闪动的黑色短竖线，输入的文字出现在光标的位置，原来的文字向后移动，新输入的文字相当于被插入光标位置。在改写状态下，光标为闪动的黑色方块，输入的文字出现在光标位置，原来的文字被新输入的文字代替，新输入多少个字符，原来文字中就有多少个字符被替换。

3. 中英文输入

利用 Windows 操作系统中已安装的输入法可以直接进行中英文字符输入。在 Windows 10 或 Windows 11 操作系统中使用微软拼音输入法的默认快捷键设置时，按 Win+Space 快捷键可以在已经安装的各种中文输入法之间切换，按 Shift 键或 Ctrl＋Space 快捷键可以在中文模式和英文模式之间切换，中文模式下可以输入汉字字符和中文标点，英文模式下可以输入英文字符和英文标点。利用输入法工具栏中的全/半角功能按钮，可以切换全角和半角输入状态，在半角状态下输入的数字和字母为英文字符集中的符号，在全角状态下输入的数字和字母为中文字符集中的符号。

8.1.2　特殊文本输入

1. 特殊符号的输入

除了常规的中英文文字和标点，在文档中有时还需要输入一些特殊的标点符号、单位符号、数学符号、外文字符、图形符号等，通常可以利用下面两种方法来输入。

(1)使用软键盘功能。中文输入法通常都带有软键盘功能，以搜狗输入法为例，右击搜狗输入法状态栏中的“输入方式”按钮，在弹出的菜单中单击“软键盘”按钮，就能显示“搜狗软键盘”界面，单击此界面右上角的按钮，在弹出的菜单中选择“希腊字母”命令，然后单击“搜狗软键盘”上标记有特殊符号的按键就可以输入对应的符号。搜狗输入法状态栏及选择的希腊字母软键盘如图 8-1 所示。

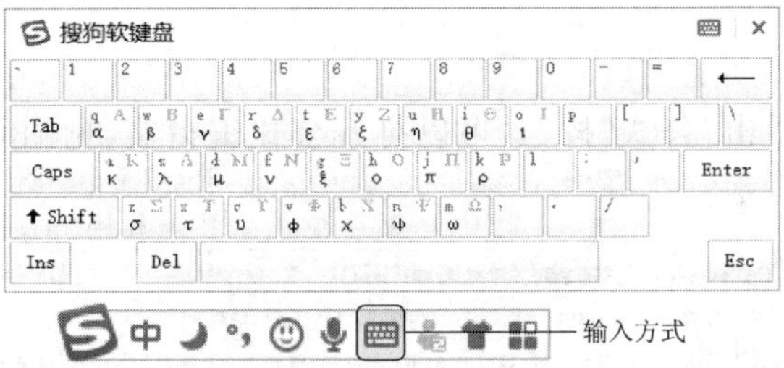

图 8-1　搜狗输入法状态栏及选择的希腊字母软键盘

(2)使用 WPS 文字组件的插入符号功能。在“插入”选项卡中单击“符号”按钮，可以打开“符号”对话框(见图 8-2)，在“字体”下拉列表中选择一种字体，再选择所需要的符号，单击“插入”按钮，可以在当前插入点位置插入所选择的符号。常用的图形字体有 Webdings、Wingdings、Wingdings 2、Wingdings 3 等。

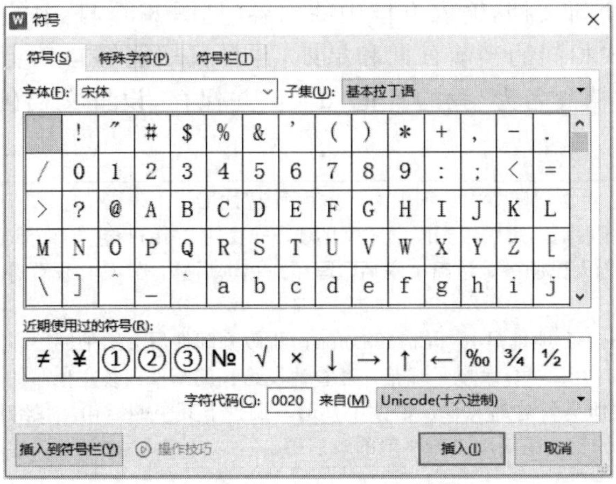

图 8-2　“符号”对话框

2. 快速输入日期和时间

如果需要快速地在文档中插入当前日期或时间,可以在"插入"选项卡中单击"日期"按钮,打开"日期和时间"对话框(见图 8-3)。先选择语言,再选择需要插入的日期或时间格式,单击"确定"按钮,就能够以所选择的格式插入当前系统日期或时间。如果插入日期或时间时勾选了"自动更新"复选框,则会插入一个显示当前系统日期或时间的域代码,在打开文档时该日期或时间自动与系统日期或时间保持一致。

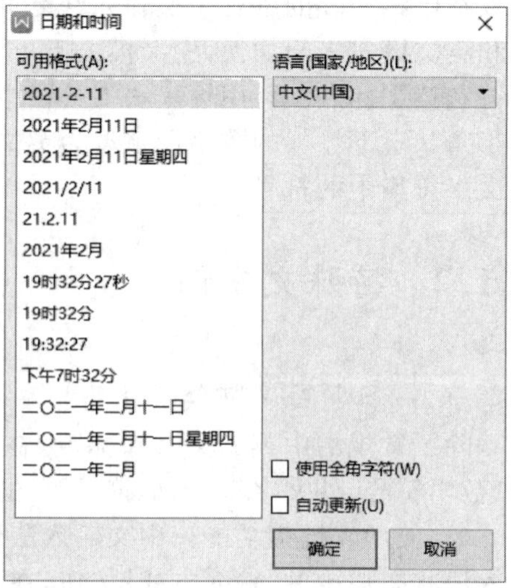

图 8-3 "日期和时间"对话框

3. 插入文件中的文字

如果需要将其他文件中的文字插入当前文档,可以在"插入"选项卡中单击"对象"下拉按钮,在下拉菜单中选择"文件中的文字"命令。在打开的"插入文件"对话框中选择要插入的文件,单击"打开"按钮,即可将该文件中的文字插入当前文档的当前位置。可以利用这一功能插入 WPS 文字文件、Word 文件、网页文件、RTF 文件、文本文件等类型的文档内容。

4. 输入数学公式

在"插入"选项卡中单击"公式"按钮,可以打开公式编辑器(见图 8-4),利用该工具可以输入复杂的数学公式。

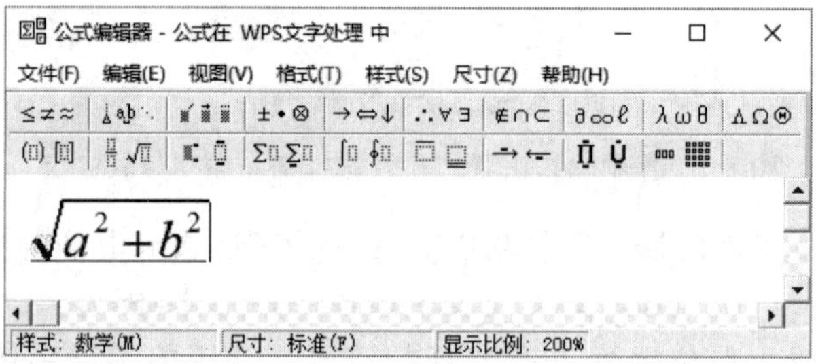

图 8-4 公式编辑器

【例 8-1】 创建一个新文档,输入方框中的内容(见图 8-5),其中的日期"2021 年 3 月 2 日星期二"输入时改成格式相同的当前日期和星期,并且日期能够自动更新,取消文档输入时自动添加的超链接。将文档命名为"我的日记.docx"并保存,设置文档的打开密码为 123,修改密码为 456。

今天是 2021 年 3 月 2 日星期二,天气☼,室内气温 20℃。
中午⊙,我吃完午餐后,突然接到同学王文的✆,问我的 E-mail 电子邮箱地址。他看完《毛泽东选集》中《为人民服务》这篇文章后,写了一篇读后感,想发给我看看,希望我能提一点意见。
我告诉他我的 E-mail 地址是 li_wei@163.com,我收到邮件后会给他回✉的。
挂掉电话后,我打开💻,登录电子邮箱,查看他发给我的邮件。看完他写的读后感,我又找到📖中《为人民服务》这篇文章,重读了几遍,摘抄下其中的语句。我给他回复了邮件,并建议他在下周的党小组活动上分享他的读后感。

图 8-5 例 8-1 文档内容

操作步骤如下。

(1)打开 WPS Office,单击窗口顶部的“新建标签”按钮 + ,打开“新建文档”界面;单击“文字”按钮,在“推荐模板”中选择“新建空白文档”选项,建立一个新的文字文档。

(2)在新文档的编辑区中输入上面方框中的文字,其中日期和特殊符号的输入方法如下。

日期:单击“插入”选项卡中的“日期”按钮,打开“日期和时间”对话框,在右侧的“语言(国家/地区)”下拉列表中选择“中文(中国)”选项,再在左侧的“可用格式”列表框中选择“…年…月…日星期…”的格式,勾选右下角的“自动更新”复选框,单击“确定”按钮。

℃符号:以搜狗拼音为例,右击输入法状态栏上的“输入方式”按钮 ,在弹出的快捷菜单中单击“软键盘”命令,就能显示软键盘界面,单击界面右上角的 按钮,在弹出的菜单中选择“特殊符号”命令,在特殊符号软键盘中找到℃,单击可以输入℃符号。

☼、🕒、☽、✉、💻、🕮等符号:单击“插入”选项卡中的“符号”按钮,打开“符号”对话框(见图 8-2),在“符号”选项卡中将“字体”下拉列表中的字体设置为 Wingdings,再找到其中需要使用的特殊符号,单击“插入”按钮。

(3)在输入文字中的邮箱地址后,可能会被自动添加超链接。右击添加了超链接的文字,在弹出的快捷菜单中选择“取消超链接”命令,可以将超链接取消。

(4)文字输入完毕后,单击快速访问工具栏中的“保存”按钮 ,在“另存文件”对话框中选择文件保存位置,将文件名修改为“我的日记.docx”;单击“加密”按钮,在“密码加密”对话框中设置打开文件密码为 123,修改文件密码为 456,并且再次输入密码确认后单击“应用”按钮;返回“另存文件”对话框后单击“保存”按钮。

(5)单击软件窗口右上角的“关闭”按钮 × ,关闭文档并退出 WPS Office。

8.2　文档的编辑

文档中输入的内容经常需要进行插入、删除、复制、移动、查找、替换等编辑操作,文档编辑的基本原则是“先选定,后操作”。

8.2.1　选定文本

文档中的文本可以使用鼠标、键盘直接选定,也可以利用文档左侧的选定区来选定,选定的文本会呈现灰色底纹以便和其他文本区分开来。选定文本的主要方法如表 8-1 所示。要取消文本的选择,可以按↑、↓、←、→键或在文本其他位置单击。

表 8-1　选定文本的主要方法

选定方式	选定内容	操作方法
鼠标	连续文本区域	从文本区域的起始文字左侧拖动到结束文字右侧
	词语	双击该词语
	段落	三击该段落,或者按住 Ctrl 键的同时单击该段落

续表

选定方式	选定内容	操作方法
键盘	连续文本区域	将光标移动到起始文字左侧，按住 Shfit 键同时将光标移动到结束文字右侧，再松开 Shift 键
	不连续文本区域	先选择一个文本区域，按住 Ctrl 键，再依次选择其他文本区域，选择完成后松开 Ctrl 键
	矩形文本区域	按住 Alt 键，选择文本区域，选择完成后松开 Alt 键
	全部文档	按 Ctrl＋A 快捷键
选定区	整行文本	将鼠标指针移到文本左侧的选定区，鼠标指针形状变为指向右上角的箭头时单击，可以选中鼠标指针指向的这一整行
	多行文本	在选定区拖动鼠标，可以选中对应的连续多行
	段落	在选定区双击，可以选中鼠标指针所指的段落
	全部文档	在选定区三击，可以选中全部文档

8.2.2 删除文本

在文档中删除文本的方法主要有以下三种。

(1)将光标定位到要删除的文本前，按 Delete 键(删除键)可以删除光标右侧的文本。

(2)将光标定位到要删除的文本后，按 BackSpace 键(退格键)可以删除光标左侧的文本。

(3)选定要删除的文本，按 Delete 或 BackSpace 键可以删除选定的文本。

8.2.3 复制与移动

1. 文本的复制

复制是指将选定的文本内容在其他位置以同样的形式呈现，而原来位置的文本保持不变。复制文本的常用方法有两种。

(1)常规方法。选定文本，单击快速工具栏或者“开始”选项卡中的“复制”按钮(也可以按 Ctrl＋C 快捷键，或者在文本上右击，选择快捷菜单中的“复制”命令)，再将光标定位到要放置复制文本处，单击“开始”选项卡中的“粘贴”按钮(也可以按 Ctrl＋V 快捷键，或者在光标位置右击，选择快捷菜单中的“粘贴”命令)。

(2)拖动方法。选中文本，将光标移动到选定的文本上，按住 Ctrl 键，将文本拖动到要放置复制文本的位置，再松开 Ctrl 键。

2. 文本的移动

移动是指将选定的文本内容转移到其他位置，原来位置的文本不再存在。移动文本的方法与复制类似，常用的方法也有两种。

(1)常规方法。选中文本，单击快速工具栏或者“开始”选项卡中的“剪切”按钮(也可以按 Ctrl＋X 快捷键，或者在文本上右击，选择快捷菜单中的“剪切”命令)，再将光标定位到要放置复制文本处，单击"开始"选项卡中的"粘贴"按钮（也可以按 Ctrl＋V 快捷键，或者在光标位置右击，选择快捷菜单中的"粘贴"命令）。

(2)拖动方法。选中文本，将光标移动到选定的文本上，将文本拖动到要放置复制文本的位置。

在复制或移动文本时，被复制或移动的文本默认采用的是"保留源格式"方式，也就是会保持原来的格式效果。如果要改变格式效果，可以在粘贴时打开"开始"选项卡中的"粘贴"菜单，选择"匹配当前格式"或"只粘贴文本"命令，这样被复制或移动的文本会与目标位置的文字格式一致。还可以选择"选择性粘贴"命令，在打开的"选择性粘贴"对话框中选择更多的粘贴选项。

8.2.4 查找与替换

利用 WPS 文字组件提供的查找与替换功能，可以在文档中快速进行内容、格式等的查找和替换。

1. 基本查找与替换

在"开始"选项卡中单击"查找替换"按钮或按 Ctrl＋F 快捷键，可以打开"查找和替换"对话框（见图 8-6），单击其中的"查找""替换"标签，可以在查找和替换功能之间进行切换。

图 8-6 "查找和替换"对话框

以替换功能为例，如果需要进行文字替换，可以在"替换"选项卡的"查找内容"文本框中输入要查找的文字，在"替换为"文本框中输入用来替换的文字，单击"替换"按钮可以替换从当前光标位置向后找到的第一个符合要求的文本，单击"全部替换"按钮可以替换当前文档中所有符合要求的文本。

2. 高级查找与替换

除了普通文本内容的查找和替换，WPS 文字组件还能进行文本格式和特殊格式符的查找和替换。

在“查找和替换”对话框中输入查找和替换内容时，单击“格式”按钮，选择需要设置的“字体”“段落”等格式，可以对查找和替换的内容设置格式。这样可以查找具有指定格式的文本，或者将该文本替换成其他指定格式的文本。

如果需要查找和替换的是特殊的格式符号，也可以在输入查找和替换内容时，单击“特殊格式”按钮，选择其中的格式符，这样可以对段落标记、制表符、换行符、分页符等格式符号进行查找和替换。

如果勾选了“高级搜索”选项中的“使用通配符”复选框，还能对满足某一规则的文本进行查找和替换，此时只能进行文本的精确匹配查找，常用的通配符及含义如表 8-2 所示。

表 8-2　常见的通配符及含义

通配符	查找内容	示例
?	任意单个字符	搜索“?国”可以找到“中国”“美国”“英国”等；搜索“s?t”可以找到“sat”“set”等；搜索“???国”可以找到“孟加拉国”等
*	任意多个字符	搜索“*国”可以找到“中国”“美国”“英国”“孟加拉国”等；搜索“s*d”可以找到“sad”“started”等
[]	指定字符之一	搜索“[中美]国”可以找到“中国”“美国”；搜索“w[io]n”可以找到“win”“won”
$[x-y]$	指定 $x-y$ 范围内任意单个字符，必须用升序来表示该范围。	搜索“[a-e]ay”可以找到“bay”“day”“eay”等；搜索“[r-t]ight”可以找到“right”“sight”“tight”。
$[!x-y]$	括号内指定字符范围以外的任意单个字符，范围必须用升序	搜索“[!a-c]”可以找到“good”“see”“these”等，而所有包含字符 a、b、c 的内容都不会找到；搜索“t[!a-m]ck”可以找到“tock”和“tuck”等，但不会找到“tack”和“tick”
$\{n\}$	n 个重复的前一字符或表达式	搜索“fe{2}d”可以找到“feed”，不会找到“fed”等
$\{n,\}$	至少 n 个前一字符或表达式	搜索“fe{1,}d”可以找到“fed”“feed”
$\{n,m\}$	n～m 个前一字符或表达式	“cho{1,2}se”表示字符“o”的数目是 1～2 个，可以找到“chose”“choose”；搜索“10{1,3}”可以找到“10”“100”“1 000”
@	一个以上的前一字符或表达式	搜索“lo@t”可以找到“lot”“loot”等
＜	字符串的开头	搜索“＜ag”可以找到“ago”“agree”“again”等
＞	字符串的结尾	搜索“er＞”可以找到“ver”“her”“lover”等
()	()中的内容为一个关键词	搜索“＜(江山)*(多娇)＞”可以找到所有以“江山”开头并且以“多娇”结尾的字符串；搜索“＜(ag)*(er)＞”可以找到所有以“ag”开头并且以“er”结尾的字符串

8.2.5 拼写检查

在输入文本时,难免会出现拼写上的错误,这时可以利用 WPS 文字组件提供的拼写检查工具来自动进行检查。

在拼写检查功能已经打开的情况下,随着文本的输入,WPS 文字组件会自动进行拼写检查,它会将其认为错误的词加上红色的波浪线,这种波浪线仅仅作为提示使用,不会影响排版效果,也不会打印出来。如果要取消拼写错误提示,可以单击 WPS 文字组件窗口状态栏上的"拼写检查"按钮,关闭拼写检查功能。

如果要在文档输入完成后进行拼写检查,可以单击"审阅"选项卡中的"拼写检查"按钮,打开"拼写检查"对话框(见图 8-7),针对拼写检查工具提供的修改建议可以单击"更改"或者"忽略"按钮。拼写检查工具对于英文拼写错误的提示有较大的参考价值。

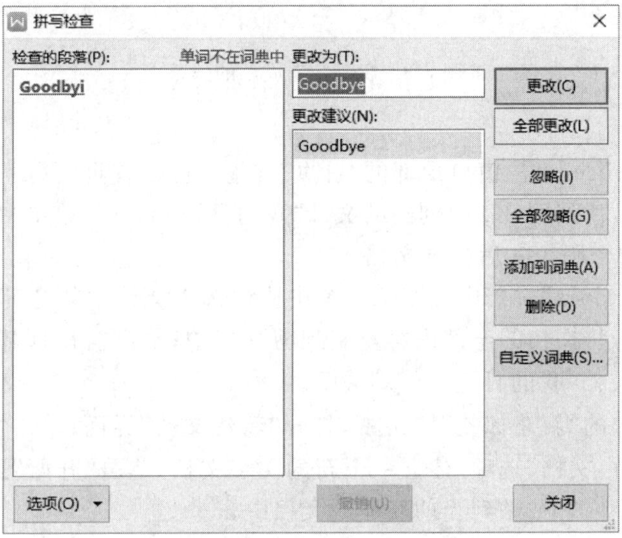

图 8-7 "拼写检查"对话框

【例 8-2】 将例 8-1 中"我的日记. docx"的全部文本复制到一个新建的 WPS 文字文档中,将新建文档保存为"日记. docx",并按下列要求进行编辑。

(1)在文字最前面增加一个段落,并输入标题"一篇日记"。

(2)将正文第二段中文字"E-mail 电子邮箱地址"中的"电子邮箱"四个字删除。

(3)将正文第三段"我告诉他我的 E-mail 地址是……会给他回✉的。"与前一段合并成一段。

(4)将正文第三段中文字"我又找到🕮中《为人民服务》这篇文章,重读了几遍,摘抄下其中的语句。"移动到最后一句文字"……分享他的读后感。"之后。

(5)利用替换功能将文本中的"他"字全部替换为"她"字。

(6)在正文第三段文字"我又找到🕮中《为人民服务》这篇文章……"之前分段,并在最后的文字"……摘抄下其中的语句。"后面插入两段文字,保存文档"日记. docx"。完成后的效果如图 8-8 所示。

> 一篇日记
> 今天是2021年3月2日星期二，天气☼，室内气温20℃。
> 中午🕐，我吃完午餐后，突然接到同学王文的☏，问我的E-mail地址。她看完《毛泽东选集》中《为人民服务》这篇文章后，写了一篇读后感，想发给我看看，希望我能提一点意见。
> 我告诉她我的E-mail地址是li_wei@163.com，我收到邮件后会给她回✉的。
> 挂掉电话后，我打开🖳，登录电子邮箱，查看她发给我的邮件。看完她写的读后感，我给她回复了邮件，并建议她在下周的党小组活动上分享她的读后感。
> 我又找到🕮中《为人民服务》这篇文章，重读了几遍，摘抄下其中的语句。
> “人固有一死，或重于泰山，或轻于鸿毛。”为人民利益而死，就比泰山还重；替法西斯卖力，替剥削人民和压迫人民的人去死，就比鸿毛还轻。要奋斗就会有牺牲，死人的事是经常发生的。但是我们想到人民的利益，想到大多数人民的痛苦，我们为人民而死，就是死得其所。
> 因为我们是为人民服务的，所以，我们如果有缺点，就不怕别人批评指出。不管是什么人，谁向我们指出都行。只要你说得对，我们就改正。你说的办法对人民有好处，我们就照你的办。只要我们为人民的利益坚持好的，为人民的利益改正错的，我们这个队伍就一定会兴旺起来。

图8-8 例8-2完成后的效果

操作步骤如下。

(1)打开WPS Office，单击窗口顶部的“首页”标签，进入“首页”界面；单击“打开”按钮，打开“打开文件”对话框，找到例8-1中创建的文件“我的日记.docx”，单击“打开”按钮，输入文档的打开密码123、修改密码456后打开文档。

(2)在“我的日记.docx”文档中按Ctrl+A快捷键选中文档中的全部内容，单击“开始”选项卡中的“复制”按钮，将文档的全部内容复制到剪贴板中；单击窗口顶部“我的日记.docx”标签右侧的×按钮，将文档“我的日记.docx”关闭。

(3)单击窗口顶部的“新建标签”按钮＋，打开“新建文档”界面；单击“文字”按钮，在“推荐模板”中选择“新建空白文档”选项，建立一个新的文字文档；单击“开始”选项卡中的“粘贴”按钮，将剪贴板中的文字内容粘贴到当前新建的文档中。

(4)单击快速访问工具栏中的“保存”按钮🖫，在“另存文件”对话框中设置文件的保存位置，将文件名修改为“日记.docx”，单击“保存”按钮，接下来的编辑操作都在文档“日记.docx”中进行。

(5)在文本的第一个字“今”字前单击，将光标定位在“今”字之前，按Enter键，可以在文本最前面插入一个空段落；单击刚才插入的空段落，将光标定位在空段落，输入文字“一篇日记”作为标题。

(6)选中正文第二段第一行文字“E-Mail电子邮箱地址”中的“电子邮箱”四个字，按Delete键或Backspace键将它们删除。

(7)将光标定位在第二段最后的文字“希望我能提一点意见。”后的段落标记↵之前，按Delete键将段落标记删除。

(8)选中正文第三段中的文字“我又找到🕮中《为人民服务》这篇文章，重读了几遍，摘抄下其中的语句。”，按Ctrl+X快捷键将文字剪切到剪贴板，再将光标定位到第三段最后的文字“……分享他的读后感。”之后，按Ctrl+V快捷键将剪贴板中的文字粘贴到当前位置。

(9)将光标定位在文本的第一个字“一”字之前，单击“开始”选项卡中的“查找替换”按钮，打开“查找和替换”对话框，单击“替换”标签，在“查找内容”后的文本框中输入“他”字，在“替换为”后的文本框中输入“她”字，单击“全部替换”按钮，提示完成 8 处替换，单击“关闭”按钮，关闭“查找和替换”对话框。

(10)将光标定位到正文第三段的文字“我又找到📖中《为人民服务》这篇文章……”之前，按 Enter 键，在“我”字之前分段。

(11)将光标定位到正文最后的文字“……摘抄下其中的语句。”之后，按 Enter 键插入一个新段落，输入两段文字，文字内容参考完成后的效果。

(12)文字输入完毕后，单击快速访问工具栏中的“保存”按钮 保存文档“日记. docx”，最后单击软件窗口右上角的“关闭”按钮×，关闭文档并且退出 WPS Office。

—第 9 章—

文档排版与打印

在文档内容输入完成后，要使文档格式规范、美观易读，还需要对文档进行排版修饰。文档的排版通常在页面视图下进行，该视图提供了一种“所见即所得”的排版方式，即在显示器屏幕上看到的文档排版效果与打印后的效果是一致的。在 WPS 文字组件中可以对文档中的字符、段落、页面等内容进行排版。

9.1 字 符 排 版

9.1.1 字符排版的基本概念

字符是组成文档的基本元素，在设置字符格式前也必须先选中文本，否则格式只对新输入的字符有效。设置字符格式可以通过快速工具栏、“开始”选项卡的字符格式工具按钮、“字体”对话框来完成。

在文档中选中需要设置格式的文本后，在选中文字的右上方会出现一个快速工具栏(见图 9-1)，利用其中的工具按钮可以快速设置字符格式。

选中文字后，也可以通过“开始”选项卡“字体”功能组(见图 9-2)中的字符格式工具按钮来设置字符格式。

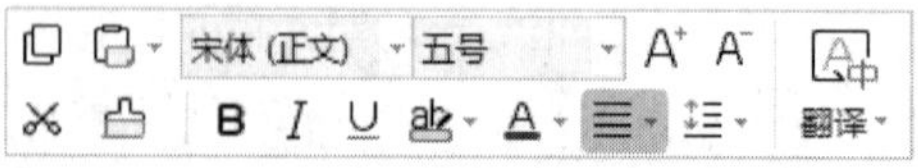

图 9-1　选中文本后出现的快速工具栏

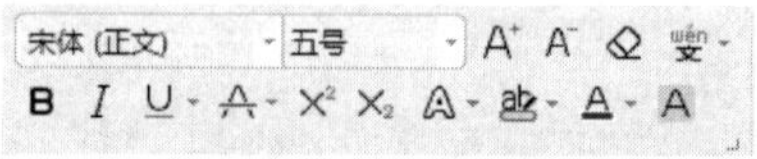

图 9-2　“开始”选项卡中的“字体”功能组

选中文字后，还可以利用“字体”功能组右下角的对话框启动器按钮或快捷菜单中的“字体”命令打开“字体”对话框(见图 9-3)来设置字符格式，这里提供的字符格式设置项目是最全面的。

9.1.2 基本字符格式

字符的基本格式效果主要包括字体、字号、字形、颜色、下划线、上标、下标、删除线等的设置，常见字符格式效果如表 9-1 所示。

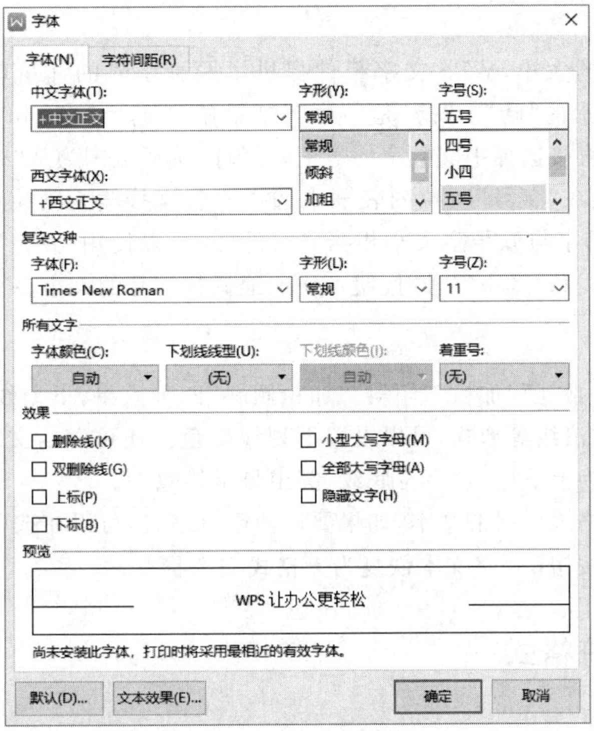

图 9-3 “字体”对话框

表 9-1 常见字符格式效果

名称	效果示例
字体	华文行楷 华文彩云 微软雅黑 Comic Sans MS
字号	四号 五号 六号 12 磅 10.5 磅 8 磅
字形	常规 **加粗** *倾斜* ***加粗倾斜***
下划线	单线 双线 粗线 虚线 点划线 波浪线
着重号	着重号
删除线	~~删除线~~ ~~双删除线~~
上下标	文字^{上标} 文字$_{下标}$
字符底纹	字符底纹

1. 字体

字体是指文字的书写形式，WPS 文字组件中能够设置和显示的字体数量取决于 Windows 操作系统中所安装的字体。如果文本设置的字体没有在系统中安装，会采用最相近的有效字体来显示和打印。对于同时包含中西文的文本，利用“开始”选项卡中的字体工具和快速工具栏进行字体设置时，会同时更改中文和西文字体，而利用“字体”对话框可以分别设置中文字体和西文字体。

2. 字号

字号指的是文字的大小，WPS 文字组件提供了两种字号的计量单位，中文数字表示的“号”和阿拉伯数字表示的“磅”。“磅”是一个英制单位，1 磅＝1/72 in①≈0.35 mm。可以在“字号”下拉列表框中直接选择中文数字的号值，号值的选择范围为从“初号”到“八号”，号值越大，文字越小。也可以在“字号”下拉列表框中选择或者直接输入阿拉伯数字的磅值，磅值越大，文字越大。10.5 磅字与五号字大小相当。另外，还可以使用“开始”选项卡“字体”功能组中的“增大字号”按钮和“减小字号”按钮快速地调整字号的大小。

3. 字形

字形主要指的是“常规”“加粗”“倾斜”“加粗倾斜”四种效果，下划线能设置为单线、双线、粗线、虚线、点划线、波浪线等形式，可以设置下划线颜色。还可以给文字设置字体颜色、加着重号、加删除线、设置为上下标、加字符底纹、突出显示等效果。

对于已经设置了格式效果的文本，如果要取消已有格式，可以在选中文本后单击“开始”选项卡中的“清除格式”按钮，将文本恢复为无格式文本状态。

9.1.3 特殊字符格式

1. 字符缩放、间距、位置

利用“字体”对话框中的“字符间距”选项卡(见图 9-4)可以设置字符的缩放、间距和位置。

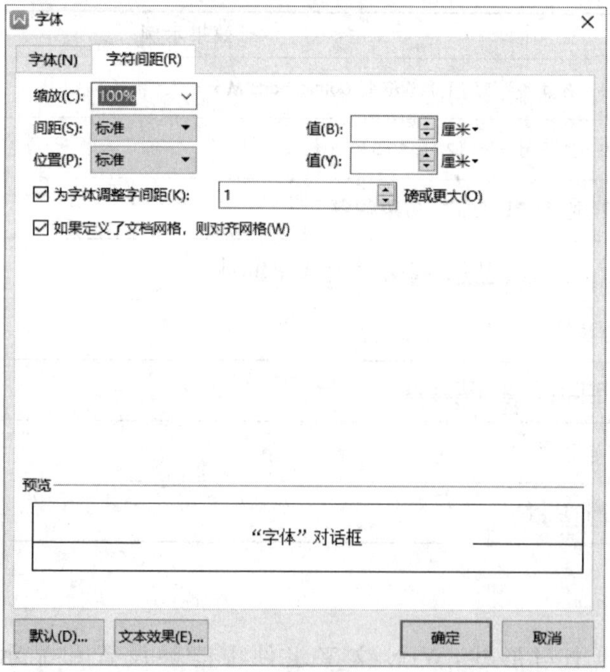

图 9-4 “字体”对话框中的“字符间距”选项卡

---

① in：英寸，1 in＝25.4 mm。

字符缩放指的是不改变字符高度，而只水平拉伸字符，改变它的横向宽度，用相对标准字符的百分比来设置缩放的比例。字符缩放效果如图 9-5 所示。

正常文字（100%）　放大文字（150%）　缩小文字（50%）

图 9-5　字符缩放效果

字符间距指的是相邻字符之间的水平距离，可以对字符间距进行加宽和紧缩，需要注意的是，如果字符间距过小会造成文字相互重叠。设置字符间距效果如图 9-6 所示。

正常文字　间 距 加 宽 0.05 厘 米　间距紧缩0.05厘米

图 9-6　设置字符间距效果

字符位置用来调整字符在垂直方向上的位置，可以相对于基准位置“上升”或“下降”。设置字符位置效果如图 9-7 所示。

正常文字　文字位置上升 0.1 厘米　文字位置下降 0.1 厘米

图 9-7　设置字符位置效果

2. 文本效果

在“字体”对话框中单击“文本效果”按钮，可以打开“设置文本效果格式”对话框（见图 9-8），在这里可以设置字符的填充与轮廓，还能设置阴影、倒影、发光、三维格式等效果。这些设置同样也可以在“开始”选项卡中的“文字效果”下拉菜单中完成。

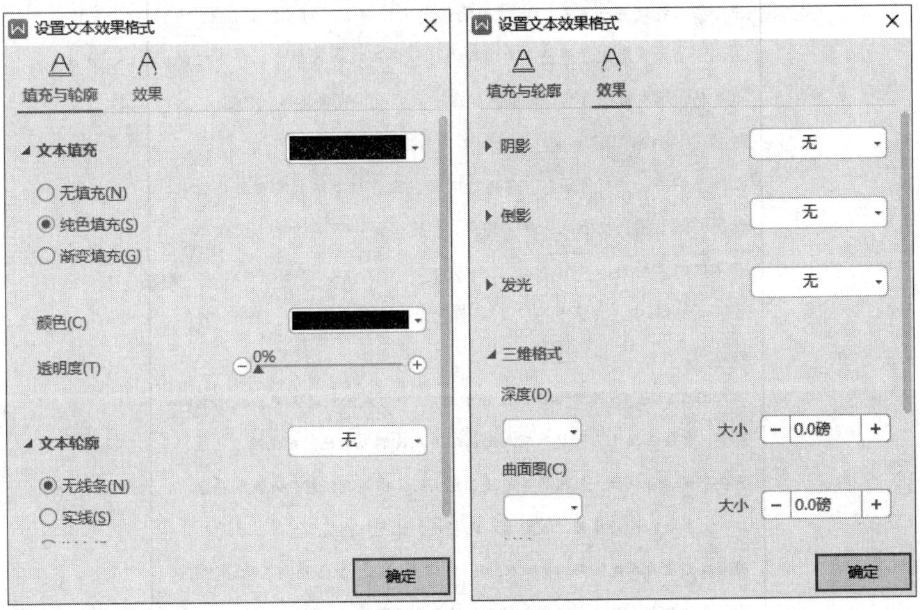

图 9-8　“设置文本效果格式”对话框

3. 其他字符格式工具

“开始”选项卡中的字体功能组还提供了拼音指南、字母大小写更改、带圈字符、字符边框等工具(见图 9-9)。

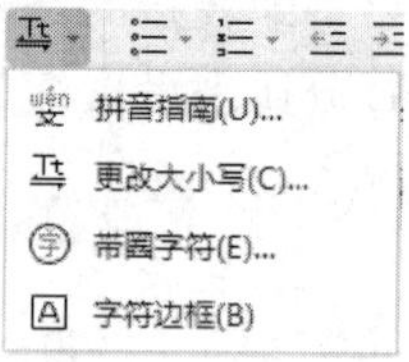

图 9-9 其他字符格式工具

"拼音指南"工具可以在中文字符上方添加对应的拼音,"更改大小写"工具可以更改英文字母、单词、句子的大小写,"带圈字符"工具可以为文字添加圆形、方形、三角、菱形的圈号,"字符边框"工具可以快速为文字加上方框。

【例 9-1】 打开例 8-2 中的文档"日记. docx",按下列要求进行字符排版后保存文档。

(1)将标题"一篇日记"设置为黑体、三号、加粗、字符缩放 150%、字符间距加宽 2 磅。

(2)将标题"一篇日记"设置文字效果中的"填充-白色,轮廓-着色 5,阴影"艺术字预设样式,设置"紧密倒影,接触"倒影效果。

(3)将标题中的"日"字设置菱形增大圈号,将"一篇"和"记"字位置下降 0.2 cm。

(4)将正文第一段中的文字"天气☼"加字符边框,文字"气温 20℃"加字符底纹;将正文第二段中的文字"毛泽东选集"加红色双波浪线和圆点着重号。

(5)将正文第一、第二、第三、第四段文字设置为仿宋、小四号;正文第五、第六段文字设置为楷体、13 磅。

(6)利用替换功能将文中的"人民"全部设置成加粗效果。

完成后的效果如图 9-10 所示。

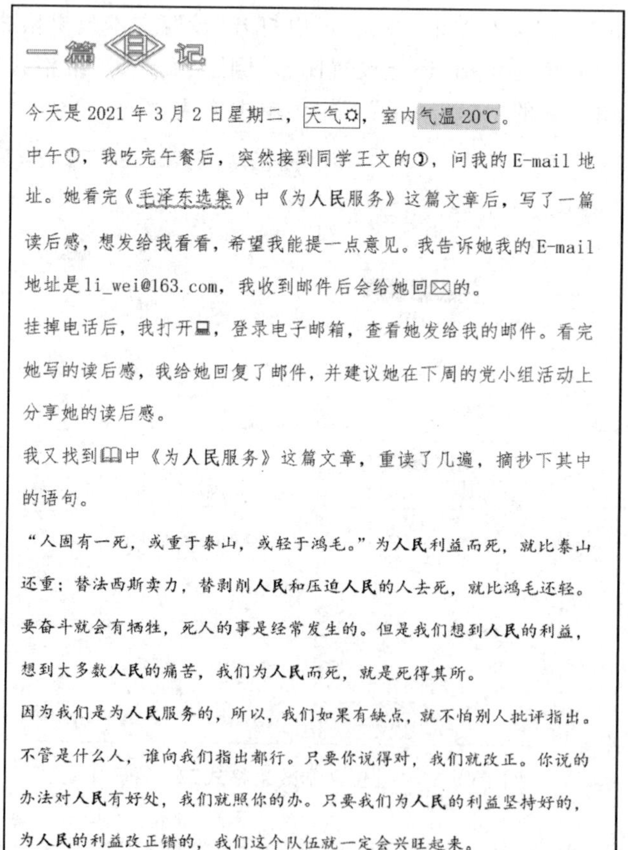

一篇日记

今天是 2021 年 3 月 2 日星期二,天气☼,室内气温 20℃。

中午⏰,我吃完午餐后,突然接到同学王文的☎,问我的 E-mail 地址。她看完《毛泽东选集》中《为人民服务》这篇文章后,写了一篇读后感,想发给我看看,希望我能提一点意见。我告诉她我的 E-mail 地址是 li_wei@163.com,我收到邮件后会给她回✉的。

挂掉电话后,我打开💻,登录电子邮箱,查看她发给我的邮件。看完她写的读后感,我给她回复了邮件,并建议她在下周的党小组活动上分享她的读后感。

我又找到📖中《为人民服务》这篇文章,重读了几遍,摘抄下其中的语句。

"人固有一死,或重于泰山,或轻于鸿毛。"为**人民**利益而死,就比泰山还重;替法西斯卖力,替剥削**人民**和压迫**人民**的人去死,就比鸿毛还轻。要奋斗就会有牺牲,死人的事是经常发生的。但是我们想到**人民**的利益,想到大多数**人民**的痛苦,我们为**人民**而死,就是死得其所。

因为我们是为**人民**服务的,所以,我们如果有缺点,就不怕别人批评指出。不管是什么人,谁向我们指出都行。只要你说得对,我们就改正。你说的办法对**人民**有好处,我们就照你的办。只要我们为**人民**的利益坚持好的,为**人民**的利益改正错的,我们这个队伍就一定会兴旺起来。

图 9-10 例 9-1 完成后的效果

操作步骤如下。

(1)在 WPS Office 中打开例 8-2 中保存的文件“日记.docx”,选中标题中的文字“一篇日记”,在“开始”选项卡中的“字体”下拉列表框中选择“黑体”选项,“字号”下拉列表框中选择“三号”选项,单击“加粗”按钮 B;单击“开始”选项卡中的“字体”功能组右下角的对话框启动器按钮 ,打开“字体”对话框,在“字体”对话框的“字符间距”选项卡中,在“缩放”下拉列表框中选择“150%”选项,在“间距”下拉列表框中选择“加宽”选项,间距对应的“值”文本框中输入 2,单位改为“磅”,设置完成后单击“确定”按钮。

(2)仍然选中标题文字“一篇日记”,在“开始”选项卡中单击“文字效果”下拉按钮 ,在下拉菜单中选择“艺术字”中的预设样式“填充-白色,轮廓-着色 5,阴影”图标;再次单击“文字效果”下拉按钮,在下拉菜单中选择“倒影”中的“紧密倒影,接触”图标。

(3)选中标题中的“日”字,在“开始”选项卡中单击“拼音指南”下拉按钮 ,在下拉菜单中选择“带圈字符”命令,打开“带圈字符”对话框;在“样式”区域中选择“增大圈号”选项,在“圈号”列表中选择菱形◇选项,设置完成后单击“确定”按钮。

(4)选中标题中的文字“一篇”,按住 Ctrl 键继续选中标题中的文字“记”,保持同时选中这三个文字的状态,松开 Ctrl 键,单击“开始”选项卡“字体”功能组右下角的对话框启动器按钮 ,打开“字体”对话框,在“字符间距”选项卡中,将“位置”设置为“下降”,对应的“值”文本框中输入0.2,单位设置为“厘米”,完成设置后单击“确定”按钮。

(5)选中正文第一段中的文字“天气☼”,单击“开始”选项卡中的“拼音指南”下拉按钮 ,在下拉菜单中选择“字符边框”命令;选中文字“气温 20 ℃”,单击“开始”选项卡中的“字符底纹”按钮 A。

(6)选中正文第二段中的文字“毛泽东选集”,单击“开始”选项卡“字体”功能组右下角的对话框启动器按钮 ,打开“字体”对话框,在“字体”选项卡中,在“下划线线型”下拉列表框中选择双波浪线“ ”选项,在“下划线颜色”下拉列表框中选择“标准颜色”中的“红色”选项,在“着重号”下拉列表框中选择“圆点号”选项,完成设置后单击“确定”按钮。

(7)选中正文第一、第二、第三、第四段文字,在“开始”选项卡中的“字体”下拉列表框中选择“仿宋”选项,“字号”下拉列表框中选择“小四”选项;选中正文第五、第六段文字,在“开始”选项卡中的“字体”下拉列表框中选择“楷体”选项,“字号”文本框中输入“13”后按 Enter 键。

(8)将光标定位到标题文字“一”之前,单击“开始”选项卡中的“查找替换”下拉按钮,在下拉菜单中选择“替换”命令,打开“查找和替换”对话框中的“替换”选项卡,在“查找内容”文本框中输入文字“人民”,在“替换为”文本框中也输入文字“人民”,确认光标定位在“替换为”文本框中,单击“格式”下拉按钮,在下拉列表中选择“字体”选项,打开“字体”对话框,在“字体”选项卡中选择“字形”列表框中的“加粗”选项,单击“确定”按钮,返回“查找和替换”对话框后单击“全部替换”按钮,提示完成 12 处替换,关闭“查找和替换”对话框。

(9)单击快速访问工具栏中的“保存”按钮 ,保存文档“日记.docx”。

9.2 段落排版

9.2.1 段落排版的基本概念

WPS文字组件中的段落是指由文字、对象等内容组成，以段落标记为结束符号的一个排版单位。在输入文档内容时按Enter键会输入一个段落标记，如果该符号没有显示，可以单击“开始”选项卡中的“显示/隐藏编辑标记”下拉按钮，在下拉菜单中选中“显示/隐藏段落标记”命令。需要注意的是，按Shift+Enter快捷键会输入一个换行符，该符号会强制换行产生分段的效果，但换行符前后的内容仍然属于同一个段落，要当作一个整体来设置段落排版效果。

如果只需设置一个段落的段落格式，选中该段落或者将光标定位在该段落内都可以，如果要设置多个段落的段落格式，则必须同时选中这些段落。段落格式主要包括段落的对齐、缩进、行距、段间距、换行和分页等效果，可以利用快速工具栏、段落布局工具、“开始”选项卡中的“段落”功能组、“段落”对话框来完成设置。

1. 快速工具栏

选中段落后会出现快速工具栏，利用其中的对齐方式按钮和行距按钮可以设置段落的文字对齐方式和行距。

2. 段落布局工具

选中段落后，在段落左侧还会出现“段落布局”浮动按钮，单击该按钮可以为选中的段落打开段落布局工具（见图9-11），可以利用拖动的方式设置段落的缩进和段前、段后间距。

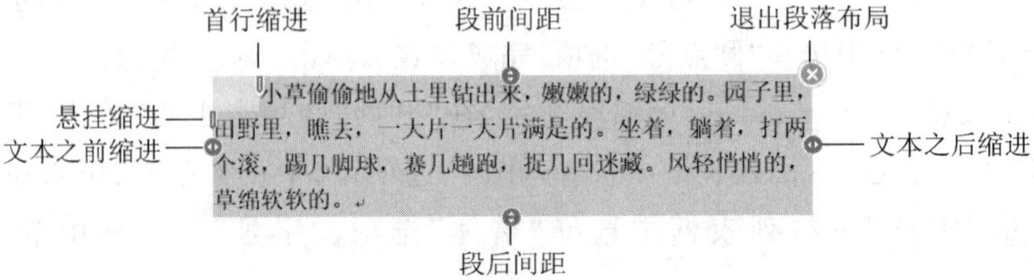

图9-11 段落布局工具

3.“段落”功能组

选中段落后，也可以通过“开始”选项卡中的“段落”功能组（见图9-12）中的段落格式工具按钮来设置段落格式。

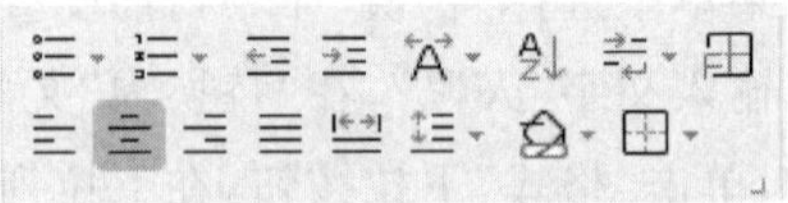

图9-12 “开始”选项卡中的“段落”功能组

4.“段落”对话框

选中段落后，还可以利用“段落”功能组右下角的对话框启动器按钮或快捷菜单中的“段落”命令打开“段落”对话框（见图9-13）来设置段落格式，在这里能够进行更为详细的段落格式设置。

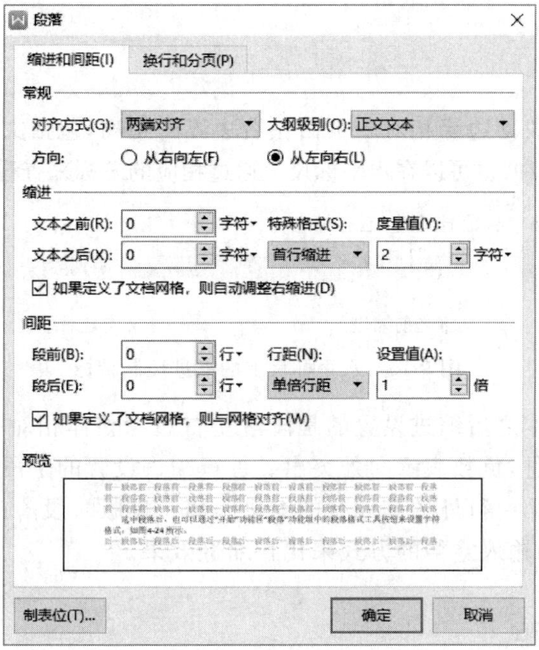

图 9-13　“段落”对话框

9.2.2　段落对齐方式

段落对齐方式是段落中文字在水平方向上的对齐方式，有左对齐、居中对齐、右对齐、两端对齐、分散对齐 5 种，它们的具体效果如图 9-14 所示。

设置左对齐、右对齐、居中对齐时，段落中各行文字分别靠段落左边缘、右边缘或中心对齐。如果段落中有英文单词，由于单词的长度不一致，在设置左对齐效果时可能会导致某行文字右侧出现空白，如图 9-14(a)所示。设置两端对齐时，段落中各行文字同时靠段落左右边缘对齐，除最后一行外，其余每一行右侧多余的空白会分散到各个汉字和英文单词之间，如图 9-14(d)所示。对于全部都是中文字符的段落，左对齐与分散对齐的效果差别不大。设置分散对齐时，段落中所有行中的各个字符都会均匀分布在每一行中，如图 9-14(e)所示。

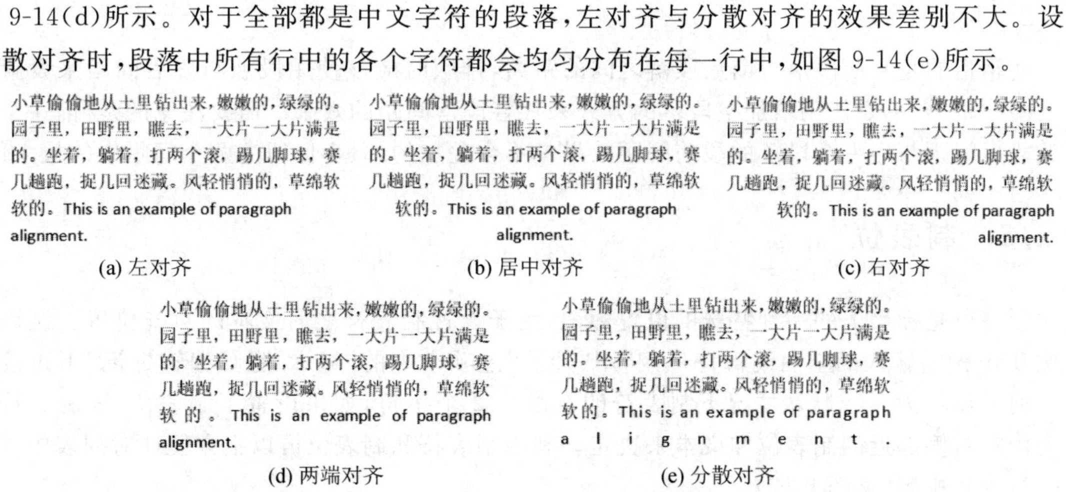

图 9-14　段落的 5 种对齐方式

9.2.3 段落缩进

段落的缩进指的是段落边缘相对于页面左右边界的距离，包括文本之前缩进、文本之后缩进、首行缩进、悬挂缩进4种，也可以在水平标尺上通过相应的游标来查看和设置缩进(见图9-15)。

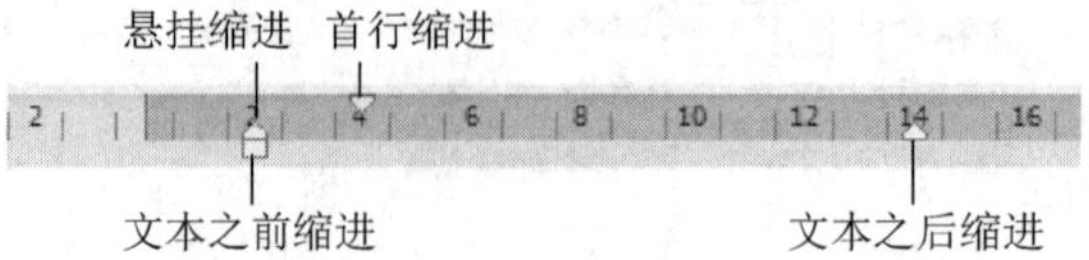

图9-15 水平标尺上的缩进控制游标

文本之前缩进和文本之后缩进设置的是段落左右边缘整体相对于页面左右边界的距离，数值为正数表示向内缩进，负数表示向外突出。首行缩进设置的是段落第一行的缩进距离，悬挂缩进设置的是段落除第一行外的其他行的缩进距离。排版时段落首行缩进2字符应该使用首行缩进来设置，不要用输入空格的方式来代替缩进效果。

9.2.4 行距和间距

1. 行距

行距指的是段落中行与行之间的距离，可以设置为倍数值、最小值和固定值。倍数值是以段落中的基准行高为基础来设置，通常可以设置为“单倍行距”“1.5倍行距”“2倍行距”“多倍行距”等。最小值设置的是段落中行高的最小高度，如果行中字符高度比最小值小，则以最小值为行高，如果字符高度比最小值大，则以字符高度为行高。固定值设置的是段落中行的固定高度，不管行中字符高度是多少均以该固定值作为行高值，如果行中字符的高度比行高大，可能会导致字符被遮挡(见图9-16)，此时行高不应再设置为固定值。

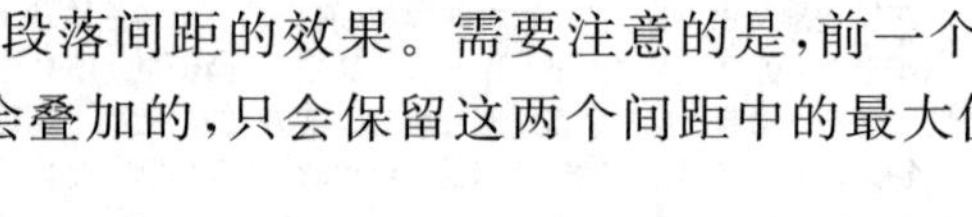

图9-16 行高设置固定值导致字符被遮挡

2. 间距

间距指的是当前段落与前后段落之间的距离，排版时应该使用段前与段后间距来设置段落之间的距离，不要使用增加空段落的方式来代替段落间距的效果。需要注意的是，前一个段落的段后间距与后一个段落的段前间距效果是不会叠加的，只会保留这两个间距中的最大值。

9.2.5 制表位

制表位是标尺上的一种特殊的位置标记，用于设置制表符之后文本的对齐位置。制表符是按Tab键后输入的空白编辑符号，利用“开始”选项卡中的“显示/隐藏编辑标记”下拉按钮可以使其显示为→。默认情况下制表符的宽度是2个字符，如果设置了制表位，则制表符的宽度由它右侧邻近的制表位和文本来决定。利用制表符和制表位可以很方便地对列表中的文本进行对齐排版(见图9-17)。

根据对齐方式的不同，制表位分为4种。

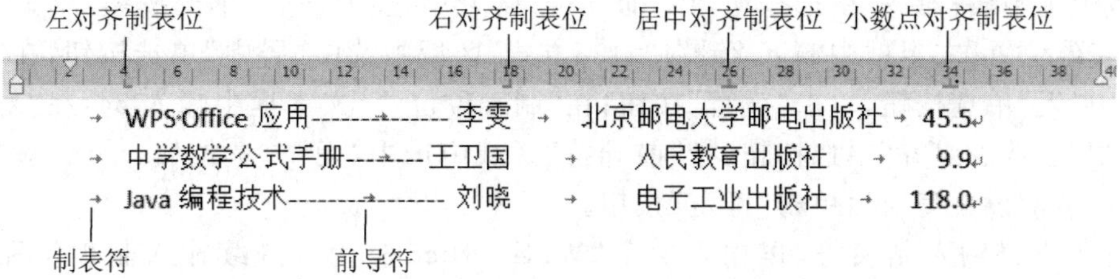

图 9-17　利用制表符和制表位进行列表对齐

（1）左对齐制表位：制表符后的文本左侧与制表位对齐。

（2）右对齐制表位：制表符后的文本右侧与制表位对齐。

（3）居中对齐制表位：制表符后的文本中心位置与制表位对齐。

（4）小数点对齐制表位：制表符后的文本中的小数点与制表位对齐。

制表位是一种段落格式，每一个段落中都可以设置不同的制表位。设置制表位首先要选中段落或将光标定位到段落，再单击“开始”选项卡中的“制表位”按钮，打开“制表位”对话框（见图 9-18），设置好制表位位置、对齐方式和前导符后单击“设置”按钮，就可以为段落添加一个制表位，设置好的制表位会出现在制表位位置列表中，重复这一过程可以为段落添加多个制表位。若要清除某一制表位，可以在制表位位置列表中选中该制表位，单击“清除”按钮。制表位全部设置完成后单击“确定”按钮即可生效。

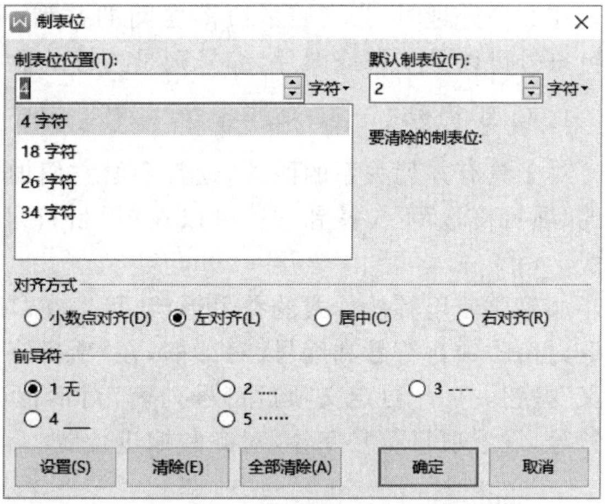

图 9-18　“制表位”对话框

在标尺上的制表位标记上双击，或在“段落”对话框中单击“制表位”按钮，也可以打开“制表位”对话框。

【例 9-2】　新建一个名为“制表位. docx”的文档，在其中创建文字列表，并利用制表位进行对齐排版，完成后保存文档。列表中文本的对齐位置分别为 4 字符、18 字符、26 字符、34 字符，对齐方式分别为左对齐、右对齐、居中对齐、小数点对齐，作者名称前加短横线前导符，完成后的效果如图 9-19 所示。

WPS Office 应用---------------	李雯	北京邮电大学邮电出版社	45.5
中学数学公式手册----------	王卫国	高等教育出版社	9.9
Java 编程技术-------------------	刘晓	电子工业出版社	118.0

图 9-19　例 9-2 完成后的效果

操作步骤如下。

（1）在 WPS Office 中创建一个空白文档，将光标定位在文档编辑区的起始段落，单击“开始”选项卡中的“制表位”按钮，打开“制表位”对话框。

（2）在“制表位位置”文本框中输入 4，在“对齐方式”区域中选中“左对齐”单选按钮，在“前导符”区域中选中“无”单选按钮，单击“设置”按钮；在“制表位位置”文本框中输入 18，在“对齐方式”区域中选中“右对齐”单选按钮，在“前导符”区域中选中“3----”单选按钮，单击“设置”按钮；在“制表位位置”文本框中输入 26，在“对齐方式”区域中选中“居中”单选按钮，在“前导符”区域中选中“无”单选按钮，单击“设置”按钮；在“制表位位置”文本框中输入 34，在“对齐方式”区域中选中“小数点对齐”单选按钮，在“前导符”区域中选中“无”单选按钮，单击“设置”按钮。四个制表位全部设置完成后单击“确定”按钮。

(3)按 Tab 键输入制表符，再输入文字“WPS Office 应用”，继续输入制表符和文字“李雯”、制表符和文字“北京邮电大学出版社”、制表符和 45.5，按照同样的方法再输入后面两段文字。

(4)单击快速访问工具栏中的“保存”按钮，保存文档，将文档命名为“制表位.docx”。

9.2.6 项目符号与编号

在文档处理时，为了表示段落之间的并列、顺序等关系，经常会使用到项目符号和编号。项目符号可以是字符或图片，编号则是连续的数字、字母等符号。

1. 项目符号

对于具有并列关系的段落，通常会给它们加上项目符号。选中段落后，单击“开始”选项卡中的“项目符号”下拉按钮，可以在“项目符号”下拉菜单(见图 9-20)中选择一种项目符号样式。

如果要使用其他样式的符号形状，可以在“项目符号”下拉菜单中选择“自定义项目符号”命令，打开“项目符号和编号”对话框，在“项目符号”选项卡中先选择一种项目符号，再单击“自定义”按钮，打开“自定义项目符号列表”对话框(见图 9-21)。在此对话框中可以选用新的项目符号，设置项目符号字体、对齐和缩进位置。

图 9-20 “项目符号”下拉菜单

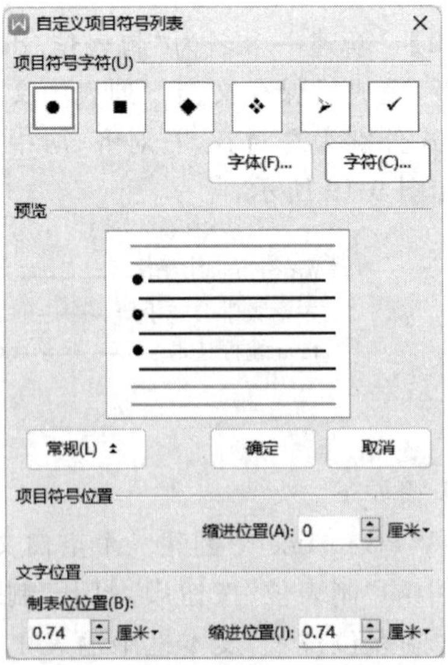

图 9-21 “自定义项目符号列表”对话框

2. 编号

对于具有顺序关系的段落，可以给它们加上编号。选中段落后，单击"开始"选项卡中的"编号"下拉按钮，可以在"编号"下拉菜单(见图 9-22)中选择一种编号样式。

如果要使用其他编号样式，可以在"编号"下拉菜单中选择"自定义编号"命令，打开"项目符号和编号"对话框，在"编号"选项卡中先选择一种编号样式，再单击"自定义"按钮，打开"自定义编号列表"对话框(见图 9-23)。在此对话框中可以定义新的编号格式，设置编号字体、对齐和缩进位置。其中"编号格式"文本框中的①符号为占位符，表示自动生成的编号序号，具体样式可在"编号样式"下拉列表框中选择，"编号格式"文本框中的其他字符按原样显示。

图 9-22　"编号"下拉菜单

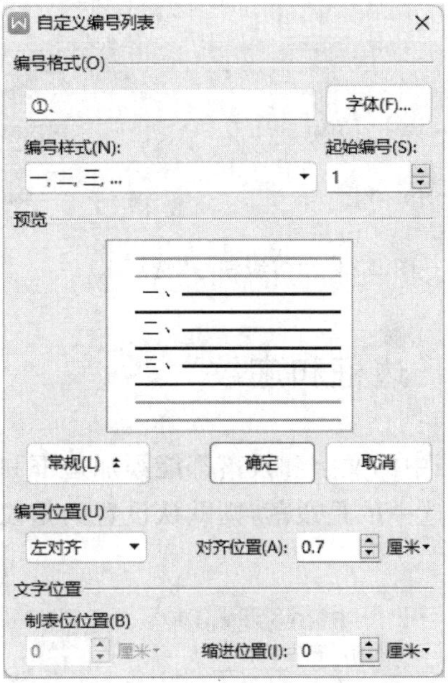

图 9-23　"自定义编号列表"对话框

3. 多级编号

如果段落之间存在着级别关系，还可以设置多级编号样式。单击"开始"选项卡中的"项目符号"下拉按钮或"编号"下拉按钮，通过"自定义项目符号"或"自定义编号"命令打开"项目符号和编号"对话框，在"多级编号"选项卡(见图 9-24)中选择一种多级编号样式即可设置多级编号效果。对于已经设置了多级编号的段落，单击"开始"选项卡中的"增加缩进量"按钮可以降低段落的编号级别，单击"减少缩进量"按钮可以提升段落的编号级别。

如果要使用其他多级编号样式，可以在"多级编号"选项卡中先选择一种编号样式，再单击"自定义"按钮，打开"自定义多级编号列表"对话框(见图 9-25)，要修改某一级的编号样式，就在"级别"列表中单击需修改的级别号，再设置其编号格式、编号字体、对齐和缩进位置等具体效果。在"编号格式"文本框中的①、②、③等符号为占位符，表示自动生成的编号序号，分别对应级别 1、级别 2、级别 3 等的编号，具体样式可在相应级别的"编号样式"下拉列表框中选择，

“编号格式”文本框中的其他字符按原样显示。例如，在级别 2 中设置“编号格式”为(①.②)，级别 1 中的“编号样式”为“一，二，三，…”，级别 2 中的编号样式为“1，2，3，…”，则级别 2 中的编号效果为“(一.1)，(一.2)，(一.3)，…，(二.1)，(二.2)，(二.3)，…”。

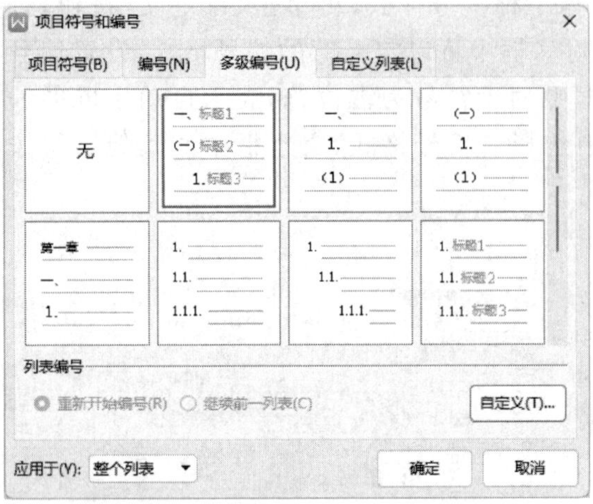

图 9-24 “多级编号”选项卡

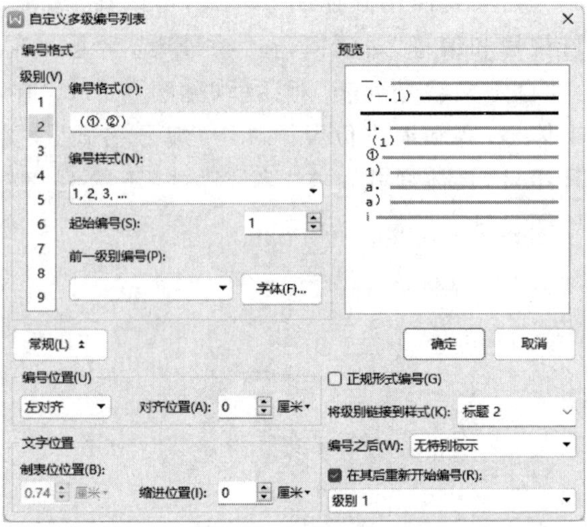

图 9-25 “自定义多级编号列表”对话框

9.2.7 边框和底纹

文档中的文字和段落都能添加边框和底纹，当仅选中字符时，默认设置的是文字边框和底纹，如果选中的是段落，则默认设置的是段落边框和底纹，效果区别如图 9-26 所示。

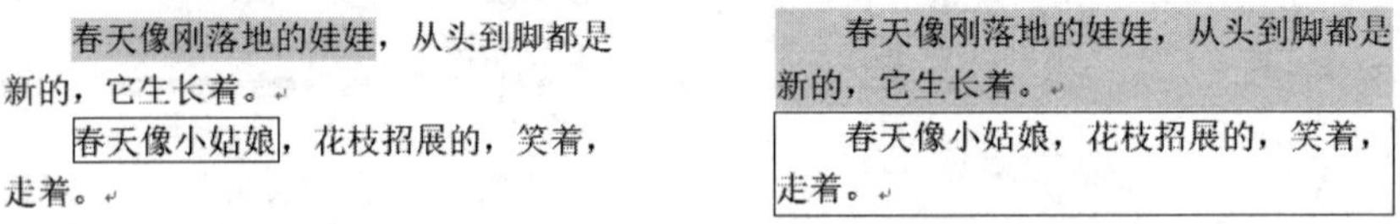

(a) 文字边框与文字底纹　　(b) 段落边框与段落底纹

图 9-26 文字与段落边框底纹效果区别

1. 边框设置

选中需要设置边框的文字或段落，单击“开始”选项卡中的“边框”下拉按钮，在下拉菜单中选择一种边框样式(见图 9-27)，就可以给选中的文字或段落加上边框效果。需要注意的是，只有段落边框能够单独设置上、下、左、右边框，文字边框的外框是一个整体。

如果需要设置更复杂的边框效果，可以在“边框”下拉菜单中选择“边框和底纹”命令，打开“边框和底纹”对话框，在“边框”选项卡中设置边框效果(见图 9-28)。在“线型”“颜色”“宽度”下拉列表框中可以设置边框线条效果，在“应用于”下拉列表框中可以设置边框的类型为文字边框或段落边框，在“设置”区域中选择“自定义”选项时，单击“预览”区域的框线按钮，可以单独设置段落的上、下、左、右边框效果。

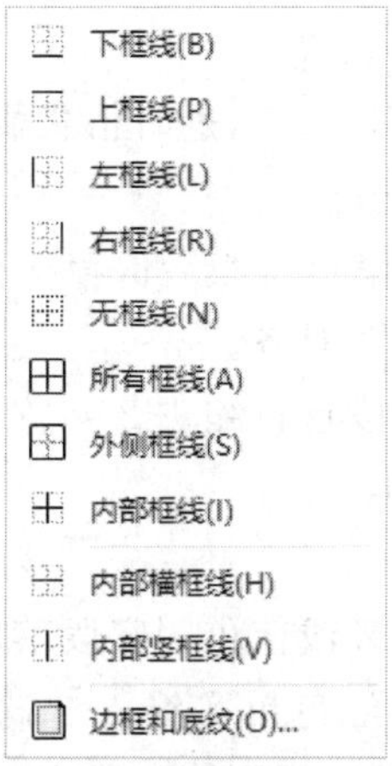

图 9-27　“边框”下拉菜单

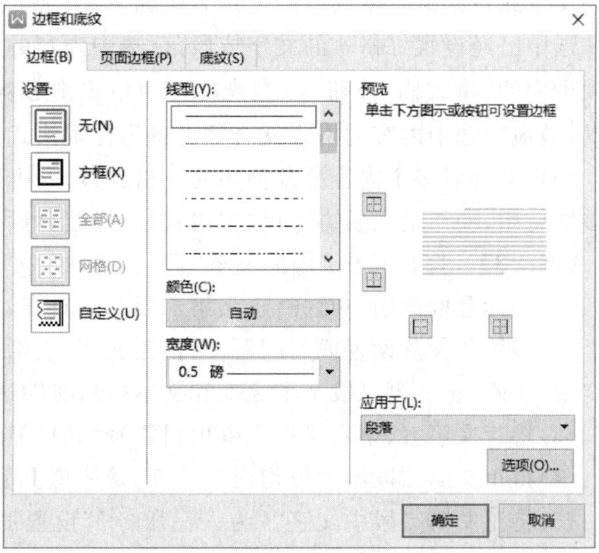

图 9-28　“边框和底纹”对话框中的“边框”选项卡

2. 底纹设置

选中需要设置底纹的文字或段落，单击“开始”选项卡中的“底纹颜色”下拉按钮 ，在下拉菜单中选择一种底纹填充颜色(见图 9-29)，可以为文字或段落加上填充颜色效果。如果要设置图案底纹，可以打开“边框和底纹”对话框中的“底纹”选项卡(见图 9-30)，在图案样式中设置一种底纹图案，在图案颜色中设置底纹图案的颜色。

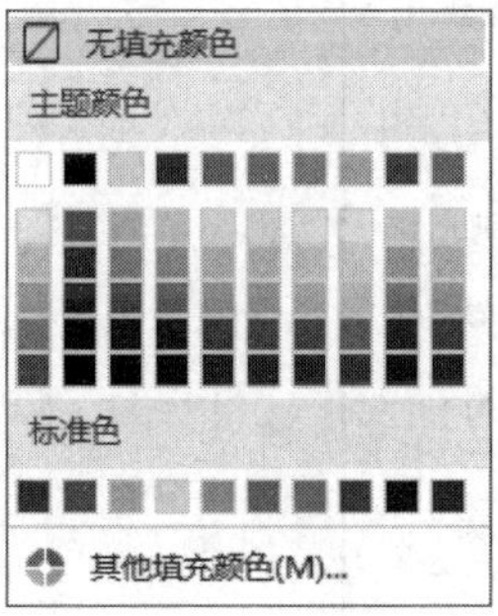

图 9-29　“底纹颜色”下拉菜单

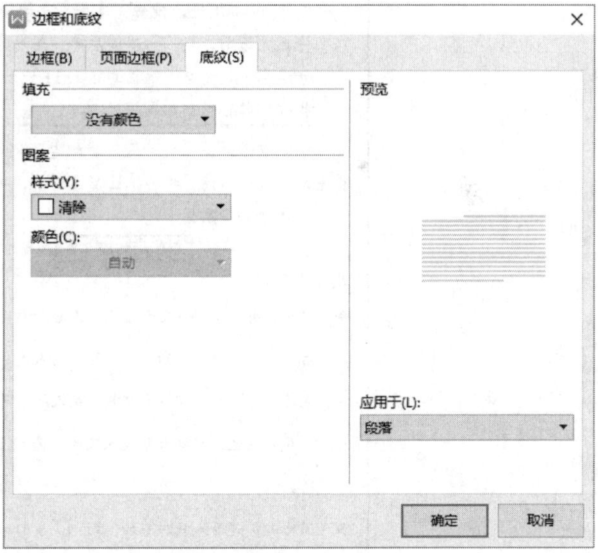

图 9-30　“边框和底纹”对话框中的“底纹”选项卡

9.2.8　格式刷

格式刷是一个快速复制格式的工具，可以将已经设置好的文字或段落格式效果应用到其他的文字或段落上。格式刷的使用方法如下。

选中已经设置好格式的文字或段落,选中内容的格式将作为样本格式使用。单击“开始”选项卡中的“格式刷”按钮,当光标变为格式刷形状时,在需要应用格式的文字或段落上拖动,被拖动选中内容的格式就会被设置为样本格式。

如果需要对多个内容反复使用同一格式效果,可以双击“格式刷”按钮,这时格式刷工具可以多次使用,操作结束后再次单击“格式刷”按钮,可以结束格式刷功能。

【例 9-3】 打开例 9-1 中的文档“日记.docx”,按下列要求进行段落排版后保存文档。

(1)将标题段落居中对齐,正文第二段两端对齐,正文其他段落左对齐。

(2)将标题段落设置段后间距 1 行;正文第一、第二、第三、第四段首行缩进 2 字符,行距为固定值 24 磅;正文第二段文本之前和文本之后各缩进 1 cm。

(3)将正文第五、第六段加上◆项目符号,悬挂缩进 2 字符。

(4)将正文第二段添加外粗内细 2.25 磅蓝色上下段落边框、10%浅蓝色图案段落底纹。

(5)将正文第二段中文字“《为人民服务》”设置加粗字形,添加红色单实线 1.5 磅文字边框、黄色文字底纹;利用格式刷将第二段文字“《为人民服务》”的格式应用到第四段文字“《为人民服务》”上。

完成后的效果如图 9-31 所示。

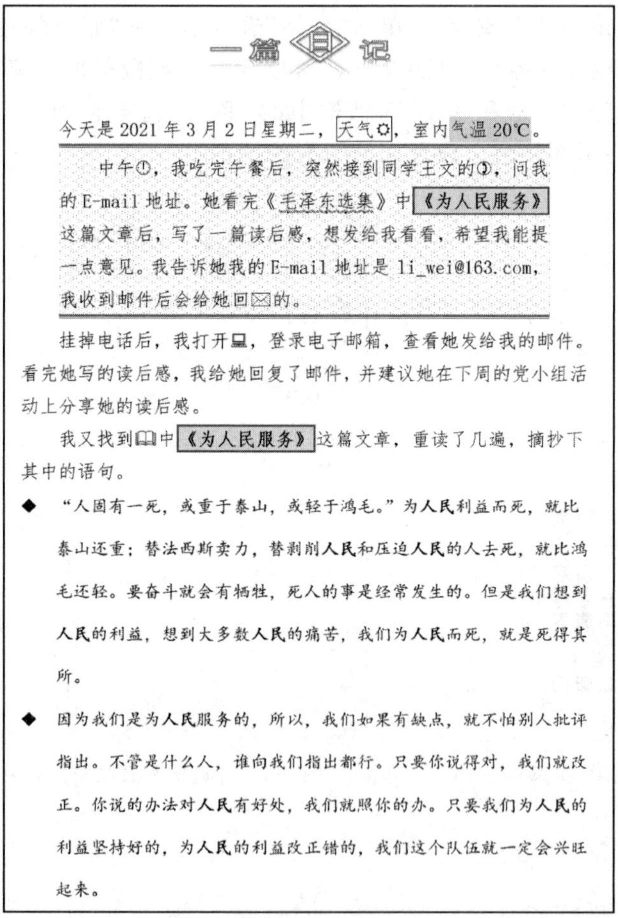

图 9-31 例 9-3 完成后的效果

操作步骤如下。

(1)在 WPS Office 中打开例 9-1 中保存的文件“日记.docx”继续进行操作。选中标题段落,单击“开始”选项卡中的“居中对齐”按钮☰;选中正文第二段,单击“开始”选项卡中的“两端对齐”按钮☰;选中正文第一段,按住 Ctrl 键继续选中正文第三、第四段,单击“开始”选项卡中的“左对齐”按钮☰。

(2)选中标题段落,在“开始”选项卡中单击“段落”功能组中的对话框启动器按钮 ,打开“段落”对话框,在“缩进和间距”选项卡中,把间距中的“段后”值设置为“1 行”,设置完成后单击“确定”按钮。选中正文第一、第二、第三、第四段,打开“段落”对话框,在“缩进和间距”选项卡中,在“特殊格式”下拉列表框中选择“首行缩进”选项,“度量值”设置为“2 字符”,在“行距”下拉列表框中选择“固定值”选项,“设置值”设置为“24 磅”,设置完成后单击“确定”按钮。选中正文第二段,打开“段落”对话框,在对话框的“缩进和间距”选项卡中,把“文本之前”和“文本之后”均设置为“1 厘米”,设置完成后单击“确定”按钮。

(3)选中正文第五、第六段,单击“开始”选项卡中的“项目符号”下拉按钮☰·,在下拉菜单中选择“预设项目符号”栏中的“带填充效果的钻石菱形项目符号”;再打开“段落”对话框,在“缩进和间距”选项卡中的“特殊格式”下拉列表框中选择“悬挂缩进”选项,“度量值”设置为“2 字符”。

(4)选中正文第二段,单击“开始”选项卡中“边框”下拉按钮⊞·,在下拉菜单中选择“边框和底纹”命令,打开“边框和底纹”对话框,单击“边框”标签,在“边框”选项卡中的“设置”区域中选择“自定义”选项,“线型”列表框中选择上粗下细的线型,“颜色”下拉列表框中选择“蓝色”选项,“宽度”下拉列表框中选择“2.25 磅”选项,“应用于”下拉列表框中选择“段落”选项,再单击“预览”区域的上框线和下框线按钮;在“边框和底纹”对话框中切换到“底纹”选项卡,在“图案”区域的“样式”下拉列表框中选择“10%”选项,“颜色”下拉列表框中选择“蓝色”选项,“应用于”下拉列表框中选择“段落”选项,设置完成后单击“确定”按钮。

(5)选中正文第二段中的文字“《为人民服务》”,单击“开始”选项卡中的“加粗”按钮 **B**,再打开“边框和底纹”对话框,切换到“边框”选项卡,在“设置”列表中单击“方框”按钮,“线型”列表中选择单实线,“颜色”下拉列表框中选择“红色”选项,“宽度”下拉列表框中选择“1.5 磅”选项,“应用于”下拉列表框中选择“文字”选项;在“边框和底纹”对话框中切换到“底纹”选项卡,在“填充”下拉列表框中选择“黄色”选项,“应用于”下拉列表框中选择“文字”选项,设置完成后单击“确定”按钮。

(6)选中第二段中的文字“《为人民服务》”,单击“开始”选项卡中的“格式刷”按钮,光标变为形状后,在第四段中的文字“《为人民服务》”上拖动。

(7)单击快速访问工具栏中的“保存”按钮,保存文档“日记.docx”。

9.3 页面排版

页面排版可以设置文档页面的整体外观和效果,主要包括页面设置、页眉页脚页码设置、分节分页设置,以及分栏、首字下沉、页面背景等格式效果设置。

9.3.1 页面设置

页面设置主要是对页边距、纸张、版式、文档网格等效果进行设置，可以在“页面布局”选项卡中直接使用命令按钮(见图 9-32)，也可以单击“页面布局”选项卡“页面设置”功能组右下角的对话框启动器按钮，打开“页面设置”对话框(见图 9-33)来设置。下面对“页面设置”对话框中的主要选项卡进行简单介绍。

图 9-32 “页面布局”选项卡的命令按钮

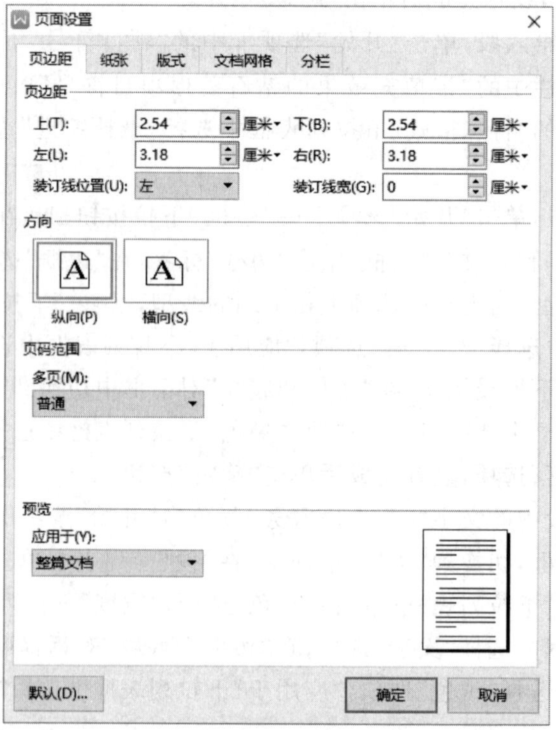

图 9-33 “页面设置”对话框

1.“页边距”选项卡

页边距指的是文档版心内容与页面纸张四边的距离，上、下、左、右页边距都是可以单独设置的。装订线指的是在纸张某一侧单独留出来的用于装订的宽度。纸张方向用来设置页面排版的方向，可以是纵向排版，也可以是横向排版。

2.“纸张”选项卡

在“纸张”选项卡中可以对文档排版和打印时使用的纸张大小进行设置，默认的是 A4 的纸张，也可以输入纸张的宽度和高度来自定义纸张的大小。

3."版式"选项卡

"版式"选项卡用于对文档中节的起始位置、页眉页脚的表示方式和位置、默认度量单位进行设置。

4."文档网格"选项卡

在"文档网格"选项卡中可以对文字排列方向,以及每页的行数、每行的字符数等网格参数进行设置。

在进行页面设置时,默认情况下是对整篇文档进行设置,也可以在"应用于"下拉列表框中选择页面设置的范围。

9.3.2　页眉、页脚与页码

在文档处理时,有时需要在若干页的顶部或者底部放置一些说明性的内容,这些内容就是页眉和页脚。页眉和页脚可以是文字、图形、图片等输入的固定内容,也可以是利用域代码自动生成的内容。

要在文档中设置页眉页脚,可以单击"插入"选项卡的"页眉和页脚"按钮,就进入了页眉页脚编辑区域,可以在页面顶部的页眉区域或者页面底部的页脚区域输入内容,还可以利用"页眉和页脚"选项卡(见图 9-34)的命令按钮对页眉页脚进行设置,页眉页脚内容输入完成后单击"页眉和页脚"选项卡中的"关闭"按钮,可以退出页眉页脚编辑区域。当然,直接在页面顶部或底部的页眉页脚区域双击可以快速进入页眉页脚编辑区域,在版心的正文区域双击可以退出页眉页脚编辑区域,回到正文编辑区域。

图 9-34　"页眉和页脚"选项卡

需要注意的是,页眉页脚编辑区域与正文编辑区域是两个独立的区域,编辑正文时不能对页眉页脚进行编辑修改,编辑页眉页脚时也不能对正文进行修改。

页码其实是利用域代码根据文档页数和位置自动生成的一种特殊的页眉页脚内容。要在文档中设置页码,可以单击"插入"选项卡或者"页眉和页脚"选项卡中的"页码"下拉按钮,在下拉菜单中选择一种页码样式来插入。如果选择"页码"下拉菜单中的"页码"命令,可以打开"页码"对话框,对页码格式进行更详细的设置。

默认情况下,页眉页脚和页码的内容会出现在文档的每一页上,如果在"页面设置"对话框的"版式"选项卡中设置了"首页不同"或"奇偶页不同",则可以在首页、奇数页和偶数页输入不同的页眉页脚和页码内容。如果要进行更复杂的设置,让文档中的不同部分有不同的页眉页脚和页码,可以使用分节符将文档分为多个小节,每个小节可以设置不同的页眉页脚和页码。

要将已经设置的页眉页脚和页码删除,可以在页眉页脚区域直接删除相关内容,也可以单击"页眉和页脚"选项卡中的"页眉"、"页脚"或"页码"下拉按钮,选择下拉菜单中的"删除页眉"、"删除页脚"或"删除页码"命令,删除页眉、页脚或页码内容。

9.3.3 分节与分页

1. 分节

通常情况下，WPS 文字组件会将文档当作一个整体来进行页面排版，如果希望将文档的不同部分设置为不同的页面效果，可以对文档进行分节。

将光标定位到文档中需要分节处，单击“页面布局”选项卡的“分隔符”下拉按钮，在下拉菜单（见图 9-35）中选择一种分节符插入即可。“下一页分节符”会将分节符之后的内容在下一页重新开始排版，“奇数页分节符”和“偶数页分节符”会将分节符之后的内容在下一奇数页或偶数页重新开始排版，“连续分节符”则只插入分节符而不分页。不管使用的是哪一种分节符，分节符前后的内容均属于不同的两个小节，可以设置不同的页面排版效果。

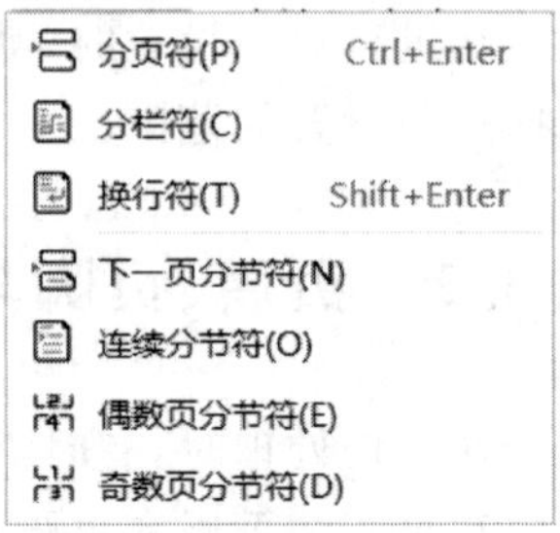

图 9-35 “分隔符”下拉菜单

2. 分页

按 Ctrl+Enter 快捷键，或者单击“页面布局”选项卡中的“分隔符”下拉按钮，在下拉菜单中选择“分页符”命令，可以在文档当前位置插入一个分页符，此时只会将分页符之后的内容另起一页而不分节，分页符前后的内容仍属于同一小节，它们只能使用同一种页面排版效果。

另外，利用“段落”对话框中的“换行和分页”选项卡（见图 9-36）也能对段落进行分页设置，“分页”区域的四个复选框的含义如下。

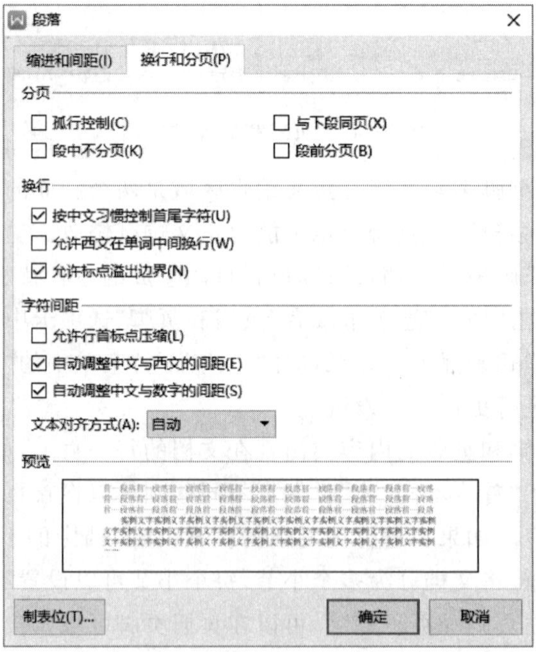

图 9-36 “段落”对话框“换行和分页”选项卡

（1）孤行控制：段落中的第一行和最后一行不能单独出现在一页中。

(2)与下段同页：当前段落与下一段落必须位于同一页中。

(3)段中不分页：当前段落中的所有行必须位于同一页。

(4)段前分页：从当前段落开始另起一页。

9.3.4　分栏

分栏可以将页面的版面分为多栏，使文档内容更生动可读，在报纸、杂志的排版中十分常见。

对文档设置分栏效果，首先选中需要分栏的段落，再在“页面布局”选项卡中单击“分栏”下拉按钮，在下拉菜单中选择分栏的样式即可。分栏效果完成后，会自动在分栏内容前后加上连续分节符。如果分栏的段落属于文档的最后一部分内容且不满一页，各栏中文本长度会不一致，这时可以在分栏内容的最后添加一个连续分节符。

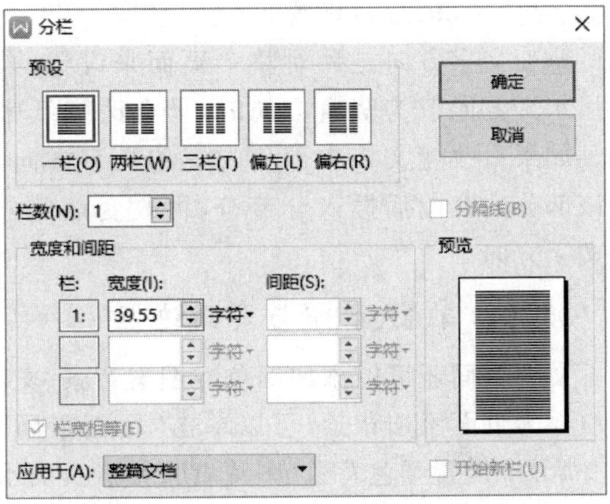

图 9-37　“分栏”对话框

要在分栏时进行更加详细的设置，可以单击“分栏”下拉按钮，在下拉菜单中选择“更多分栏”命令，在打开的“分栏”对话框(见图 9-37)中设置分栏的预设样式、栏数、栏宽、间距、分隔线等参数。

要取消分栏，可以选中已分栏的段落，将其设置为一栏效果，再删除前后多余的分节符即可。

在“页面设置”对话框中有一个“分栏”选项卡，也能设置分栏效果，但该效果默认是对整篇文档或按页面来进行分栏，与上面介绍的效果并不一致。

9.3.5　首字下沉

首字下沉也是报纸、杂志中常用的排版效果，它可以将某个段落的第一个字放大数倍，以便吸引读者的注意。

要设置段落的首字下沉效果，先要选中段落或将光标定位到段落中，单击“插入”选项卡中的“首字下沉”按钮，打开“首字下沉”对话框(见图 9-38)，设置首字下沉的位置、字体、下沉行数、与正文的距离等参数即可。

需要注意的是，如果段落首字不是可见的中英文字符。例如，段落首字是空格或其他格式的符号时，该段落是不能设置首字下沉效果的。

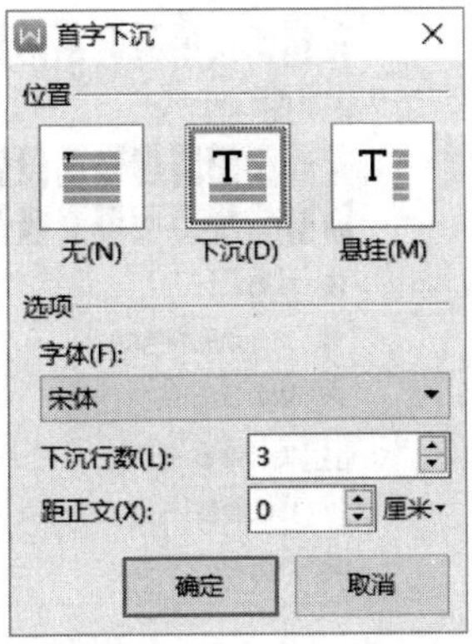

图 9-38　“首字下沉”对话框

9.3.6 其他页面格式

1. 文字方向

默认情况下页面中的文字是按从左至右的方向横向排列的，如果需要改变文字的方向，可以在“页面布局”选项卡中单击“文字方向”下拉按钮，在下拉菜单中选择一种文字方向，或者选择下拉菜单中的“文字方向选项”命令，打开“文字方向”对话框（见图 9-39）进行设置。

改变文字方向是针对整个页面来设置的，将文字从水平方向改为竖直方向时，还会改变纸张的方向。如果只改变文档中部分内容的文字方向，可以在该部分内容前后插入分节符，再改变该部分内容的文字方向。

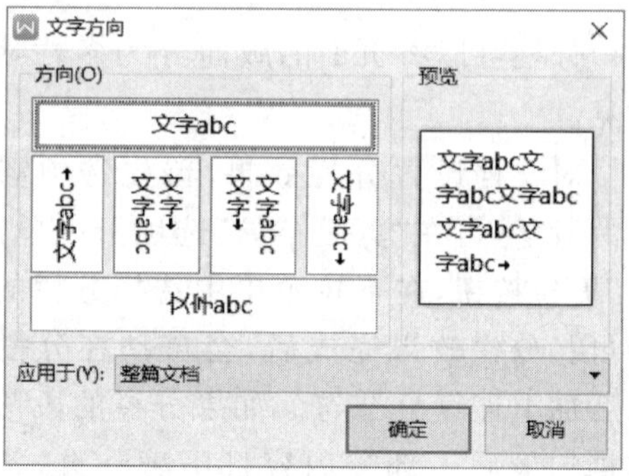

图 9-39 “文字方向”对话框

2. 页面背景、水印与页面边框

文档页面还可以添加颜色或图案背景、文字或图片水印效果、页面边框。

要为页面添加背景，可以单击“页面布局”选项卡中的“背景”下拉按钮，在下拉菜单（见图 9-40）中设置颜色背景、图片背景或者页面水印效果。

要为页面添加边框，可以单击“页面布局”选项卡的“页面边框”按钮，在“边框和底纹”对话框中的“页面边框”选项卡（见图 9-41）中设置线型、颜色、宽度、艺术型等效果。

图 9-40 “背景”下拉菜单

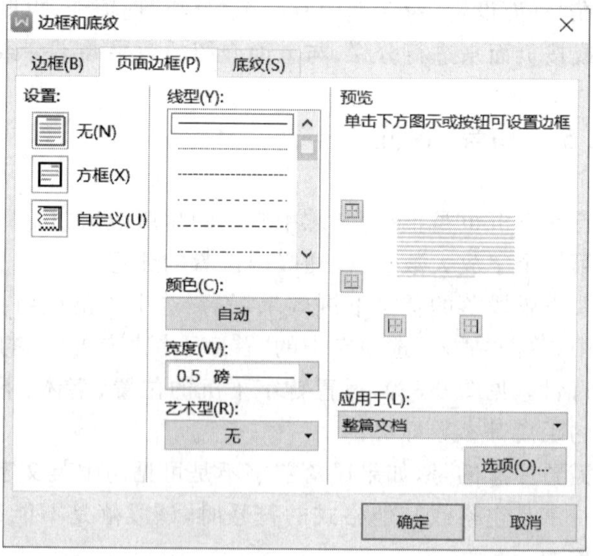

图 9-41 “边框和底纹”对话框中的“页面边框”选项卡

【例 9-4】 打开例 9-3 中的文档“日记.docx”，按下列要求进行页面排版后保存文档。

（1）将纸张大小设置为 16 开，纸张方向为纵向，上下页边距为 2.5 cm、左右页边距为

2 cm、左侧装订线 1 cm，文档每页 25 行、每行 30 个字。

(2)页面顶端居中添加楷体小四、内容为“一篇日记”的页眉、页眉设置 0.75 磅蓝色单实线段落下框线，页面底端居中添加中文数字形式的页码。

(3)在正文第五段之前插入下一页分节符，将第 2 节的页眉文字改为“为人民服务”。

(4)将标题段落设置为段前分页、与下段同页。

(5)将正文第五段分为两栏、栏宽相等、栏间加分隔线。

(6)为正文第一段设置首字下沉效果，黑体、下沉 2 行、距正文 0.2 cm。

(7)为整篇文档设置“纸纹 1”纹理页面背景，添加 1.5 磅红色双线页面边框，添加文字为“为人民服务”、黑体、浅蓝色倾斜的水印。

完成后的效果如图 9-42 所示。

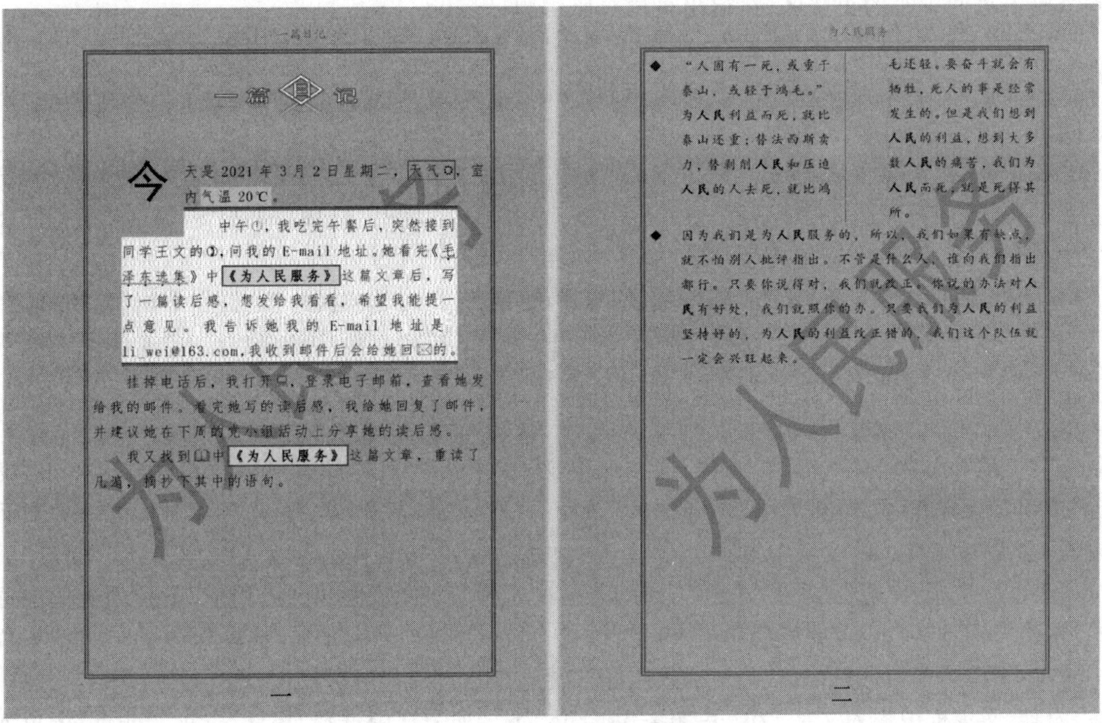

图 9-42　例 9-4 完成后的效果

操作步骤如下。

(1)在 WPS Office 中打开例 9-3 中保存的文件“日记.docx”。单击“页面布局”选项卡中“页面设置”功能组右下角的对话框启动器按钮，打开“页眉设置”对话框，单击“纸张”标签，打开“纸张”选项卡，在“纸张大小”下拉列表框中选择“16 开”选项；切换到“页边距”选项卡，将“页边距”区域中的“上”和“下”均设置为“2.5 厘米”，“左”和“右”均设置为“2 厘米”，“装订线位置”设置为“左”，“装订线宽”设置为“1 厘米”；切换到“文档网格”选项卡，在“网格”区域选中“指定行和字符网格”单选按钮，在“字符”区域将“每行”设置为“30”，在“行”区域将“每页”设置为“25”。

(2)单击“插入”选项卡中的“页眉和页脚”按钮，进入页眉页脚编辑区，在页眉区域输入文字“一篇日记”，再选中这些文字，在“开始”选项卡中的“字体”下拉列表框中选择“楷体”选项，“字号”下拉列表框中选择“小四”选项，单击“居中对齐”按钮；继续选中页眉中的文字“一篇日记”所在的段落，单击“开始”选项卡中的“边框”下拉按钮，在下拉菜单中选择“边框和底纹”

命令，打开“边框和底纹”对话框，单击“边框”标签，打开“边框”选项卡，在“设置”区域中选择“自定义”选项，“线型”列表中选择单实线，“颜色”下拉列表框中选择“蓝色”选项，“宽度”下拉列表框中选择“0.75 磅”选项，“应用于”下拉列表框中选择“段落”选项，再单击“预览”区域的下框线按钮，完成设置后单击“确定”按钮；在“插入”选项卡中单击“页码”下拉按钮，在下拉菜单中选择“页码”命令，打开“页码”对话框，在“样式”下拉列表框中选择“一，二，三…”选项，“位置”下拉列表框中选择“底端居中”选项，设置完成后单击“确定”按钮，最后在“页眉和页脚”选项卡中单击“关闭”按钮，退出页眉页脚编辑区域。

(3)将光标定位到正文第五段起始处，单击“页面布局”选项卡中的“分隔符”下拉按钮，在下拉菜单中选择“下一页分节符”命令。双击第 2 页顶端的页眉文字，进入页眉编辑区域，在“页眉和页脚”选项卡中取消“同前节”按钮的选中状态，再将第 2 页页眉文字改为“为人民服务”，双击页面中心的正文区域，退出页眉页脚编辑区域。

(4)选中标题段落，在“开始”选项卡中单击“段落”功能组中的对话框启动器按钮 ，打开“段落”对话框，单击“换行和分页”标签，打开“换行和分页”选项卡，勾选“分页”区域中的“与下段同页”“段前分页”复选框。

(5)选中正文第五段，单击“页面布局”选项卡中的“分栏”下拉按钮，在下拉菜单中选择“更多分栏”命令，打开“分栏”对话框，在“预设”区域中选中“两栏”选项，勾选“分隔线”复选框和“栏宽相等”复选框，设置完成后单击“确定”按钮。

(6)选中正文第一段，单击“插入”选项卡中的“首字下沉”按钮，打开“首字下沉”对话框，在“位置”区域选择“下沉”选项，在“选项”区域的“字体”下拉列表框中选择“黑体”选项，“下沉行数”设置为“2”，“距正文”设置为“0.2 厘米”，设置完成后单击“确定”按钮。

(7)单击“页面布局”选项卡中的“背景”下拉按钮，在下拉菜单中选择“其他背景”→“纹理”命令，在“填充效果”对话框的“纹理”选项卡中，将“纹理”设置为“纸纹 1”，设置完成后单击“确定”按钮。再单击“页面布局”选项卡中的“页面边框”按钮，打开“边框和底纹”对话框，在“页面边框”选项卡的“设置”区域中选择“方框”选项，“线型”列表框中选择双线线型选项，“颜色”下拉列表框中选择“红色”选项，“宽度”下拉列表框中选择“1.5 磅”选项，“应用于”下拉列表框中选择“整篇文档”选项，设置完成后单击“确定”按钮。再次单击“页面布局”选项卡中的“背景”下拉按钮，在下拉菜单中选择“水印”→“插入水印”命令，打开“水印”对话框，勾选“文字水印”复选框，在“内容”文本框中输入文字“为人民服务”，“字体”下拉列表框中选择“黑体”选项，“颜色”下拉列表框中选择“浅蓝色”选项，“版式”下拉列表框中选择“倾斜”选项，设置完成后单击“确定”按钮。

(8)单击快速访问工具栏中的“保存”按钮 ，保存文档“日记.docx”。

9.4 文档打印

9.4.1 打印预览

利用 WPS 文字组件的打印功能可以把电子文档变为书面文档，打印之前应该核对页面设置的纸张与实际使用的纸张是否一致，先进行打印预览，做好打印设置后再进行实际打印操作。

单击“文件”按钮，在“文件”菜单中选择“打印”→“打印预览”命令，就可以进入“打印预览”界面(见图 9-43)，此时看到的效果与文档打印的真实效果一致。在打印预览工具栏里可以设置预览方式、预览比例和打印参数，单击“直接打印”按钮可以向打印机发送打印命令进行打印，单击“关闭”按钮可以离开“打印预览”界面，返回文档编辑界面。

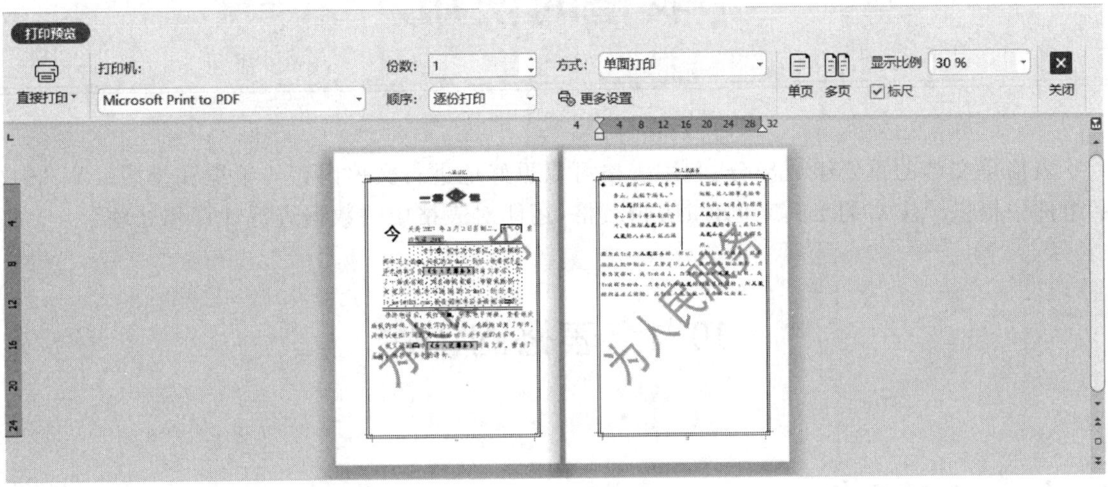

图 9-43　“打印预览”界面

9.4.2　打印设置

单击“文件”按钮，在“文件”菜单中选择“打印”→“打印”命令，可以打开“打印”对话框(见图 9-44)，在这里可以选择打印机，设置打印范围、份数、缩放等参数，单击“确定”按钮会将文档发送给打印机，开始打印。在进行打印之前一定要检查打印机的状态是否正常，打印纸是否放置好，纸张尺寸是否和排版时设置的一致。

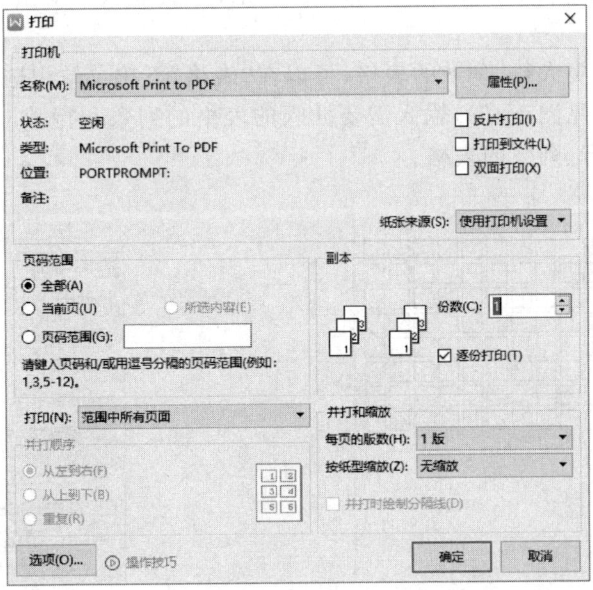

图 9-44　“打印”对话框

第 10 章
表格的使用

表格是文档的重要组成部分，利用表格可以更好地进行文档内容的组织和排版。WPS 文字组件中提供了丰富的工具来创建、编辑表格，还能对表格中的数据进行计算和处理。

10.1 表格的创建

10.1.1 创建表格

创建表格的方式通常有三种，插入表格、绘制表格、将规则文本转换成表格。

1. 插入表格

利用插入表格的方法可以非常方便地在文档中创建一个规则表格，具体步骤如下。

(1)将光标定位到文档中需要建立表格处，单击“插入”选项卡的“表格”下拉按钮，打开“表格”下拉菜单(见图 10-1)。

(2)随着光标在“表格”下拉菜单的方格上移动，方格会变为已填充的状态，表示当前选择创建的表格大小，确定好表格大小后单击，即可在光标位置插入一个相应大小的表格。这样插入的表格最大是 8 行×17 列。

(3)如果需要插入更大行、列数的表格，可以在“表格”下拉菜单中选择“插入表格”命令，打开“插入表格”对话框(见图 10-2)，输入需要插入的表格的列数和行数，单击“确定”按钮，即可在光标位置插入指定行、列数的表格。

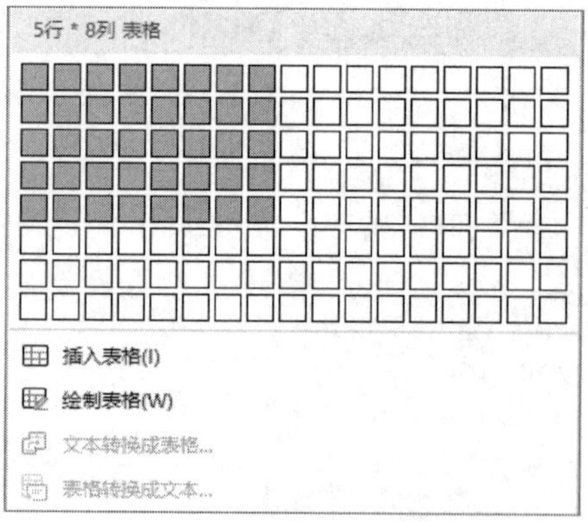

图 10-1 “表格”下拉菜单

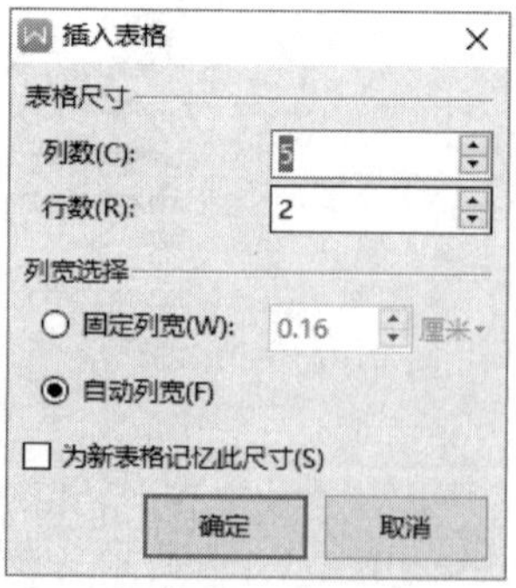

图 10-2 “插入表格”对话框

2. 绘制表格

除了插入表格，还可以利用绘制表格的方式在指定位置创建表格，步骤如下。

(1)单击“插入”选项卡的“表格”下拉按钮，打开“表格”下拉菜单，选择“绘制表格”命令。

(2)鼠标指针变成铅笔形状后，在文档中需要建立表格的位置拖动，会出现一个虚线构成的表格(见图 10-3)，拖动到表格行、列数满足要求后松开鼠标左键即可创建相应大小的表格。

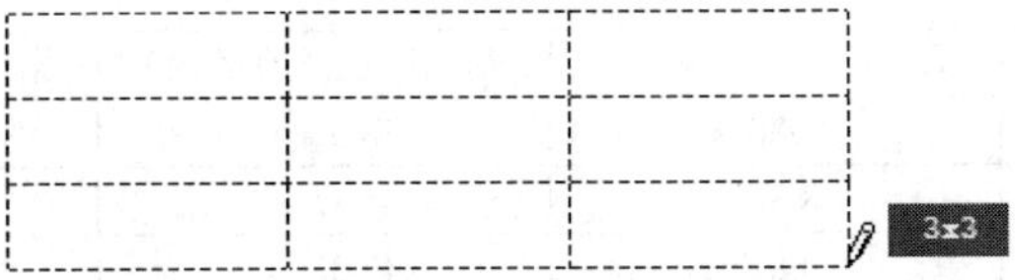

图 10-3　绘制表格效果

(3)将光标定位到表格中会出现“表格工具”选项卡，单击“绘制表格”按钮，鼠标指针变为铅笔形状，在表格中的竖线之间拖动可以绘制表格内的横线，在表格中的横线之间拖动可以绘制表格内的竖线，在单元格的斜向对应的顶点之间拖动可以绘制斜线。单击“擦除”按钮，鼠标指针变为橡皮形状，在表格线上拖动，可以擦除该表格线。

3. 将规则文本转换成表格

如果文档中的文本是按规则分隔排列的，还可以将这些文本转换成表格，步骤如下。

(1)选中需要转换成表格的文本。

(2)单击“插入”选项卡的“表格”下拉按钮，打开“表格”下拉菜单，选择其中的“文本转换成表格”命令，打开“将文字转换成表格”对话框(见图 10-4)。

(3)根据选中的文本里文字之间的实际分隔符，在对话框“文字分隔位置”区域里选择正确的分隔符，确认表格的行数、列数，单击“确定”按钮即可将选定的文本转换成表格。注意，对话框中选择的分隔符必须和文本中实际使用的分隔符一致，转换后文本中的一个段落对应表格的一行，段落中用分隔符分开的每一部分文字对应表格中的单元格。

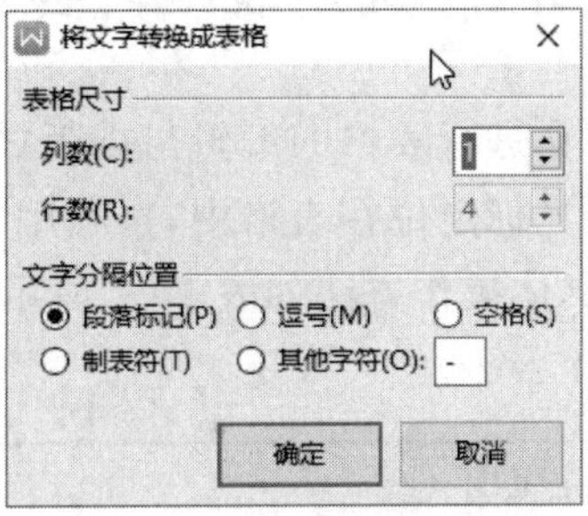

图 10-4　“将文字转换成表格”对话框

10.1.2　输入表格内容

表格中用横线和竖线构成的基本区域称为单元格，每一个单元格都是一个独立的编辑区域，与其他单元格区域互不影响。除了能使用鼠标和↑、↓、←、→键在表格中移动光标外，还可以利用 Tab 键将光标移动到下一单元格，利用 Shift＋Tab 快捷键将光标移动到上一单元格。

将光标定位在某一单元格中，可以直接输入文字，还可以插入图片、图形等各种对象，输入的内容可以如同在正文中一样进行排版。

【例 10-1】　新建一个名为“GDP 统计表. docx”的文档，在其中创建如图 10-5 所示的表格，并在表格中输入文字内容后保存文档。

操作步骤如下。

(1)在 WPS Office 中创建一个空白文档,将光标定位在文档编辑区的起始处,单击“插入”选项卡中的“表格”下拉按钮,在下拉菜单的“插入表格”区域选择“4 行×4 列表格”。单击创建好的表格,拖动表格右下角的缩放按钮,参考样表调整表格整体大小。

(2)参考样表在表格单元格中输入文字。

(3)单击快速访问工具栏中的“保存”按钮,保存文档,将文档命名为“GDP 统计表.docx”。

	第一产业(万亿元)	第二产业(万亿元)	第三产业(万亿元)
2020年	7.80	38.35	55.20
2021年	8.32	45.15	61.45
2022年	8.82	47.38	64.27

图 10-5　例 10-1 表格效果

10.2　表格的编辑与排版

10.2.1　选定表格内容

在进行表格的编辑与排版之前必须先选中表格,可以利用鼠标直接选定表格内容,也可以先将光标定位在表格中,再利用“表格工具”选项卡中的“选择”下拉按钮来进行表格内容的选定,具体操作方法如表 10-1 所示。

表 10-1　表格内容的选定方法

选定范围	操作方法
单个单元格	将鼠标指针指向单元格左侧内部边缘,鼠标指针变成指向右上方的黑色实心箭头时单击;或者将光标定位到单元格内部,单击“表格工具”选项卡中的“选择”下拉按钮,在下拉列表中选择“单元格”命令
单元格区域	从左上角单元格拖动到右下角单元格;按住 Ctrl 键的同时拖动选择单元格区域可以同时将多个单元格区域选中
行	将鼠标指针指向表格行的左侧外部,鼠标指针变成指向右上角的白色箭头时单击可以选中一行,拖动可以选中多行;或者将光标定位到表格行的任意单元格内部,单击“表格工具”选项卡中的“选择”下拉按钮,在下拉列表中选择“行”命令
列	将鼠标指针指向表格列的上侧内部边缘,鼠标指针变成向下的黑色实心箭头时单击可以选中一列,拖动可以选中多列;或者将光标定位到表格列的任意单元格内部,单击“表格工具”选项卡中的“选择”下拉按钮,在下拉列表中选择“列”命令
表格	将鼠标指针移动到表格上,单击表格左上角的按钮;或者将光标定位到表格的任意单元格内部,单击“表格工具”选项卡中的“选择”下拉按钮,在下拉菜单中选择“表格”命令

另外，单击“表格工具”选项卡中的“选择”下拉按钮，选择“虚框选择表格”命令可以在表格中自由选择表格中的任意区域。

10.2.2　表格编辑

表格编辑主要包括表格缩放、表格与单元格的合并与拆分、行高与列宽调整、增加/删除行列或单元格等操作。

1. 表格缩放

将鼠标指针移动到表格上，表格四周会出现浮动按钮（见图 10-6），拖动表格右下角的缩放按钮⤡，就可以对表格进行整体缩放了。

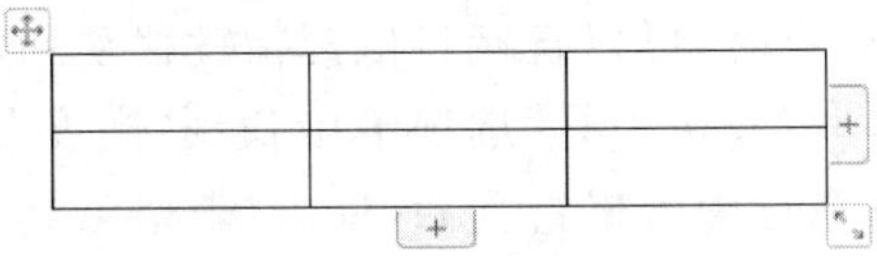

图 10-6　表格四周的浮动按钮

2. 合并与拆分

在表格中既可以对单元格进行合并或拆分，也可以对整个表格进行拆分。

（1）合并单元格是指将多个单元格合并为一个单元格。选中表格中需要合并的多个相邻单元格，单击“表格工具”选项卡中的“合并单元格”按钮或者选择快捷菜单中的“合并单元格”命令，可以将选中的单元格合并成一个单元格。“表格工具”选项卡中的合并、拆分命令按钮如图 10-7 所示。

（2）拆分单元格是指将单元格拆分成多个单元格。选择需要拆分的单元格，单击“表格工具”选项卡中的“拆分单元格”按钮或者选择快捷菜单中的“拆分单元格”命令，打开“拆分单元格”对话框（见图 10-8），输入需要拆分的行数和列数，可以将选中的单元格拆分成指定形式的多个单元格。

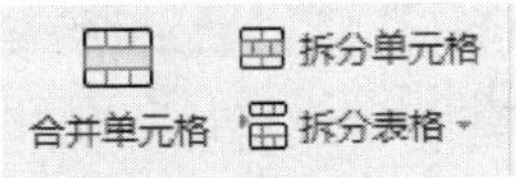

图 10-7　“表格工具”选项卡中的合并、拆分命令按钮

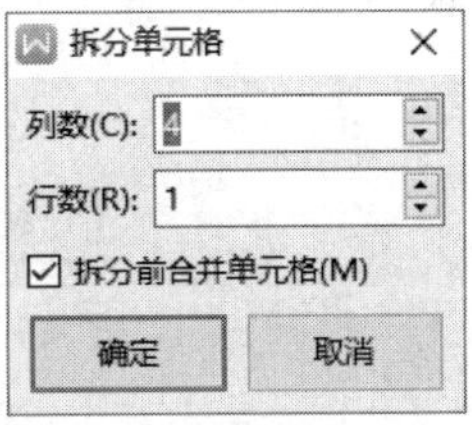

图 10-8　“拆分单元格”对话框

（3）拆分表格是指将一个表格拆分成两个表格，可以按列拆分把表格纵向分割为两个表格，也可以按行拆分把表格横向分割为两个表格。按行拆分表格时，先选中表格中将作为第二个表格首行的行，单击“表格工具”选项卡中的“拆分表格”按钮或者选择快捷菜单中的“拆分表格”命令，选择“按行拆分”命令，可以将表格拆分成两个表格。按列拆分表格时，先选中表格中将作为第二个表格左侧第一列的列，单击“表格工具”选项卡中的“拆分表格”按钮或者选择快捷菜单中的“拆分表格”命令，选择“按列拆分”命令，也可以将表格拆分成两个表格。

3. 行高与列宽调整

表格的行与列的高度和宽度是可以修改的，可以采用自动调整和手动调整两种方法。

(1)自动调整表格行高、列宽时，需要先选中要调整的行或列，再单击“表格工具”选项卡中的“自动调整按钮”或者选择快捷菜单中的“自动调整”命令，根据需要选择菜单中的各命令即可，其中“平均分布各行”“平均分布各列”命令可以将选中的表的行高和列宽调整为一致的平均值。“表格工具”选项卡中的行高、列宽调整命令按钮如图 10-9 所示。

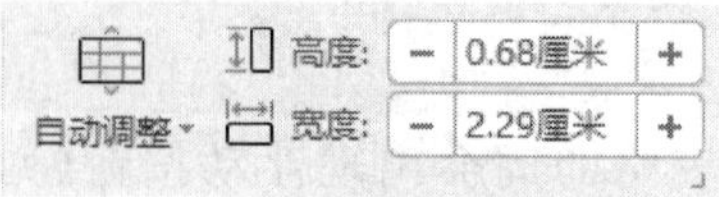

图 10-9 “表格工具”选项卡中的行高、列宽调整命令按钮

(2)手动调整表格行高、列宽时，可以直接将鼠标指针移动到表格线上拖动调整，也可以选中需要调整的表格行或列，再在“表格工具”选项卡中找到“高度”或“宽度”文本框设置具体的高度或宽度值。另外，也可以在选中表格行列后，单击“表格工具”选项卡中的“表格属性”按钮或选择快捷菜单中的“表格属性”命令，打开“表格属性”对话框(见图 10-10)，在“行”“列”选项卡中直接设置高度或宽度值。

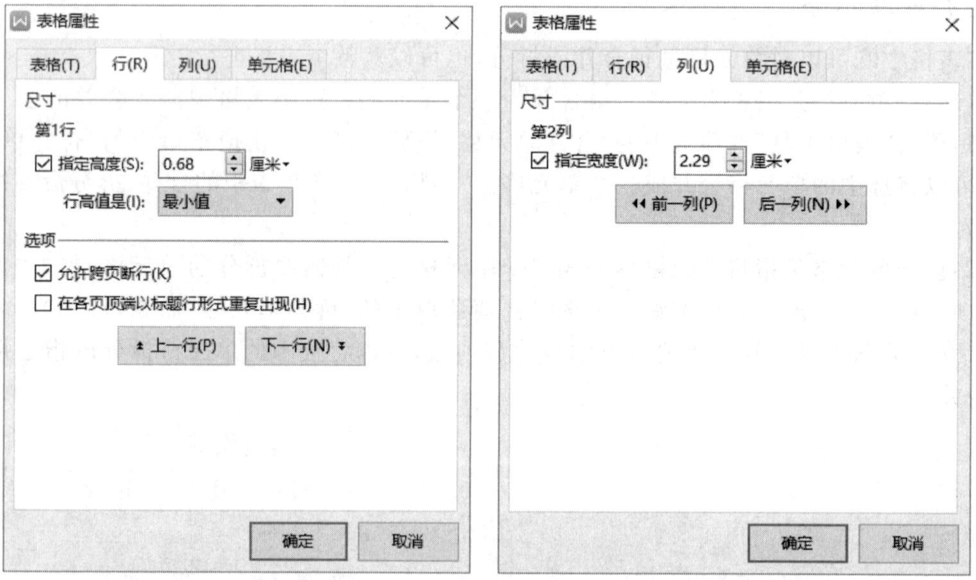

图 10-10 “表格属性”对话框

4. 增加与删除

在表格中可以进行整行、整列的增加或删除，也可以对单元格进行增加或删除。

1)行、列的增加与删除

若要在表格底部或右侧增加行或列，可以将光标移到表格上，单击表格底部或者右侧的“+”浮动按钮(见图 10-6)，单击一次即可增加一空行或一空列。

若要在表格中插入行或列，可以选中插入位置旁边的行或列，在“表格工具”选项卡中单击插入行或列的按钮(见图 10-11)，或者在快捷菜单里选择“插入”子菜单中的各命令。如果在插入操作前选中的是多行或多列，则也会相应地插入多行或多列。

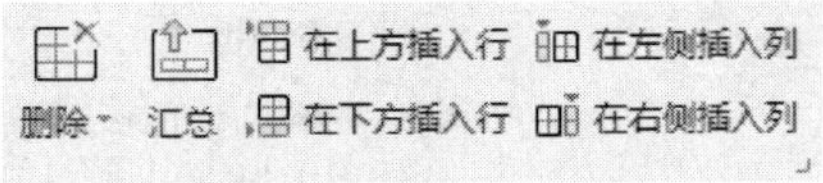

图 10-11　“表格工具”选项卡中的插入、删除工具

若要在表格中删除行或列，则选中需要删除的行或列，在“表格工具”选项卡或者快捷菜单里找到相应的删除命令即可。

2)单元格的增加与删除

由于单元格的位置是由行和列共同确定的，因此增加或删除单元格时会导致其他单元格位置的改变。

若要在表格中插入单元格，可以选中或将光标定位到相应单元格，在快捷菜单中选择“插入”→“单元格”命令，打开“插入单元格”对话框(见图 10-12)，选择单元格的插入方式即可。

若要在表格中删除单元格，可以选中或将光标定位到相应单元格，在“表格工具”选项卡中选择“删除”下拉菜单中的“单元格”命令，或者在快捷菜单中选择“删除单元格”命令，打开“删除单元格”对话框(见图 10-13)，选择单元格的删除方式即可。

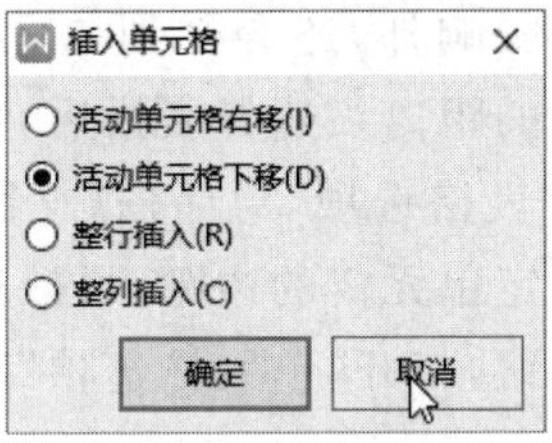

图 10-12　“插入单元格”对话框

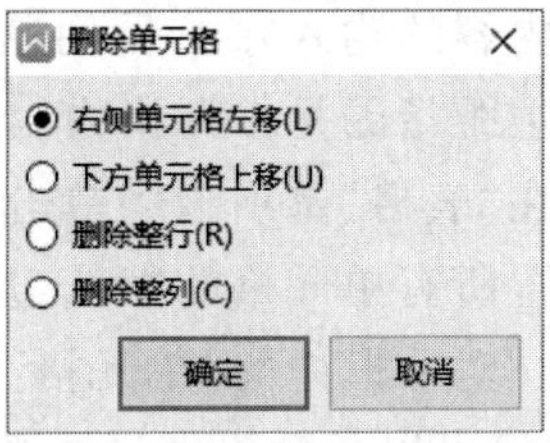

图 10-13　“删除单元格”对话框

另外，使用 Delete 键和 Backspace 键也可以在表格中进行删除操作，但这两个键的功能是有区别的，Delete 键只能删除选中单元格中的文字，而 Backspace 键可以删除选中的单元格、行、列或整个表格。

10.2.3　格式化表格

1. 表格内容格式化

表格中的各个单元格都是独立的编辑区域，其中输入的内容可以像在正文段落中一样进行字符格式、段落格式的设置。

若要设置单元格内容的对齐方式，可以选中或将光标定位到单元格，在“表格工具”选项卡中单击“对齐方式”按钮(见图 10-14)或者在快捷菜单中选择“单元格对齐方式”命令，选择一种合适的对齐方式。当然也可以单独设置水平对齐和垂直对齐方式，利用“开始”选项卡中的段落对齐工具或者“段落”对话框中的对齐方式列表框可以设置水平对齐方式，单击“表格工具”选项卡中的“表格属性”按钮，打开“表格属性”对话框，在“单元格”选项卡(见图 10-15)中可以设置垂直对齐方式。

若要改变单元格中文字的方向，可以选中或将光标定位到单元格，在“表格工具”选项卡单击“文字方向”下拉按钮，在下拉菜单中选择一种合适的文字方向即可。改变指定单元格中的文字方向不会影响其他单元格。

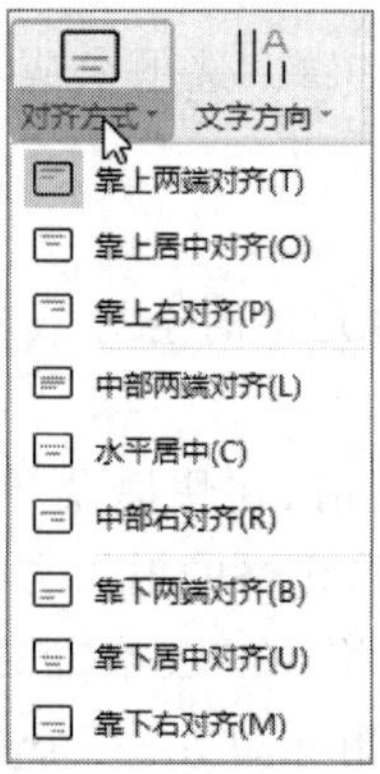

图 10-14　单元格对齐方式

图 10-15　“表格属性”对话框中的“单元格”选项卡

单元格内容的输入除了受到单元格大小、段落缩进的影响外，还会受到单元格边距的影响。单元格边距指的是单元格内容与单元格边框之间保留的距离。选择表格后，打开“表格属性”对话框，在“表格”选项卡中单击“选项”按钮，可以打开“表格选项”对话框(见图 10-16)，在这里可以设置所有单元格的默认边距。如果要单独设置指定单元格的边距，可以选中单元格，在“表格属性”对话框中的“单元格”选项卡中单击“选项”按钮，打开“单元格选项”对话框(见图 10-17)，在这里可以单独设置选中单元格的边距。

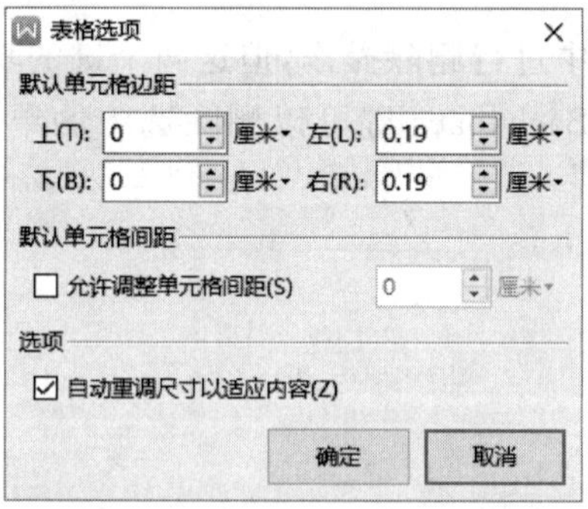

图 10-16　“表格选项”对话框

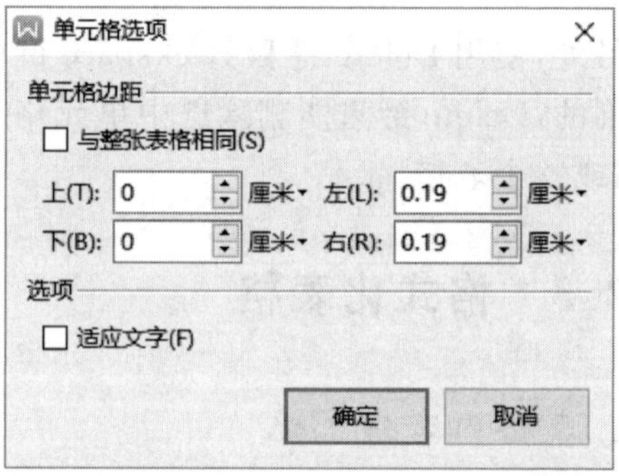

图 10-17　“单元格选项”对话框

2. 表格样式

表格样式是预先设置好的针对表格边框、底纹以及文字的组合格式，利用表格样式可以快速修饰表格的外观。WPS 文字组件中提供了浅色、中色、深色三种类别，多达数十种不同风格的样式供用户选择使用。

对表格应用表格样式，首先要选中表格或将光标定位到表格内部，再在“表格样式”选项卡中的表格样式列表中选择一种合适的样式即可。利用“表格样式”选项卡中的样式工具(见图 10-18)还可以对表格首行、隔行、末行、首列、隔列、末列的格式进行单独设置。如果要对表格中的部分区域应用样式，只要选中这部分区域再设置样式即可。

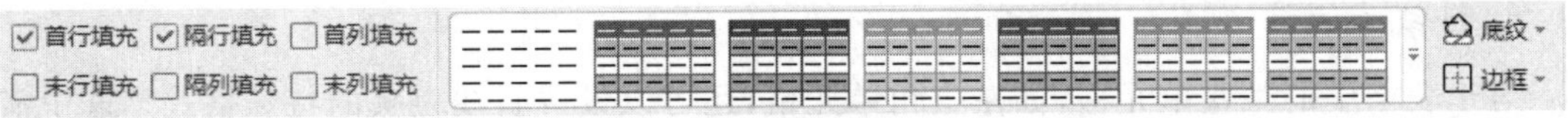

图 10-18　“表格样式”选项卡中的样式工具

3. 边框与底纹

表格以及其中的行、列、单元格都可以单独设置边框和底纹。选中需要设置边框或底纹的单元格区域，单击“表格样式”选项卡中的“边框”或“底纹”下拉按钮，在下拉菜单中选择合适的表格或边框样式即可。如果要设置更复杂的边框或底纹效果，可以单击“表格样式”选项卡中的“边框”下拉按钮，在下拉菜单中选择“边框和底纹”命令，打开“边框和底纹”对话框（见图 10-19），在“边框”选项卡中设置边框的线型、颜色、宽度和位置，在“底纹”选项卡中设置底纹的填充颜色和图案，设置好应用范围，单击“确定”按钮后即可完成设置。

4. 对齐与环绕

可以设置表格在文档中的对齐方式以及与文本的环绕方式。选定表格后，在“表格工具”选项卡中单击“表格属性”按钮或在快捷菜单里选择“表格属性”命令，打开“表格属性”对话框，在“表格”选项卡中设置对齐方式和文字环绕即可（见图 10-20）。表格对齐方式也可以在选定表格后，利用“开始”选项卡中的段落对齐方式来设置。

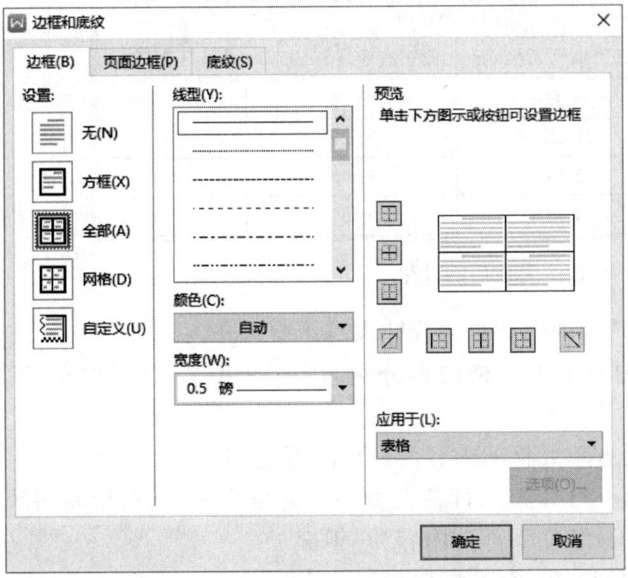

图 10-19　“边框和底纹”对话框

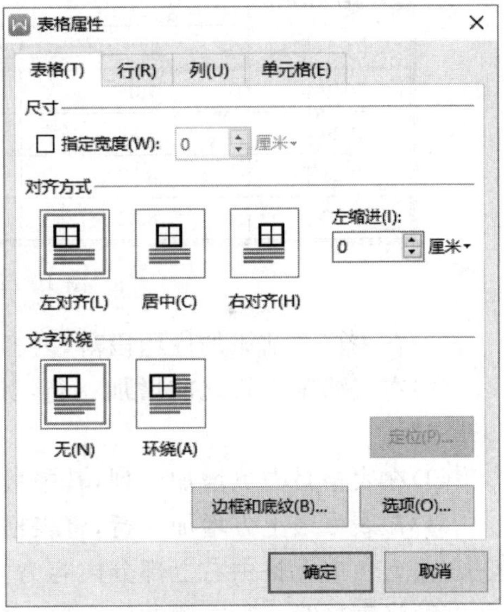

图 10-20　“表格属性”对话框中的“表格”选项卡

5. 标题行重复

行数比较多的表格可能会跨页显示，为了在每一页的表格顶部自动显示表格的标题行，方便表格内容的阅读，可以设置标题行重复效果。只需选中表格的标题行，再在“表格工具”选项卡中单击“标题行重复”按钮，或者打开“表格属性”对话框，在“行”选项卡中勾选“在各页顶端以标题行形式重复出现”复选框即可，这些选中的标题行将会在跨页后的表格顶部重复出现。

6. 斜线表头

对于表格中的某些单元格，如左上角单元格，还可以设置斜线表头的特殊格式。选中需要设置斜线表头的单元格，单击“表格样式”选项卡中的“绘制斜线表头”按钮，打开“斜线单元格类型”对话框(见图 10-21)，选择一种合适的斜线表头样式即可。由于斜线表头中的文字区域比较小，为了能够输入足够的文字，通常需要将字号设置得较小一些。

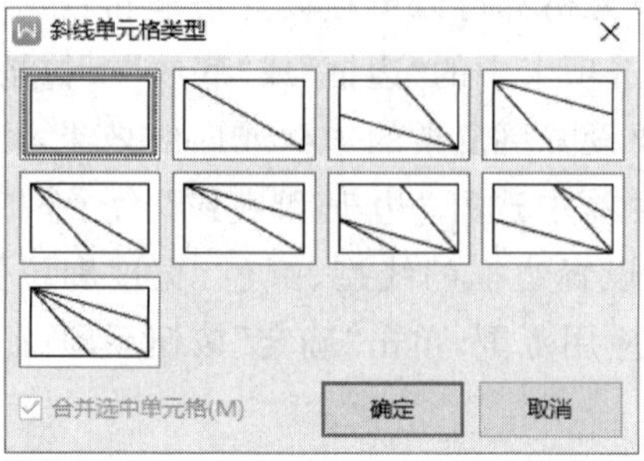

图 10-21 “斜线单元格类型”对话框

【例 10-2】 打开例 10-1 中的文档“GDP 统计表.docx”，对其中的表格按下列要求进行编辑排版后保存，完成后的效果如图 10-22 所示。

国内生产总值统计表

GDP / 年份	国内生产总值			
	第一产业（万亿元）	第二产业（万亿元）	第三产业（万亿元）	合计（万亿元）
2019年	7.05	38.07	53.54	
2020年	7.80	38.35	55.20	
2021年	8.32	45.15	61.45	
2022年	8.82	47.38	64.27	

图 10-22 例 10-2 完成后的效果

(1)在表格之前添加标题段落，内容为“国内生产总值统计表”，居中对齐。

(2)在表格第二行之前增加一行，其中各个单元格内容分别为“2019 年”“7.05”“38.07”“53.54”。

(3)在表格最右侧增加一列，其中最上方单元格的内容为“合计(万亿元)”。

(4)在表格最上方增加一行，将表格第一行和第二行最左侧的单元格合并，然后绘制斜线表头，左上角单元格中右上部分内容为“GDP”，左下部分内容为“年份”。

(5)将表格第一行右侧的四个单元格合并，内容为“国内生产总值”。

(6)将表格各行行高设置为 0.75 cm，表格各列列宽根据窗口大小自动调整。

(7)将表格居中对齐，表格各单元格内容水平居中对齐。

(8)将表格外框线设置为三细实线，表格第二行与第三行的分隔线为双细实线，表格第一、第二行的底纹为“白色，背景 1，深色 5%”。

操作步骤如下。

(1)在 WPS Office 中打开例 10-1 中保存的文件“GDP 统计表.docx”继续进行操作。若此时表格之前没有空段落，则将光标定位到表格左上角单元格内部文本区域的最前位置，按 Enter 键，在表格之前插入一个空段落；在表格之前的空段落中输入文字“国内生产总值统计表”，再单击“开始”选项卡中的“居中对齐”按钮。

(2)将光标定位到表格第二行中的任意单元格，单击“表格工具”选项卡中的“在上方插入行”按钮，在表格第二行之前插入一个空行，在新插入的空行的四个单元格中依次输入文字“2019 年”“7.05”“38.07”“53.54”。

(3)将光标定位到表格最右侧一列中的任意单元格，单击“表格工具”选项卡中的“在右侧插入列”按钮，在表格最右侧插入一个空列，在该列最上方单元格内输入文字“合计(万亿元)”。

(4)将光标定位到表格第一行中的任意单元格，单击“表格工具”选项卡中的“在上方插入行”按钮，在表格第一行之前插入一个空行。同时选中修改后表格的第一、第二行最左侧单元格，单击“表格工具”选项卡中的“合并单元格”按钮，将这两个单元格合并；将光标定位到表格左上角合并后的单元格中，单击“表格样式”选项卡中的“绘制斜线表头”按钮，在“斜线单元格类型”对话框中选择第 2 种类型，单击“确定”按钮；将光标定位到表格左上角单元格内的右上部分，输入文字“GDP”，继续将光标定位到该单元格的左下部分，输入文字“年份”。

(5)同时选中表格第一行最右侧的四个单元格，单击“表格工具”选项卡中的“合并单元格”按钮，再在合并后的单元格中输入文字“国内生产总值”。

(6)将光标移动到表格上，再单击表格左上角的按钮，选中整个表格；在“表格工具”选项卡中的“高度”文本框中输入“0.75 厘米”，再单击“表格工具”选项卡中的“自动调整”下拉按钮，选择下拉菜单中的“适应窗口大小”命令。

(7)继续选中整个表格，单击“开始”选项卡中的“居中对齐”按钮，再选择“表格工具”选项卡中的“对齐方式”下拉菜单中的“水平居中”命令。

(8)仍然选中整个表格，选择“表格样式”选项卡中的“边框”下拉菜单中的“边框和底纹”命令，打开“边框和底纹”对话框，单击“边框”标签，打开“边框”选项卡，在“设置”区域中单击“自定义”按钮、“线型”列表中选择三细实线线型选项、“应用于”下拉列表框中选择“表格”选项，再单击“预览”区域的上、下、左、右框线按钮，设置完成后单击“确定”按钮；选中表格第三行的五个单元格，打开“边框和底纹”对话框，切换到对话框的“边框”选项卡，在“设置”区域中单击“自定义”按钮、“线型”列表中选择双细实线线型选项、“应用于”下拉列表框中选择“单元格”选项，再单击“预览”区域的上框线按钮，设置完成后单击“确定”按钮；再选中表格第一、第二行的所有单元格，打开“边框和底纹”对话框，切换到“底纹”选项卡，在“图案”区域的“样式”下拉列表框中选择“10%”选项，在“颜色”下拉列表框中选择“蓝色”选项，在“应用于”下拉列表框中选择“段落”选项，在“填充颜色”下拉列表框中选择主题颜色中的“白色，背景 1，深色 5%”选项，设置完成后单击“确定”按钮。

(9)单击快速访问工具栏中的“保存”按钮，保存文档“GDP 统计表.docx”。

10.3　表格中的数据处理

10.3.1　表格计算

若要对表格中的数值进行计算，可以使用快速计算和公式计算两种方法。

1. 快速计算

选择表格行或列中需要计算的单元格，单击“表格工具”选项卡中的“快速计算”按钮，在下拉菜单(见图10-23)中选择一种计算方法。如果选中的行单元格右侧或者列单元格下方是空白单元格，则计算结果会存放到该单元格中，如果选中的行单元格右侧或者列单元格下方是非空单元格，则会先插入一个空行或空列，再将计算结果存放到新插入的单元格中。

图10-23 “快速计算”下拉菜单

2. 公式计算

如果需要进行复杂些的计算，可以将光标定位到存放计算结果的单元格，单击“表格工具”选项卡中的“公式”按钮，打开“公式”对话框(见图10-24)，在“公式”文本框中输入计算公式即可。

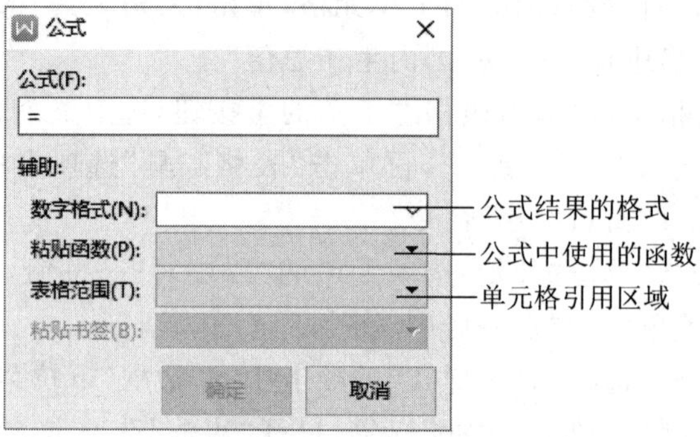

图10-24 “公式”对话框

公式输入时必须用“＝”开头，后面可以输入以数字、单元格引用、运算符、函数等组成的公式。其中单元格名称可以用单元格所在列号和行号共同表示，列号用字母A、B、C、…来表示，行号用数字1、2、3、…来表示，如B3表示B列3行位置的单元格。单元格引用时除了可以使用单元格名称外，还可以在“表格范围”下拉列表框中选择引用的单元格区域，具体引用方法如表10-2所示。函数是公式中可以使用的一些计算功能，不同的函数名对应不同的处理方法，公式中常用的函数如表10-3所示。需要注意的是，公式只能计算表格中的数值内容，如果表格中的内容是文本格式，则需先将其修改为数值，再进行计算。

表10-2 单元格的引用方法

单元格引用	含义
LEFT	公式所在单元格左侧的所有数值单元格
RIGHT	公式所在单元格右侧的所有数值单元格
ABOVE	公式所在单元格上方的所有数值单元格
BELOW	公式所在单元格下方的所有数值单元格
单元格1:单元格2	从单元格1到单元格2矩形区域里的所有数值单元格
单元格1,单元格2,…	单元格1、单元格2……中的数值单元格

表 10-3　公式中常用的函数

函数名	功能
SUM	求参数范围中数值的和
AVERAGE	求参数范围中数值的平均值
MAX	求参数范围中数值的最人值
MIN	求参数范围中数值的最小值
ABS	求参数中数值的绝对值
ROUND	求参数按指定位数四舍五入后的数值
INT	对参数值进行向下取整

WPS 文字组件里表格计算的自动化能力比较差，如果修改了表格中的数值或者将公式复制到表格中的其他单元格里，公式是不会自动计算的，可以选中表格中的公式，按 F9 键对公式重新计算。如果要进行更复杂的数据计算，使用 WPS 表格组件会更方便一些。

10.3.2　表格排序

对于 WPS 文字组件中的表格，还能依据表中数据的大小进行排序。首先选中表格或将光标定位到表格中，再单击“表格工具”选项卡中的“排序”按钮，打开“排序”对话框（见图 10-25），在此对话框中设置排序参数即可。排序最多可以设置三个关键字，只有前一关键字设置完成后才能设置后一关键字。可以使用数字、拼音、笔画（划）、日期四种排序方式，值从小到大排序为升序，从大到小排序为降序。如果要对表格中的所有行进行排序，则选中“无标题行”单选按钮；如果表格第一行不参与排序，则选中“有标题行”单选按钮。

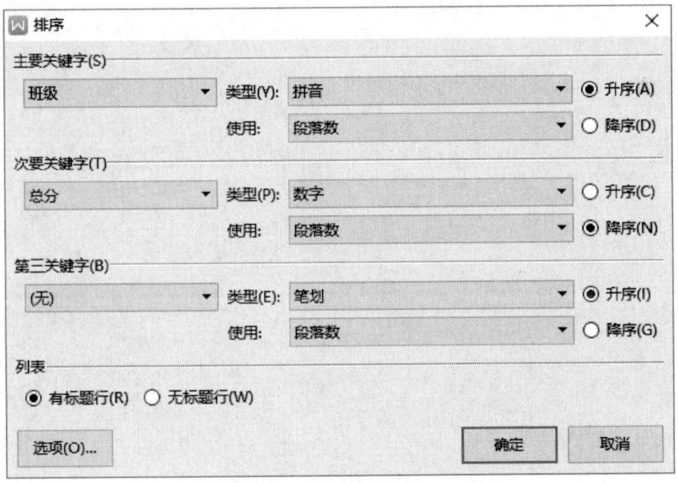

图 10-25　“排序”对话框

【例 10-3】　打开例 10-2 中的文档“GDP 统计表.docx”，利用公式对表格中的合计数据进行计算，并对表格最后四行按合计值降序排序，完成后保存文档，完成后的效果如图 10-26 所示。

操作步骤如下。

(1)在 WPS Office 中打开例 10-2 中保存的文件“GDP 统计表. docx”继续进行操作。将光标定位在表格最右侧“合计”列的第 1 个空白单元格，单击“表格工具”选项卡中的“公式”按钮，打开“公式”对话框，在“公式”文本框中输入公式“＝SUM(B3:D3)”，单击“确定”按钮；按同样的方法继续将光标定位在“合计(万亿元)”列的其余空白单元格，从上至下依次输入公式“＝SUM(B4:D4)”“＝SUM(B5:D5)”“＝SUM(B6:D6)”，计算出其他合计值。

国内生产总值统计表

年份 \ GDP	国内生产总值			
	第一产业（万亿元）	第二产业（万亿元）	第三产业（万亿元）	合计（万亿元）
2022年	8.82	47.38	64.27	120.47
2021年	8.32	45.15	61.45	114.92
2020年	7.80	38.35	55.20	101.35
2019年	7.05	38.07	53.54	98.66

图 10-26　例 10-3 完成后的效果

(2)选中表格中最后四行，单击“表格工具”选项卡中的“排序”按钮，打开“排序”对话框；在“主要关键字”下拉列表框中选择“列 5”，“类型”下拉列表框中选择“数字”，选中“降序”单选按钮，单击“确定”按钮。

(3)单击快速访问工具栏中的“保存”按钮，保存文档“GDP 统计表. docx”。

——第 11 章——
图片、形状的使用

WPS 文字组件的文档中除了可以输入文字、创建表格之外，还能够插入图片、形状、艺术字、公式、智能图形、图表等对象，从而使文档的可读性、表现力大幅增强。利用 WPS 文字组件中“插入”选项卡的相应按钮，可以在文档中插入这些对象，选中插入的对象后，还可以利用对象各自的快捷菜单以及相应的功能按钮对其进行操作。

11.1　图片的使用

11.1.1　插入图片

利用“插入”选项卡中的“图片”下拉按钮（见图 11-1）可以在文档中插入图片，图片可以是本地图片，也可以从扫描仪、手机获取图片，也可以从网络搜索获取图片，还可以利用“插入”选项卡中的“截屏”按钮来截取屏幕区域在文档中作为图片使用。

图 11-1　“图片”下拉按钮

11.1.2　图片设置

单击插入的图片，除了删除、复制、移动等常规操作外，还可以利用快速工具栏、“图片工具”选项卡以及快捷菜单对图片进行设置和高级操作。

1. 调整图片大小

图片插入后的尺寸可能不符合要求，还需要对图片进行大小的调整。选中图片后，图片四周出现 8 个控制点，拖动控制点即可对图片进行缩放。如果要对图片尺寸进行精确调整，可以在选中图片后利用“图片工具”选项卡中的“高度”“宽度”文本框设置图片大小的绝对值(见图 11-2),或者在快捷菜单中选择“其他布局选项”命令,打开“布局”对话框,在“大小”选项卡(见图 11-3)中设置图片高度、宽度或缩放比例。注意,如果勾选了“锁定纵横比”复选框,在改变图片尺寸时会保持高宽比例不变,改变高度、宽度中的一项后另一项也会自动改变。

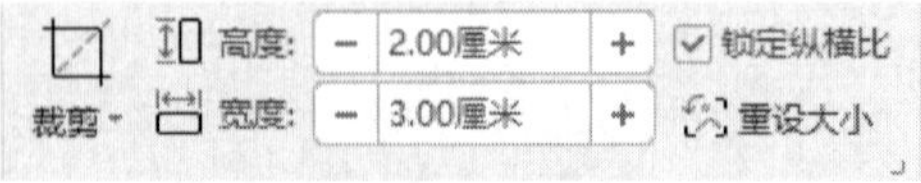

图11-2 “图片工具”选项卡中的图片尺寸调整工具

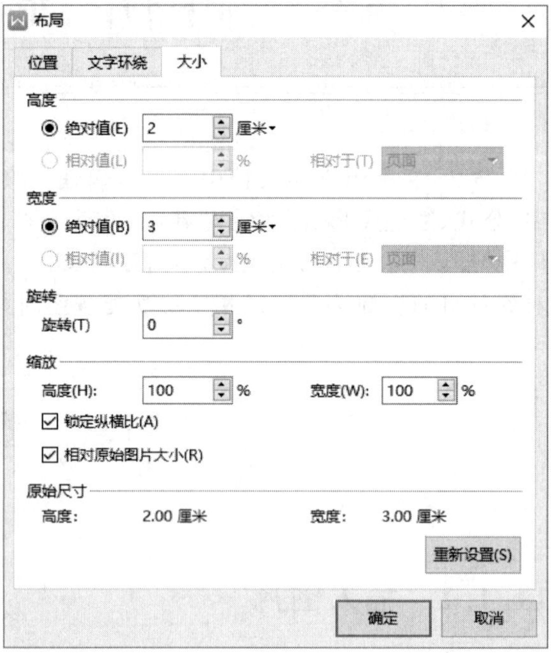

图 11-3 “布局”对话框中的“大小”选项卡

如果只需要图片中的部分内容,可以对图片进行裁剪。选中图片,单击快速工具栏或者“图片工具”选项卡中的“裁剪”按钮,可以对图片按形状裁剪或按比例裁剪,也可以拖动图片四周的 8 个裁剪控制点对图片进行自由裁剪。

若要将缩放或者裁剪后的图片还原成初始状态,可以单击“图片工具”选项卡中的“重设大小”按钮。

2. 修改图片效果

对于文档中插入的图片,还能设置图片轮廓、颜色、图片效果,调整对比度和透明度,可以利用“图片工具”选项卡中的图片效果设置工具(见图 11-4)完成设置,也可以在快捷菜单中选择“设置对象格式”命令,打开图片对象的“属性”窗格(见图 11-5)进行设置。

图 11-4 “图片工具”选项卡中的图片效果设置工具

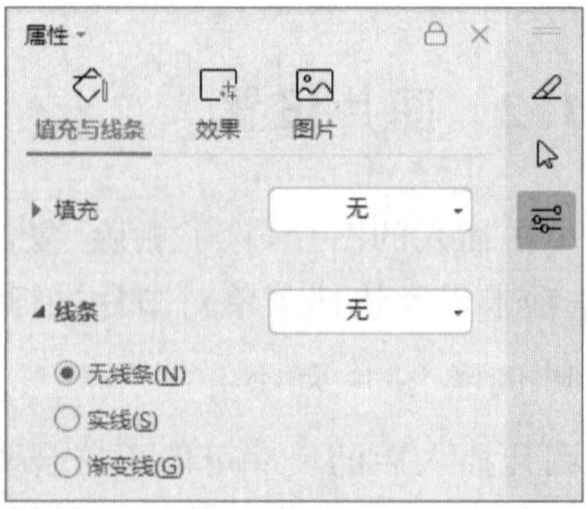

图 11-5 图片对象的“属性”窗格

若要去除图片中的背景，利用“图片工具”选项卡中的“抠除背景”功能，可以设置某一种颜色为透明色，也能设置图片中某些部分透明。

3. 图片的位置与环绕

在文档中插入图片后，文字的排版会受到图片的影响，文字与图片的排版关系以及图片在文档中的位置都与环绕方式有关。若要改变图片在文档中的环绕方式，在选中图片后，可以利用快速工具栏中的“布局选项”按钮或“图片工具”选项卡中的“环绕”按钮直接改变环绕方式，也可以在快捷菜单中选择“其他布局选项”命令，打开“布局”对话框，在“文字环绕”选项卡（见图 11-6）中设置图片的环绕方式。图片的环绕方式可以分为如下 3 类。

图 11-6　“布局”对话框中的“文字环绕”选项卡

（1）图片默认采用“嵌入型”环绕方式，即图片采用与文字一样的方式进行排版，图片的高度会影响其所在行的行高，图片的位置由图片所在的文字段落和其在段落中的位置来决定。

（2）使用“四周型”、“紧凑型”、“穿越型”和“上下型”环绕方式时，文字会环绕在图片四周或上下方，图片的位置可以通过拖动图片或者在“布局”对话框中设置来确定，改变图片的位置会影响图片旁边文字的排版。

（3）使用“衬于文字下方”和“浮于文字上方”环绕方式时，文字的排版不会受图片的影响，图片的位置可以通过拖动图片或者在“布局”对话框中设置来确定。

对于环绕方式不是“嵌入型”的图片，可以按住 Shift 键或 Ctrl 键单击来同时选中多个图片，这样可以同时设置多个选中图片的格式效果。而“嵌入型”环绕方式的图片是无法同时选中的。

4. 图片的排列

插入到文档中的图片还能够利用“图片工具”选项卡中的旋转、对齐、组合、叠放次序等工具（见图 11-7）来改变图片的排列效果。

图 11-7 “图片工具”选项卡中图片排列效果设置工具

文档中的图片可以进行旋转或翻转。只需选中图片，在“图片工具”选项卡中单击“旋转”下拉按钮，在下拉菜单中选择一种旋转方式即可(见图 11-8)。如果要对图片进行自由旋转，可以单击图片后拖动图片上方的旋转按钮，也可以在快捷菜单中选择“其他布局选项…”命令，打开“布局”对话框，在“大小”选项卡(见图 11-3)中设置旋转的度数。

若要对图片进行对齐操作，可以在“图片工具”选项卡中单击“对齐”下拉按钮，在下拉菜单中选择一种对齐方式(见图 11-9)。如果同时选中了多个图片，可以设置多个图片之间的对齐效果。如果选择菜单中的“相对于页”命令，那么可以相对于页面纸张来设置对齐效果。

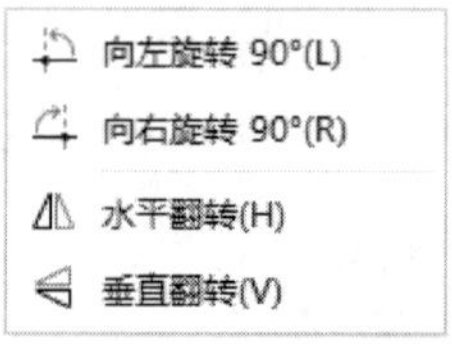

图 11-8 “旋转”下拉菜单

图 11-9 “对齐”下拉菜单

对于不是“嵌入型”环绕方式的图片，位置是可以重叠的，这时上方的图片会将下方的图片遮挡，如果要调整图片的叠放次序，可以在“图片工具”选项卡中单击“上移一层”或“下移一层”按钮。也可以在图片的快捷菜单中使用“置于顶层”和“置于底层”的子命令来设置叠放效果。

文档中的每一张图片都是一个独立的对象，都需要单独设置环绕、位置等效果。如果要将多张图片组合成一个对象，可以同时选中这些图片，在“图片工具”选项卡中单击“组合”下拉按钮，在下拉菜单中选择“组合”命令。或右击，在弹出的快捷菜单中选择“组合”→“组合”命令。组合后的图片可以作为一个整体来设置效果。如果要取消组合，可以选中组合对象，在“图片工具”选项卡中单击“组合”下拉按钮，在下拉菜单中选择“取消组合”命令。或右击，在弹出的快捷菜单中选择“组合”→“取消组合”命令。

另外，利用“图片工具”选项卡中的“选择窗格”按钮可以打开“选择窗格”，在“文档中的对象”列表框中可以对文档中的图片进行选择、定位，还能隐藏图片。

【例 11-1】打开例 9-4 中的文档“日记.docx”，插入图片“为人民服务.jpg”，环绕方式设置为“衬于文字下方”，图片大小设置为宽度 14 cm、高度 11 cm，图片位置为相对于页面右侧水平位置 2.7 cm、页面下方垂直位置 2.5 cm，将图片白色背景色设置为透明色、颜色设置为“冲蚀”效果，完成后保存文档，完成后的效果如图 11-10 所示。

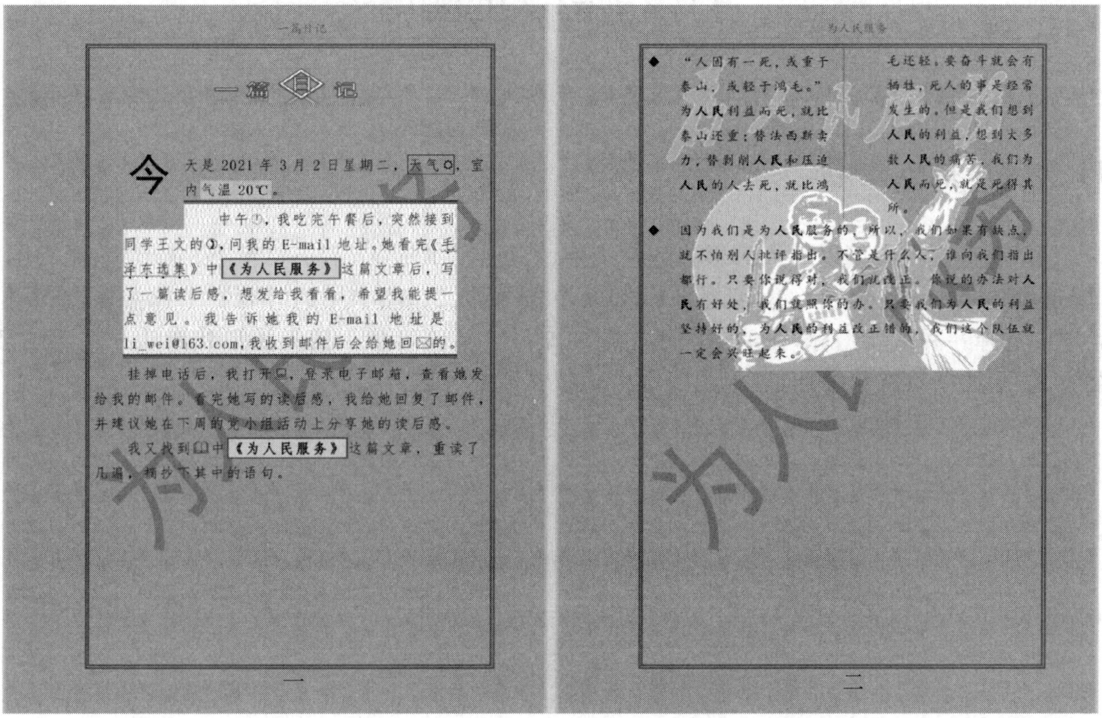

图 11-10　例 11-1 完成后的效果

操作步骤如下。

(1)在 WPS Office 中打开例 9-4 中保存的文件“日记.docx”继续进行操作。将光标定位到正文最后一段的末尾，单击“插入”选项卡中的“图片”下拉按钮，在下拉菜单中选择“本地图片”命令，在“插入图片”对话框中找到素材中的图片“为人民服务.jpg”后单击“打开”按钮。

(2)选中插入的图片，在“图片工具”选项卡中的“环绕”下拉菜单中选择“衬于文字下方”命令，单击“图片工具”选项卡中的“大小和位置”功能组右下角的对话框启动器按钮，打开“布局”对话框；单击“大小”标签，在“大小”选项卡中取消勾选“锁定纵横比”复选框，在“高度”区域的“绝对值”后输入“11 厘米”、“宽度”区域的“绝对值”后输入“14 厘米”；切换到“位置”选项卡，在“水平”区域选中“绝对位置”单选按钮、在“右侧”下拉列表框中选择“页面”选项、在“绝对位置”后的文本框中输入“2.7 厘米”，在“垂直”区域选中“绝对位置”单选按钮、在“下侧”下拉列表框中选择“页面”选项、在“绝对位置”后的文本框中输入“2.5 厘米”，完成设置后单击“确定”按钮。

(3)继续选中图片，在“图片工具”选项卡中的“抠除背景”下拉菜单中选择“设置透明色”命令，待鼠标指针变为形状后在图片的白色背景上单击，图片的白色背景变为透明色；再在“图片工具”选项卡中的“颜色”下拉菜单中选择“冲蚀”命令。

(4)单击快速访问工具栏中的“保存”按钮，保存文档“日记.docx”。

11.2 形状的使用

11.2.1 插入形状

在 WPS 文档中可以插入的形状包括线条、矩形、基本形状、箭头总汇、公式形状、流程图、星与旗帜、标注 8 种预设类型(见图 11-11)。单击“插入”选项卡中的“形状”下拉按钮,在下拉菜单中选择一种形状图标,在编辑区域中拖动即可绘制该形状。插入的形状默认采用浮动环绕方式,除线条只有轮廓外,其他图形都由轮廓和填充区域两部分组成。

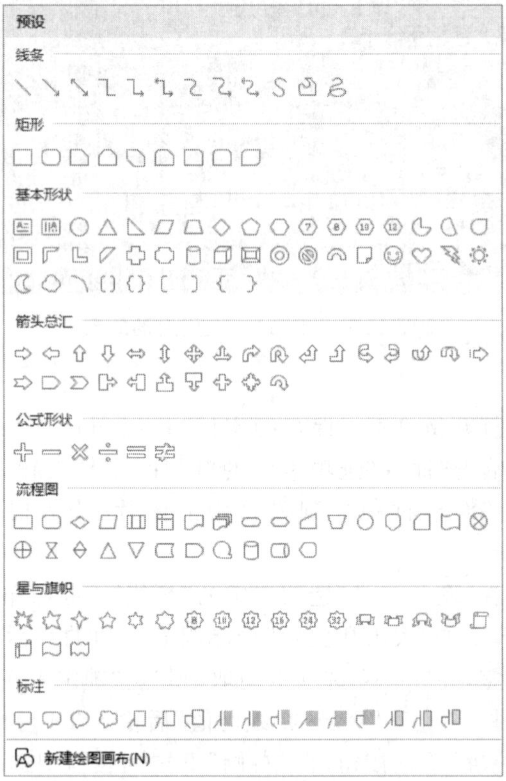

图 11-11 “形状”下拉菜单

11.2.2 形状设置

与图片类似,也可以利用快速工具栏、“绘图工具”选项卡以及快捷菜单对形状进行设置和操作,其中很多操作方法与图片类似。对于添加了文字的形状和文本框还可以利用“文本工具”选项卡对形状中的文字格式进行设置。

1. 选择形状

在设置形状前也必须选中形状，可以通过单击直接选择形状，也可以利用“选择窗格”来选择形状。

(1)单击选择。当处于文档编辑状态时，鼠标指针为I样式，如果此时形状中添加了文字，则必须单击形状的轮廓部分才能选中它。如果在“开始”选项卡中单击“选择”下拉按钮，选择下拉菜单中的“选择对象”命令，就可以进入对象选择状态，鼠标指针变为↖样式。此时不管形状中是否有文字，直接单击形状就可以选中它。选择完成后，按 Esc 键或再次选择下拉菜单中的“选择对象”命令，可以退出对象选择状态。

如果要同时选中多个形状，可以先单击选中第一个形状，再在按住 Shift 键或 Ctrl 键的同时单击剩余的各个形状，当所有形状都选中后松开 Shift 键或 Ctrl 键。

(2)利用“选择窗格”。如果形状之间存在层叠关系，那么位于下层的形状会被上层的形状遮挡，很难用鼠标直接选中，此时可以使用“选择窗格”来选择形状。在“开始”选项卡中单击“选择”下拉按钮，选择下拉菜单中的“选择窗格”命令，可以打开“选择窗格”(见图 11-12)。

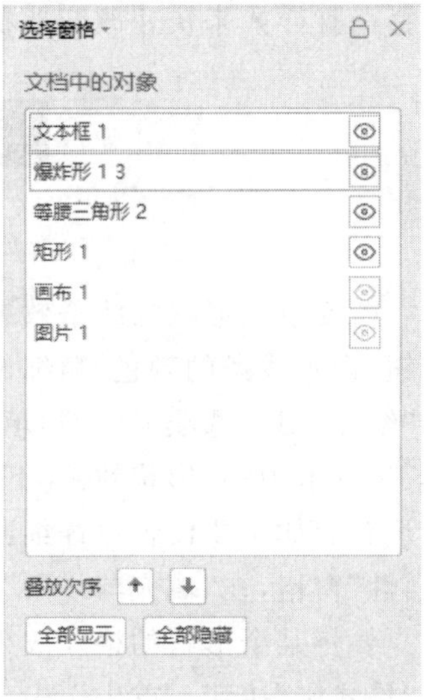

图 11-12　“选择窗格”

在“选择窗格”中单击形状名称可以直接选中该形状，双击形状名称可以对形状进行重命名。对于非嵌入型的形状，按住 Shift 键或 Ctrl 键的同时单击“选择窗格”里的形状名称可以将多个形状同时选中，单击形状名称后的◎按钮，可以设置形状的显示或隐藏状态。

2. 编辑形状

已经插入到文档中的形状可以更改为其他形状，也可以对形状的外观进行编辑修改。

图 11-13　“编辑形状”下拉按钮

若要将某个形状更改为其他形状，可以在选中形状后打开快捷菜单，或者单击“绘图工具”选项卡中的“编辑形状”下拉按钮(见图 11-13)，在下拉菜单中选择“更改形状”命令，在预设形状中选择一种新的形状样式。

若要对形状外观进行修改，可以选中形状后打开快捷菜单，或者在“绘图工具”选项卡中单击“编辑形状”下拉按钮，在下拉菜单中选择“编辑顶点”命令，然后拖动形状四周的黑色小方块控制点，就可以对形状进行调整了。

3. 调整大小

调整形状大小的方法与图片基本一样。选中形状后，形状四周出现 8 个控制点，拖动控制点可以对形状进行缩放。也可以在选中形状后利用“绘图工具”选项卡中的“高度”“宽度”文本框设置形状的尺寸(见图 11-14)，或者在快捷菜单中选择“其他布局选项…”命令，打开“布局”对话框，在“大小”选项卡中设置形状的高度、宽度或缩放比例。

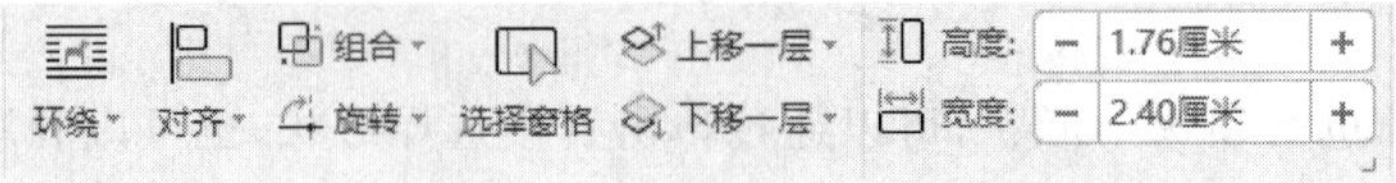

图 11-14　排列与大小设置工具

4. 修改格式效果

选中形状后，可以在快速工具栏或者“绘图工具”选项卡的形状样式列表（见图 11-15）中选择一种样式来快速改变形状的效果。

图 11-15　形状样式列表

若要改变形状的线条效果，可以单击快速工具栏或者“绘图工具”选项卡中的“轮廓”下拉按钮，设置线条的颜色、粗细、线型等格式。若要改变形状的颜色效果，可以单击快速工具栏或者“绘图工具”选项卡中的“填充”下拉按钮，设置填充颜色、渐变、图案等格式。单击“绘图工具”选项卡中的“形状效果”下拉按钮，可以对形状的阴影、倒影、发光、边缘、三维格式等效果进行设置。如果要设置更详细的效果参数，可以在快捷菜单中选择“设置对象格式”命令，打开“属性”窗格，在“填充与线条”和“效果”选项卡中进行设置。

要将某个形状的格式效果套用到其他形状上，可以使用“绘图工具”或者“开始”选项卡中的“格式刷”按钮。首先选中已经设置好格式的形状，再单击“格式刷”按钮，当鼠标指针变为格式刷形状时，在需要应用格式的形状上单击，此时该形状格式会变为样本格式效果。在使用“格式刷”按钮时双击，可以连续多次使用格式刷功能。

5. 添加文本

基本形状中的文本框和垂直文本框可以直接输入文字，使用它们可以将文字放置到文档的任意位置。只要将文本框的轮廓和填充颜色设置为无颜色，就可以取消文本框的边框和底色。其实除了线条外，其他类型的形状都可以在其中添加文字。选中形状后，右击打开快捷菜单，选择“添加文字”命令，图形内部出现一个插入点光标，此时就可以在形状内输入文字。

形状中的文本与段落中的文本一样，可以设置字符和段落格式效果。选中形状中的文字后，利用“开始”或者“文本工具”选项卡中的工具可以设置文字格式效果。也可以在快捷菜单中选择“设置对象格式”命令，打开“属性”窗格，在“文本选项”选项卡中设置文字效果。

需要注意的是，形状边缘与内部文字之间有一个边距，它是文字与形状线条之间的距离。如果要改变边距的宽窄，可以在形状的“属性”窗格的“文本选项”选项卡中，对文本框选项中的边距值进行修改（见图 11-16）。

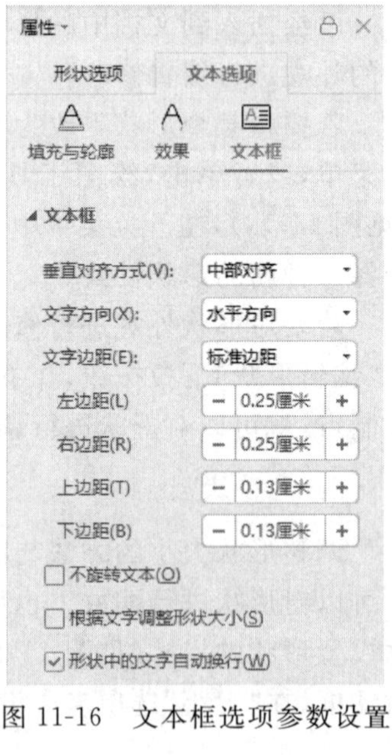

图 11-16　文本框选项参数设置

6. 修改排列效果

利用"绘图工具"选项卡中的排列功能按钮(见图 11-14)可以对形状进行旋转、组合操作,修改形状的环绕、对齐、叠放、隐藏效果,具体操作方法与图片类似。与图片不同的是,插入的形状默认采用的是"浮于文字上方"环绕方式。

7. 组合形状

在文档中使用形状时,经常会利用多个形状共同构成一个复杂的形状。这时可以先插入多个形状,再同时选中它们,利用快捷菜单或"绘图工具"中的组合功能把这些形状组成一个整体。对于已经组合在一起的多个形状,利用取消组合功能,可以将这些形状分离。

8. 绘图画布

在插入形状前先在"形状"下拉菜单中选择"新建绘图画布"命令,再把插入的形状绘制在绘图画布里,这样绘图画布里的形状可以作为一个整体来排版,移动绘图画布时,绘图画布里的形状也会随之移动。与形状默认采用"浮于文字上方"环绕方式不同,绘图画布默认采用"嵌入型"环绕方式。

【例 11-2】 新建一个名为"流程图. docx"的文档,在其中插入绘图画布并在画布中绘制流程图,流程图中形状和线条的轮廓均为黑色 1 磅实线,形状无填充颜色,流程图中文本设置为宋体五号黑色、水平和垂直方向居中对齐,取消形状中文本四周的边距,最后将画布中的流程图组合成一个整体并保存文档,流程图完成后的效果如图 11-17 所示。

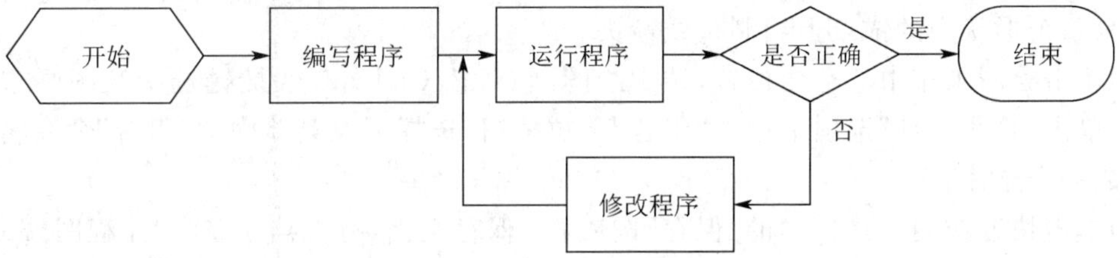

图 11-17　例 11-2 完成后的效果

操作步骤如下。

(1)在 WPS Office 中创建一个空白文档,将光标定位在文档编辑区的起始段落。单击"插入"选项卡中的"形状"下拉按钮,在下拉菜单中选择"新建绘图画布"命令,在光标当前位置插入一个绘图画布;在选中绘图画布的状态下,适当拖动其四周的 8 个圆形控制点,调整画布大小,以便在画布中绘制流程图。

(2)单击绘图画布将其选中,再单击"绘图工具"选项卡中的"形状"下拉按钮,在下拉菜单中选择"流程图"类别中的"流程图:准备"按钮,在绘图画布中拖动绘制一个准备框形状;选中准备框形状并右击,打开快捷菜单,选择"添加文字"命令,在准备框中输入文字"开始",选中输入的文字,在"文本工具"选项卡中将文字设置为宋体、五号、黑色、对齐方式为居中对齐,继续在"文本工具"选项卡中单击"文本效果"组右下角的对话框启动器按钮,打开"属性"窗格,单击"文本选项"标签,在"文本选项"选项卡中单击"文本框"按钮,将"文本框"选项中的"垂直对齐方式"设置为"中部对齐","左边距""右边距""上边距""下边距"都设置为"0";再单击准备框形状的边框,选中准备框形状,拖动形状四周的控制点将形状调整到合适大小,再在"绘图工具"选项卡中单击"填充"下拉按钮,选择下拉菜单中的"无填充颜色"命令,单击"轮廓"下拉按钮,在下拉菜单中设置颜色为“黑色”、线型为“1 磅”。

(3)单击绘图画布中的空白位置,选中绘图画布,单击“绘图工具”选项卡中的“形状”下拉按钮,利用下拉菜单中“流程图”类别里的“流程图:过程”按钮□、“流程图:决策”按钮◇、“流程图:终止”按钮⬭在绘图画布中绘制出相应的形状,参考样图,利用同样的方法在形状中输入文字并设置文字和形状的格式效果。在设置新的形状及文字格式时,也可以利用格式刷快速复制格式。先选中上一步骤创建的形状中已经设置好格式的文字,单击“开始”选项卡中的“格式刷”按钮,再在新建形状中的文字上拖动,就可以将格式应用到新文字上;单击上一步骤中已经设置好格式的形状的边框,选中已经设置好格式的形状,单击“开始”选项卡中的“格式刷”按钮,再在新形状的边框上单击,可以将格式应用到新形状上。

(4)单击形状的边框选中一个形状,再按住 Ctrl 键依次单击其他形状的边框,可以同时选中多个形状;选中多个形状后,单击“绘图工具”选项卡中的“对齐”下拉按钮,在下拉菜单中选择“等高”“等宽”“等尺寸”命令,可以将选中的多个形状调整到一致的大小;同时选中多个形状,单击“绘图工具”选项卡中的“对齐”下拉按钮,在下拉菜单中选择“顶端对齐”“垂直居中”“底端对齐”命令,可以将选中的多个形状在水平方向上对齐;拖动绘图画布中形状的边框,可以单独调整绘图画布中形状的位置,将绘图画布中的形状调整到样图所示的效果。

(5)单击绘图画布中的空白位置,选中绘图画布,单击“绘图工具”选项卡中的“形状”下拉按钮,在下拉菜单中选择“线条”类别中的“箭头”按钮↘,在绘图画布中从一个形状中的锚点拖动到另一个形状中的锚点上绘制直线箭头;单击“绘图工具”选项卡中的“形状”下拉按钮,在下拉菜单中选择“线条”类别中的“肘形箭头连接符”按钮↳,在绘图画布中从一个形状中的锚点拖动到另一个形状中的锚点上绘制折线箭头。

(6)单击绘图画布中的空白位置,选中绘图画布,按 Ctrl+A 快捷键选中绘图画布中的所有形状,单击“绘图工具”选项卡中的“组合”下拉按钮,选择下拉菜单中的“组合”命令将这些形状组合成一个整体。

(7)单击快速访问工具栏中的“保存”按钮🖫,保存文档,将文档命名为“流程图.docx”。

11.3 其他对象的使用

11.3.1 艺术字

艺术字是以文字为基础的一类特殊的图形,通常在文档中作为文字标志或标题使用。单击“插入”选项卡中的“艺术字”下拉按钮,在下拉菜单中选择一种样式(见图 11-18),就会在文档中插入艺术字编辑框,在其中输入作为艺术字的文字即可。

艺术字同时具有文字和形状的特征。选中艺术字后,利用“文本工具”选项卡中的工具可以修改艺术字的文本格式和效果,利用“绘图工具”选项卡中的工具可以修改艺术字的形状效果。与正文中设置了文字效果的文本相比,艺术字可以自由移动,还能设置更丰富的效果,使用起来更加灵活。

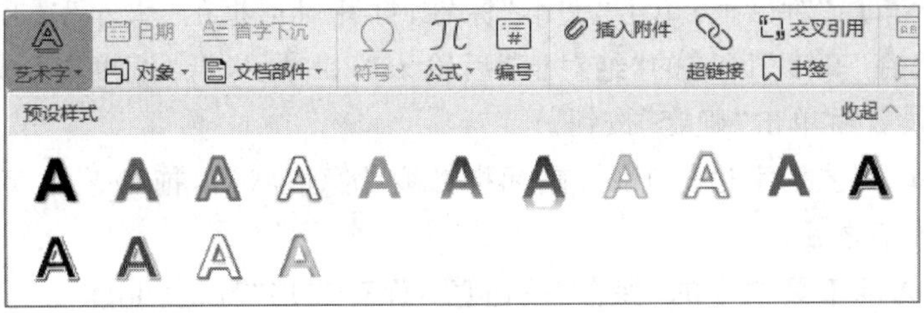

图 11-18　“艺术字”下拉菜单

【例 11-3】　对于例 11-1 中的文档，在正文第 1 页最后插入“渐变填充-金色，轮廓-着色 4”预设样式的艺术字，文字为“为人民服务”，字体为黑体，设置“山形”弯曲效果，将艺术字大小设置为宽度 9 cm、高度 2.8 cm，放置在第 1 页最后一段文字之后的位置，完成后保存文档，完成后的效果如图 11-19 所示。

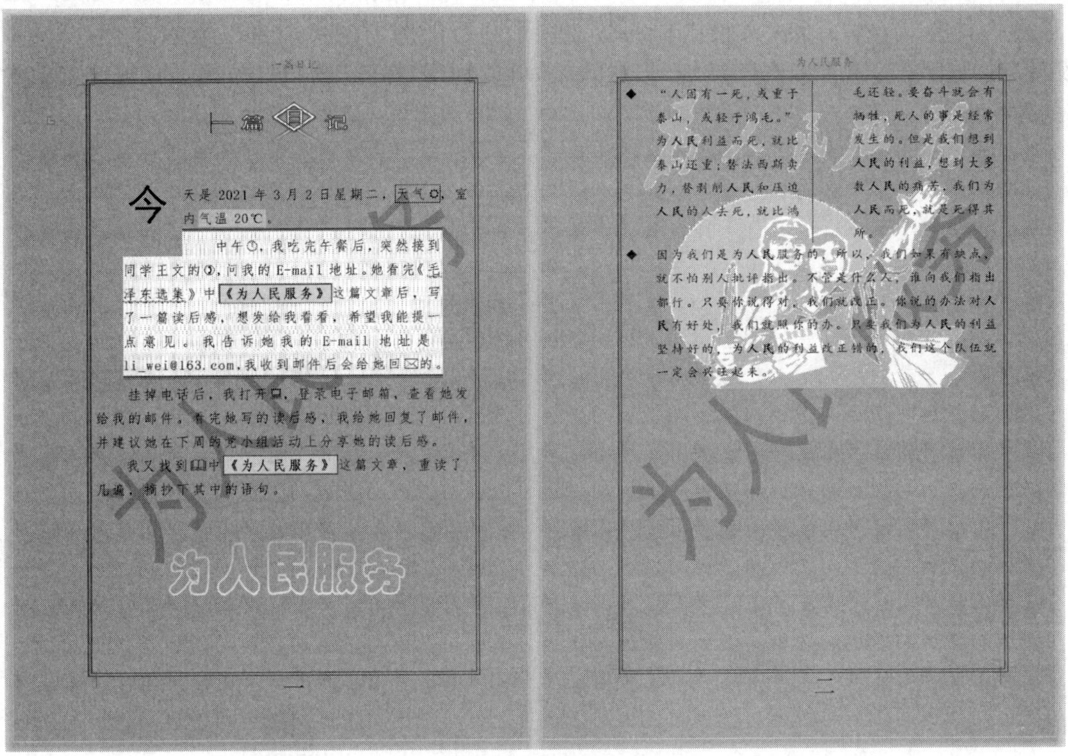

图 11-19　例 11-3 完成后的效果

操作步骤如下。

(1)在 WPS Office 中打开例 11-1 中保存的文件“日记.docx”继续进行操作。将光标定位在正文第 1 页最后一段的末尾，单击“插入”选项卡中“艺术字”下拉菜单中的预设样式“渐变填充-金色，轮廓-着色 4”按钮；在新插入的艺术字文本区域中输入文字“为人民服务”，选中输入的文字，在“开始”选项卡中的“字体”下拉列表框中选择“黑体”选项。

(2)单击艺术字的边框，选中整个艺术字，单击“文本工具”选项卡中的“文本效果”下拉按钮，在下拉菜单中选择“转换”菜单项中“弯曲”类别的“山形”效果。

(3)继续选中艺术字，单击“绘图工具”选项卡中的“大小和位置”功能组右下角的对话框启动器按钮，打开“布局”对话框；单击“大小”标签，打开对话框的“大小”选项卡，取消勾选“锁定纵横比”复选框，在“高度”区域的“绝对值”后输入“2.8 厘米”、“宽度”区域的“绝对值”后输入“9 厘米”，完成设置后单击“确定”按钮。

(4)将光标移动到艺术字边框上，待鼠标指针变为形状后，拖动艺术字，将其放置在第 1 页最后一段正文文字之后。

(5)单击快速访问工具栏中的“保存”按钮，保存文档“日记.docx”。

11.3.2 智能图形

智能图形是 WPS 文字组件中预设的形状、文字和样式的组合，包括列表、流程、射线、矩阵、维恩图、组织结构图等类型。

单击“插入”选项卡中的“智能图形”按钮，在打开的“选择智能图形”对话框(见图 11-20)中选择一种样式，就可以在文档中插入智能图形。智能图形中可以直接输入文字，可以利用“设计”选项卡中的工具修改其结构、形状效果，可以利用“格式”选项卡中的工具修改其中的文字的效果。

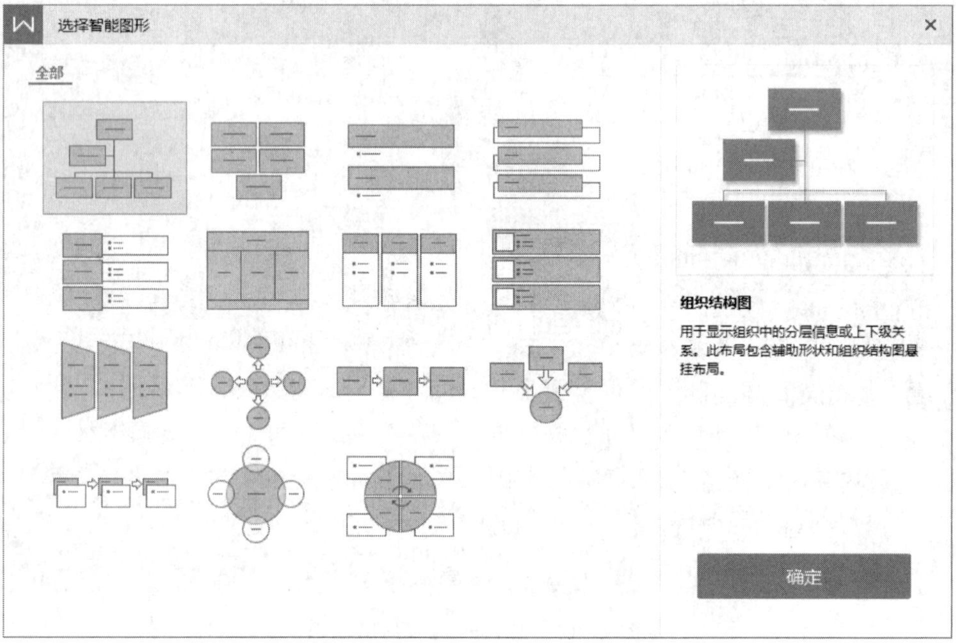

图 11-20 “选择智能图形”对话框

另外，利用 WPS 文字组件的“插入”选项卡，还可以在文档中插入图标、关系图、图表、流程图、思维导图、几何图、条形码、二维码、地图、化学绘图等图形，本书中不再一一介绍。

11.3.3 文档封面

文档封面是 WPS 预设的一种封面页面效果，利用它可以快速地在文档首页插入一张设计好的封面，然后只需要在占位符中输入文字，微调封面格式就可以了。

要在文档中插入封面页，可以在“插入”选项卡中单击“封面页”按钮，打开 WPS 文字组件中提供的预设纵向或横向封面页模板列表(见图 11-21)，在其中选择一种封面样式，再对封面内容和格式进行填充和修改。

图 11-21　预设封面页模板列表

如果需要删除该页封面，可以单击“插入”选项卡中的“封面页”下拉按钮，在下拉菜单中选择“删除封面页”命令。

—第 12 章—
高级排版技术

12.1 样　　式

12.1.1 样式的使用

样式是一组预设好的文字和段落排版格式的组合，利用它可以快速地对文字或段落的格式效果进行设置和修改。样式的使用非常简单，只需选中要设置样式的文字或段落，在“开始”选项卡中的样式列表框(见图 12-1)中选择一种样式效果即可。

图 12-1 “开始”选项卡中的样式列表框

默认情况下样式列表框中只会显示文档中的有效样式，如果要在所有样式中进行选择，可以单击“开始”选项卡中样式工具组右下角的对话框启动器按钮，打开“样式和格式”窗格(见图 12-2)，在最下方的“显示”下拉列表框中选择“所有样式”选项，然后在全部样式列表中选择一种样式。

图 12-2 “样式和格式”窗格

12.1.2 自定义样式

1. 新建样式

如果对文档中已有的样式效果不满意，可以自己创建样式。单击“开始”选项卡或“样式和格式”窗格中的“新样式”按钮，打开“新建样式”对话框(见图 12-3)，在“名称”文本框中输入样式名称，在“格式”区域中或者单击“格式”按钮设置字体、段落、制表位、边框、编号等格式效果后，单击“确定”按钮，新创建的样式名称会出现在样式列表中，以后就可以使用该样式了。

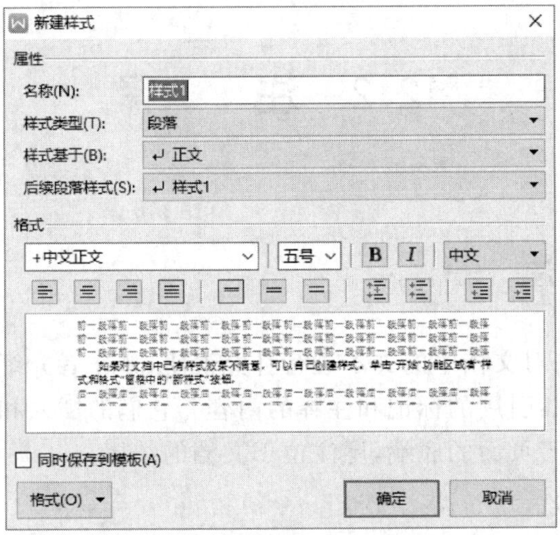

图 12-3 “新建样式”对话框

2. 修改、删除样式

如果要修改某一样式的格式效果，可以在“开始”选项卡或“样式和格式”窗格的样式列表中右击需要修改的样式，在快捷菜单中选择“修改样式”或“修改”命令，打开“修改样式”对话框，再对样式的格式效果进行修改。“修改样式”对话框中除了“名称”“样式类型”部分不能修改外，其他部分的使用与“新建样式”对话框完全一致。

若要删除某一样式，同样可以在“开始”选项卡或“样式和格式”窗格的样式列表中右击该样式，在快捷菜单中选择“删除样式”或“删除”命令即可。

12.1.3 多级编号与样式

在设置段落的多级编号效果时，如果需要在设置段落样式时自动应用编号效果，可以将编号级别与样式链接起来，具体方法如下。

单击“开始”选项卡中的“项目符号”下拉按钮或“编号”下拉按钮，选择“自定义项目符号”或“自定义编号”命令，打开“项目符号和编号”对话框。在“多级编号”选项卡中任意选择一种多级编号样式，再单击“自定义”按钮，打开“自定义多级编号列表”对话框(见图 9-25)，在“级别”列表中单击需修改的级别号，单击左下角的“高级”按钮设置好编号格式、编号字体、对齐和缩进位置等具体效果，在“将级别链接到样式”下拉列表框中选择需要与该级别链接的样式名称。其他级别与样式的链接关系可以类似处理，全部设置完成后单击“确定”按钮。

在设置编号级别与样式的链接关系时，不同的编号级别需要链接不同的样式，不能将同一个样式链接到不同的编号级别上。

12.2 注　　释

12.2.1 脚注与尾注

脚注和尾注主要用来对文档中的文本进行补充说明，如作者介绍、备注说明、引用文献等。脚注和尾注由两部分组成：引用的标记和注释的内容。它们的插入和编辑的方法完全相同，只是位置不同，通常脚注位于页面的底端，尾注位于文档的结尾。

1. 插入脚注和尾注

若要在文档中插入脚注，可以将光标定位到需要插入脚注的文字之后，在“引用”选项卡中单击“插入脚注”按钮（见图 12-4），文字后面会以上标的形式出现从 1 起始的阿拉伯数字作为脚注标记，页面下方会出现注释内容输入区，在注释内容输入区相应数字编号后输入文本，该文本就成为脚注内容。

图 12-4 “引用”选项卡中的脚注、尾注工具

尾注的插入方法与脚注基本相同，将光标定位到需要插入尾注的文字之后，在“引用”选项卡中单击“插入尾注”按钮，文字后面会以上标的形式出现从 i 起始的小写罗马数字作为尾注标记，文档末尾会出现注释内容输入区，在注释内容输入区相应编号后输入文本，该文本就成为尾注内容。

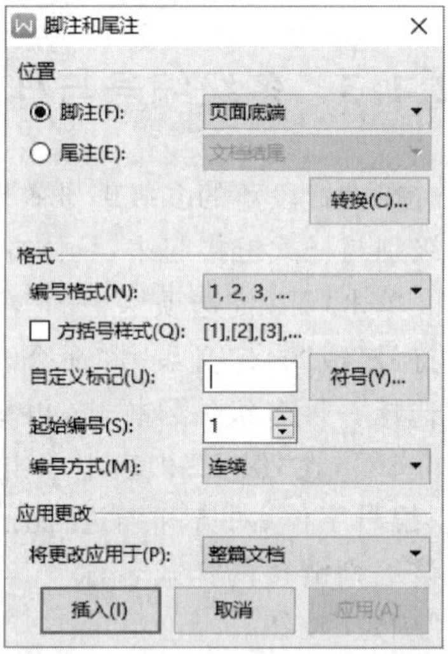

图 12-5 “脚注和尾注”对话框

如果要在插入脚注或尾注时使用自定义标记，可以单击“引用”选项卡中“脚注尾注”功能组右下角的对话框启动器按钮，打开“脚注和尾注”对话框（见图 12-5），在“编号格式”下拉列表框中选择一种编号样式，或者在“自定义标记”中定义新的标记即可。

脚注、尾注的标记编号会根据它们在文档中的前后位置自动调整，位置靠前的编号小，位置靠后的编号大。文档中插入脚注、尾注后，将光标移动到文中脚注、尾注的标记上，会以浮动文本的形式显示脚注、尾注的内容。

2. 编辑脚注和尾注

如果需要修改脚注和尾注的注释内容，在注释内容区修改相应序号后的文本即可。若需要去除脚注和尾注注释内容区上方的横线，可以单击“引用”选项卡中的“脚注/尾注分隔线”按钮。如果要将文档中某一脚注或尾注删除，只需将正文中脚注或尾注的引用标记删除，相应的注释内容也会被自动删除，剩下的引用标记会重新编号。

脚注和尾注还可以相互转换，只需在“脚注和尾注”对话框中单击“转换”按钮，打开“转换注释”对话框（见图 12-6），选择相应的转换方法就可以了。

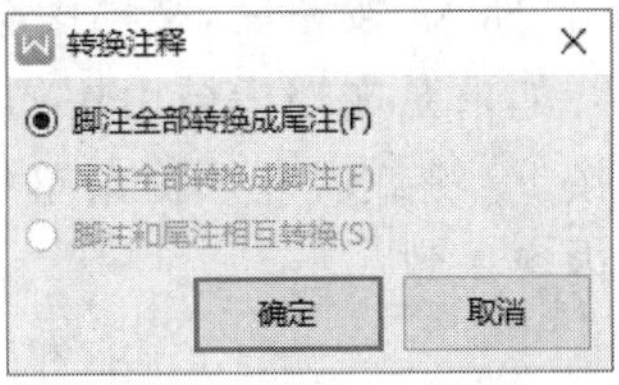

图 12-6　“转换注释”对话框

12.2.2　题注

题注是在文档中为表格、图片、公式等项目添加的说明性文本，由标签、编号和题注文字组成，通常插入在项目的上方或下方。

要在文档中插入题注，可以将光标定位到插入处，单击“引用”选项卡中的“题注”按钮，打开“题注”对话框（见图 12-7），在“标签”下拉列表框中选择一种题注标签，单击“编号”按钮，在“题注编号”对话框（见图 12-8）的“格式”下拉列表框中选择一种编号格式，单击“确定”按钮后即可在文档中插入题注标签和编号。插入题注后，在题注所在段落可以自由添加题注的文字。

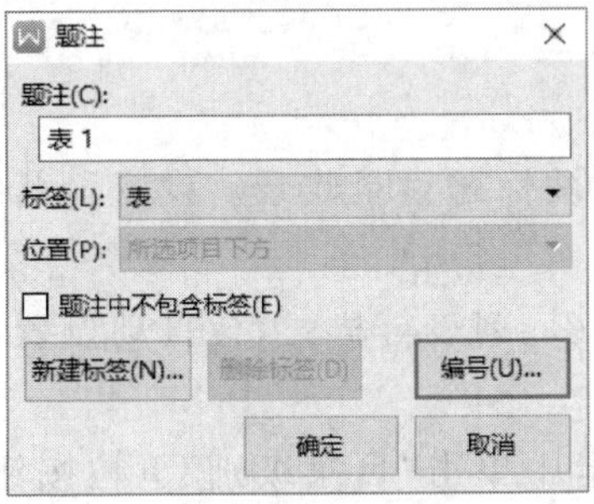

图 12-7　“题注”对话框

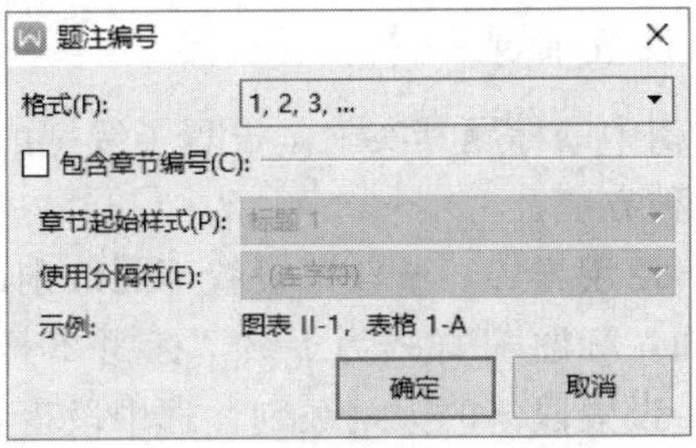

图 12-8　“题注编号”对话框

题注的编号数值是根据文档中使用相同标签的题注的先后位置自动编排的，如果要使用自定义的题注标签，可以在“题注”对话框中单击“新建标签”按钮，建立自己需要的题注标签。

要删除文档中的题注，将题注的标签、编号、文字删除即可。删除题注后，选中文档中其他使用相同标签的题注，按 F9 键或者在快捷菜单中选择“更新域”命令，题注的编号会自动重新编排。

12.2.3　交叉引用

交叉引用提供了一种重复使用文档中已有的标题、编号、脚注、尾注、题注等内容的方法，利用交叉引用可以保证文档中的引用与被引用的内容保持一致。

在文档中建立交叉引用，先要将光标定位到插入处，再单击“引用”选项卡中的“交叉引用”按钮，打开“交叉引用”对话框（见图 12-9），在“引用类型”下拉列表框中选择需要引用的项目类型，在“引用内容”下拉列表框中选择引用的内容格式，在“引用哪一个标题”列表框中选择引用的条目，

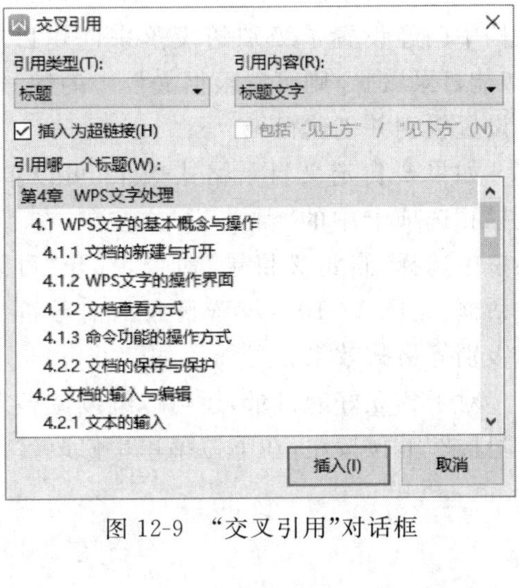

图 12-9　“交叉引用”对话框

单击“插入”按钮后，文档中会插入所引用的具体内容。

如果对文档中被引用的内容进行了修改、删除或移动了位置，只需要选中对应的交叉引用后按 F9 键或者在快捷菜单中选择“更新域”命令，交叉引用的内容会自动更新，保持与被引用的内容一致。

12.3 目录与索引

12.3.1 标题目录

标题目录是一种文档检索工具，它可以罗列出文档中的各级标题内容及页码，方便用户查找和定位所需内容。

1. 设置目录级别

文档中的标题其实就是设置了级别的段落，它们可以被标题目录收录。设置段落级别有以下两种方法。

(1)使用样式。给段落设置不同级别的标题、目录、索引、列表等样式，会自动设置段落级别，例如，“标题 1”样式为 1 级，“标题 2”样式为 2 级。

(2)设置段落的大纲级别。选中段落，在“引用”选项卡中单击“目录级别”下拉按钮，在下拉菜单中选择一种级别。也可以在选中段落后打开“段落”对话框，在“大纲级别”下拉列表框中选择段落的级别。

2. 创建目录

在文档中创建目录，首先要将光标移动到插入目录的位置，再单击“引用”选项卡中的“目录”下拉按钮，在下拉菜单中选择一种目录样式。其中的“自动目录”命令可以收录文档中已经设置了级别的段落来创建目录，“智能目录”命令则可以根据文档中的编号自动设置级别并创建目录。

如果要自定义目录格式效果，可以单击“引用”选项卡中的“目录”下拉按钮，在下拉菜单中选择“自定义目录”命令，打开“目录”对话框(见图 12-10)，设置目录的前导符、显示级别等格式效果。

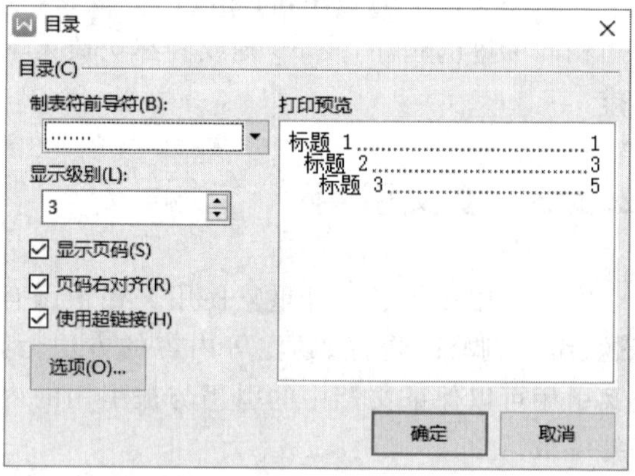

图 12-10 “目录”对话框

对于建立好的目录，还可以继续调整目录的效果。只需单击目录后，在“引用”选项卡中单击“目录”下拉按钮，在下拉菜单中修改目录的样式或自定义格式效果即可。

3. 更新目录

当标题目录创建后，如果又对标题段落进行了添加、修改、删除等操作，目录并不会自动改变，需要更新目录使得目录与标题段落保持一致。

更新目录前首先要单击目录，再在目录左上角的浮动按钮（见图 12-11）或“引用”选项卡中单击“更新目录”按钮，或者在快捷菜中选择“更新目录”命令，打开“更新目录”对话框（见图 12-12），选择更新目录的方式，单击“确定”按钮，即可完成目录更新。

图 12-11　目录左上角的浮动按钮

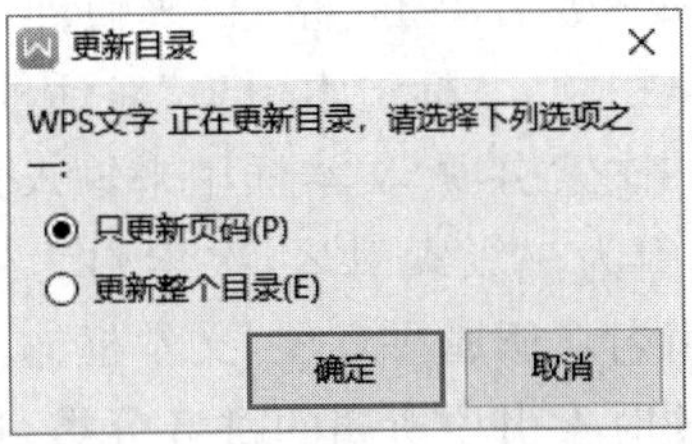

图 12-12　“更新目录”对话框

由于目录本质上生成的是一系列域代码，也可以将整个目录选中，按 F9 键来更新目录。

4. 删除目录

若要删除已经创建的目录，可以单击目录，再单击目录左上角的浮动按钮中的“目录设置”下拉按钮或者“引用”选项卡中的“目录”下拉按钮，在下拉菜单中选择“删除目录”命令。

也可以将整个目录内容区域选中，按 Delete 键或 Backspace 键将它们删除。

12.3.2　图表目录

与标题目录类似，对于文档中插入的题注也可以创建目录，由于题注通常是对图、表等进行说明的，该目录称为图表目录。

创建图表目录首先要将光标移动到插入位置，再单击“引用”选项卡中的“插入表目录”按钮，打开“图表目录”对话框（见图 12-13），在“题注标签”区域中选择要建立目录的题注类型，设置好目录格式，单击“确定”按钮，即可完成图表目录的建立。

图表目录同样可以进行修改、更新、删除操作，方法与图表目录基本相同，这里就不再赘述了。

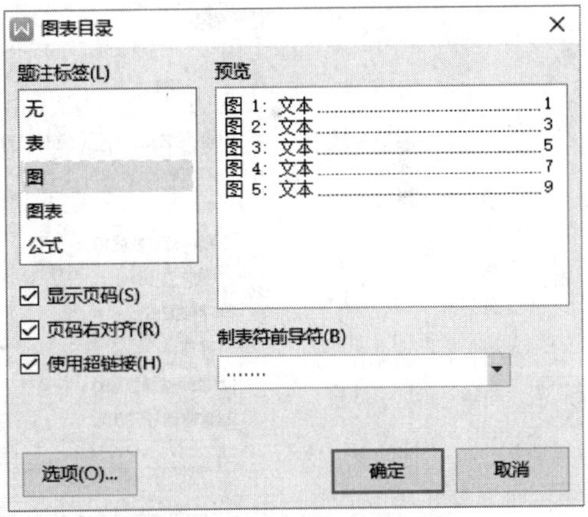

图 12-13　“图表目录”对话框

12.3.3　索引

索引是类似于目录的一种检索工具，它可以将文档中的字、词、短语及其所在页的页码等按一定方式编排成列表，以方便读者查阅相关内容。建立索引首先需要标记索引项，然后利用索引项生成索引列表。

1. 标记索引项

标记索引项就是在文档中相应位置插入{ XE … }形式的域代码。首先选中需要标记为索引项的文字或将光标定位到需要标记索引项的位置,再在“引用”选项卡中单击“标记索引项”按钮,打开“标记索引项”对话框(见图12-14),设置索引项参数后单击“标记”按钮即可在当前位置插入索引项。“标记索引项”对话框中的“主索引项”和“次索引项”文本框用来输入索引项的名称,主索引为一级索引名,次索引为主索引下的二级索引名,“所属拼音项”文本框输入按拼音排序索引项时索引项所属的拼音分类,选项中的“交叉引用”“当前页”“页面范围”是索引项对应页码的不同生成方法。

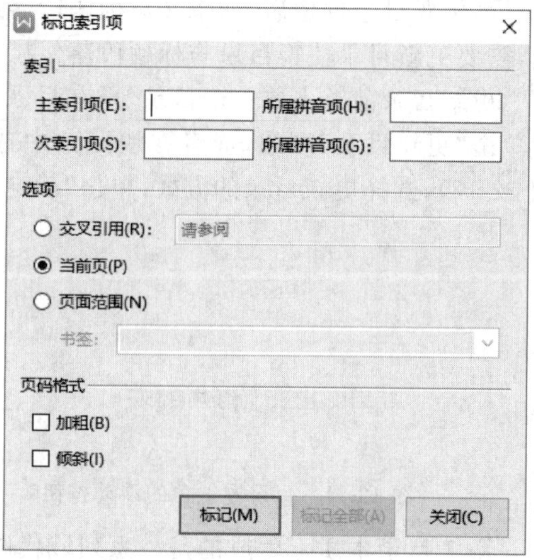

图 12-14 “标记索引项”对话框

文档中可以随时标记新的索引项,也可以删除索引项,删除索引项只需要将相应的域代码删除即可。

2. 生成索引

在文档中标记完索引项后,就可以将这些索引项编排成索引了。将光标定位到需要插入索引的位置,单击“引用”选项卡中的“插入索引”按钮,打开“索引”对话框(见图12-15),设置所生成索引的类型、栏数、排序依据、前导符等格式参数后单击“确定”按钮,即可在当前位置插入索引。

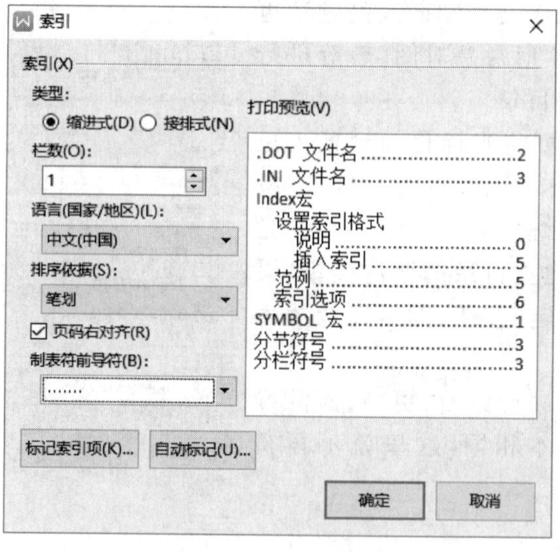

图 12-15 “索引”对话框

3. 更新索引

如果文档中的索引项发生了改变,需要对索引及时更新,保持索引与索引项的一致性。更新索引时需要首先选中索引,再在“引用”选项卡中单击“更新索引”按钮。由于索引本质上是由域代码组成的，因此选中索引后按 F9 键或者在快捷菜单中选择“更新域”命令也可以对索引进行更新。

12.4　域

1. 域的插入

域是 WPS 文字组件中的一组自动化代码，文档中的自动编号、日期与时间、目录与索引、表格计算等都使用了域。

单击“插入”选项卡中的“文档部件”下拉按钮，在下拉菜单中选择“域”命令，可以打开“域”对话框（见图 12-16），在“域名”列表框中选择需要插入的域类型，再根据需要对域代码和格式进行修改，单击“确定”按钮，即可在文档中插入域。

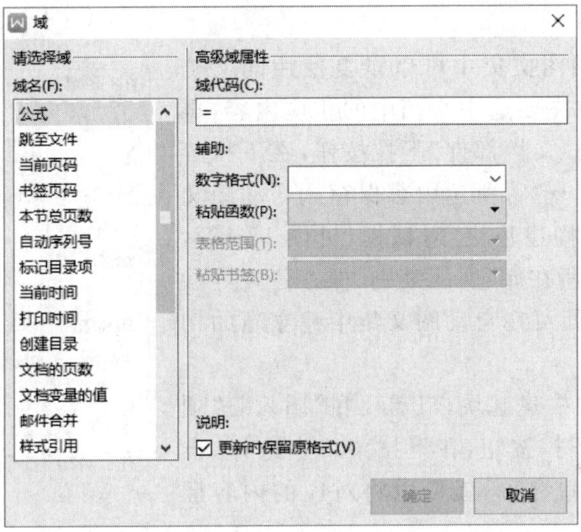

图 12-16　“域”对话框

在文档中插入的域，默认显示的是域运算的结果，在域上单击，会用灰色底纹将域标示出来。如果要在域代码和域结果之间切换，可以选中域后按 Shift＋F9 快捷键，或者在域上右击，在快捷菜单中选择“切换域代码”命令。按 Alt＋F9 快捷键可以将文档中的全部域同时进行切换。

2. 域的编辑

如果需要对文档中域的代码进行修改，可以右击域，在快捷菜单中选择“编辑域”命令，在打开的“域”对话框中对域类型、代码、格式进行更改。

当然也可以将文档中的域切换为代码后直接修改域代码，但修改完后域结果不会自动更新，需要在选中域时按 F9 键或者右击，在快捷菜单中选择“更新域”命令对域结果进行强制更新。

3. 域的查找与删除

域的结果文字在查找时也会被当作文本来对待，如果需要在文档中查找域，需要先把域切换为代码，再利用“查找和替换”对话框，在“查找内容”中输入“特殊格式”下拉列表框中的“域”选项。

要将单个域删除，将域代码或结果文字删除即可。如果要批量删除域，可以利用“查找和替换”对话框将域替换为空内容。

12.5 自动图文集

对于文档中需要重复使用的文本、表格、图片、形状等内容，可以封装成一个整体后加入自动图文集中，以后在自动图文集列表中选择项目就可以在文档中插入相应内容。

1. 创建构建基块

构建基块就是自动图文集中可以重复使用的文档内容。创建构建基块首先要选中文档中的相应内容，再单击“插入”选项卡中的“文档部件”下拉按钮，在下拉菜单中选择“自动图文集”→“将所选内容保存到自动图文集库”命令，打开“新建构建基块”对话框(见图 12-17)，设置构建基块的名称、所在库、所属类别、保存位置等参数后单击“确定”按钮，即可在自动图文集中建立新的构建基块。

图 12-17 “新建构建基块”对话框

要使用已经创建的构建基块，只需要在“插入”选项卡中单击“文档部件”下拉按钮，在下拉菜单中选择“自动图文集”中的构建基块名称，就可以将对应的内容插入到文档的当前位置。

2. 修改、删除构建基块

对于已经创建的构建基块，可以修改它的参数信息，也可以将它删除。在“插入”选项卡中单击“文档部件”下拉按钮，在下拉菜单中的“自动图文集”子菜单中找到相应的构建基块名称后右击，打开快捷菜单，选择“编辑属性”命令，打开“修改构建基块”对话框，可以对它的参数信息进行修改，选择“删除”命令可以将该构建基块删除。

12.6 文档的审阅

WPS 文字组件提供了文档的审阅功能，其中最常用的是批注和修订，利用它们可以方便审阅者对文档进行注释和修改，也能方便作者对审阅意见进行处理。

12.6.1　批注

批注是文档审阅者对文档内容添加的意见、建议、说明、注释等信息，可以对文档进行下列批注操作。

1. 添加批注

选中文档中需要添加批注的文本，单击“审阅”选项卡中的“插入批注”按钮（见图12-18），选中的文本会被填充颜色并在旁边增加一个批注框，可以在批注框内输入批注的内容，批注框中还会显示审阅者的用户名和添加批注的时间。

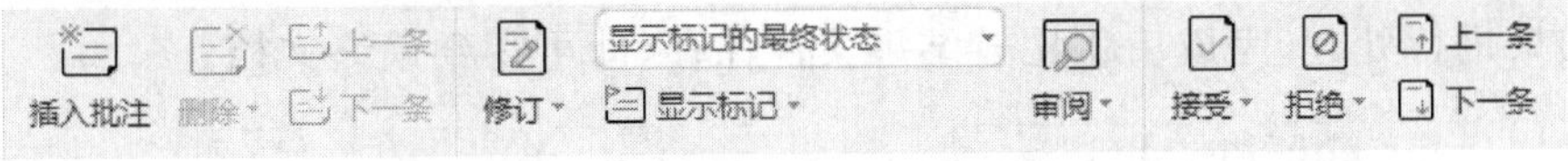

图12-18　“审阅”选项卡中的批注与修订工具

2. 修改批注

单击文档中的批注框可以把光标定位在批注框内，这时可以对批注内容进行修改。单击“审阅”选项卡中的“上一条”“下一条”按钮可以让光标在文档批注之间移动。

3. 删除批注

将光标定位在批注框中，单击“审阅”选项卡中的“删除”下拉按钮，在下拉菜单中选择“删除批注”命令，可以将当前批注删除，选择“删除文档中的所有批注”命令，可以将文档中的所有批注删除。

4. 解决与答复批注

在文档中右击批注框，在快捷菜单中选择“解决批注”命令，该批注会被标注为已解决状态。在快捷菜单中选择“答复批注”命令，可以在批注框中增加答复项，在其中输入对该批注的答复内容。

12.6.2　修订

在文档的修订状态下可以记录审阅者对文档的增加、修改、删除等操作，以便作者对修订意见进行处理。

1. 切换修订状态

单击“审阅”选项卡中的“修订”按钮，使其处于选中状态，文档即处于修订开启状态下，此时对文档的订正操作均会被记录下来。再次单击“修订”按钮，取消它的选中状态，则文档退出修订状态。

2. 修订的审阅

对于文档中的修订信息，可以根据需要进行接受或拒绝的处理。单击“审阅”选项卡中的“上一条”“下一条”按钮可以定位到文档中的修订信息上，对于认可的修订可以单击“审阅选项”卡中的“接受”按钮让修订生效，对于不满意的修订可以单击“拒绝”按钮取消该项修订。利用“接受”和“拒绝”按钮还可以对文档中的修订进行批量处理。

12.6.3 比较

文档的比较功能可以对修订前后的文档进行比对，从而能精确地显示两个文档之间的差异，还能对修订的内容进行取舍并合并成一个最终文档。

单击“审阅”选项卡中的“比较”下拉按钮，选择下拉菜单中的“比较”命令，打开“比较文档”对话框（见图 12-19），在“原文档”下拉列表框中选择修改前的文档，在“修订的文档”下拉列表框中选择修改后的文档，单击“确定”按钮就可以进行两个文档的比较。比较完成后会进入文档比较结果界面（见图 12-20），在左侧的比较结果文档区域中可以显示修订文档相对于原文档的区别，可以按照和文档修订同样的方法利用“审阅”选项卡中的“接受”“拒绝”等按钮来对修订结果进行处理，完成后将比较结果文件保存，即可得到最终文档。

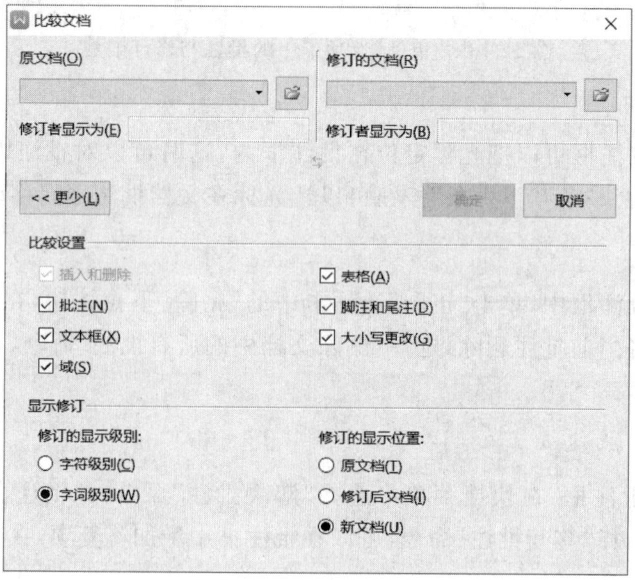

图 12-19 “比较文档”对话框

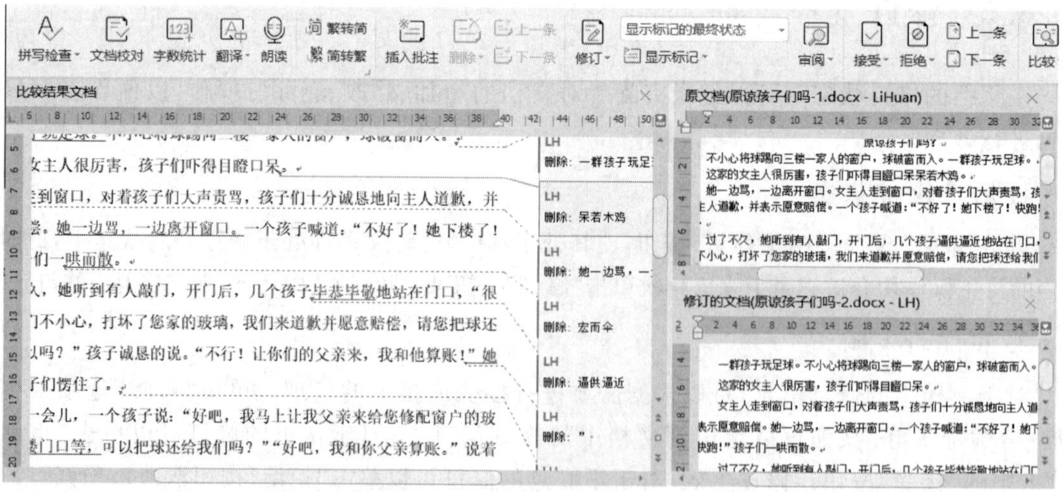

图 12-20 文档比较结果界面

12.7 邮件合并

邮件合并是用于批量生成文档的一个功能，使用它可以生成请柬、成绩单、准考证、通知书这类内容格式基本相同，细节文本稍有变化的一组文档。

12.7.1 邮件合并的基本概念

邮件合并可以依据一个数据列表和一个主文档来批量创建一系列文档。例如，先建立一个包含客户信息的表格，再建立一个套用信函的格式文档，利用邮件合并功能就可以把表格中的编号、姓名等客户数据并入文档中，从而得到一系列针对不同客户的信函。要正确使用邮件合并功能，首先需要明确下列几个概念。

1. 主文档

主文档是用于创建邮件合并最终输出文档的“模板”，它包含了基本的文本内容、排版格式和一些特殊标记。其中基本文本内容和格式在所有输出文档中都是相同的，如信函中的抬头、正文、落款等。

2. 数据源

数据源实际上是一个数据列表，其中包含了合并到最终输出文档的数据，如客户的编号、姓名、地址、邮编等数据字段。

数据源可以采用多种形式，如 Excel 工作表、Word 表格、HTML 表格、Access 数据库等。需要注意的是，当采用表格形式时，表格的第 1 行必须用于存放标题，其他行则必须包含邮件合并所需要的数据，表格中的每一列称为一个字段。

3. 合并域

合并域就是放置在主文档中的特殊标记，其本质是一系列的域代码，用于插入邮件合并最终文档中要发生变化的文本，如编号、收件人的姓名、地址等。在主文档中通常用放置在书名号中的字段名来表示。

4. 最终文档

邮件合并的最终文档就是将数据源中的指定数据合并到主文档后得到的文档。数据源里选中的每一组数据都会与主文档结合生成一个主文档的实例，可以将它们保存、打印或者通过电子邮件发送。

邮件合并涉及的基本概念之间的关系如图 12-21 所示。

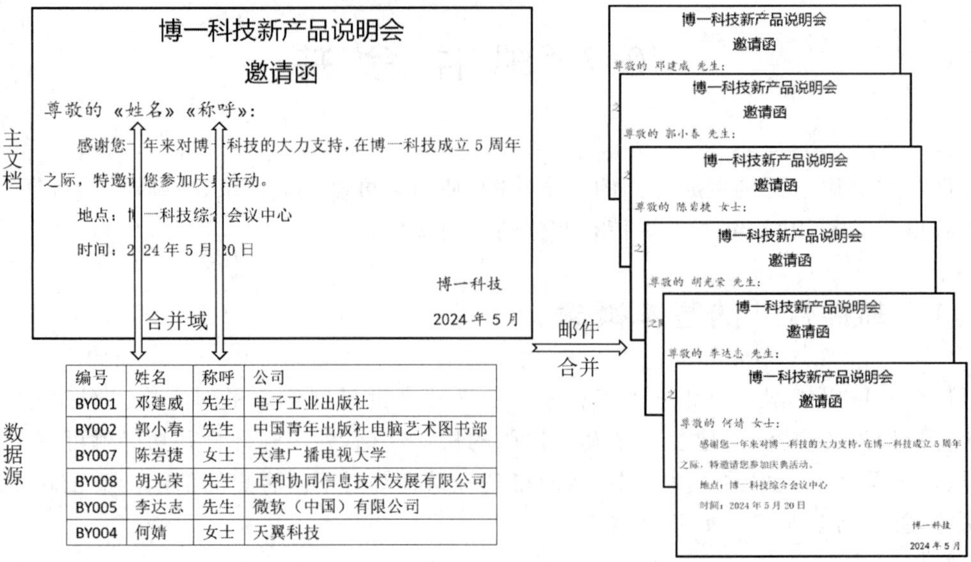

图 12-21　邮件合并涉及的基本概念之间的关系

12.7.2　使用邮件合并

在 WPS 文字组件中可以通过下列步骤来使用邮件合并功能。

1. 创建主文档

建立一个 WPS 文字文档，输入文档内容并排版，这些内容将会作为模板在最终文档中重复出现。主文档的创建方法与普通的 WPS 文字文档相同。

2. 打开数据源

在主文档编辑窗口的“引用”选项卡中单击“邮件”按钮，会出现“邮件合并”选项卡（见图 12-22），在其中单击“打开数据源”下拉按钮，在下拉菜单中选择“打开数据源”命令，在“选取数据源”对话框中选择要作为数据源的文件。

图 12-22　“邮件合并”选项卡

3. 选择收件人

在“邮件合并”选项卡中单击“收件人”按钮，打开“邮件合并收件人”对话框（见图 12-23），在“收件人列表”列表框中选择需要进行邮件合并的数据记录。对于不希望参与邮件合并的数据，可以取消勾选这些数据前的复选框。

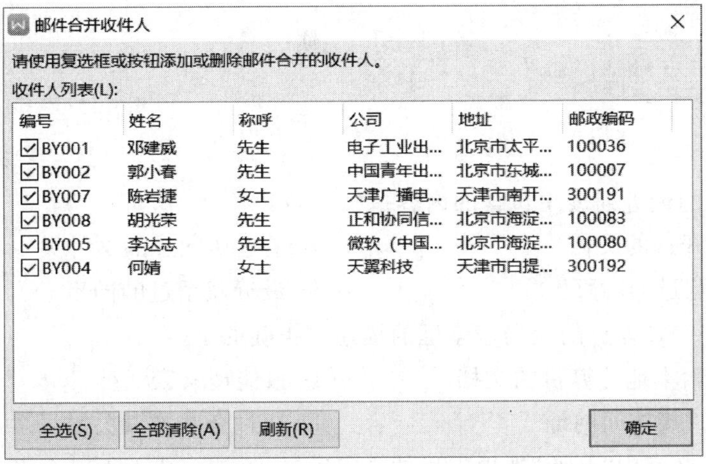

图 12-23　“邮件合并收件人”对话框

4. 插入合并域

在主文档中将光标移动到需要插入合并数据的位置，单击“邮件合并”选项卡中的“插入合并域”按钮，打开“插入域”对话框(见图 12-24)，在“域”列表框中选择需要插入的数据域，也就是数据源中的字段名，单击“插入”按钮后可以在当前位置插入一个合并域代码。重复使用这种方法可以在主文档的其他位置插入所需要的合并域。

插入合并域后，单击“邮件合并”选项卡中的“查看合并数据”按钮，可以查看数据源中数据合并到主文档中的实际效果。单击“首记录”“尾记录”“上一条”“下一条”按钮可以切换数据源中的不同数据进行查看。

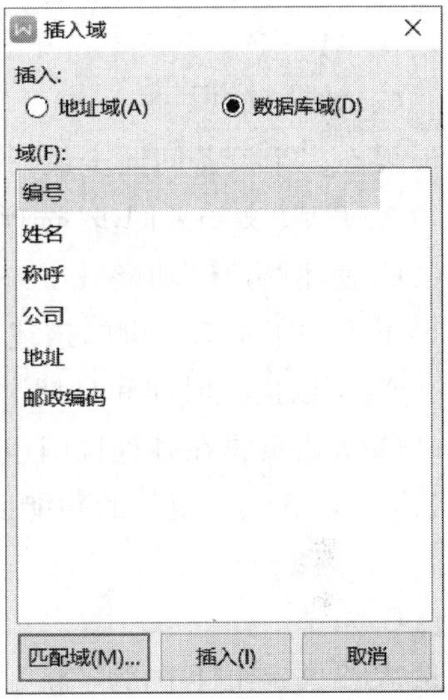

图 12-24　“插入域”对话框

5. 合并生成最终文档

单击“邮件合并”选项卡中的“合并到新文档”按钮，可以生成一个最终文档，其中包括将数据源中指定的每一条数据与主文档合并后生成的所有文档实例。

单击“合并到不同新文档”按钮，可以生成一系列最终文档，数据源中指定的每一条数据与主文档合并后都会生成一个新文档。

单击“合并到打印机”按钮，可以将数据源中的数据与主文档合并后生成的文档发送到打印机打印。

单击“合并到电子邮件”按钮，可以将合并后生成的文档直接通过关联的邮箱发送给指定的接收人。

习　题　3

一、单选题

1. WPS 首页的最近列表中包含的内容是（　　）。

A. 最近打开过的文档　　B. 最近访问过的文件夹

C. 最近浏览过的网页　　D. 最近联系过的同事

2. 下列关于 WPS 首页的全局搜索框的描述中正确的是（　　）。

A. 只能搜索本地计算机的文档　　B. 只能搜索云文档

C. 不支持直接访问网址　　D. 通过全文检索关键词，可以搜索云文档

3. 利用 WPS 文字中“开始”选项卡里的文字工具，不能完成下面哪个操作？（　　）

A. 段落重排　　B. 批量删除

C. 回车符转为换行符　　D. 段落首行缩进转为空格

4. “替换”功能的快捷键是（　　）。

A. Alt＋F　　B. Ctrl＋F

C. Alt＋H　　D. Ctrl＋H

5. 要在多个设备间同步最近打开过的文件，正确的操作方法是（　　）。

A. 开启“文档云同步”选项　　B. 使用“历史版本”功能

C. 使用“分享”功能　　D. 设置“同步文件夹”

6. 下列关于页眉页脚的描述中，错误的是（　　）。

A. 可以插入时间和日期　　B. 可以自定义内容

C. 页眉页脚在各种视图中都能编辑　　D. 编辑页眉页脚时，不能同时编辑正文

7. 在 WPS 文字组件的功能区中不包含的选项卡是（　　）。

A. 审阅　　B. 邮件

C. 章节　　D. 引用

8. WPS 文字组件中，为了将一部分文本内容移动到另一个位置，首先要进行的操作是（　　）。

A. 光标定位　　B. 选定内容

C. 复制　　D. 粘贴

9. 关于 WPS 文字中的表格应用，下列说法中错误的是（　　）。

A. 鼠标按住表格下方/右侧的“＋”按钮拖动时可以快速增加行/列

B. 在“表格样式”选项卡中，可以为当前表格添加斜线表头

C. 调整表格列宽时，可以通过按住“Shift”键或“Ctrl”键的同时用鼠标拖动表格列线的方式来实现，两者的效果是一致的

D. 单击表格每行或每列之间的“＋”/“－”按钮可以快速增加或删除表格的行或列

10. 要使用 WPS 文字中的邮件合并功能，需要在哪个选项卡中单击“邮件”按钮？（　　）

A. 开始　　B. 插入

C. 引用　　D. 视图

11. 小王在 WPS 文字组件中编辑一篇摘自互联网的文章，他需要将文档每行后面的手动换行符全部删除，最优的操作方法是(　　)。

A. 在每行的结尾处，逐个手动删除

B. 按住 Ctrl 键依次选中所有手动换行符后，再按 Delete 键删除

C. 通过查找和替换功能删除

D. 通过文字工具删除换行符

12. 使用 WPS 文字组件撰写包含若干章节的长篇论文时，若要使各章内容自动从新的页面开始，最优的操作方法是(　　)。

A. 在每章结尾处连续按 Enter 键使光标定位到新的页面

B. 在每章结尾处插入一个分页符

C. 依次将每章标题的段落格式设为“段前分页”

D. 将每章标题指定为标题样式，并将样式的段落格式修改为“段前分页”

13. 在 WPS 文字组件中，关于尾注的说法中错误的是(　　)。

A. 尾注可以插入到文档的结尾处　　B. 尾注可以插入到节的结尾处

C. 尾注可以插入到页脚中　　D. 尾注可以转换为脚注

二、操作题

1. 按照下面的要求对文档进行排版。

(1)将文中所有“通讯”替换为“通信”，同时为“通信”添加蓝色(标准色)双波浪下画线；设置页面纸张大小为“自定义大小”、宽度为 21 cm、高度为 10.8 cm；设置纸张方向为“横向”，页面左右边距均为 2.3 cm、上下边距均为 2.5 cm、装订线为 1 cm；为页面添加内置样式为“红色水果”的艺术型方框，方框宽度为 15 磅；在页面底端插入“页脚中间”样式页码，设置页码编号格式为“I、II、III、…、”、起始页码为 II。

(2)将标题段(“60 亿人同时打电话”)文字设置为二号、蓝色(RGB 颜色模式：红色 0；绿色 0；蓝色 255)、黑体、加粗、居中、单倍行距、段后间距 1 行。

(3)将正文各段(“15 世纪末……绰绰有余。”)中文文字设置为四号、楷体、西文文字设置为四号、Arial 字体；各段落首行缩进 2 字符、段前间距 0.5 行；将正文第二段(“无线电短波通信……绰绰有余。”)中的两处 107 中的 7 设置为上标表示形式。将正文第二段(“无线电短波通信……绰绰有余。”)分为等宽的两栏、栏间添加分隔线。

文档内容如下。

60 亿人同时打电话

15 世纪末，哥伦布发现南美洲新大陆，由于通讯技术落后，西班牙女王在半年后才得到消息。1865 年，美国总统林肯遭暗杀，英国女王在 13 天后才得知消息。而 1969 年美国阿波罗登月舱第一次把人送上月球的消息，只用了 1.3 s 就传遍了全世界。今天，许多重大事件都可以马上向全世界传播。

无线电短波通讯的频率范围为 3～30 MHz，微波通讯的频率范围为 1 000～10 000 MHz，后者的频率比前者提高几百倍，可以容纳上千门电话和多路电视。而激光的频率范围为 1×107～100×107 MHz，比微波提高 1 万～10 万倍。假定每路电话频带为 4 000 Hz，则大约可容纳 100 亿路电话。如果全世界人口按 60 亿计算，那么世界上所有人同时利用一束激光通话仍绰绰有余。

2.创建表格并按要求编辑、计算并设置表格格式，如表12-1所示。

表12-1　表格示例

职工姓名	基本工资/元	职务工资/元	岗位津贴/元
张三	3 078	7 022	4 112
李四	2 252	5 454	3 263
王五	4 625	8 206	6 208
赵六	3 623	7 808	4 709

(1)将表格居中，表格中的所有内容水平居中；在表格上方添加标题段落“宏达公司销售部人员工资表”，并设置为仿宋、四号、加粗、居中、段后间距1行；在表格下方添加一行，并在该行第一列中输入“平均工资/元”，计算“基本工资/元”、“职务工资/元”和“岗位津贴/元”的平均值并分别填入该行的第二、第三、第四列单元格中；按“基本工资/元”列依据“数字”类型升序排列表格前五行内容。

(2)设置表格各列列宽为3 cm、各行行高为0.7 cm；设置外框线为蓝色(标准色)0.75磅双窄线、内框线为绿色(标准色)1磅单实线；设置表格所有单元格的左、右边距均为0.25 cm；为表格第一行添加“培安紫，着色4，浅色60%”的主题颜色底纹。

3.按照下面的要求对文档进行排版。

(1)将标题段文字“西京市(虚拟地名)高考报名人数连续11年下降后首次回升”的文本效果设置为艺术字样式“填充-培安紫，着色4，软边缘”，并修改其阴影效果为“内部:内部右上角”；将标题段的文本格式设置为四号、黑体、居中、字符间距紧缩1磅，并添加红色(标准色)单波浪式下画线。

(2)设置页面纸张大小为“A4(21厘米×29.7厘米)”；在页面底端插入页码，设置页码编号格式为“－1－，－2－，－3－，…”，起始页码为－2－；在页面顶端插入“空白”型页眉，页眉内容为文档作者；将页面颜色的填充效果设置为“纹理/纸纹2”；为页面添加内容为“西京市高考”的文字型水印，水印内容的文本格式为黑体、蓝色(标准色)。

(3)将正文各段文字(“2021年4月4日……计入高考总分。”)设置为1.25倍行距、段前间距0.5行；设置正文第一段(“2021年4月4日……公平公正。”)首字下沉2行、距正文0.2 cm；为正文中3个节标题(“五类考生不再加分”“增加的高考照顾政策”“外语听力一年两考”)添加“一，二，三…，”样式的编号；设置除第一段(“2021年4月4日……公平公正。”)和三个节标题段落之外的其余正文段落首行缩进2字符；为正文“五类考生不再加分”一节的后5段(“省级优秀学生……获奖者。”)添加样式为□的项目符号。

(4)将文中最后13行文字转换成一个13行5列的表格；在表格下方添加一行，并在该行第一列单元格中输入“合计”，在该行其余列单元格中利用公式分别计算相应列的合计值；设置表格居中，表格第一行和第一列的内容水平居中、其余单元格内容中部右对齐；设置表格列宽为2.2 cm、行高为0.7 cm、表格中所有单元格的左右边距均为0.2 cm；用表格第一行设置表格“重复标题行”；按“其他”列依据“数字”类型降序排列除最后一行外的其余表格内容。

(5)设置表格外框线和第一行的下框线为蓝色(标准色)0.75磅双窄线、其余内框线为蓝色(标准色)0.5磅单实线；设置表格底纹颜色为主题颜色“巧克力黄，着色6，浅色40%”。

文档内容如下。

西京市高考报名人数连续 11 年下降后首次回升

2021 年 4 月 4 日，西京市招生考试委员会 2021 年第一次会议召开。会议强调，要以全面深化改革为根本动力，以安全稳定为第一位政治责任，以提高人才选拔质量和促进考试招生公平为核心任务，全面推进依法治考，深入实施“阳光工程”，确保高考高招工作安全有序、公平公正。

西京市 2021 年高考报名总数为 63 073 人。从考生类别看，应届生 58 162 人，往届生 4 911 人；男生 30 567 人，女生 32 506 人；城镇考生 46 919 人，农村考生 16 154 人。

西京市继续实施进城务工人员随迁子女在本市参加高职招生考试政策，共有 486 名考生提出申请。经过市教委、市公安局、市人力社保局和各区街道、乡镇政府等相关职能部门的共同审核，符合条件并参加高考报名的有 309 人。

5 类考生不再加分

根据教育部文件精神，从今年起，5 类考生不再高考加分。取消的高考加分项目包括：

省级优秀学生；

获国家二级运动员以上称号的考生；

重大国际体育比赛集体或个人项目取得前 6 名，全国性体育比赛个人项目取得前 6 名的考生；

思想政治品德方面有突出事迹者；

全国中学生学科奥林匹克竞赛全国决赛一、二、三等奖者；全国青少年科技创新大赛（含全国青少年生物和环境科学实践活动）或“明天小小科学家”奖励活动或全国中小学电脑制作活动一、二等奖者；在国际科学与工程大奖赛或国际环境科研项目奥林匹克竞赛中获奖者。

增加的高考照顾政策

从今年开始，公安英模子女报考高校，在与其他考生同等条件下优先录取。

外语听力一年两考

西京市高考外语听力从这一年开始实行一年两考。

英语科目第一次听力考试于每年 12 月 16 日进行，第二次听力考试于次年 3 月 17 日进行，采用计算机考试模式；其他外语科目第一次听力考试于每年 1 月 8 日进行，第二次考试于每年 6 月 8 日进行。

外语听力考试满分 30 分，取两次听力考试的最高成绩与其他部分试题成绩一同组成外语科目成绩计入高考总分。

2009—2020 年西京市高考报名人数

年份	人数	普通文科	普通理科	其他
2009 年	126 027	37 433	72 826	15 768
2010 年	125 435	35 837	74 039	15 559
2011 年	118 106	33 642	70 147	14 317
2012 年	100 335	29 140	59 052	12 143
2013 年	80 241	25 643	48 365	6 233
2014 年	76 007	25 418	45 439	5 150
2015 年	73 460	22 855	45 494	5 111
2016 年	72 736	20 913	46 455	5 368
2017 年	70 517	19 389	45 095	6 033
2018 年	67 816	19 617	41 819	6 380
2019 年	61 222	18 425	37 255	5 542
2020 年	60 638	17 641	36 595	6 402

三、简答题

1. 字符边框与段落边框在设置方式和效果上有哪些不同？

2. 段落对齐方式有哪几种？左对齐、两端对齐、分散对齐有什么区别？
3. 行距设置中的“固定值”与“最小值”有什么不同？
4. 分页符与下一页分节符在使用效果上有什么不同？
5. 要将一个段落强制另起一页排版有哪些方法？
6. 要将一篇文档中的相同文字统一设置成某种格式有哪些方法？
7. 文档中插入的图片可以设置成哪几种环绕方式？
8. 要将由多个形状绘制成的图形合并为一个整体进行排版有哪些方法？
9. 表格中文字的对齐方式有哪几种？
10. 要为表格绘制斜线表头可以采用哪些方法？
11. 在表格中利用公式自动计算时，函数参数中的 Above、Left 各表示什么意思？

第四篇

WPS 表格应用

WPS 表格组件是金山办公软件 WPS Office 的三大组件之一，因其具有方便的表格工具、强大的计算功能和直观的图表功能，WPS 表格组件成为较流行的数据处理软件之一。利用 WPS 表格能够快速地制作出各种电子表格，并能对数据进行复杂的运算，而且数据可以用各种图表来直观表示。由于 WPS 表格在数据处理方面有着出色的表现，因此在国内被广泛应用于企事业单位的财务、统计、管理等多个领域。本篇学习目标和主要内容如下：

(1)掌握 WPS 表格组件的基本概念和基本操作；

(2)掌握 WPS 表格组件的格式设置；

(3)掌握利用公式和函数进行数据计算的方法；

(4)掌握创建图表与编辑图表的方法；

(5)掌握数据排序、筛选、分类汇总和数据透视表的用法。

——第 13 章——

WPS 表格组件的基本概念与操作

13.1　WPS 表格组件的工作界面与基本概念

WPS 表格组件常用的启动方法是单击桌面左下方的“开始”按钮，在弹出的菜单中选择“WPS Office”命令，打开 WPS 窗口，然后在 WPS 窗口首页单击“新建”按钮进入“新建”界面，单击“表格”按钮，在下方的推荐模板中选择“新建空白文档”选项，出现 WPS 表格组件工作界面，如图 13-1 所示。

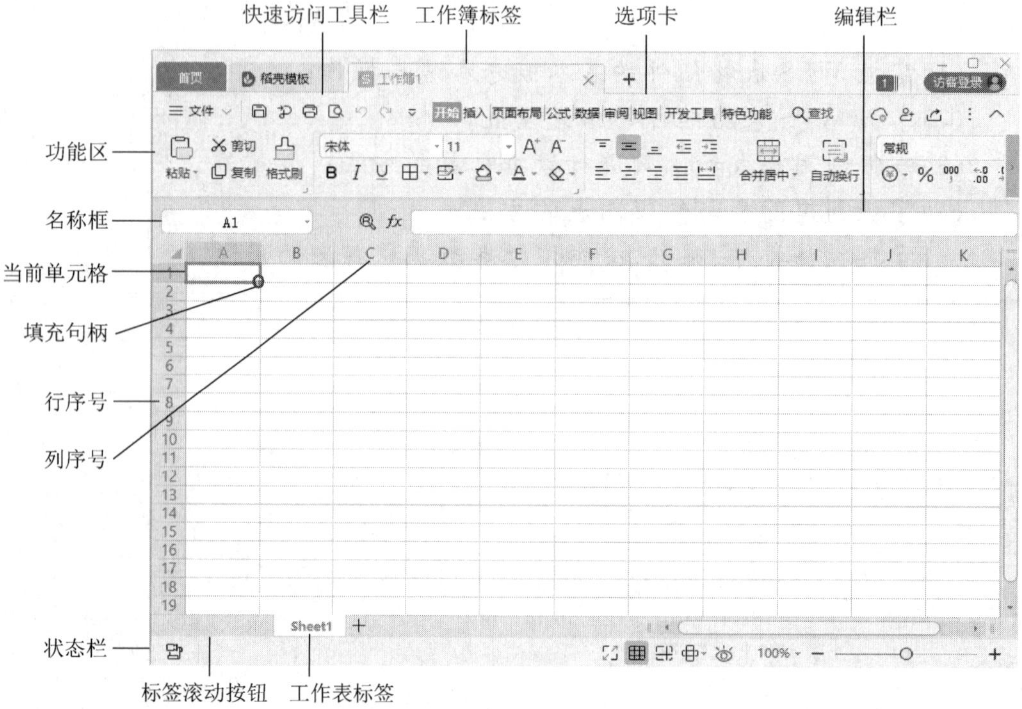

图 13-1　WPS 表格组件工作界面

下面对 WPS 表格组件工作界面以及与 WPS 表格组件相关的基本概念作简要介绍。

1)快速访问工具栏

快速访问工具栏主要用于放置一些使用频率较高的功能按钮。该工具栏包含了“保存”、“输出为 PDF”、“打印”、“打印预览”、“撤销”和“恢复”按钮。用户也可以自定义常用的功能按钮。

2）选项卡

选项卡包含了 WPS 表格组件中的大部分功能，能够帮助用户实现对表格的相关操作。在 WPS 表格组件工作界面中，选项卡从左到右依次是“开始”“插入”“页面布局”“公式”“数据”“审阅”“视图”等。

3）功能区

功能区放置了选项卡中所有的命令按钮，每个命令按钮代表不同的操作命令。当选择某选项卡时，功能区会显示该选项卡中所有的命令按钮。

4）单元格

工作表中行列交叉处的区域称为单元格，它是组成表格的基本单位。单元格可以保存数值、文本等数据，也可以进行编辑和格式化操作。

5）单元格地址

确定单元格在工作表位置的编号称为单元格地址。在默认情况下，单元格地址由列序号与行序号组成。例如，A1 表示位于工作表中第 A 列与第 1 行的交叉处的单元格。

如果要表示多个不连续的单元格，可依次写出每个单元格地址，中间用“,”隔开，如“A2，C6”。如果要表示一块连续的单元格区域，可写出该区域开始的单元格地址和结束的单元格地址，中间用“:”分隔，如“A4:D7”表示以单元格 A4 作为左上角，单元格 D7 作为右下角的一块矩形区域。

6）当前单元格

当前单元格表示当前被选定或正在被编辑的单元格。其四周用绿色加粗边框标识，并且在其右下角出现一个称为“填充句柄”的绿色小方块。

7）名称框

名称框用来显示选定的活动单元格地址。此外，也可以利用名称框为单元格命名。选定单元格后，在名称框中输入名称，然后按 Enter 键，便可为选定的单元格定义一个新的名称。

8）编辑栏

编辑栏用来输入或编辑当前单元格的值或公式。

9）工作簿

工作簿是指用来储存并处理数据的文件，即 WPS 表格文件，其扩展名为“.et”。一个工作簿可以包含一个或多个工作表。

10）工作表

工作表由若干个排成行和列的单元格构成，它是工作簿的基本组成单位。WPS 表格组件的一个工作表由 1 048 576 行和 16 384 列构成，行序号从 1 到 1 048 576，列序号按字母 A、B、…、Z、AA、…、AZ、BA、…排列，依次类推。行序号显示在工作簿窗口的左侧，列序号显示在工作簿窗口的上侧。工作表之间相对独立，对不同工作表的数据可以进行交叉使用。

每个新建的工作簿默认情况下包含 1 个工作表，且其名称为 Sheet1。

11）工作表标签

工作表标签用于显示工作簿中所包含的工作表的名称。单击不同的工作表标签可以切换不同的工作表，其中处于高亮状态的工作表标签表示当前编辑的工作表。当工作表数量太多导致无法显示全部的工作表标签时，可单击标签滚动按钮来显示工作表标签。

13.2 WPS表格组件的基本操作

13.2.1 工作簿的基本操作

工作簿是WPS的表格文件，其基本操作主要包括新建、保存、打开与关闭已有的工作簿以及保护工作簿等。

1. 新建工作簿

单击“文件”按钮，在下拉菜单中选择“新建”→“新建”命令，然后选择“空白表格”选项，即可创建一个新的工作簿，也可通过单击WPS表格组件上方的“新建标签”按钮 + 来创建新的工作簿。

此外，WPS软件提供了一些具有相关结构和内容的模板，用户也可使用模板来创建工作簿，具体操作方法为单击“文件”按钮，选择“新建”→“本机上的模板”命令，在打开的“模板”对话框中选中某一种模板后，单击“确定”按钮。

2. 保存工作簿

单击快速访问工具栏的“保存”按钮，或者选择“文件”下拉菜单中的“保存”或“另存为”命令，即可保存工作簿，其方法与WPS文字组件保存文档的方法一致。

3. 打开与关闭工作簿

选择“文件”下拉菜单中的“打开”命令，打开WPS表格组件的“打开文件”对话框，从中选择相应的文件即可打开该文件。单击已打开的某一工作簿标签的“关闭”按钮，即可关闭该工作簿。

4. 工作簿的保护

为了防止他人未经授权打开并查看工作簿内容，或禁止他人对工作簿内容进行修改，需要对工作簿采取一些保护措施，可以通过设置密码来限制访问和保护工作簿。

1)设置密码限制访问

打开需要设置密码的工作簿，然后选择“文件”下拉菜单中的“另存为”命令，打开“另存文件”对话框，单击此对话框中的“加密”按钮，打开“密码加密”对话框，如图13-2所示。

在“打开文件密码”文本框中输入密码，在“再次输入密码”文本框中输入同样的密码，然后单击“应用”按钮，返回“另存文件”对话框，单击“保存”按钮即可。

此外，也可通过单击“文件”按钮，选择“文档加密”→“密码加密”命令，同样会打开“密码加密”对话框，即可设置密码。

如果要取消密码，可按上面的步骤打开“密码加密”对话框，删除“打开文件密码”和“再次输入密码”文本框中的密码，单击“应用”按钮。

2)采用密码保护工作簿结构

此措施可以保护工作簿中的结构不被更改，如删除、移动、添加和隐藏工作表等。打开需要保护的工作簿，单击“审阅”选项卡中的“保护工作簿”按钮，打开“保护工作簿”对话框，在其中输入密码，单击“确定”按钮，打开“确认密码”对话框，再次输入同样的密码后，单击“确定”按钮即可。

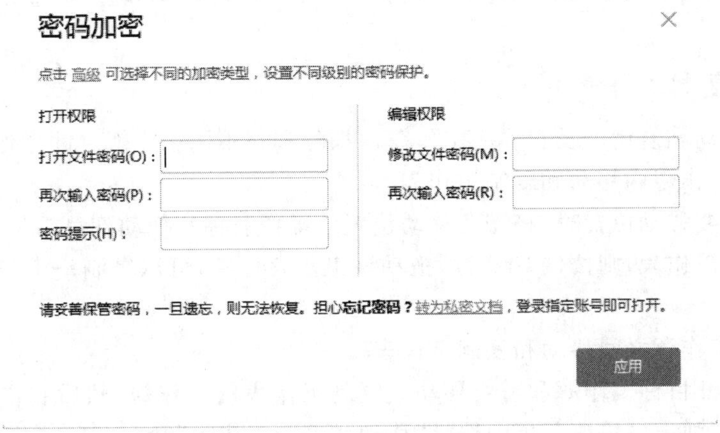

图 13-2　“密码加密”对话框

13.2.2　工作表的基本操作

工作表的基本操作主要涉及工作表的插入、重命名、移动、复制、删除以及工作表的设置、隐藏和保护等。

1. 插入新工作表

WPS 表格组件新建的工作簿默认只有 1 个工作表，可以根据需要创建新的工作表。单击工作表标签右侧的“新建工作表”按钮＋，可以快速插入新工作表，如图 13-3 所示。

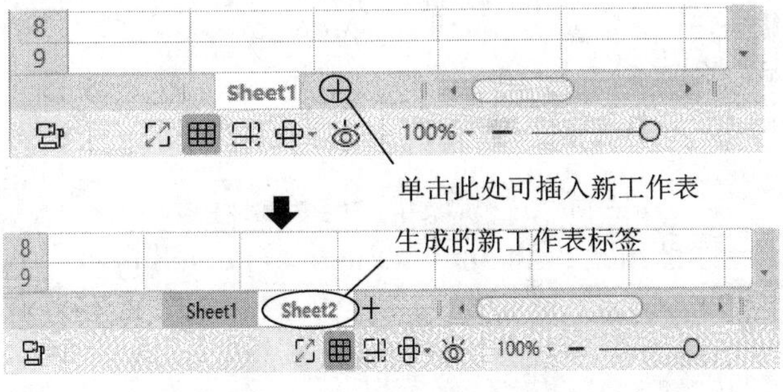

图 13-3　新工作表的插入

此外，也可以右击工作表标签，在弹出的快捷菜单中选择“插入”命令，打开“插入工作表”对话框，如图 13-4 所示。在“插入工作表”对话框中设置相关参数后，单击“确定”按钮即可插入工作表。或者单击“开始”选项卡中的“工作表”下拉按钮，在下拉菜单中选择“插入工作表”命令，也会打开“插入工作表”对话框，从而插入工作表。

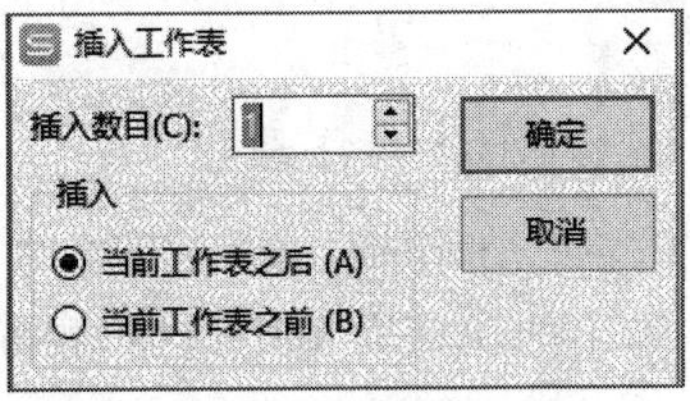

图 13-4　“插入工作表”对话框

2. 重命名工作表

WPS表格组件的工作表在默认情况下以Sheet1、Sheet2、Sheet3…命名，在实际应用中经常需要重新定义具有实际意义的名称。双击需要重命名的工作表标签，然后输入新名称便可完成重命名操作，或在该工作表标签上右击，在弹出的快捷菜单中选择“重命名”命令，然后输入新名称即可。

3. 移动和复制工作表

工作表的移动和复制涉及在同一工作簿内操作和在不同工作簿之间操作两种情况。

(1)在同一工作簿内移动和复制工作表。

当工作表需要移动位置时，将需要移动位置的工作表标签拖动到目标位置即可。

若需要复制工作表，则按住Ctrl键，拖动该工作表标签，可以复制一个与原工作表内容一样的新工作表。

(2)在不同工作簿之间移动和复制工作表。

首先分别打开目标工作簿和需要移动或复制工作表的工作簿，然后右击需要移动或复制的工作表标签，在弹出的快捷菜单中选择“移动或复制工作表”命令，打开“移动或复制工作表”对话框，在“将选定工作表移至工作簿”下拉列表框中选择目标工作簿，在“下列选定工作表之前”列表框中选择要移动或复制的位置。如果“建立副本”复选框被勾选，那么操作结果是复制工作表；如果此复选框没被勾选，那么操作结果是移动工作表，如图13-5所示。

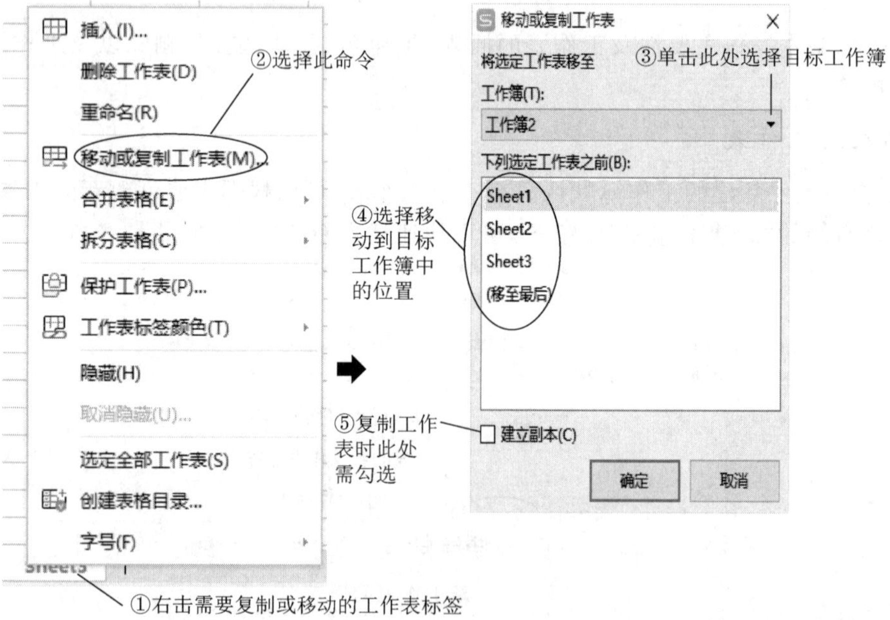

图13-5 不同工作簿之间工作表的移动和复制

4. 删除工作表

对于工作簿中不再需要的工作表，用户可以将其删除。在需要删除的工作表标签处右击，在弹出的快捷菜单中选择“删除工作表”命令，即可删除相应的工作表。

5. 设置工作表标签颜色

在 WPS 表格组件中如果想突出显示工作表，使之易于辨识，可以设置该工作表标签的颜色。在需要设置颜色的工作表标签处右击，在弹出的快捷菜单中选择“工作表标签颜色”命令，在子菜单中选择所需颜色，如图 13-6 所示。

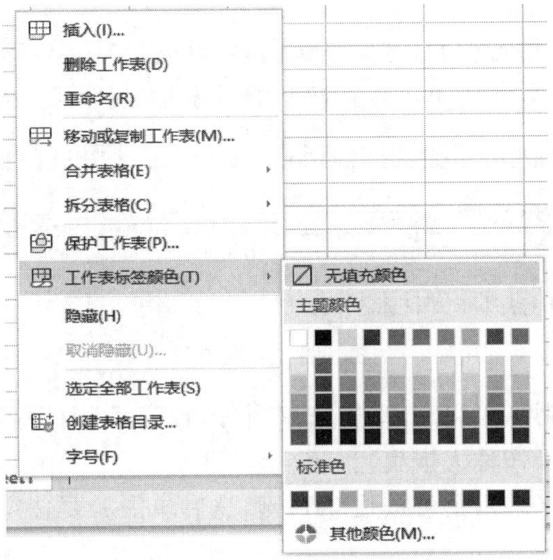

图 13-6　设置工作表标签颜色

6. 隐藏工作表

工作表通常是正常显示的，但有时因某种原因需要隐藏，不显示出来，这时可以使用工作表的隐藏功能。右击需要隐藏的工作表标签，在弹出的快捷菜单中选择“隐藏”命令即可隐藏工作表。

另外，也可先选定需要隐藏的工作表，在“开始”选项卡中选择“工作表”下拉菜单中的“隐藏与取消隐藏”→“隐藏工作表”命令，实现工作表的隐藏。

如果需要查看已隐藏的工作表，可用“取消隐藏”命令使其重新显示。右击任意工作表标签，在弹出的快捷菜单中选择“取消隐藏”命令，打开“取消隐藏”对话框，选择需要取消隐藏的工作表，然后单击“确定”按钮即可。

7. 保护工作表

保护工作表可以设定用户对某一工作表的操作权限，以防止该工作表的数据在未经允许的情况下被修改。首先选定需要保护的工作表，在“审阅”选项卡中单击“保护工作表”按钮，打开“保护工作表”对话框，如图 13-7 所示。

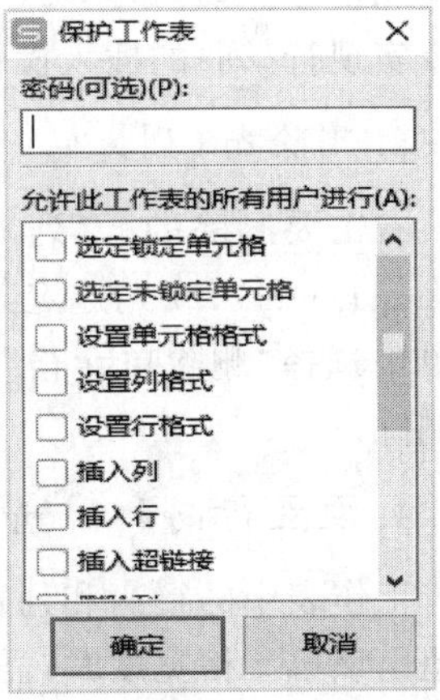

图 13-7　“保护工作表”对话框

在“密码”文本框中输入密码，然后在“允许此工作表的所有用户进行”列表框中勾选允许用户进行的操作，最后单击“确认”按钮，完成保护工作表的操作。若需要取消保护，可通过单击“审阅”选项卡中的“撤销工作表保护”按钮来实现。

13.2.3 行与列的基本操作

行与列的基本操作主要包括行(列)的选定、插入、删除、设置行高和列宽、隐藏等。

1. 选定行(列)

选定行(列)包括选定单行(列)、选定连续的多行(列)和选定不连续的多行(列)。

选定单行(列)的操作方法为单击该行(列)的行序号(列序号),如图 13-8 所示。

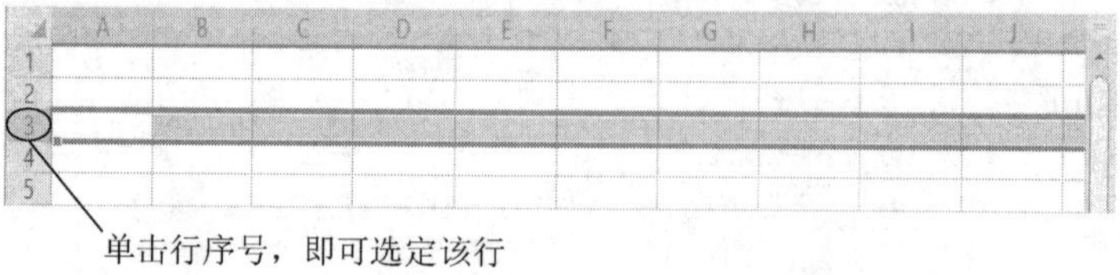

图 13-8 选定单行

要选定连续的多行(列),可以在单击某行(列)的行序号(列序号)后,按住鼠标左键,向上(左)或向下(右)拖动(此操作称为拖曳)。

要选定不连续的多行(列),则可按住 Ctrl 键,然后单击需要选定的行(列)的行序号(列序号)。

2. 插入行(列)

行(列)的插入操作方法为单击行序号(列序号)选定某一行(列),然后右击,在弹出的快捷菜单中的"插入"命令右侧设置行(列)数值,然后单击✓按钮,如图 13-9 所示。

此外,也可在选定某一行(列)后,单击"开始"选项卡中的"行和列"下拉按钮,在下拉菜单中选择"插入单元格"→"插入行"(或"插入单元格"→"插入列")命令实现行(列)的插入操作。

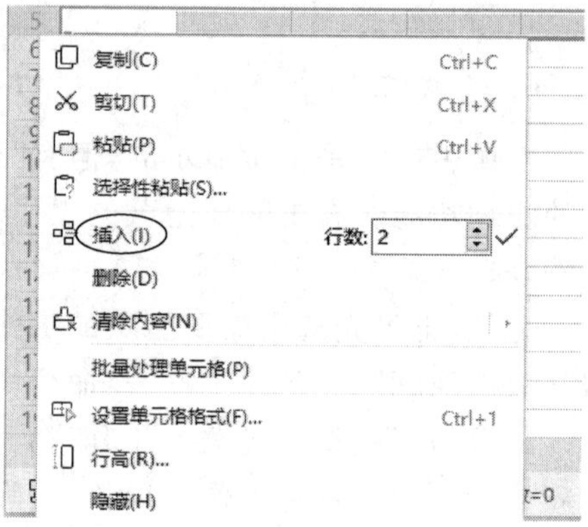

图 13-9 行的插入

3. 删除行(列)

右击要删除的行(列)的行序号(列序号),在弹出的快捷菜单中选择"删除"命令,即可删除该行(列);或先选定某一行(列)后,单击"开始"选项卡中的"行和列"下拉按钮,在下拉菜单中选择"删除单元格"→"删除行"(或"删除单元格"→"删除列")命令也可实现行(列)的删除。

4. 设置行高和列宽

工作表中的行高和列宽是可以改变的,以适应不同的数据长度。如当单元格中输入的数据超出该单元格宽度时,需要重新调整该单元格所在列的列宽。设置行高和列宽可采用下列方式来实现。

1)拖动改变行高和列宽

最简单快捷地改变行高和列宽的方式是直接拖动行或列的边界线。将光标放在要调整行高(列宽)的行序号(列序号)之间的分隔线上,光标形状将变成一个十字形的双向箭头 ≑

(✛),此时拖动分隔线到所需位置便可实现行高(列宽)的改变。在拖动过程中,会出现提示框实时显示行高(或列宽)的数值大小。

2)精确设置行高和列宽

如果要精确地设置行高或列宽为某一具体数值,可右击需要设置的行(列)的行序号(列序号),在弹出的快捷菜单中选择“行高”(或“列宽”)命令,打开“行高”(或“列宽”)对话框,如图 13-10 所示。在此对话框中输入所需的数值,然后单击“确定”按钮。

另外,也可在选定行(列)后,单击“开始”选项卡中的“行和列”按钮,在下拉菜单中选择“行高”(或“列宽”)命令,打开“行高”(或“列宽”)对话框,输入数值进行设置。

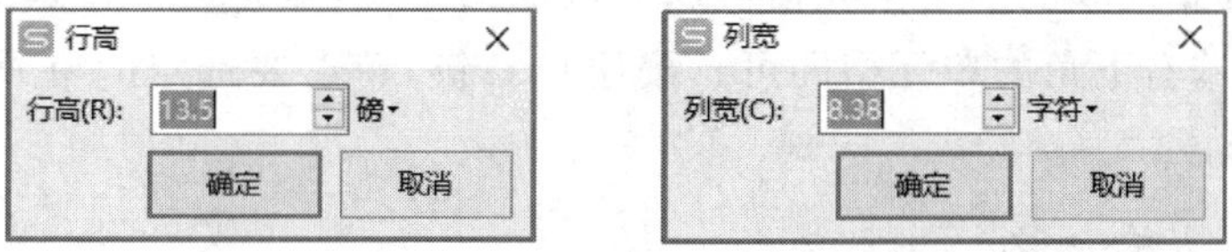

(a) “行高” 对话框　　(b) “列宽” 对话框

图 13-10　“行高”与“列宽”对话框

5. 隐藏行(列)

WPS 表格组件处理数据时,若想要表格中的某些行或列的数据暂时不可见,可通过隐藏行(列)来实现。右击需要隐藏的行(列)的行序号(列序号),在弹出的快捷菜单中选择“隐藏”命令便可实现行(列)的隐藏。若要取消隐藏,重新显示被隐藏的行(列),则可以同时选定已隐藏的行(列)相邻的上下两行(左右两列)并右击,在弹出的快捷菜单中选择“取消隐藏”命令。

6. 冻结窗格

冻结窗格功能用于锁定工作表中的部分行和列,使其在滚动页面时始终保持可见,便于查看。单击“开始”选项卡或“视图”选项卡中的“冻结窗格”下拉按钮,选择下拉菜单中的相关命令,执行相应的操作,如图 13-11 所示。

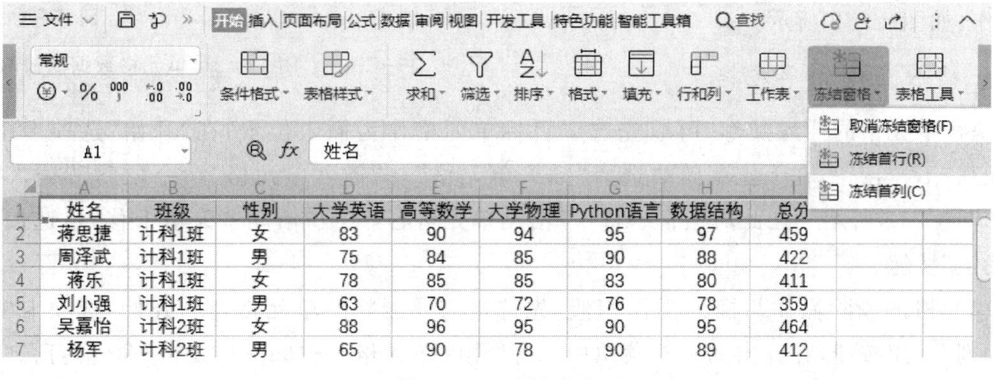

图 13-11　冻结窗格

“冻结首行”和“冻结首列”命令的对象是当前可见区域的首行或首列,在滚动页面时,首行或首列将始终保持在顶部或左侧。当要冻结多行或多列时,在“冻结窗格”下拉菜单中选择“冻结至第 x 行 x 列”命令,可以将选定的单元格(或单元格区域)上方的行和左侧的列冻结。若要取消窗格冻结,则选择“冻结窗格”下拉菜单中的“取消冻结窗格”命令即可。

13.2.4 单元格的基本操作

单元格的基本操作包括选定单元格、复制与移动单元格、清除单元格数据、插入与删除单元格、合并与取消合并单元格、批注等。

1. 选定单元格

在 WPS 表格组件中若要对单元格进行编辑，必须先选定单元格。单击某个单元格，可以选定该单元格。选定连续的多个单元格可以通过拖曳完成，即先选中待选定区域左上角的单元格，拖曳至该区域右下角的单元格即可。按住 Ctrl 键，单击要选定的单元格，则可以选定不连续的多个单元格。

2. 复制与移动单元格

单元格的复制与移动操作通常使用剪贴板或通过拖曳来实现。

使用剪贴板的操作为先选定要复制（或移动）的单元格，单击“开始”选项卡中的“复制”（或“剪切”）按钮，然后单击目标单元格，最后单击“开始”选项卡中的“粘贴”按钮。

拖曳操作为先选定要复制（或移动）的单元格，将光标移动到该单元格的边框处，当光标变为✥形状时，拖曳到目标位置。若在拖曳时按住 Ctrl 键，则可将选定单元格复制到目标位置。

3. 清除单元格数据

清除单元格数据指清除单元格中的数据内容、格式信息，而不是删除单元格。若只需清除单元格内容，则选定单元格，然后按 Delete 键即可。对于单元格的其他信息（如格式、批注等）的清除，可以在选定单元格后，单击“开始”选项卡中的“格式”下拉按钮，选择下拉菜单中“清除”子菜单中的命令（“全部”“格式”“内容”“批注”），执行相应的操作，如图 13-12 所示。

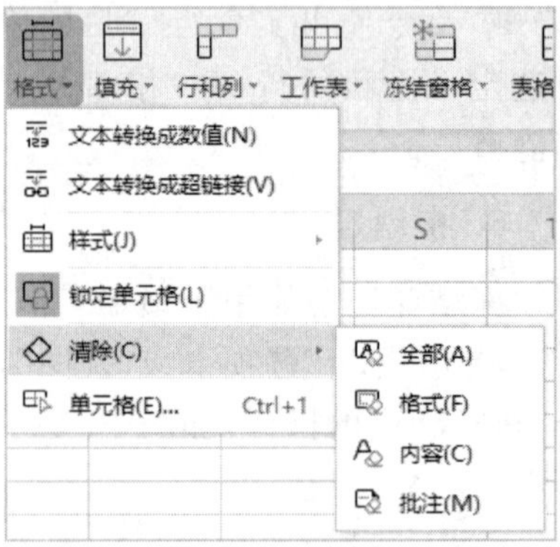

图 13-12 单元格数据的清除

4. 插入与删除单元格

执行单元格的插入操作，可以先选定目标单元格作为插入位置，在“开始”选项卡中单击“行和列”下拉按钮，在下拉菜单中选择“插入单元格”→“插入单元格”命令，打开“插入”对话框，如图 13-13 所示。在此对话框中选中“活动单元格右移”或“活动单元格下移”单选按钮，单击“确定”按钮。

单元格的删除操作与插入操作相似，先选定需要删除的单元格，在“开始”选项卡中单击“行和列”下拉按钮，在弹出的下拉菜单中选择“删除单元格”→“删除单元格”命令，打开“删除”对话框，如图 13-14 所示。在其中选中“右侧单元格左移”或“下方单元格上移”单选按钮，单击“确定”按钮，即可实现目标单元格的删除操作。

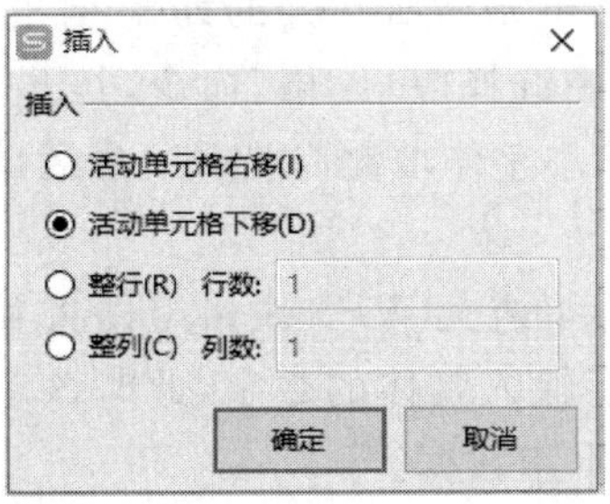

图 13-13 “插入”对话框

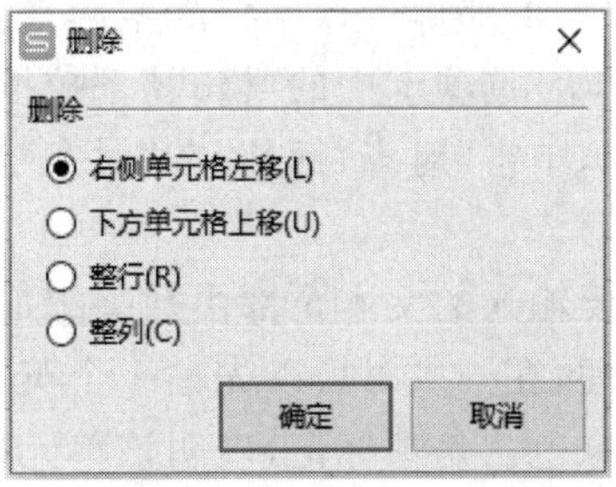

图 13-14 “删除”对话框

5. 合并与取消合并单元格

合并单元格是指将连续的两个或多个单元格合并为一个单元格。合并单元格的操作方法为先选定要合并的单元格区域，单击“开始”选项卡中的“合并居中”下拉按钮，在下拉菜单中提供了多种合并方式，如图 13-15 所示，用户可以选择其中的一种方式进行合并。

若要取消合并，可先选定已合并的单元格，按合并单元格的步骤重新执行一次操作即可。

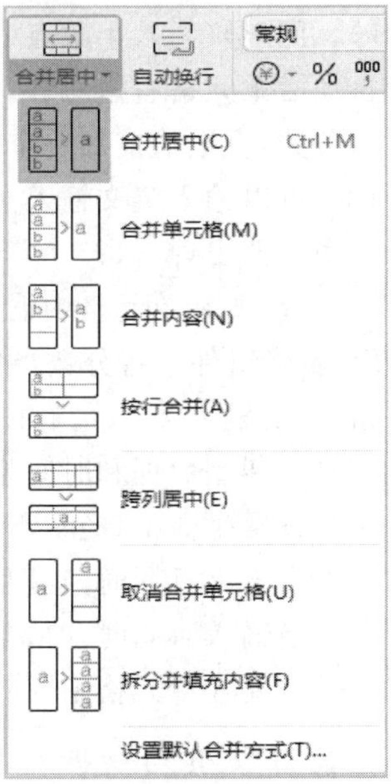

图 13-15 单元格合并的方式

6. 批注

批注主要用于对单元格的内容和格式作注释和补充说明。选定要添加批注的单元格，单击“审阅”选项卡中的“新建批注”按钮，此时会在选定的单元格右上角出现一个三角形标志，同时弹出批注框，如图 13-16 所示，在其中输入批注内容即可。

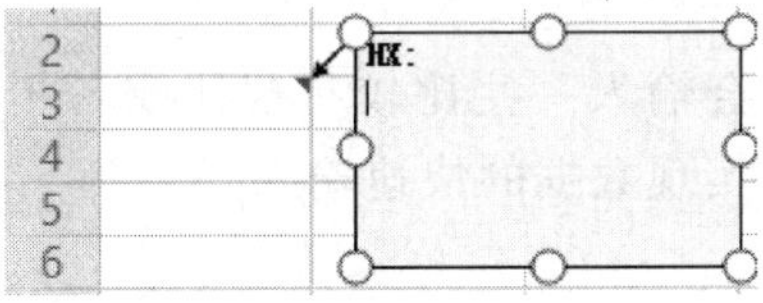

图 13-16 单元格批注

13.2.5 数据的输入

1. 直接输入数据

单击或双击要输入数据的单元格，即可在单元格中输入数据；或先选定单元格，然后在编辑栏中输入数据。输入结束后按 Enter 键可选中下方单元格，按 Tab 键可选中右边相邻的单元格。

1)文本型数据

在 WPS 表格组件中，文本型数据包括汉字、英文字母、空格或字符和数字组合成的数据等。默认情况下，文本型数据自动沿单元格左边对齐。当输入的文本长度超出了当前单元格的列宽时，如果右侧的相邻单元格里没有数据，那么文本会往右延伸。如果右侧的单元格里有数据，则超出的那部分数据将隐藏起来，这时可通过调整单元格所在列的列宽使之显示出来，或单击“开始”选项卡中的“格式”下拉按钮，在下拉菜单中选择“单元格”命令，打开“单元格格式”对话框，单击“对齐”标签，在“对齐”选项卡中勾选“缩小字体填充”复选框，最后单击“确认”按钮。

如果要输入的文本全部由数字组成，如电话号码，为了避免 WPS 表格组件将其当作数值型数据处理，在输入时可以先输一个英文单引号“'”，然后输入具体的数字，此时该单元格左上角添加了绿色三角形标记，表明该单元格中的数据为文本型数据。

2)数值型数据

在 WPS 表格组件中，数值型数据由 0～9 中的数字以及正号(＋)、负号(－)、货币符号($)、百分号(%)、小数点(.)和千位分隔符(,)等符号所组成，如＄35,000.3。默认情况下，数值自动沿单元格右边对齐。在输入过程中，有下列两种特殊情况需要注意。

负数：在数值前加一个“－”或将数值放在括号里，都可以输入负数，如要在单元格中输入－123，可以输入英文输入法状态下的圆括号“()”，在圆括号中输入数字 123，按 Enter 键，单元格中就会出现－123。

分数：要在单元格中输入分数形式的数据，应先输入 0 和一个空格，然后再输入分数，否则 WPS 表格组件会将分数当作日期处理。如要在单元格中输入分数 2/3，首先应输入 0 和一个空格，然后输入 2/3，最后按 Enter 键，单元格中就会出现分数 2/3。

3)日期型数据和时间型数据

在日常生活中，经常需要输入一些日期型数据，在输入过程中要注意下列几点。

①当输入日期时，年、月、日之间要用“/”或“-”隔开，如 2019-8-16、2020/9/8。

②当输入时间时，时、分、秒之间要用冒号隔开，如 12:00:00。

③若要在单元格中同时输入日期和时间，日期和时间之间应该用空格隔开。

2. 自动填充数据

在工作表中输入数据时，经常会输入一些比较有规律或者相同的数据，WPS 表格组件为用户提供了自动填充数据功能，可实现数据的快速输入。

1)填充相同数据

选中某个已输入初始数据的单元格，此时该单元格右下角出现一个小方块形状的填充句柄，将光标移至填充句柄时，光标形状由空心十字形变为黑色十字形，此时沿水平方向(行)或垂直方向(列)拖曳至填充区域的最后一个单元格，便会生成相同的数据，如图 13-17 所示。如果初始数据为数值型或日期型数据，自动生成的数据在默认情况下是按序列生成的，而不是原数据的复制。若要复制数据，则单击“自动填充选项”下拉按钮，在下拉菜单中选中“复制单元格”单选按钮。

2)填充序列数据

当初始数据为日期类型时，直接拖曳填充句柄可生成数据，默认情况下相邻的单元格中的日期数据大小相隔 1 天。当初始数据为数值类型时，拖曳填充句柄，系统默认填充等差数列，即依次在填充区域的单元格内填充等差序列数据，且相邻两个单元格内的数据大小相差 1。用户可以修改日期类型或数值类型生成的填充序列数据在相邻单元格之间差值的大小，操作步骤为单击“开始”选项卡中的“填充”下拉按钮，在下拉菜单中选择“序列”命令，打开“序列”对话框，如图 13-18 所示。在此对话框中可以设置步长值和序列类型。

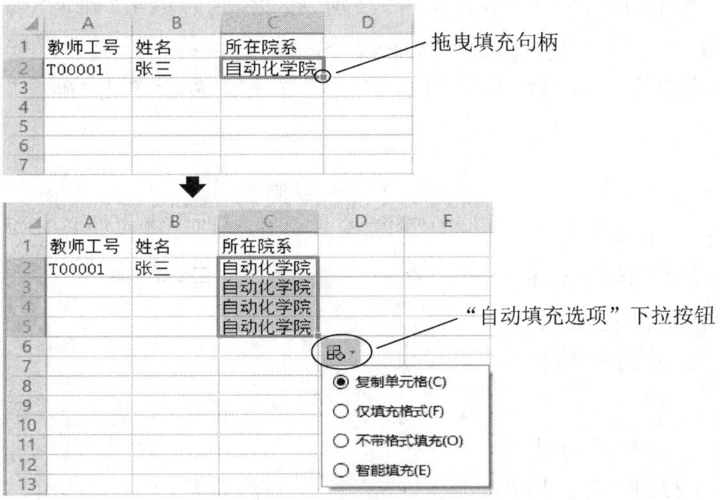

图 13-17　填充相同的数据

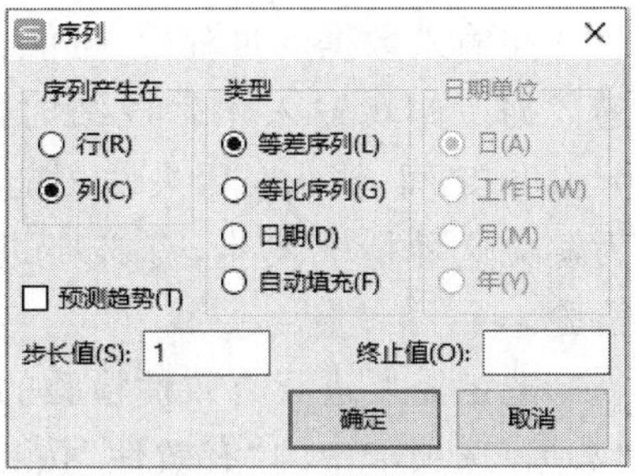

图 13-18　“序列”对话框

3)填充用户自定义序列数据

WPS 表格组件包含了一些常见的有规律的数据序列，如等差序列、等比序列等，但这些序列有时候也不能满足用户的需求。在遇到一些特殊的有一定规律的数据时，用户还可以自定义填充序列，以满足更多的需求。

单击“文件”按钮，在下拉菜单中选择“选项”命令，打开“选项”对话框，单击“自定义序列”标签，即可设置自定义序列”，如图 13-19 所示。

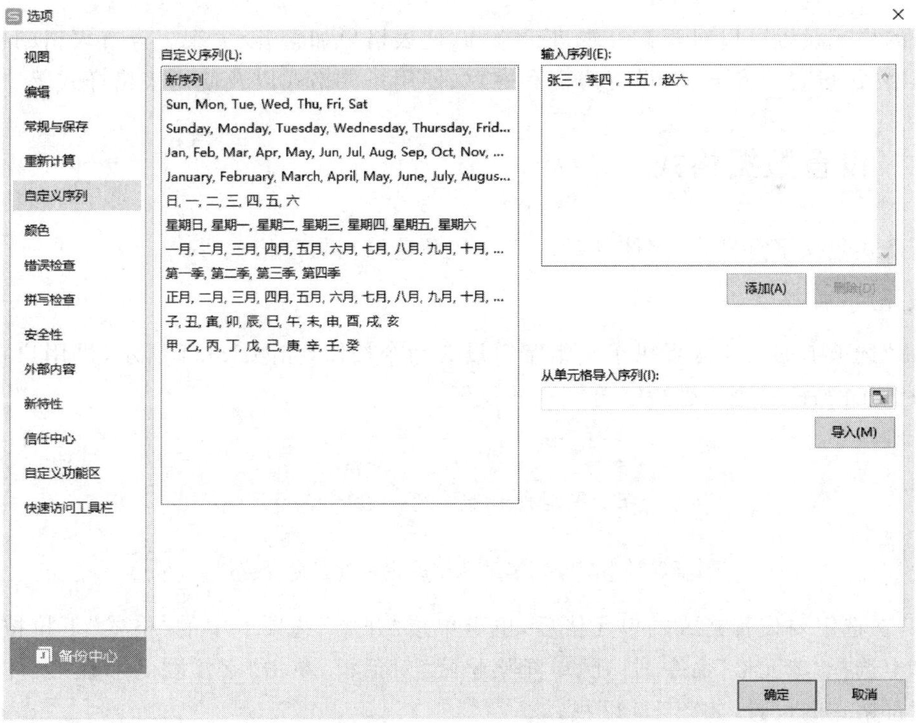

图 13-19　设置自定义序列

添加新序列通常有两种方式：第一种方式为在“输入序列”列表框中输入序列，输入时构成一个序列的各数据之间应用逗号“,”分隔开,输入完毕后单击“添加”按钮,然后单击“确定”按钮;第二种方式为从工作表中直接导入,单击“从单元格导入序列”输入框右侧的折叠对话框按钮,然后选定工作表中已定义好的数据序列区域,单击“导入”按钮,导入完成后单击“确定”按钮。

3. 设置数据有效性

在输入数据的过程中,可能会输入不符合要求的数据。如在输入学生成绩时,成绩数据应该在0～100之间,输入时因失误可能会输入其他数据。为避免这种情况发生,有必要进行数据的有效性检验。

选定需要进行有效性检验的单元格区域,单击“数据”选项卡中的“有效性”按钮,在打开的“数据有效性”对话框中的“设置”选项卡中进行相应的设置,如图13-20所示。数据有效性设置完成后,WPS表格组件就可以核对输入的数据是否有效。

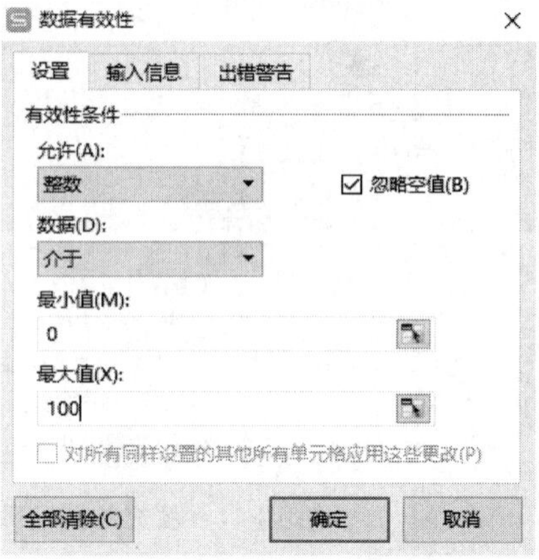

图 13-20　数据有效性设置

13.3　WPS 表格组件的格式设置

表格的格式设置可以对表格外观进行修饰,使表格更加整齐、美观。设置表格的格式包括设置数据格式、设置对齐方式、设置边框和底纹、使用条件格式以及使用表格样式等。

13.3.1　设置数据格式

数据格式包括字符格式(字体、字形、字号和颜色等)、数字格式等。

1. 设置字符格式

“开始”选项卡的功能区提供了一组字符设置命令按钮,如图13-21所示,供用户在选定需要设置的单元格后,快速地进行字符格式的设置。

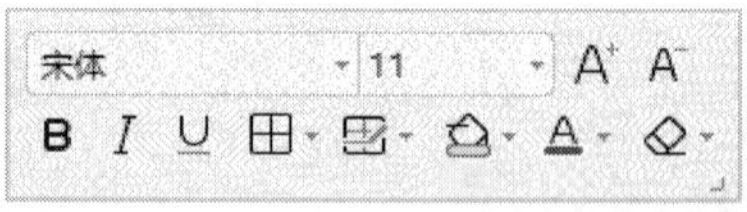

图 13-21　“开始”选项卡中的字符设置命令按钮

此外,在选定要设置格式的单元格后,也可单击“开始”选项卡中的“格式”下拉按钮,在其下拉菜单中选择“单元格”命令,打开“单元格格式”对话框,单击“字体”标签,在“字体”选项卡中进行字符格式的设置,如图13-22所示。

2. 设置数字格式

WPS 表格组件提供了大量的数字格式，如常规、数值、货币、会计专用等。同一个数值可以应用不同的数字格式来表示，如可以设置不同的小数位数、货币符号、百分号、千位分隔符等。如 2020、￥2020.00、2,020 是一个数的不同含义。使用数字格式可以在不同的应用场合使数值更易于直观表示，而不影响数值本身的实际值。

选定要设置格式的单元格，单击“开始”选项卡中的“格式”下拉按钮，在下拉菜单中选择“单元格”命令，打开“单元格格式”对话框，单击“数字”标签，在“数字”选项卡中进行数字格式的设置，如图 13-23 所示。

在“数字”选项卡中有多种内置的数字格式可供选择。

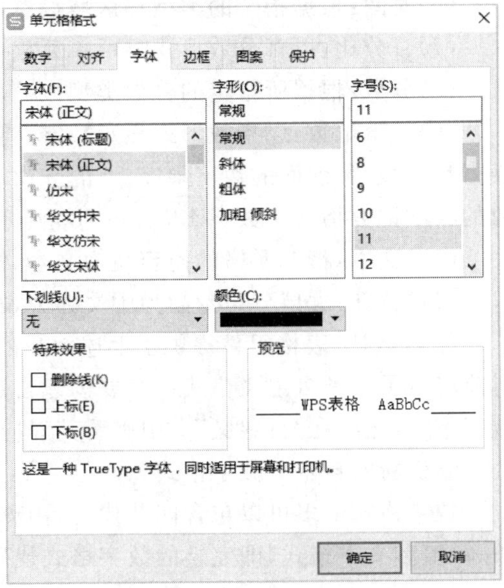

图 13-22　“单元格格式”对话框的“字体”选项卡

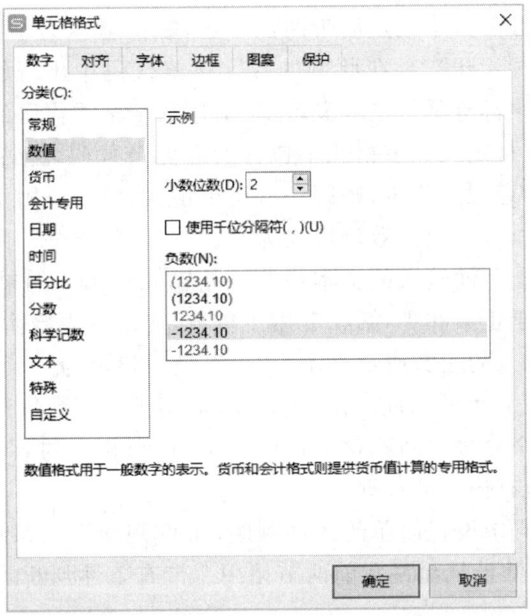

图 13-23　“单元格格式”对话框的“数字”选项卡

(1)常规：WPS 表格组件默认的数字格式，不包含任何特定的数字格式。根据输入的原始数据自动判断数据类型并按相应的格式存储和显示。

(2)数值：用于一般数字的表示，可以指定要使用的小数位数、是否使用千位分隔符以及如何显示负数。

(3)货币：用于一般货币值的表示并显示带有数字的默认货币符号，可以指定要使用的小数位数、是否使用千位分隔符。

(4)会计专用：对一列数值进行货币符号和小数点对齐的操作。

(5)日期：根据指定的类型和区域设置(国家或地区)，将日期和时间序列号显示为日期值。

(6)时间:根据指定的类型和区域设置(国家或地区),将日期和时间序列号显示为时间值。

(7)百分比:以百分数形式显示单元格的值。

(8)分数:根据所指定的分数类型以分数形式显示数字。

(9)科学记数:以指数形式显示数字,将其中一部分数字用“$E+n$”的形式代替,其中E(代表指数)表示将前面的数字乘以10的n次幂。设置时可以指定要使用的小数位数。如两位小数的科学记数格式将数字123 456 789显示为1.23E+08。

(10)文本:将单元格的内容视为文本,即使输入的是数字,也被当作文本。

(11)特殊:大部分是专门为中文办公设计的特殊格式,如“中文大写数字”“单位:万元”等。

尽管WPS表格组件提供了上述大量的数字格式,但有时仍然很难满足用户的现实需求,对此提供了一种自定义格式。若要创建自定义数字格式,可在“数字”选项卡中选择一种内置数字格式,然后在“自定义”页中查看其对应的代码,在此基础上修改该格式的任何一个代码部分来创建新的自定义数字格式。

数字格式最多可以包含四节代码,用英文半角分号“;”分隔,这些代码依次定义为正数、负数、零值和文本格式,即完整的数字格式代码结构为

正数格式;负数格式;零值格式;文本格式

例如,将数字格式代码定义为“[蓝色];[红色]0.00;0.0;"hello,"@”,则输入的正数将显示为蓝色,负数将显示为红色且小数点后带两位小数,零值显示为小数点后带一位小数,文本将在前面加“hello,”前缀显示出来。在此例的数字格式代码中出现的“[]”“0”“@”等符号为占位符,在数字格式代码中都有其特定含义,用来描述数字格式代码的语义。

在实际应用中不必在自定义数字格式中包含所有四节代码,允许省略部分节的代码。如果仅为自定义数字格式指定三节代码,则第一节用于正数,第二节用于负数,第三节用于零值,此时文本按原始输入显示,如自定义数字格式为“"√";"×";"-"”,此时输入的正数、负数、零值分别显示为“√”“×”“-”,而输入的文本将按原始输入显示。如果仅为自定义数字格式指定两节代码,则第一节用于正数和零,第二节用于负数,文本按原始输入显示,如自定义数字格式为“"√";"×"”,此时输入的正数或零显示为“√”,负数显示为“×”,而输入的文本将按原始输入显示。如果仅指定一节代码,为通用格式,则将适用于全部数值和文本的格式化显示。

若节代码为空,即两个分号之间不含格式化字符串,则相应的数据将隐藏起来,如数字格式代码为“;;;”,将隐藏所有输入的数据。

此外,还可以在节代码中设置简单的条件判断,条件判断由关系运算符(=、>、>=、<、<=、<>)和数值组成,并且只允许在前两节使用。带有条件判断的数字格式也允许省略部分节的代码。

完整结构:[条件1]格式;[条件2]格式;其余数值格式;文本格式

三节结构:[条件1]格式;[条件2]格式;其余数值格式(文本按原始输入显示)

两节结构:[条件1]格式;其余数值格式(文本按原始输入显示)

例如,将数字格式设置为“[=1]"√";[=0]"×";;”,输入数据时,数值1将显示为“√”,数值0将显示为“×”,其他数据均隐藏起来,对应的单元格内容为空。

下面介绍数字格式代码中常用的占位符的含义和作用。

G/通用格式:相当于常规格式,不设置任何格式,按原始输入显示。

0(零):数字占位符,当数字位数小于占位符的数量时以零补足。例如,如果输入8.9,并且希望将其显示为8.90,可使用“#.00”格式;小数位数大于占位符的数量时按四舍五入的规

则使位数与格式设置的位数一致，如格式代码“0.00”将“10.236”显示为“10.24”。

“#”：数字占位符，仅显示有效数字而不显示无意义的零。当输入的数字在小数点两侧的位数少于格式中的“#”的数量时，不会显示额外的零。如自定义格式“#.##”并且在单元格中输入“1.2”，则将显示为“1.2”。当小数位数大于占位符的数量时，按四舍五入的规则使位数与格式设置的位数一致。

“.”：小数点，在数字中显示小数点，如格式代码“0.0”将“15”显示为“15.0”。

“[]”：可用作颜色占位符，也可用作条件占位符，如将小于或等于 100 的数字用红色字体显示，大于 100 的数字用蓝色字体显示，可设置数字格式代码为“[<=100][红色];[>100][蓝色]”。

“,”：千位分隔符，在数字中显示千位分隔符，如“#,##0”将“23456”显示为“23,456”。

“@”：文本占位符，单个@为引用原始文本，多个@可以重复原始文本，如格式代码“@"大学"”，输入“北京”将显示为“北京大学”。

“yy”：将年份显示为两位数字(00～99)。

“yyyy”：将年份显示为四位数字(1900～9999)。

“m”：将月份显示为不带前导零的数字(1～12)。

“mm”：将月份显示为带前导零的数字(01～12)。

“mmm”：将月份显示为英文缩写形式(Jan～Dec)。

“mmmm”：将月份显示为英文全称(January～December)。

“d”：将日期显示为不带前导零的数字(1～31)。

“dd”：将日期显示为带前导零的数字(01～31)。

“ddd”：将日期显示为英文缩写形式(Sun～Sat)。

“dddd”：将日期显示为英文全称形式(Sunday～Saturday)。

“aaa”：使用中文简称显示星期几(一～日)。

“aaaa”：使用中文全称显示星期几(星期一～星期日)。

“ww”：按中文习惯显示星期几(周一～周日)。

13.3.2　设置对齐方式

WPS 表格组件中的单元格对齐方式分为水平对齐和垂直对齐方式。用户可以通过“单元格格式”对话框中的“对齐”选项卡来进行相关设置，如图 13-24 所示。

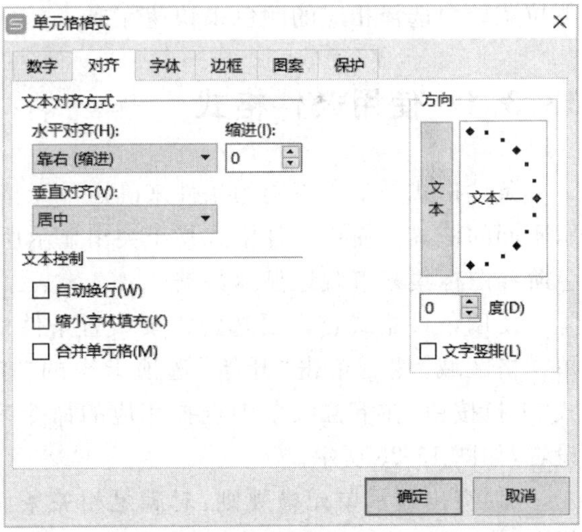

图 13-24　“单元格格式”对话框中的“对齐”选项卡

13.3.3　设置边框和底纹

在 WPS 表格组件中，工作表中的边框线是系统预设的，如果用户没有自行设置边框，打印出来的工作表就没有边线，因此用户需要为工作表中的数据添加边框，以使工作表美观。为了突出显示某些数据，还可以为其添加底纹。

选定要添加边框和底纹的单元格并右击，在弹出的快捷菜单中选择“设置单元格格式”命令，打开“单元格格式”对话框，在“边框”选项卡中可设置边框样式，在“图案”选项卡中可设置底纹（背景颜色或图案），如图 13-25 所示。

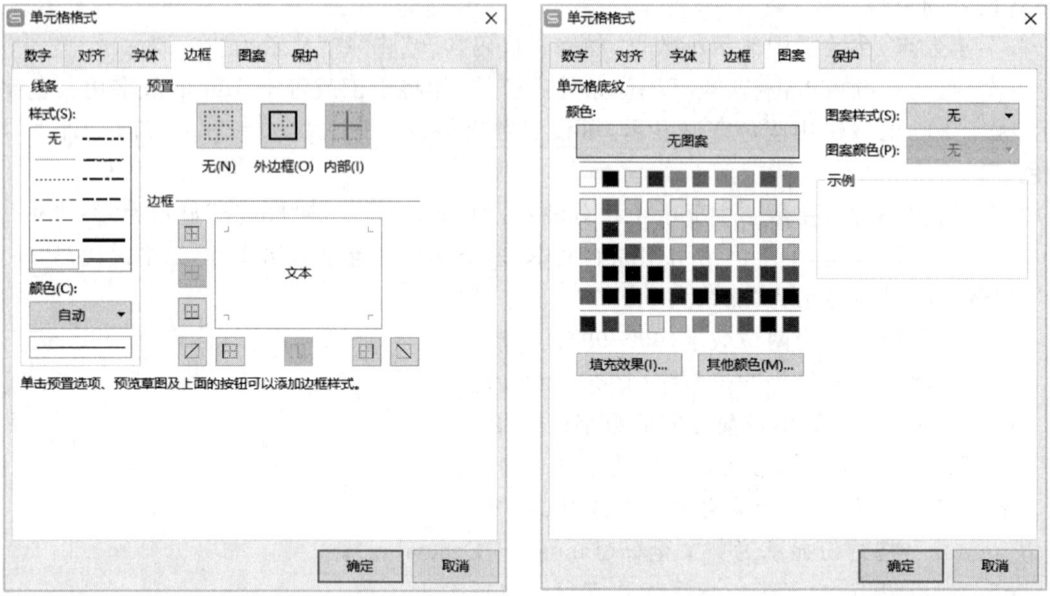

(a)“边框”选项卡　　(b)“图案”选项卡

图 13-25 “单元格格式”对话框中的“边框”选项卡与“图案”选项卡

此外，设置单元格背景颜色，也可通过单击“开始”选项卡中的“填充颜色”下拉按钮，在下拉菜单中选择相应的颜色来快速完成。

13.3.4 使用条件格式

条件格式是基于不同的条件来确定单元格的外观的，单元格内容在满足不同的条件时，显示不同的格式。使用条件格式易于突出显示所关注的单元格、强调异常值，并可使用数据条、色阶和图标集来直观地显示数据。

使用条件格式首先要选定需要设置条件格式的单元格区域，然后单击“开始”选项卡中的“条件格式”下拉按钮，在下拉菜单中选择相应的命令来进行设置，如图 13-26 所示。

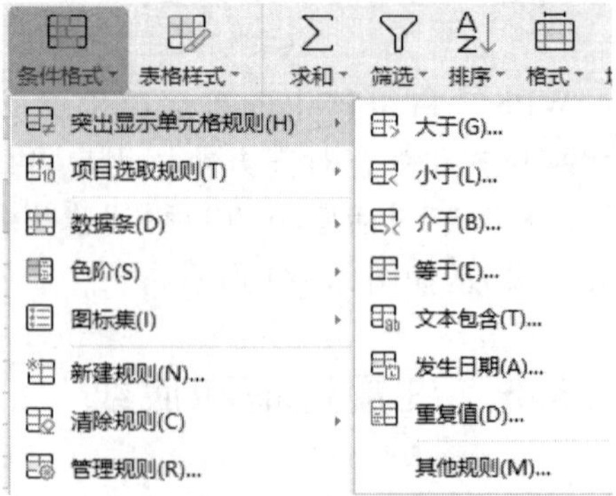

图 13-26 “条件格式”下拉菜单

(1)突出显示单元格规则：对满足相关条件的数据所在的单元格设置单元格格式。

(2)项目选取规则：按所选单元格区域中的数值大小设置单元格格式，如前 10 项或前 10%。

(3)数据条：在所选单元格区域中添加带渐变颜色的数据条，以此来代表单元格中的值，值越大，数据条越长。

（4）色阶：将所选区域单元格背景设置为渐变的颜色效果来直观地表示数据的分布趋势。

（5）图标集：通过使用某一组内置的图表来描述所选区域单元格中数据的状态。

（6）管理规则：可以为所选区域新建、编辑、删除规则或修改应用该规则的区域范围。

条件格式允许对同一区域同时设置多个规则，因此可以组合使用不同的规则。当所选区域中的数据发生变化，条件格式会自动更新，使得格式一直与数据保持一致。

【例 13-1】 某教师创建了"学生成绩表. et"文件，并已在其中的工作表中输入了部分原始数据，如图 13-27 所示，现对其格式进行设置，要求如下：

（1）标题（学生成绩表）字体设置为"黑体"，字号 12 磅，居中显示；

（2）第 2 行至第 8 行数据水平居中对齐，并添加黑色粗实线外框和黑色细实线内框；

（3）第 2 行数据设置背景颜色为"主题颜色：白色，背景 1，深色 25%"；

（4）期考成绩大于或等于 90 分的单元格设置为绿填充色深绿色文本，期考成绩小于 60 分的单元格设置为红色字体、加粗效果。

	A	B	C	D	E
1	学生成绩表				
2	姓名	平时成绩	实验成绩	期考成绩	期末总评成绩
3	王吕红	95	90	90	
4	李艳	90	85	88	
5	陆洋	70	75	80	
6	黄晶	65	60	55	
7	肖晗	80	89	80	
8	刘芸	65	70	51	

图 13-27　学生成绩表

操作步骤如下。

（1）选定 A1 单元格，然后单击"开始"选项卡中的"字体"下拉按钮，在弹出的下拉列表中选择"黑体"选项；单击"开始"选项卡中的"字号"下拉按钮，在下拉列表中选择"12"选项。

（2）选定单元格区域 A1：E1，单击"开始"选项卡中的"合并居中"下拉按钮，在下拉菜单中选择"合并居中"命令。

（3）选定单元格区域 A2：E8，在此区域内右击，在快捷菜单中选择"设置单元格格式"命令，打开"单元格格式"对话框，单击"对齐"选项卡中的"水平对齐"下拉按钮，在下拉列表中选择"居中"选项；单击"边框"选项卡，在"样式"列表框中选择粗实线线条，单击"颜色"下拉按钮，在下拉列表中选择"自动"，然后单击"预置"区域中的"外边框"按钮，完成工作表外边框的设置；再在"样式"列表框中选择细实线线条，然后单击"预置"区域中的"内部"按钮，完成内边框的设置，最后单击"确定"按钮。

（4）选定单元格区域 A2：E2，单击"开始"选项卡中的"填充颜色"下拉按钮，在下拉菜单中的"主题颜色"区域中选择"白色，背景 1，深色 25%"命令。

（5）选定单元格区域 D3：D8，单击"开始"选项卡中的"条件格式"下拉按钮，在下拉菜单中选择"突出显示单元格规则"→"介于"命令，打开"介于"对话框，在左边的文本框中分别输入"90""100"，在右边的下拉列表框中选择"绿填充色深绿色文本"选项，如图 13-28 所示，单击"确定"按钮。

（6）用同样的方法选择"小于"命令，打开"小于"对话框，在左边的文本框中输入 60，在右边的下拉列表框中选择"自定义格式"，打开"单元格格式"对话框。在"字体"选项卡中设置颜色为"红色"，设置字形为"加粗"，然后连续单击"确定"按钮。最终效果如图 13-29 所示。

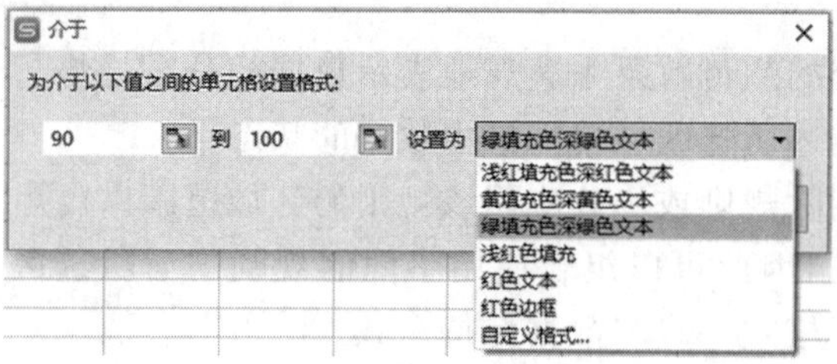

图 13-28 “介于”对话框

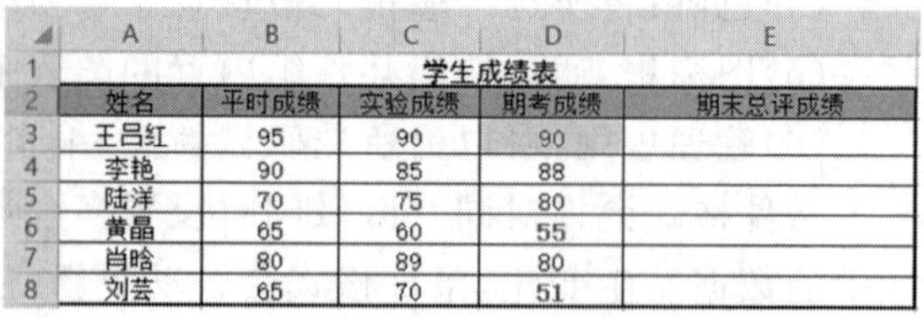

	A	B	C	D	E
1	学生成绩表				
2	姓名	平时成绩	实验成绩	期考成绩	期末总评成绩
3	王吕红	95	90	90	
4	李艳	90	85	88	
5	陆洋	70	75	80	
6	黄晶	65	60	55	
7	肖晗	80	89	80	
8	刘芸	65	70	51	

图 13-29 设置学生成绩表格式的最终效果

13.3.5 使用表格样式

表格样式是单元格字体、字号、边框和底纹等格式设置特性的组合，将这一组合作为集合加以命名和存储。应用样式时，将同时应用该样式中所有的格式设置指令。

WPS 表格组件提供了许多已定义好的专业、美观的内置表格样式供用户自动套用，可以快速地实现工作表的格式设置，同时也允许用户根据需要自定义样式。

1. 套用表格样式

选定要套用样式的单元格区域，在“开始”选项卡中单击“表格样式”下拉按钮，在下拉菜单中提供了诸如“浅色系”“中色系”“深色系”多种可供套用的内置表格样式，如图 13-30 所示。

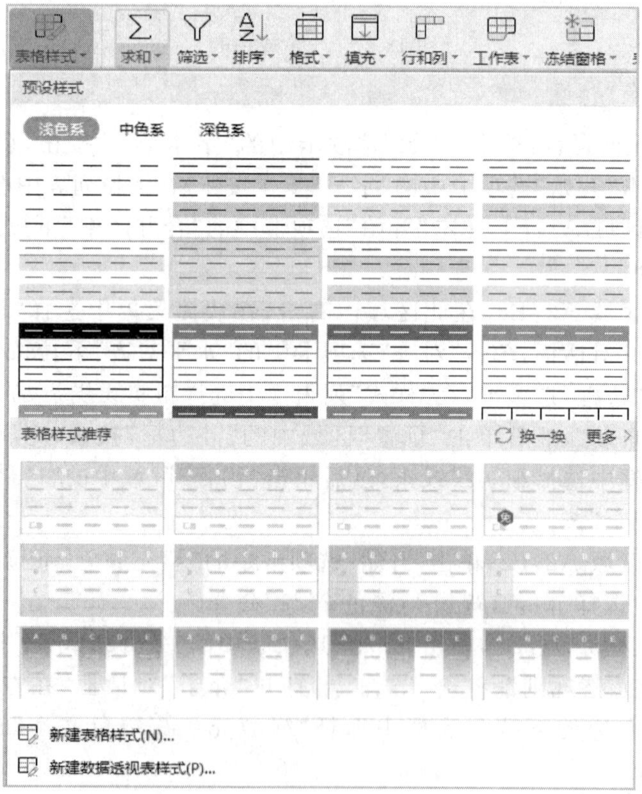

图 13-30 “表格样式”下拉菜单

选中某一种样式时，将弹出“套用表格样式”对话框，如图 13-31 所示，在“套用表格样式”

对话框中，有"仅套用表格样式"和"转换成表格，并套用表格样式"两个单选按钮可供选择。选中"仅套用表格样式"单选按钮，所选定单元格区域将采用该样式的格式，而当选中"转换成表格，并套用表格样式"单选按钮时，单元格区域不仅套用表格样式，同时该数据区域将转换为 WPS 的智能表格。与普通的单元格区域相比，智能表格可以自动扩展行、列。当数据超过原有表格范围时，智能表格将自动扩展以适配数据。此外，智能表格还具有数据筛选功能和自动统计汇总等功能，能根据用户需求完成数据整理和分析。若要撤销智能表格恢复到原始的数据区域状态，可选定智能表格的某个单元格并右击，在弹出的快捷菜单中选择"表格"→"转化为区域"命令。

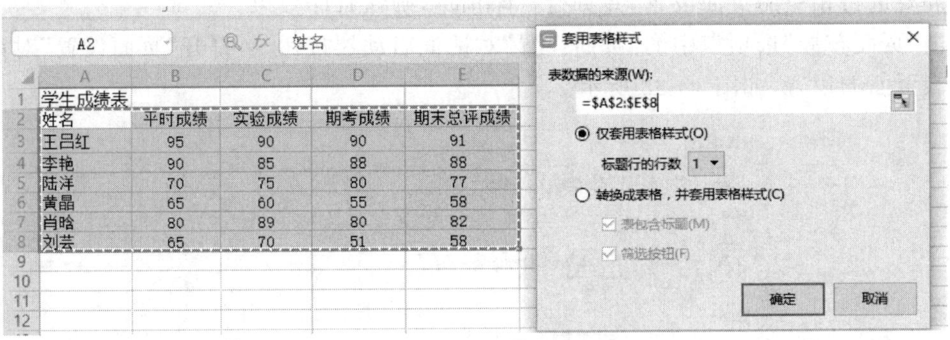

图 13-31　"套用表格样式"对话框

2. 自定义表格样式

用户自定义表格样式的操作步骤如下。

(1)选定单元格区域，在"开始"选项卡中单击"表格样式"下拉按钮，在下拉菜单中选择"新建表格样式"命令，打开"新建表样式"对话框，如图 13-32 所示。

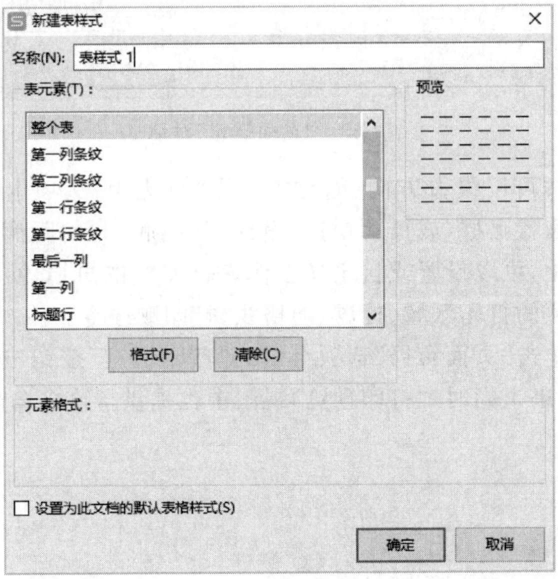

图 13-32　"新建表样式"对话框

(2)在"新建表样式"对话框中的"名称"文本框中输入自定义样式的名称；在"表元素"列表框中选择要设置格式的区域，单击"格式"按钮，打开"单元格格式"对话框设置字体、边框和底纹。设置完成后，单击“确定”按钮，关闭“单元格格式”对话框，然后单击“新建表样式”对话框中的“确定”按钮即可。

13.4 工作表的打印

用户设置好工作表后，经常需要将工作表打印出来。为了确保打印的效果符合要求，在打印之前需要进行相应的页面设置，并进行打印预览，确认打印效果。

单击“页面布局”选项卡中的“页面设置”对话框启动器按钮 ，打开“页面设置”对话框，进行工作表页面的设置，如图 13-33 所示。

图 13-33 “页面设置”对话框

在“页面”选项卡中，可以设置方向、缩放等。在“页边距”选项卡中，可以设置页面的上、下、左、右边距，并可以设置页眉(或页脚)与页面顶部(或底部)的距离，以及页面的居中方式。在“页眉/页脚”选项卡中，可以设置或自定义工作表打印时的页眉、页脚内容。在“工作表”选项卡中，可以设置工作表的打印区域、标题、网格线、打印顺序等。

页面设置完成后，单击“页面布局”选项卡中的“打印预览”按钮，进入“打印预览”视图，可以查看工作表的打印效果。同时，“打印预览”视图中也提供了许多命令按钮，供用户设置打印的参数，如图 13-34 所示。

图 13-34 “打印预览”视图中提供的命令按钮

用户可以在此设置纸张类型、打印方向、打印方式、份数等，也可单击“直接打印”按钮直接打印工作表。若预览的打印效果不满意，用户还可以通过单击“页面设置”按钮，重新进行页面设置。

若用户完成了工作表的页面设置，并对预览的打印效果满意，就可以打印工作表了。单击“文件”按钮，在弹出的下拉菜单中选择“打印”命令，打开“打印”对话框，如图 13-35 所示。

在“打印”对话框中，用户可根据需要来设置打印机、页码范围、打印内容、份数等。设置完毕后，单击“确定”按钮即可打印工作表。

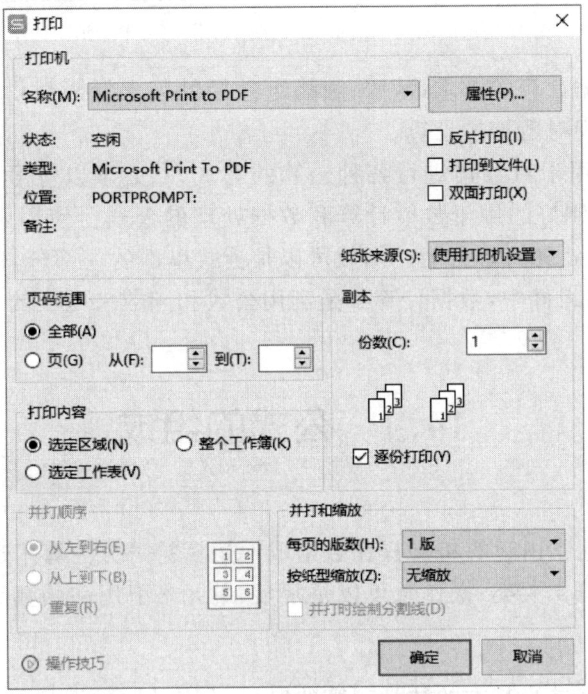

图 13-35　“打印”对话框

——第 14 章——
公式与函数

为了满足各种数据计算的需求，WPS 表格组件提供了大量函数供用户使用，同时也支持用户自行编写公式实现对数据的计算。

公式是工作表中用于对数据进行各种运算的等式，它必须以等号（=）开头，而函数则是 WPS 表格组件预先编制好的用于数值计算和数据处理的公式。使用函数可以简化或缩短工作表中的公式，使数据处理简单方便。函数可以是公式里面的一部分，但公式不一定总需要包含函数。在 WPS 表格组件中，数据计算都是利用公式和函数来完成的。

14.1 公式的组成

一个完整的公式通常由运算符和操作数组成。运算符可分为算术运算符、比较运算符、文本运算符和引用运算符 4 大类；操作数可以是常量、单元格引用和函数等。

1. 算术运算符

算术运算符是用来进行基本的数学运算的符号，如＋（加）、－（减）、*（乘）、/（除）、%（百分比）、^（乘方）。在 WPS 表格组件中算术运算符的优先级遵循用于计算的常规数学规则，即优先级从高到低分别为百分比、幂运算、乘法和除法以及加法和减法。使用括号可更改计算顺序。

2. 比较运算符

比较运算符又称关系运算符，用于比较两个值，结果为逻辑值 TRUE 或 FALSE。常用的比较运算符有＝（等于）、＞（大于）、＜（小于）、＞＝（大于或等于）、＜＝（小于或等于）、＜＞（不等于）。它们的优先级相同。

3. 文本运算符

文本运算符用 & 表示，用于连接一个或多个文本，以生成一个新文本。如"中国" & "北京"，结果为"中国北京"。

4. 引用运算符

引用运算符主要用于标明工作表中的单元格或单元格区域，它包括区域运算符（:）、联合运算符（,）、交集运算符（空格）。它们之间的优先级从高到低分别为区域运算符、联合运算符、交集运算符。

区域运算符（:）：用于生成一个在两个引用之间且包括这两个引用的所有单元格的引用。例如，A1:D4 表示以 A1 单元格为左上角和 D4 单元格为右下角的一块矩形区域，SUM(A1:

D4)表示对单元格区域 A1:D4 中的所有单元格数值进行求和运算。

联合运算符(,):用于将多个引用合并为一个引用。例如,SUM(A1,D4)表示对 A1 和 D4 这两个单元格中的数值进行求和运算。

交集运算符(空格):用于生成一个对两个引用中共有单元格的引用。例如,SUM(A1:D4　C3:E5)用于计算 A1:D4 和 C3:E5 这两个区域的交叉区域,即对单元格区域 C3:D4 中的所有数值进行求和运算。

与其他三大类运算符进行优先级比较,引用运算符的优先级最高,然后依次分别是算术运算符、文本运算符、比较运算符。

5. 常量

常量指直接输入到公式中的数字或文本等。它不是通过计算获得的值,在计算过程中始终保持不变。公式中的常量有数值型常量(即某个具体数值,如 34、98 等)、文本型常量(用英文双引号引起来的若干字符,如"hello"、"中国")、逻辑型常量(TRUE 和 FALSE)。

6. 单元格引用

单元格引用的作用在于标识工作表上的单元格或单元格区域,并告知在哪里查找要在公式中使用的值或数据。例如,一个公式中要使用某个单元格中的数据,则需要引用这个单元格,即在公式中输入该单元格的地址,如 B2,表示引用了第 B 列和第 2 行交叉处的单元格。在公式中经常使用单元格引用,利用单元格中的数据参与运算,而不是直接输入常量。当参与运算的单元格内容发生改变时,公式的运算结果也会随之变化,这样用户可以方便地运用公式复制来快速地进行数据计算。

14.2　公式的输入与复制

14.2.1　输入公式

选定要输入公式的单元格后,公式可直接在单元格中输入,也可在编辑框中输入,但输入内容必须以"="开头,如"=A1+B1"。公式输入完后,按 Enter 键确认。此外,在输入公式时应当注意,公式中的所有运算符号均为英文符号,即应在英文半角状态下输入。

【例 14-1】 计算例 13-1 中的学生成绩表中第 1 位学生的期末总评成绩,计算公式为"期末总评成绩=平时成绩×0.2+实验成绩×0.2+期考成绩×0.6"。

操作方法如下。

选定 E3 单元格,在 E3 单元格或编辑框中输入"=B3*0.2+C3*0.2+D3*0.6",如图 14-1 所示,然后按 Enter 键即可获得计算结果。

在输入公式过程中,当要输入单元格引用地址时,可以直接输入单元格引用地址,也可以单击相应的单元格,该单元格的引用地址就会自动出现在公式中,这样可快速实现单元格引用地址的输入。

当单元格中输入的公式存在错误需要修改时,可直接双击该单元格使之进入编辑状态,修改完成后再按 Enter 键。或选定该单元格，然后在编辑框中修改，最后按 Enter 键结束。

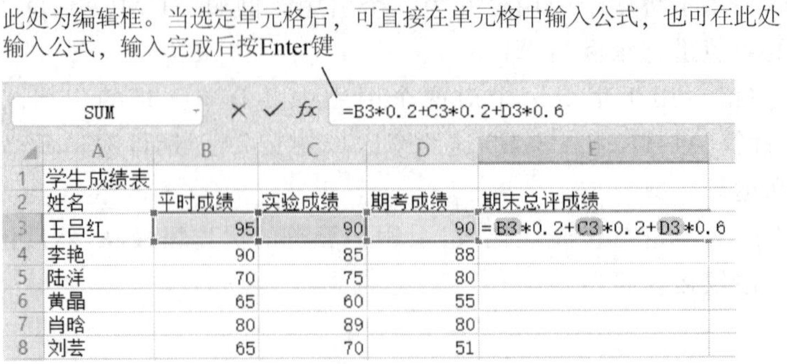

图 14-1　输入公式

在公式输入完成，显示计算结果后，如需查看输入的公式，按 Ctrl＋～快捷键可实现公式和计算结果两种显示状态之间的切换。

14.2.2　复制公式

若要求例 14-1 中其余同学的期末总评成绩，可以按照例 14-1 的操作方法在相应的单元格中逐个输入类似的公式，然后按 Enter 键得到结果。但是当要计算的数据量较大时，如要计算几百个学生的期末总评成绩，这种方法并不可取。通常情况下，在第一条数据的计算公式输入完毕后，对于后面数据采用相同公式的计算，都是通过复制公式来快速实现的。

复制公式通常是利用公式的自动填充功能来完成的，即将光标移动到已输入公式的单元格右下角的填充句柄处，此时光标形状变为黑十字形，拖曳填充句柄至目标区域的最后一个单元格，公式自动填充完毕。

另外，公式的复制也可采用先选定已输入公式的单元格，右击，在弹出的快捷菜单中选择“复制”命令，然后选定需要复制公式的目标区域，右击，在弹出的快捷菜单中选择“粘贴”命令。

【例 14-2】 采用复制公式完成例 14-1 中其余同学的期末总评成绩的计算，并要求在得到结果后，查看一下复制的公式。

操作步骤如下。

(1)选定 E3 单元格，将光标移动到 E3 单元格右下角的填充句柄处。

(2)拖曳填充句柄至 E8 单元格，即可得到其余同学的期末总评成绩，如图 14-2 所示。

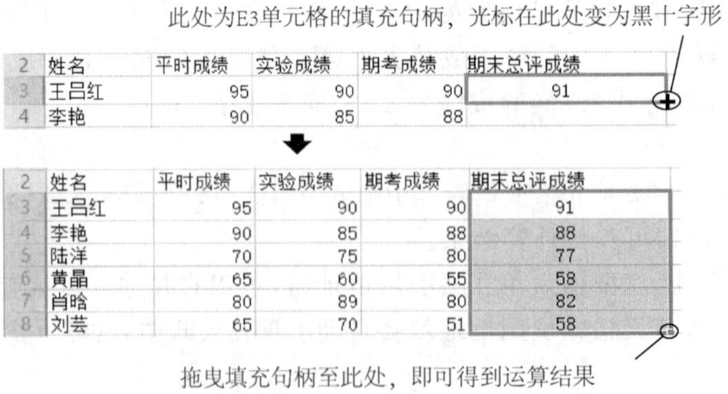

图 14-2　复制公式

(3)按 Ctrl＋～快捷键，将显示的计算结果切换为公式状态，如图 14-3 所示。

	A	B	C	D	E
1	学生成绩表				
2	姓名	平时成绩	实验成绩	期考成绩	期末总评成绩
3	王吕红	95	90	90	=B3*0.2+C3*0.2+D3*0.6
4	李艳	90	85	88	=B4*0.2+C4*0.2+D4*0.6
5	陆洋	70	75	80	=B5*0.2+C5*0.2+D5*0.6
6	黄晶	65	60	55	=B6*0.2+C6*0.2+D6*0.6
7	肖晗	80	89	80	=B7*0.2+C7*0.2+D7*0.6
8	刘芸	65	70	51	=B8*0.2+C8*0.2+D8*0.6

图 14-3　查看公式复制结果

由图 14-3 可知，在复制公式时，并不是简单地将单元格的公式原样复制，而是根据公式原来所在单元格的位置及需要复制公式的目标单元格位置的偏移量来自动推算出新公式中参与运算的单元格地址。

14.3　单元格引用方式

在 WPS 表格组件中单元格引用包括相对引用、绝对引用和混合引用三种方式。

1. 相对引用

相对引用包含了公式中引用的单元格与公式所在单元格的相对位置，是 WPS 表格组件默认的单元格引用方式。在相对引用下，将公式复制或移动到某一单元格时，单元格中公式引用的单元格地址会发生变化，但引用的单元格与包含公式的单元格的相对位置不变。此时公式中引用的单元格地址由列序号与行序号表示，如 A1、C1:E4 等。其特点是在公式复制或移动时，该地址会根据移动的位置自动调整。如例 14-1 的学生成绩表中，将公式从 E3 单元格复制到 E4 单元格时，列序号没改变，行序号加 1，所以公式从“＝B3＊0.2＋C3＊0.2＋D3＊0.6”自动变为“＝B4＊0.2＋C4＊0.2＋D4＊0.6”，如图 14-3 所示。

2. 绝对引用

绝对引用总是在特定的位置引用单元格。如果公式所在的位置发生改变，绝对引用将保持不变。换句话说，绝对引用也就是指将公式复制或移动到新位置后，公式中引用的单元格地址固定不变。

绝对引用的表示方法是在公式引用的单元格的列序号和行序号之前分别添加“$”符号，如“$A$1”等。

例如，在学生成绩表中将 E3 单元格中的公式改为“＝$B$3＊0.2＋$C$3＊0.2＋$D$3＊0.6”，然后将公式在 E4 单元格中复制，则 E4 单元格的结果与 E3 单元格的结果一致，而且 E4 单元格中的公式与 E3 单元格中的公式也无任何差别。

通常在使用公式进行运算时，如果某一固定单元格或固定单元格区域需要同其他单元格进行多次运算，该单元格或单元格区域就可设置为绝对引用。

【例 14-3】 图 14-4 为某门课程的学生成绩册，利用公式求出学生的期评成绩(期末总评成绩)，且要求公式中平时成绩的百分比不得直接输入数值型常量，需引用图中相关的单元格。

	A	B	C	D	E	F	G	H
1	学生成绩册							
2	学 号	姓 名	平时成绩	期考成绩	期评成绩			
3	14050301542	贺骏	90	87				
4	14050721580	陈思颖	80	80				
5	14050925086	田昕	83	87				
6	14052202395	马连恋	86	55				
7	14052202403	魏峥	86	85				
8	14053000546	李海靓	93	95				
9	14053000547	刘香姣	86	71				
10	14053000548	刘馀根	90	80				
11	14053000549	王蓓	90	77				
12								
13	平时成绩比例	30%						
14	期评成绩＝平时成绩×平时成绩百分比＋期考成绩×（1－平时成绩百分比）							
15	要求：							
16	根据平时成绩比例计算期评成绩，在公式输入时要求平时成绩百分比不得输入数值型常量							

图 14-4　某门课程的学生成绩册

操作步骤如下。

(1)选定 E3 单元格，在单元格或编辑框中输入“＝C3 ＊ ＄B＄13＋D3 ＊ (1－ ＄B＄13)”，按 Enter 键确认(注：此处的绝对引用可通过键盘直接输入“＄B＄13”。此外，也可以先单击 B13 单元格，此时公式中自动出现了该单元格的相对引用 B13，然后在公式中选中该相对引用，按 F4 键，该单元格的相对引用自动变为绝对引用“＄B＄13”)。

(2)将光标移动到 E3 单元格右下角的填充句柄处，拖曳填充句柄至 E11 单元格，即可得到结果。

例 14-3 中当计算完所有同学的期评成绩后，按 Ctrl＋～快捷键，查看复制的公式可知，由于在公式中 B13 单元格采用了绝对引用，在复制公式时，其地址固定不变，如图 14-5 所示。

1	学生成绩册				
2	学 号	姓 名	平时成绩	期考成绩	期评成绩
3	14050301542	贺骏	90	87	=C3*$B$13+D3*(1-$B$13)
4	14050721580	陈思颖	80	80	=C4*$B$13+D4*(1-$B$13)
5	14050925086	田昕	83	87	=C5*$B$13+D5*(1-$B$13)
6	14052202395	马连恋	86	55	=C6*$B$13+D6*(1-$B$13)
7	14052202403	魏峥	86	85	=C7*$B$13+D7*(1-$B$13)
8	14053000546	李海靓	93	95	=C8*$B$13+D8*(1-$B$13)
9	14053000547	刘香姣	86	71	=C9*$B$13+D9*(1-$B$13)
10	14053000548	刘馀根	90	80	=C10*$B$13+D10*(1-$B$13)
11	14053000549	王蓓	90	77	=C11*$B$13+D11*(1-$B$13)

图 14-5　查看含有绝对引用的公式复制的结果

3. 混合引用

混合引用指引用的单元格同时有绝对列和相对行或绝对行和相对列，也就是在单元格引用地址中，既有绝对引用，又有相对引用，即在列序号或行序号前加上“＄”符号，如“＄A1”和“A＄1”。如果公式所在位置改变，则相对引用改变，而绝对引用不变。若“＄”符号在单元格引用地址的列序号前，如“＄A1”，则列序号不变，行序号变化。反之，若“＄”符号在行序号前，如“A＄1”，则列序号变化，行序号不变。

上面介绍的单元格引用的三种方式，均有各自的特点。用户可以根据需要选择相应的方式在公式中引用同一工作表中的单元格，也可以引用其他工作表中的单元格。当公式中引用其他工作表内的单元格时，应在单元格前加工作表名和!，其格式为“工作表名称!单元格引用”。例如，“Sheet2!B6”表示引用 Sheet2 工作表中的 B6 单元格。

14.4　使用函数

函数是预定义的公式，通过使用一些称为参数的特定数值按照特定的顺序或结构执行计算。

14.4.1　函数的格式

函数一般由函数名、参数等组成，其格式为“函数名([参数 1],[参数 2],…)”，其中参数可以是数字、文本、逻辑值、单元格引用、公式或其他函数。例如，在求和函数 SUM(5,A1)中，5 和 A1 都是参数，此函数的作用是将常量 5 与 A1 单元格中的数值进行求和。

在 WPS 表格组件中，函数的格式要注意下列几点。

(1)一个函数只能有一个唯一的函数名。函数名称在一定程度上可反映出该函数的功能和用途。

(2)函数名后面必须有一对括号，且函数名与左括号之间不能出现空格。

(3)一个函数若有多个参数，那么各参数之间用逗号隔开。

(4)不同的函数可以有不同的参数个数以及不同的参数类型，参数可以没有，也可以有 1 个或多个，这要依据具体函数来确定。

14.4.2　函数的输入

在公式中经常需要使用函数，如“=SUM(A1:A5)”。其输入操作通常有两种方法。

直接输入法：选定要输入公式的单元格，在该单元格或编辑框内输入“=SUM(A1:A5)”，按 Enter 键确认。

插入函数法：这是较常用的一种函数输入方法。选定单元格，单击“公式”选项卡中的“插入函数”按钮(或单击编辑框左边的“插入函数”按钮fx)，打开“插入函数”对话框，如图 14-6 所示。在“选择函数”列表框中选择 SUM 函数(若在此列表框没有所需函数，则可先在“或选择类别”下拉列表框中选择“全部”选项，然后再在“选择函数”列表框中选择所需函数)，单击“确定”按钮，弹出“函数参数”对话框，如图 14-7 所示。单击“折叠”按钮，然后在工作表中选定 A1:A5 单元格区域，单击“展开”按钮，可以看到“数值 1”文本框中被填上了“A1:A5”(或直接在“数值 1”文本框中输入“A1:A5”)，最后单击“确定”按钮，完成函数的输入并自动计算出结果。

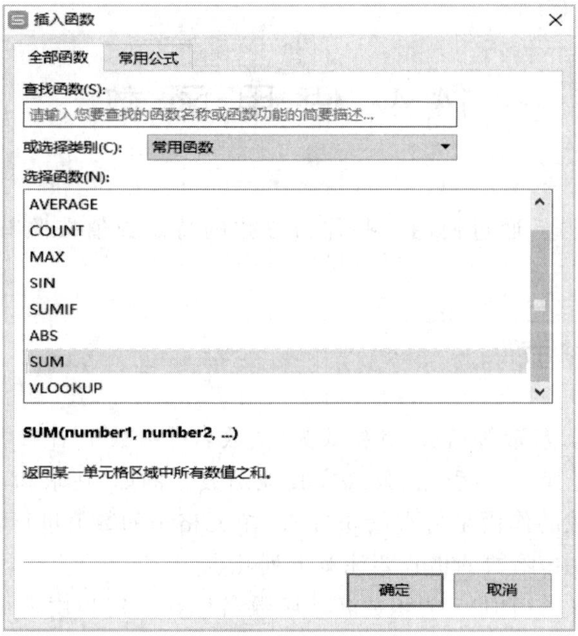

图 14-6 “插入函数”对话框

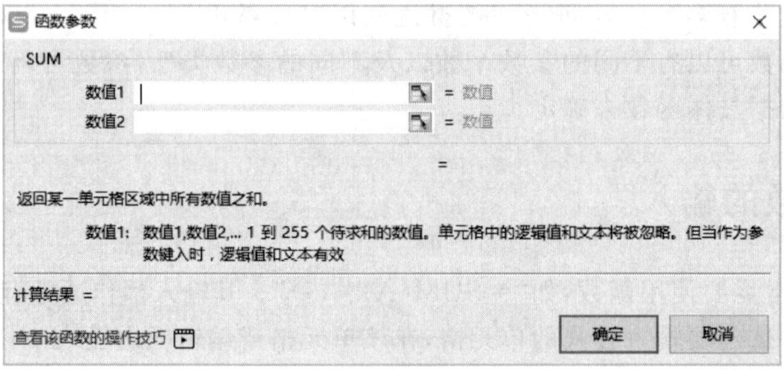

图 14-7 “函数参数”对话框

14.4.3 常用函数

WPS 表格组件提供了大量的函数供用户进行各种数据计算时使用，下面对一些常用的函数作简要介绍。

(1)SUM 函数。

语法格式：SUM(number1，number2，…)。

函数功能：将指定为参数的所有数值相加求和。

参数说明如下。

①每个参数都可以是单元格引用、数组、常量、公式或另一个函数的结果。

②直接输入到参数表中的数字、逻辑值及数字的文本表达式将被计算，其中文本被转换为数字，逻辑值 TRUE 被当作数字 1，FALSE 被当作数字 0 参与计算。

③如果参数为单元格引用或数组，只有其中的数字会被计算，数组、单元格区域或单元格

引用中的空白单元格、逻辑值、文本将被忽略。

应用举例：如果 A1、A2、A3 单元格的内容分别为"1""2""3"，则公式"＝SUM(A1:A3)"返回结果 6，"＝SUM("2",2,TRUE)"返回结果 5，这是因为"2"被转换成数字 2，而逻辑值 TRUE 被转换成数字 1。

(2)SUMIF 函数。

语法格式：SUMIF(range,criteria,[sum_range])。

函数功能：对符合给定条件的单元格区域内的数值求和。

参数说明：range 为用于条件判断的单元格区域；criteria 为给定的条件表达式，可以是常量、单元格引用等，如条件可以表示为 20、"＞20"、B2、"男"；sum_range 为需要求和的单元格区域；sum_range 为可选项，若省略，则 sum_range 默认为 range，即条件区域和求和区域为同一个区域。

应用举例：如果需要对单元格区域 A1:A10 中符合条件的单元格的数值求和，条件为单元格区域 B1:B10 中相应单元格的数值大于 0，则可以使用公式"＝SUMIF(B1:B10,"＞0 ",A1:A10)"。

(3)SUMIFS 函数。

语法格式：SUMIFS(sum_range,criteria_range1,criteria1,[criteria_range2,criteria2],…)。

函数功能：对单元格区域中满足多个条件的单元格求和。

参数说明：sum_range 为需要求和的单元格区域；criteria_range1 为判断第 1 个条件表达式的区域(条件区域 1)，criteria1 为给定的第 1 个条件表达式；可选项 criteria_range2 为判断第 2 个条件表达式的区域(条件区域 2)，criteria2 为给定的第 2 个条件表达式。

应用举例：如果需要对单元格区域 A1:A10 中符合条件的单元格中的数值求和，条件为单元格区域 B1:B10 中相应单元格中的数值大于 0 且单元格区域 C1:C10 中相应单元格中的数值小于 10，则可以使用公式"＝SUMIFS(A1:A10,B1:B10,"＞0",C1:C10,"＜10")"。

(4)AVERAGE 函数。

语法格式：AVERAGE(number1,number2,…)。

函数功能：计算所有参数的算术平均值。

参数说明：与 SUM 函数的参数说明一致，参见 SUM 函数参数说明。需要特别强调的是，当对单元格中的数值求平均值时，应牢记空白单元格与内容为零值单元格的区别。如果引用区域中包含零值单元格，则计算在内；如果引用区域中包含空白或字符单元格，则不计算在内。

应用举例：若 A1、A2、A3 单元格的内容分别为"1""0""11"，则公式"＝AVERAGE(A1:A3)"返回结果 4。如果 A1 单元格内容为"1"，A2 单元格无内容，为空白单元格，A3 单元格内容为"11"，则公式"＝AVERAGE(A1:A3)"返回结果为 6。

(5)AVERAGEIF 函数。

语法格式：AVERAGEIF(range,criteria,[average_range])。

函数功能：求某个区域内满足给定条件的所有单元格的算术平均值。

参数说明：range 为用于条件判断的单元格区域；criteria 为给定的条件表达式，可以是常量、单元格引用等；average_range 为要计算平均值的单元格区域，average_range 为可选项，若省略，则 sum_range 默认为 range。

应用举例：如果需要对单元格区域 A1:A10 中符合条件的单元格的数值求平均值，条件为单元格区域 B1:B10 中相应单元格的内容为"男"，则可以使用公式"＝AVERAGEIF(B1:B10,"男",A1:A10)"。

(6)AVERAGEIFS 函数。

语法格式:AVERAGEIFS(average_range,criteria_range1,criteria1,[criteria_range2,criteria2],…)。

函数功能:求某个区域内满足多个条件的所有单元格的算术平均值。

参数说明:average_range 为需要求平均值的单元格区域;criteria_range1 为其中判断第 1 个条件表达式的区域(条件区域 1),criteria1 为给定的第 1 个条件表达式;可选项 criteria_range2 为判断第 2 个条件表达式的区域(条件区域 2),criteria2 为给定的第 2 个条件表达式。

应用举例:如果需要对单元格区域 A1:A10 中符合条件的所有单元格的数值求平均值,条件为单元格区域 B1:B10 中相应单元格的数值大于 0 且 C1:C10 中相应单元格的数值小于 10,则可以使用公式"=AVERAGEIFS(A1:A10,B1:B10,">0",C1:C10,"<10")"。

(7)COUNT 函数。

语法格式:COUNT(value1,value2,…)。

函数功能:统计给定参数中数值类型的个数,常用于统计数组或单元格区域中含有数字的单元格个数。

参数说明如下。

①每个参数都可以是单元格引用、数组、常量、公式或另一个函数的结果。

②直接输入到参数表中的数字、逻辑值及数字的文本表达式将被统计个数,其中数字文本被当作数字,逻辑值 TRUE 被当作数字 1,FALSE 被当作数字 0 参与统计个数。

③如果参数为数组或单元格引用,只有其中的数字会被计算,数组、单元格引用中的空白单元格、逻辑值、文本将被忽略。

应用举例:如果 A1 单元格中的内容为"90",A2 单元格中的数据为"男",A3 单元格无内容,为空白单元格,A4 单元格中内容为"20",A5 单元格中内容为"56",则公式"=COUNT(A1:A5)"返回结果为 3。

(8)COUNTIF 函数。

语法格式:COUNTIF(range,criteria)。

函数功能:统计区域中满足给定条件的单元格的个数。

参数说明:range 为要统计满足条件的单元格数目的单元格区域;criteria 为给定的条件表达式,可以是常量、单元格引用等。

应用举例:统计单元格区域 A1:A20 中内容为"学生"的单元格个数,可以使用公式"=COUNTIF(A1:A20,"学生")"。统计单元格区域 C3:D10 中数值大于或等于 60 的单元格数目,可以使用公式"=COUNTIF(C3:D10,">=60")"。

(9)COUNTIFS 函数。

语法格式:COUNTIFS(criteria_range1,criteria1,[criteria_range2,criteria2],…)。

函数功能:统计多个区域中满足给定条件的单元格的个数。

参数说明:criteria_range1 为判断第 1 个条件表达式的区域(条件区域 1),criteria1 为给定的第 1 个条件表达式;可选项 criteria_range2 为判断第 2 个条件表达式的区域(条件区域 2),criteria2 为给定的第 2 个条件表达式。

	A	B	C
1	姓名	性别	成绩
2	张可	男	80
3	徐燕	女	70
4	刘莉莉	女	90
5	王彬	男	68
6	李强	男	95
7	许峰	男	88
8	李艳丽	女	96
9			

图 14-8　用于函数应用举例的数据

应用举例:如图 14-8 所示,求性别为男且成绩大于或等于 80

分的人数，结果保存在 C9 单元格中。

双击 C9 单元格，在其中输入公式"=COUNTIFS(B2:B8,"男",C2:C8,">=80")"，返回结果为 3。

(10)MAX/MIN 函数。

语法格式：MAX(number1,number2,…)；MIN(number1,number2,…)。

函数功能：MAX()函数返回一组值中的最大值，MIN()函数返回一组值中的最小值。

参数说明：参见 SUM()函数参数说明，此处不再赘述。

应用举例：公式"=MAX(5,8,10)"返回结果为 10。

(11)RANK 函数。

语法格式：RANK(number,ref,order)。

函数功能：返回某数值在一列数值中相对于其他数值的大小排名。

参数说明：number 为需要排序的数值；ref 为排名数值所处的单元格区域或数组；order 为排名的方式(order 值为 0 或省略时，按降序排名，order 值为 1 时，按升序排名)。

应用举例：将图 14-8 中的学生成绩按降序排名，名次存放在单元格区域 D2:D8 中，则可以选定 D2 单元格，在 D2 单元格中输入公式"=RANK(C2,$C$2:$C$8,0)"。

注意：由于对其他同学排名时会采用复制公式操作，但排名数值所处的单元格区域 C2:C8 是固定不变的，因此公式中排名数值所处的单元格区域应当采用绝对引用。

(12)IF 函数。

语法格式：IF(logical_test,[value_if_true],[value_if_false])。

函数功能：判断是否满足某个条件，如果满足则返回一个值，如果不满足则返回另一个值。

参数说明：logical_test 为判断指定条件的表达式。若条件满足(条件表达式的值为 TRUE)，函数返回 value_if_true 的值；若条件不满足(条件表达式的值为 FALSE)，函数返回 value_if_false 的值。

应用举例：评定图 14-8 中的学生成绩等级。当学生成绩大于或等于 60 分时等级为"及格"，小于 60 分时等级为"不及格"，则可输入公式"=IF(C2>=60,"及格","不及格")"。在此例中当条件表达式成立或不成立时，返回的都是唯一确定的值。当条件表达式判断完毕后，返回值可能不确定，需要继续判断其他条件时，可采用 IF()函数嵌套。如等级要求变更为成绩大于或等于 90 分时等级为"优"，大于或等于 80 分且小于 90 分时等级为"良"，大于或等于 70 分且小于 80 分时等级为"中"，大于或等于 60 分且小于 70 分时等级为"中"，小于 60 分时等级为"不及格"，则输入公式为"=IF(C2>=90,"优",IF(C2>=80,"良",IF(C2>=70,"中",IF(C2>=60,"及格","不及格"))))"。

(13)ROUND 函数。

语法格式：ROUND(number,num_digits)。

函数功能：返回某个数字按指定位数取整后的数字。

参数说明：number 为需要进行取整的实数。num_digits 为指定的位数。

应用举例：公式"=ROUND(3.1415,2)"返回结果为 3.14。

(14)INT 函数。

语法格式：INT(number)。

函数功能：将数字向下取最接近的整数。

参数说明：number 为需要进行向下取整的实数。

应用举例:公式“=INT(8.9)”返回结果为8;公式“=INT(-7.4)”返回结果为-8。

(15)ABS函数。

语法格式:ABS(number)。

函数功能:返回给定数字的绝对值。

参数说明:number为需要求绝对值的数字。

应用举例:若A1单元格内容为-53,则公式“=ABS(A1)”返回结果为53。

(16)MID函数。

语法格式:MID(text,start_num,num_chars)。

函数功能:从文本中指定的起始位置截取指定长度的字符。

参数说明:text为包含要截取字符的文本。start_num为指定的起始位置。num_chars为要截取的字符个数。

应用举例:假设D3单元格内容为ABCDEFG,则公式“=MID(D3,4,3)”返回结果为DEF。

(17)LEN函数。

语法格式:LEN(text)。

函数功能:返回文本字符串中的字符个数。

参数说明:text为要查找长度的文本,空格将作为字符进行计数。

应用举例:假设D3单元格内容为“Hello,world!”,则公式“=LEN(D3)”返回结果为12。

(18)TRIM函数。

语法格式:TRIM(text)。

函数功能:除了单词之间的单个空格之外,移除文本中的所有空格。

参数说明:text为需要从中移除空格的文本。

应用举例:假设D3单元格内容为“Hello,world!   ”,则公式“=TRIM(D3)”返回结果为“Hello,world!”。

(19)AND/OR函数。

语法格式:AND(logical1,[logical2],…);OR(logical1,[logical2],…)。

函数功能:AND函数在所有参数的逻辑值为TRUE时,返回TRUE,否则返回FALSE。OR函数在所有参数中只要有一个参数逻辑值为TRUE,则返回结果为TRUE,仅当所有参数的逻辑值都为FALSE时,返回FALSE。

参数说明:logical1、logical2为需要判定逻辑值的数据。

应用举例:假设A1单元格中数据为52,A2单元格中数据为76,则公式“=AND(A1>=60,A2>=60)”返回结果为FALSE,而公式“=OR(A1>=60,A2>=60)”返回结果为TRUE。

(20)YEAR函数。

语法格式:YEAR(serial_number)。

函数功能:返回日期的年份值。

参数说明:serial_number为一个日期类型的值,其中包含要查找的年份。

应用举例:若B2单元格的内容为“2020-5-6”,则公式“=YEAR(B2)”返回的结果为2020。

(21)TODAY函数。

语法格式:TODAY()。

函数功能:返回日期格式的当前日期。

参数说明:无参数。

(22)WEEKDAY 函数。

语法格式:WEEKDAY(serial_number,[return_type])。

函数功能:返回一个代表星期几的数字。

参数说明:serial_number 为需要计算星期几的日期;return_type(可选)为一个数字,用于指定返回的星期几的表示方式。当 return_type 为 1 或省略时,函数返回值中数字 1 表示星期日,2 表示星期一,以此类推。

应用举例:若 B2 单元格的内容为"2024-4-29",则公式"=WEEKDAY(B2)"返回的结果为 2。

(23)VLOOKUP 函数。

语法格式:VLOOKUP(lookup_value,table_array,col_index_num,[range_lookup])。

函数功能:在数据表的首列查找指定的数值,并由此返回数据表当前行中指定的列的数值。

参数说明:lookup_value 为需要查找的值。table_array 为需要在其中查找数据的区域。col_index_num 为返回数据在查找区域的列数。range_lookup 为查找的匹配方式,当 range_lookup 省略或值为 FALSE 时,查找的匹配方式为精确匹配方式;当 range_lookup 值为 TRUE 时,查找的匹配方式为模糊匹配方式(此时查找区域第 1 列数据必须按升序排列)。

应用举例:在图 14-8 中,查找姓名为"刘莉莉"的学生成绩,将结果写入 D9 单元格中。选定 D9 单元格,输入公式"=VLOOKUP("刘莉莉",A2:C8,3,FALSE)",其中 A2:C8 为需要查找数据的单元格区域,3 表示返回查找区域第 3 列的数据。当采用公式复制的方式在同一查找区域继续查找其他学生的成绩时,查找区域应当采用绝对引用,即$A$2:$C$8。

14.5　特殊公式

14.5.1　命名公式

WPS 表格组件支持在工作表中为公式、单元格引用、常量等定义名称。名称本质上是一种特殊的命名了的公式。使用名称来代替复杂公式、单元格引用或常量,可以使公式变得简洁,更容易修改和维护。如将重复出现的单元格引用定义为名称后,便可在公式中用名称来替换对应的单元格引用,使原本冗长的公式变得简洁,并可增加公式的可读性。

创建名称其实就是创建了一个命名公式,使用名称时将计算该命名公式并返回相应结果。在 WPS 工作表中可以对单元格引用、数值、文本以及公式、函数等创建名称。

1. 命名规则

名称应当简洁且便于记忆,同时要尽量直观反映其代表的含义,避免与其他函数或数据混淆。此外还需符合下列规则。

(1)名称的第一个字符必须是字母、中文字符、下画线(_)或反斜杠(\)。如"姓名""sex""_1"等都是符合要求的名称,而"6A""?xm"等不能作为名称。

(2)名称中的字符可以是字母、中文字符、数字、点号(.)、下画线(_)、反斜杠(\)或问号(?)。

(3)不能以单个字母作为名称,如 R、C、r、c。

(4)名称不能与单元格地址相同,不能有空格,最多可以包含255个字符,字母不区分大小写。

(5)命名时应避免覆盖程序内部名称。如用户在执行设置打印区域、高级筛选等操作时会自动创建内部名称,如Print_Area、Criteria等。

2.创建名称

在WPS表格组件中,一般可以采用如下三种方式来创建名称。

1)使用名称框

选定需要命名的单元格或单元格区域,在名称框中输入名称,然后按Enter键便可为选定区域定义名称,如图14-9所示,在名称框中将单元格区域B2:B7命名为“班级”。单击名称框右侧的下拉按钮,将会出现已定义的名称下拉列表,选取名称后可快速定位到相应的单元格区域。

图14-9 使用名称框创建名称

2)指定名称

选定数据区域,单击“公式”选项卡中的“指定”按钮,打开“指定名称”对话框,根据需要勾选相应的复选框,然后单击“确定”按钮,即可按所选数据区域的行列标签批量定义名称,如图14-10所示。通过上述操作,可同时创建多个名称。

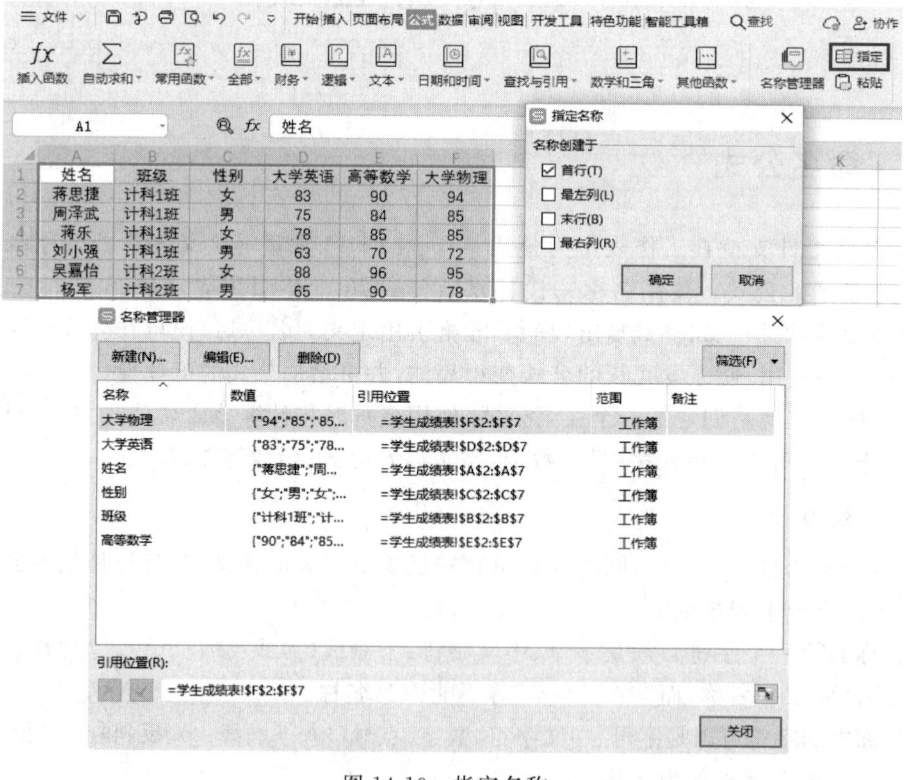

图14-10 指定名称

3)使用名称管理器

单击“公式”选项卡中的“名称管理器”按钮,打开“名称管理器”对话框,可在当前工作簿中新建、编辑、删除名称。要创建名称,可单击“名称管理器”对话框中的“新建”按钮,打开“新建名称”对话框,如图 14-11 所示。在“新建名称”对话框中输入名称,指定名称的使用范围,添加备注信息,然后在“引用位置”文本框中输入以“＝”开头的相关数据,可以是单元格或单元格区域,也可以是常量或公式,最后单击“确定”按钮,即可创建名称。

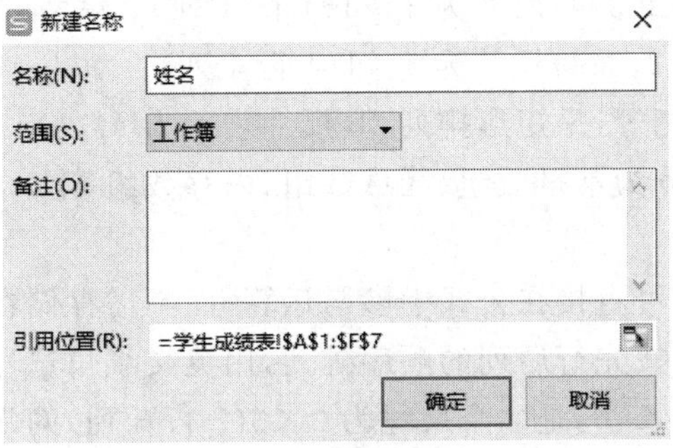

图 14-11　“新建名称”对话框

3. 使用名称

当公式中需要调用名称时,可直接手动输入或单击“公式”选项卡中的“粘贴”按钮,打开“粘贴名称”对话框,如图 14-12 所示,选择相应的名称并单击“确定”按钮,便可将名称粘贴到当前公式中。

图 14-12　使用名称

14.5.2　数组公式

1. 数组

在 WPS 表格组件中,数组是指一组按照一定顺序排列的数据的集合,其中的每个数据称为元素,可以是数值、文本、日期、逻辑值或错误值等。数组的元素排列的行列方向称为维度,一行多列的数组为横向数组，一列多行的数组为纵向数组。多行多列的数组则同时拥有纵向和横向两个维度。数组的维数是指数组中不同维度的个数，只有一行或一列的数组，称为一维数组。如数组{1,2,3,4}和数组{1;2;3;4}都是一维数组，前者数组元素排列在同一行属于一维水平（横向）数组，后者数组元素排列在同一列则属于一维垂直（纵向）数组。多行多列的数组称为二维数组，如数组{1,2,3;4,5,6;7,8,9}为3行3列的二维数组。

数组的尺寸是依据数组各行列上的元素个数来表示的。一行N列的一维横向数组，其尺寸表示为$1\times N$，如数组{1,2,3,4}尺寸为1×4（1行4列）。一列N行的一维纵向数组，其尺寸表示为$N\times1$，如数组{1;2;3;4}尺寸为4×1（4行1列）。对于M行N列的二维数组，其各行或各列的元素个数必须相等，呈矩形排列，其尺寸表示为$M\times N$。

数组按其存在形式可分为常量数组、区域数组、内存数组等。

1）常量数组

数组元素由常量构成，可直接在公式中参与运算，而不需存储在单元格区域中。数组元素前后用"{}"标注，数组元素按先行后列的顺序排列，用英文半角逗号","来分隔列，英文半角分号";"分隔行。如{1,2,3;4,5,6}是一个尺寸为2×3（2行3列）的常量数组。

2）区域数组

区域数组实际上就是单元格区域，通过地址引用来调用数据。

例如，数组公式{=A1:A5+B1:B5}中引用了A1:A5和B1:B5这两个区域数组，数组公式{=SUM(A1:A20*B1:B20)}引用了A1:A20和B1:B20这两个区域。

3）内存数组

内存数组是指某一公式通过运算在内存中临时返回多个结果值构成的数组。这些结果值无需存储到单元格区域中，便可作为一个整体直接嵌套入其他公式中继续参与计算。如数组公式{=SUM(A1:A20*B1:B20)}中的数组运算结果作为内存数组继续参与求和计算。

2.数组运算

数组运算涉及数组中的每一个元素，都分别与单个值或另一个数组的数据进行运算。数值型和逻辑型数组可以进行加、减、乘、除、开方、乘方等算术运算，文本型数组可以进行连接运算。

1）数组与单值之间的运算

数组与单值之间的运算，其运算过程为数组中的每一个元素分别与单值进行运算，返回结果为同尺寸的数组。如{1,2,3,4}*2的运算结果为数组{2,4,6,8}。

2）同方向一维数组之间的运算

同方向一维数组之间的运算，其运算过程为数组中位置相同的元素一一对应进行运算，返回结果为同方向的一维数组。如数组{1,2,3,4}*{1,2,3,4}的运算结果为数组{1,4,9,16}。

3）不同方向一维数组之间的运算

不同方向一维数组之间的运算，其运算过程是尺寸$M\times1$的一维垂直数组与尺寸$1\times N$的一维水平数组进行交叉运算，返回结果为$M\times N$的二维数组。如{1,2,3,4}*{1;2;3;4}运算结果为数组{2,3,4,5;3,4,5,6;4,5,6,7;5,6,7,8}。

4）一维数组与二维数组之间的运算

一维数组与二维数组之间的运算，其运算过程是$M\times N$的二维数组中的每一个同方向一维数组分别与$M\times1$或$1\times N$的一维数组进行运算，返回结果为一个$M\times N$的二维数组。如

{1,2,3,4;5,6,7,8} * {1,2,3,4}运算结果为数组{1,4,9,16;5,12,21,32}。

5)二维数组之间的运算

二维数组之间的运算是将相同位置的元素一一对应运算，返回一个与原数组尺寸相同的二维数组。如{1,2,3;4,5,6} * {2,3,4;5,6,7}的运算结果为数组{2,6,12;20,30,42}。

3. 数组公式

数组公式以数组为参数执行多项运算，并返回一个或多个结果值。与普通公式不同，数组公式是利用 Ctrl+Shift+Enter 快捷键来完成编辑的特殊公式，WPS 表格组件将自动在编辑栏中为数组公式的首尾加上大括号{}作为标识。在输入数组公式时，首先必须选定用来存放结果的单元格或单元格区域，然后在编辑框中输入公式，最后按 Ctrl+Shift+Enter 快捷键结束公式的输入操作。

【例 14-4】 采用数组公式来计算例 14-1 的学生成绩表中所有同学的期末总评成绩。

操作步骤如下。

选定单元格区域 E3:E8，然后在编辑框中输入"=B3:B8 * 0.2+C3:C8 * 0.2+D3:D8 * 0.6"，然后按 Ctrl+Shift+Enter 快捷键结束公式的输入，此时公式前后自动加上"{}"标记，如图 14-13 所示。

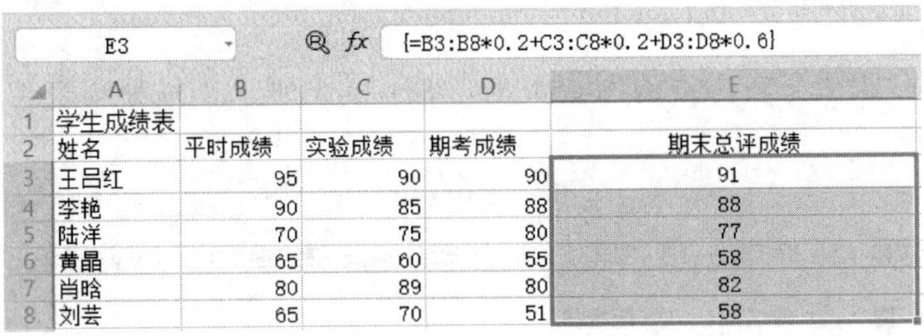

	A	B	C	D	E
1	学生成绩表				
2	姓名	平时成绩	实验成绩	期考成绩	期末总评成绩
3	王吕红	95	90	90	91
4	李艳	90	85	88	88
5	陆洋	70	75	80	77
6	黄晶	65	60	55	58
7	肖晗	80	89	80	82
8	刘芸	65	70	51	58

图 14-13　采用数组公式计算期末总评成绩

——第 15 章——

图表的创建与编辑

图表是 WPS 表格组件的一个重要功能，能够将数据用图形的方式表示出来，从而突出数据最主要的特点，直观地展示数据之间的关系供用户进行数据分析。图表与数据是相互关联的，它能随着数据的变化而变化。图表最大的特点就是直观、形象，能够让用户一目了然地看清数据的大小、差异和变化趋势等。

15.1 图表类型

WPS 表格组件提供了较丰富的图表类型，如图 15-1 所示。每种图表类型又包含若干个子类型供用户选择。

图 15-1　图表类型

下面介绍几种常用的图表类型特点，用户可根据需要来选择相应的图表。

柱形图：通常沿水平（类别）轴标记类别，沿垂直（值）轴标记值，用于显示一段时间内的数据变化或不同项目之间的差异。柱形图是使用最普遍的图表类型，简单易用。

折线图：类别数据沿水平轴均匀分布，所有值数据沿垂直轴均匀分布。折线图可在均匀按比例缩放的坐标轴上显示一段时间的连续数据，因此非常适合显示相等时间间隔（如月、季度或会计年度）数据的趋势。

饼图：用于表示各个项目比例，展示数据系列的组成结构或部分在整体中的比例。

条形图：通常沿垂直坐标轴组织项目类别，沿水平坐标轴组织值，显示各个项目的比较情况。

面积图：用于绘制随时间发生的变化量，引起对总值趋势的关注。面积图还可以显示部分与整体的关系。

XY（散点图）：将两个变量分布在垂直坐标轴和水平坐标轴上，在它们的交叉位置绘制出点的图表，主要用于表示两个变量的关系。

15.2　图表的组成

WPS 表格组件的图表主要由图表标题、图表区、绘图区、水平轴、垂直轴、图例、数据系列、网格线、数据标签和坐标轴标题等组成，如图 15-2 所示。

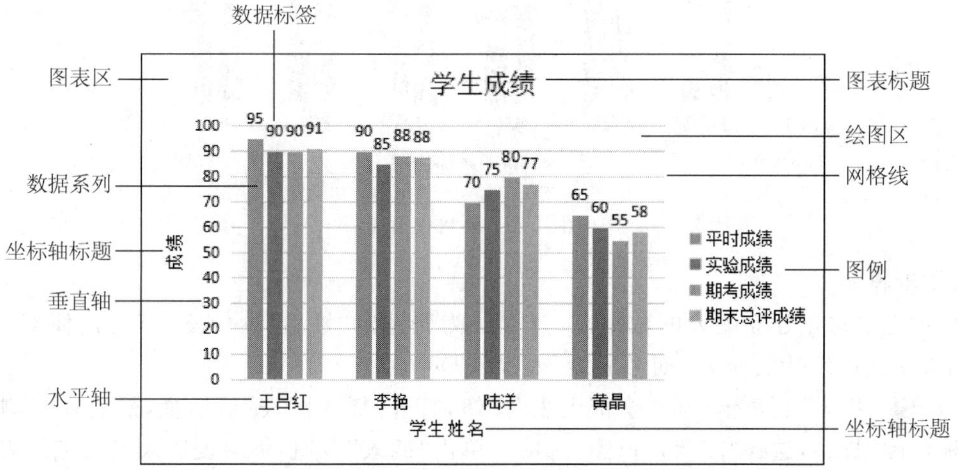

图 15-2　图表的组成部分

图表标题：表示图表内容的名称，一般位于图表的最上面。

图表区：整个图表的背景区域即图表边框以内的区域，所有的图表元素都在该区域内。

绘图区：绘制图表的具体区域，以坐标轴为边界包含所有数据系列的区域，不包括图表标题、图例等标签区域。它是图表中主要的组成部分。

水平轴：显示各类别的文本标签。

垂直轴：定义数据的单位长度，确定最小和最大刻度。它是用来表示数值大小的坐标轴。

图例：表示图表中各个数据系列的名称或者分类而指定的图案或颜色。

数据系列：以系列的方式显示在图表中的可视化数据，水平(分类)轴上的每个分类都对应着一个或者多个数据，不同分类上颜色相同的数据便构成了一个数据系列。

网格线：添加在绘图区域便于查看和分析数据的线条，包括主要网格线和次要网格线。

数据标签：表示组成系列的数据点的值，它可以是数据里的值、百分比、标签等。

坐标轴标题：表示水平轴和垂直轴的标题。

15.3　创 建 图 表

图表是工作表中全部或部分数据的直观表示，图表的产生离不开数据。创建图表首先要选择生成图表的表格数据，然后在“插入”选项卡中单击“全部图表”按钮，打开“插入图表”对话框，在其中选择所需类型后，单击“插入”按钮，便可创建图表。

【例 15-1】 依据例 13-1 的学生成绩表中的姓名、平时成绩、期考成绩创建一个簇状柱形图，如图 15-3 所示。

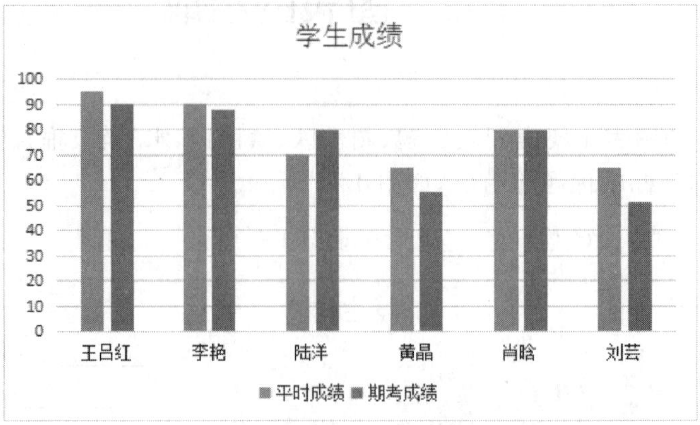

图 15-3 簇状柱形图

操作步骤如下。

(1)首先要选定建立图表的数据源，其方法为先选定“姓名”列(A2:A8)，按住 Ctrl 键，再选定“平时成绩”列(B2:B8)、“期考成绩”列(D2:D8)。

(2)单击“插入”选项卡中的“全部图表”按钮，打开“插入图表”对话框，然后在左侧列表中单击“柱形图”标签，选择“簇状柱形图”选项。单击“插入”按钮，将图表插入当前工作表中。

(3)双击图表标题，输入“学生成绩”；选定图表，调整图表的大小和位置。

15.4 编 辑 图 表

WPS 表格组件不仅提供了创建图表的功能，还提供了编辑图表数据和设置图表格式的功能。选定图表后，会出现一个“图表工具”选项卡，如图 15-4 所示。

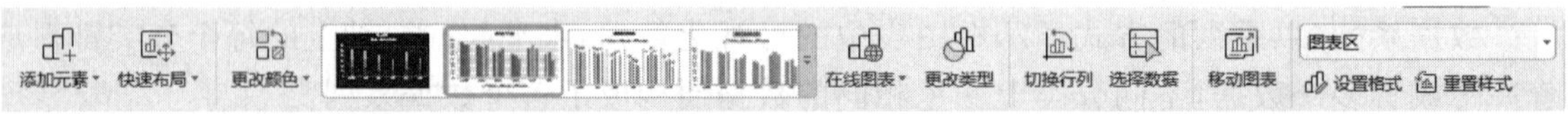

图 15-4 “图表工具”选项卡

在“图表工具”选项卡中，可以进行更改/添加图表元素(如坐标轴、图表标题、网格线和图例等)、更改图表类型、调整图表布局、修改数据源等操作。

双击需要修改格式的图表对象后，工作表右侧出现“属性”窗格，可以对选中图表对象的相应格式进行设置，如设置颜色、线形、填充效果、边框、文本效果等。

此外，WPS 表格组件还提供了更加方便和快捷地编辑和格式化图表的方式。选定图表对象后，在图表右侧会出现“图表元素”按钮、“图表样式”按钮、“图表筛选器”按钮和“设置图表区域格式”按钮，如图 15-5 所示。“图表元素”按钮用于添加或删除、更改图表元素(如标题、图例、网格线和数据标签等)，并可调整图表布局方式；“图表样式”按钮用于设置图表的样式和配色方案；“图表筛选器”按钮用于编辑要在图表上显示哪些数据点；“设置图表区域格式”按钮用于设置图表格式，单击该按钮时，在工作表右侧出现“属性”窗格。用户在选定图表对象后，可以单击相应按钮进行图表的编辑和格式设置。

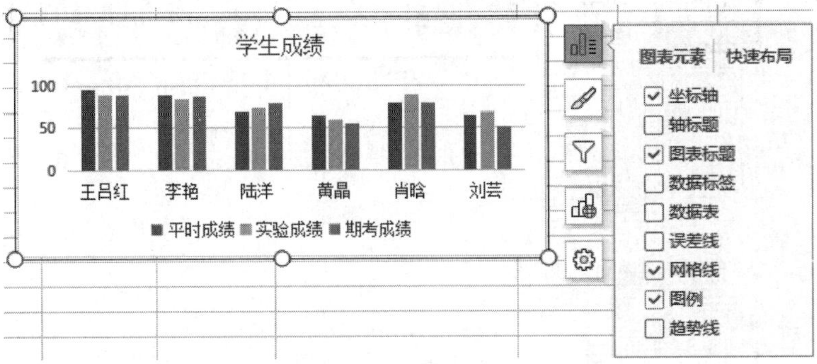

图 15-5　编辑与格式化图表的快捷按钮

1. 调整数据

选定图表区，单击“图表工具”选项卡中的“选择数据”按钮，弹出“编辑数据源”对话框，如图 15-6 所示。在此对话框中，“图表数据区域”文本框可用于改变整个数据源的区域范围；“系列生成方向”下拉列表框中可选择“每行数据作为一个系列”或“每列数据作为一个系列”，用于交换横向坐标轴与纵向坐标轴上的数据；“图例项（系列）”和“轴标签（分类）”区域可通过勾选或取消勾选项目复选框来显示或隐藏系列和类别。

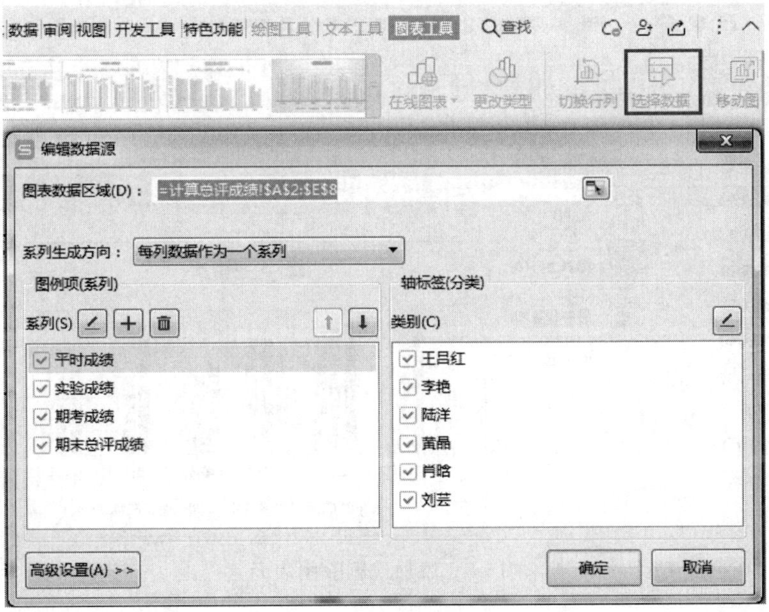

图 15-6　“编辑数据源”对话框

2. 更改图表布局和样式

WPS 提供了很多预设的布局和样式供用户选择使用。选定图表区，单击“图表工具”选项卡中的“快速布局”下拉按钮，在下拉菜单中选择布局方案。若需要更改图表样式，则可在“图表样式”列表框中选择图表样式，如图 15-7 所示。

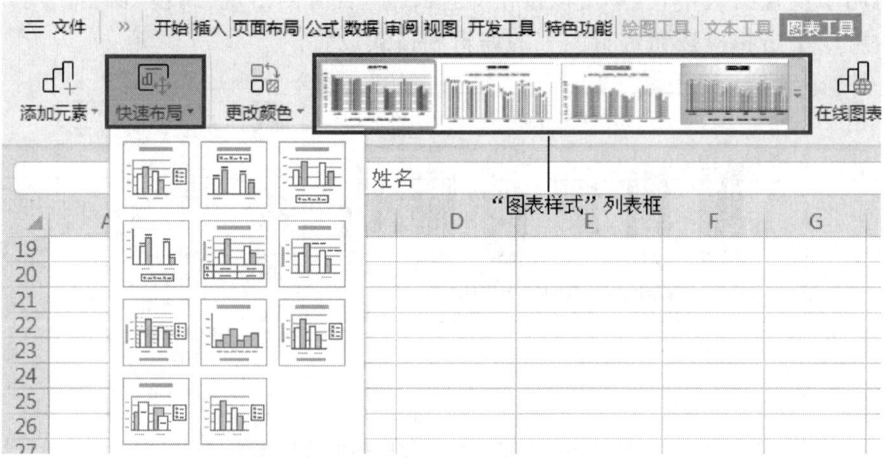

图 15-7 "快速布局"下拉菜单与"图表样式"列表框

3. 添加或删除图表元素

选定图表区，单击"图表工具"选项卡中的"添加元素"下拉按钮，在下拉菜单中选择需要添加或删除的图表元素命令，在其子菜单中进行设置，如图 15-8 所示。如需要给图表添加图表标题，可在"图表标题"命令的子菜单中选择"图表上方"或"居中覆盖"命令，若要删除图表标题，则可选择"无"命令。

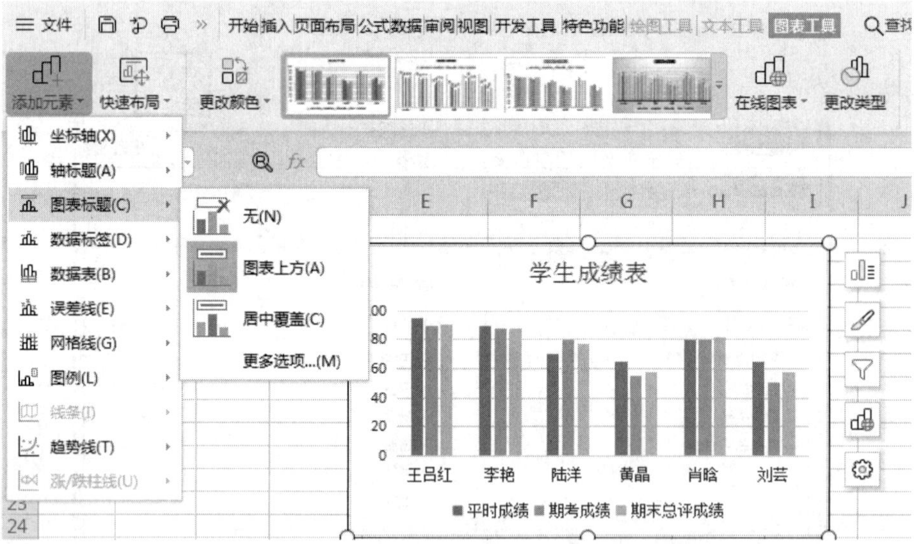

图 15-8 添加或删除图表元素

4. 设置格式

选定需要设置格式的图表元素并右击，在弹出的快捷菜单中选择"设置××格式"命令或直接双击图表元素，打开"属性"窗格，如图 15-9 所示，在"属性"窗格中可以详细设置格式相关参数，包括填充与线条、效果、大小与属性、坐标轴以及图例、标题、系列等特定的元素参数。

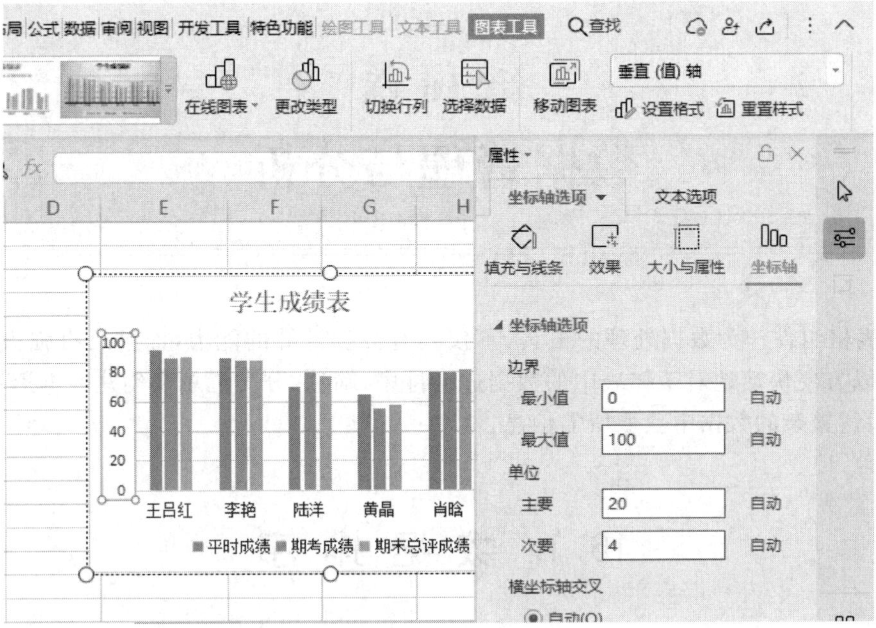
公式 数据 审阅 视图 开发工具 特色功能 绘图工具 文本工具 图表工具 查找
在线图表 更改类型 切换行列 选择数据 移动图表
垂直 (值) 轴
设置格式 重置样式
属性
坐标轴选项 文本选项
填充与线条 效果 大小与属性 坐标轴
学生成绩表
100
80
60
40
20
0
王吕红 李艳 陆洋 黄晶 肖晗
平时成绩 期考成绩 期末总评成绩
坐标轴选项
边界
最小值 0 自动
最大值 100 自动
单位
主要 20 自动
次要 4 自动
横坐标轴交叉

图 15-9　“属性”窗格

第16章 数据管理与分析

WPS表格组件作为数据处理的工具，不仅具有数据计算的能力，而且具有强大的数据管理功能，可以方便快捷地对工作表中的数据进行排序、筛选、分类汇总及创建数据透视表等，帮助用户从大量繁杂的数据中获取所需信息。

16.1 数据排序

数据排序可以使无序的数据变得有秩序，方便用户对数据进行观察、归类整理等。排序有两种顺序：升序（最低到最高）和降序（最高到最低）。用来排序的字段称为关键字。按照排序的条件可分为单条件排序和多条件排序两种形式。

1. 单条件排序

单条件排序是指按一个字段（关键字）进行升序或降序排列。图16-1所示为计算机系某学期的学生成绩单，按总分进行降序排列。

	A	B	C	D	E	F	G	H	I
1	姓名	班级	性别	大学英语	高等数学	大学物理	Python语言	数据结构	总分
2	吴嘉怡	计科2班	女	88	96	95	90	95	464
3	蒋思捷	计科1班	女	83	90	94	95	97	459
4	柳红玉	软工1班	女	87	85	80	93	91	436
5	于碧瑶	软工1班	女	80	87	86	85	90	428
6	周泽武	计科1班	男	75	84	85	90	88	422
7	颜润东	软工2班	男	75	93	89	88	77	422
8	李恒	软工2班	男	74	88	82	90	85	419
9	杨军	计科2班	男	65	90	78	90	89	412
10	蒋乐	计科1班	女	78	85	85	83	80	411
11	宾绍东	软工1班	男	70	75	74	82	83	384
12	刘小强	计科1班	男	63	70	72	76	78	359

图16-1 学生成绩单

单条件排序的方法与步骤如下。

(1)选定排序字段内的任意单元格（如学生成绩单按总分排名，可选定“总分”字段内的任意单元格）或选定整个字段区域（学生成绩单中选定单元格区域I1:I12）。

(2)在“数据”选项卡中单击“升序”按钮或“降序”按钮便可完成简单排序。

2. 多条件排序

多条件排序是指按一个以上的字段（多个关键字）进行升序或降序排列。如对图16-1所示的学生成绩单按班级进行升序排列，当班级相同时按照总分继续降序排列。多条件排序的方法与步骤如下。

(1)选定数据区中的任意单元格。

(2)单击“数据”选项卡中“排序”按钮,打开“排序”对话框,如图 16-2 所示。

(3)在“排序”对话框中的“主要关键字”下拉列表框中选择某一字段名作为主关键字,设置排序依据,设置次序,完成排序主要关键字的设置,然后单击“添加条件”按钮,添加次关键字条件行,设置次关键字的排序字段名,对其设置排序依据,设置次序。最后单击“确定”按钮,便可完成多条件排序。

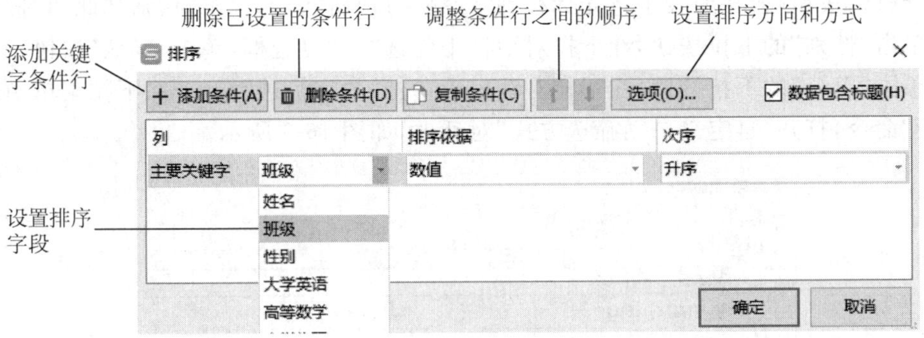

图 16-2　“排序”对话框

16.2　数据筛选

数据筛选可以将满足用户条件的数据显示出来,将不满足条件的数据隐藏起来,以减少查找范围,帮助用户快速查找和选择数据。在 WPS 表格组件中提供了自动筛选和高级筛选两种方式。

16.2.1　自动筛选

自动筛选一般适用于比较简单的条件筛选。当筛选条件只涉及对单个字段进行筛选的操作,或涉及多个字段筛选且筛选条件存在逻辑上的“与”关系时,可以采用自动筛选。自动筛选的方法与步骤如下。

(1)在需要进行自动筛选的数据区域中选定任意单元格(或选定包含字段名的整个数据区域)。

(2)单击“开始”选项卡中的“筛选”下拉按钮,在下拉菜单中选择“筛选”命令(或单击“数据”选项卡中的“自动筛选”按钮)。

(3)单击需要筛选的字段名右侧的下拉按钮,打开下拉对话框,根据需要在“内容筛选”“颜色筛选”“数字筛选”选项卡中进行设置。

筛选完成后,若要恢复到原始数据显示状态,可单击“数据”选项卡中的“自动筛选”按钮,退出筛选状态,显示原来的数据。

【例 16-1】 在图 16-1 所示的学生成绩单中筛选出计科 1 班男生且总分大于或等于 400 分的数据。

操作步骤如下。

(1)选定数据区域中任意单元格(或选定整个数据区域 A1:I12)。

(2)单击“数据”选项卡中的“自动筛选”按钮(或单击“开始”选项卡中的“筛选”按钮右侧的下拉按钮,在下拉菜单中选择“筛选”命令),此时在各个字段名右侧将出现下拉按钮。

(3)单击“班级”的下拉按钮,在下拉对话框中只勾选“计科 1 班”复选框,其余各项取消勾选,单击“确认”按钮(或在列表中将光标移到“计科 1 班”所在行,单击“仅筛选此项”按钮)。

(4)单击“性别”的下拉按钮,在下拉对话框中勾选“男”复选框,单击“确认”按钮。

(5)单击“总分”的下拉按钮,在下拉对话框中单击“数字筛选”标签,在下拉菜单中选择“大于或等于”命令,打开“自定义自动筛选方式”对话框,如图 16-3 所示。

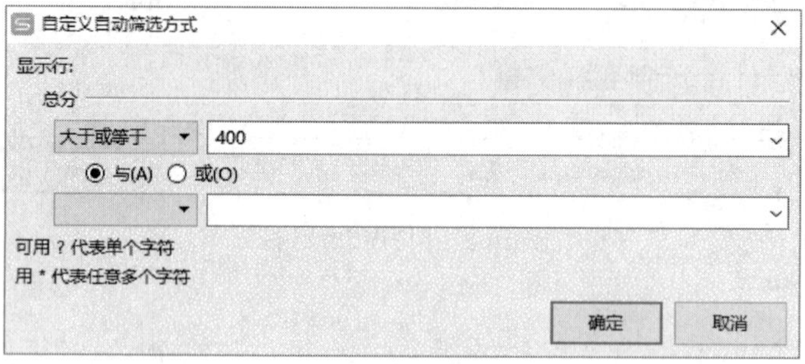

图 16-3 “自定义自动筛选方式”对话框

在“自定义自动筛选方式”对话框中,设置“总分”为“大于或等于”,值为“400”,单击“确定”按钮,完成自动筛选,筛选结果如图 16-4 所示。

	A	B	C	D	E	F	G	H	I
1	姓名	班级	性别	大学英	高等数	大学物	Python语	数据结	总分
2	周泽武	计科1班	男	75	84	85	90	88	422

图 16-4 学生成绩单自动筛选结果

16.2.2 高级筛选

高级筛选一般用于较复杂条件的筛选。当筛选条件涉及多个字段,且筛选条件在逻辑上存在“或”关系时,可采用高级筛选。

高级筛选的结果可显示在原数据区域中,将不满足条件的记录隐藏起来,也可以将筛选结果在新的位置显示,而原数据区域中不满足条件的记录不会被隐藏。

高级筛选需要在工作表中建立条件区域,并在其中输入高级筛选条件。条件区域与原数据区域之间至少有一空行或一空列隔开。条件区域的第一行输入筛选条件涉及的字段名(字段名必须在同一行,且应与数据区域相关的字段名完全一致),然后依次在每个字段名的下方输入筛选条件。注意,如果多字段之间的条件为“与”关系,则必须写在同一行;如果多字段之间的条件为“或”关系,则写在下一行。换句话说,在条件区域输入的条件,行与行之间是“或”关系,列与列之间是“与”关系(即同一行之间是“与”关系)。

如在图 16-1 所示的学生成绩单中,筛选出满足条件为女生且总分大于 430 分或计科 1 班男生且总分大于 400 分的数据，建立的条件区域如图 16-5 所示。

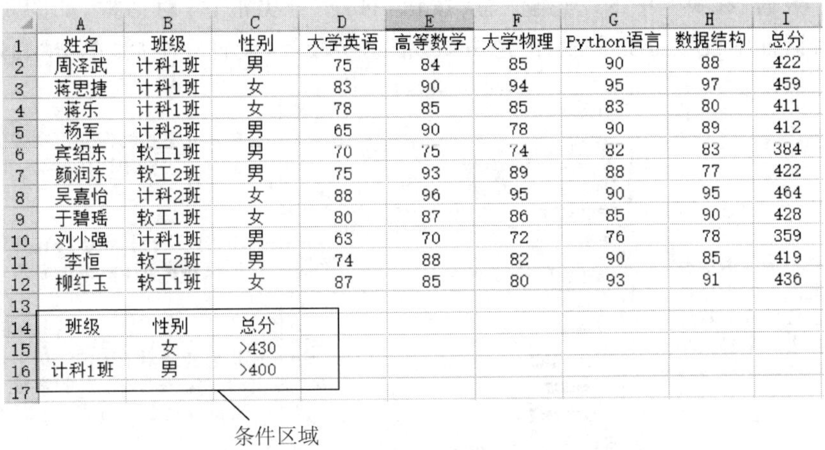

	A	B	C	D	E	F	G	H	I
1	姓名	班级	性别	大学英语	高等数学	大学物理	Python语言	数据结构	总分
2	周泽武	计科1班	男	75	84	85	90	88	422
3	蒋思捷	计科1班	女	83	90	94	95	97	459
4	蒋乐	计科1班	女	78	85	85	83	80	411
5	杨军	计科2班	男	65	90	78	90	89	412
6	宾绍东	软工1班	男	70	75	74	82	83	384
7	颜润东	软工2班	男	75	93	89	88	77	422
8	吴嘉怡	计科2班	女	88	96	95	90	95	464
9	于碧瑶	软工1班	女	80	87	86	85	90	428
10	刘小强	计科1班	男	63	70	72	76	78	359
11	李恒	软工2班	男	74	88	82	90	85	419
12	柳红玉	软工1班	女	87	85	80	93	91	436
13									
14	班级	性别	总分						
15		女	>430						
16	计科1班	男	>400						
17									

图 16-5　建立条件区域

高级筛选的方法与步骤如下。

(1)建立条件区域，输入条件。

(2)单击选定数据区域中的任意单元格(或选定整个数据区域)。

(3)单击“开始”选项卡中的“筛选”下拉按钮，在下拉菜单中选择“高级筛选”命令，打开“高级筛选”对话框，如图 16-6 所示。

图 16-6　“高级筛选”对话框

(4)在“高级筛选”对话框中的“方式”区域中选择筛选结果显示位置，在“列表区域”文本框中设置需要进行高级筛选的数据区域，在“条件区域”文本框中设置高级筛选的条件区域。默认情况下在“列表区域”和“条件区域”文本框中已自动设置了数据区域(若有误，可手动修改，单击“列表区域”右侧的“折叠”按钮 可重新设置要进行筛选操作的数据区域，单击“条件区域”右侧的“折叠”按钮 可重新设置条件区域)。设置完成后，单击“确定”按钮即可完成高级筛选。

16.3　分类汇总

分类汇总指对数据区域按某个字段进行分类，将字段值相同的记录组织在一起，排列在连续的区域作为一类，然后在分完类的基础上对各类数据分别进行求和、计数、求平均数、求最大值、求最小值等汇总运算。

分类汇总可以对数据区域中的一个或多个字段进行一种方式的汇总，也可以对同一字段进行多种方式的汇总。

分类汇总的方法与步骤如下。

(1)确定数据区域的分类字段，并对分类字段进行排序。

(2)选定数据区域任意单元格(或选定整个数据区域)。

(3)单击“数据”选项卡中的“分类汇总”按钮,打开“分类汇总”对话框,如图 16-7 所示,在“分类汇总”对话框中设置分类字段、汇总方式、汇总字段等,设置完毕后,单击“确定”按钮。

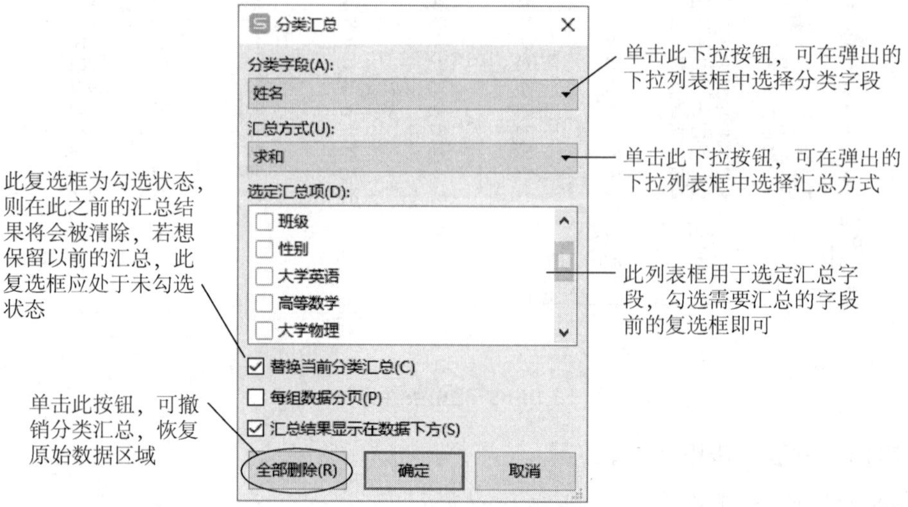

图 16-7 “分类汇总”对话框

【例 16-2】 在图 16-1 所示的学生成绩单中,求各班的大学英语、高等数学和大学物理的平均分,并在此基础上统计各班大学英语、高等数学和大学物理的最高分。

操作步骤如下。

(1)确定“班级”作为分类字段,单击该字段内的任意单元格,然后单击“数据”选项卡中的“升序”按钮,对“班级”字段进行升序排列。

(2)单击选定数据区域中的任意单元格,然后单击“数据”选项卡中的“分类汇总”按钮,打开“分类汇总”对话框,在“分类字段”下拉列表框中选择“班级”选项,在“汇总方式”下拉列表框中选择“平均值”选项,在“选定汇总项”列表框中勾选“大学英语”“高等数学”“大学物理”复选框,同时取消勾选其余默认选好的汇总项,单击“确定”按钮,此时学生成绩单第 1 次分类汇总结果如图 16-8 所示。

	A	B	C	D	E	F	G	H	I
1	姓名	班级	性别	大学英语	高等数学	大学物理	Python语言	数据结构	总分
2	周泽武	计科1班	男	75	84	85	90	88	422
3	蒋思捷	计科1班	女	83	90	94	95	97	459
4	蒋乐	计科1班	女	78	85	85	83	80	411
5	刘小强	计科1班	男	63	70	72	76	78	359
6		**计科1班 平均值**		74.75	82.25	84			
7	杨军	计科2班	男	65	90	78	90	89	412
8	吴嘉怡	计科2班	女	88	96	95	90	95	464
9		**计科2班 平均值**		76.5	93	86.5			
10	宾绍东	软工1班	男	70	75	74	82	83	384
11	于碧瑶	软工1班	女	80	87	86	85	90	428
12	柳红玉	软工1班	女	87	85	80	93	91	436
13		**软工1班 平均值**		79	82.33333333	80			
14	颜润东	软工2班	男	75	93	89	88	77	422
15	李恒	软工2班	男	74	88	82	90	85	419
16		**软工2班 平均值**		74.5	90.5	85.5			
17		**总平均值**		76.18181818	85.72727273	83.63636364			

图 16-8 学生成绩单第 1 次分类汇总结果

(3)在已完成的汇总区域中，单击任意单元格，然后再次单击“数据”选项卡中的“分类汇总”按钮，打开“分类汇总”对话框，在“分类字段”下拉列表框中选择“班级”选项，在“汇总方式”下拉列表框中选择“最大值”选项，在“选定汇总项”列表框中勾选“大学英语”“高等数学”“大学物理”复选框，取消勾选“替换当前分类汇总”复选框，最后单击“确定”按钮。学生成绩单分类汇总最终结果如图 16-9 所示。

	A	B	C	D	E	F	G	H	I
1	姓名	班级	性别	大学英语	高等数学	大学物理	Python语言	数据结构	总分
2	周泽武	计科1班	男	75	84	85	90	88	422
3	蒋思捷	计科1班	女	83	90	94	95	97	459
4	蒋乐	计科1班	女	78	85	85	83	80	411
5	刘小强	计科1班	男	63	70	72	76	78	359
6		计科1班 最大值		83	90	94			
7		计科1班 平均值		74.75	82.25	84			
8	杨军	计科2班	男	65	90	78	90	89	412
9	吴嘉怡	计科2班	女	88	96	95	90	95	464
10		计科2班 最大值		88	96	95			
11		计科2班 平均值		76.5	93	86.5			
12	宾绍东	软工1班	男	70	75	74	82	83	384
13	于碧瑶	软工1班	女	80	87	86	85	90	428
14	柳红玉	软工1班	女	87	85	80	93	91	436
15		软工1班 最大值		87	87	86			
16		软工1班 平均值		79	82.33333333	80			
17	颜润东	软工2班	男	75	93	89	88	77	422
18	李恒	软工2班	男	74	88	82	90	85	419
19		软工2班 最大值		75	93	89			
20		软工2班 平均值		74.5	90.5	85.5			
21		总最大值		88	96	95			
22		总平均值		76.18181818	85.72727273	83.63636364			

图 16-9　学生成绩单分类汇总最终结果

分类汇总完成后，若要恢复到原始数据显示状态，可在单击汇总区域中的任意单元格后，单击“数据”选项卡中的“分类汇总”按钮，打开“分类汇总”对话框，单击“全部删除”按钮，便可恢复显示原来的数据。

16.4　合并计算

数据的合并计算可以将格式相似的多个数据区域中的数据，按指定的方式进行自动匹配计算。多个数据区域可以是同一工作表的数据区域，也可以是同一工作簿中不同工作表或不同工作簿中的数据区域。数据合并计算的结果可放置在原数据区域所在的工作表中，也可以将其放置于其他工作表中。

【例 16-3】　现有“超市第一季度家电销售情况.et”工作簿，在此工作簿中有“第 1 分店”和“第 2 分店”两个工作表，在工作表中分别存放了这两家分店的四种家电产品在第一季度每月的销售数量数据，如图 16-10 所示，现要求新建一个结构相同的名为“合计”的工作表，计算出两家分店这四种家电产品第一季度中每月销售量的总和。

	A	B	C	D
1	第1分店第一季度销售数量情况表			
2	商品名称	一月	二月	三月
3	空调	21	18	24
4	热水器	16	23	20
5	彩电	27	22	25
6	冰箱	19	17	21

第1分店　第2分店　合计

	A	B	C	D
1	第2分店第一季度销售数量情况表			
2	商品名称	一月	二月	三月
3	空调	32	23	20
4	热水器	29	30	12
5	彩电	35	12	23
6	冰箱	32	34	24

第1分店　第2分店　合计

图 16-10　“第 1 分店”和“第 2 分店”工作表

操作步骤如下。

(1)打开“超市第一季度家电销售情况.et”工作簿，在此工作簿中新建“合计”工作表，并输入相关数据，如图 16-11 所示。其中单元格区域 B3:D6 用于存放合并计算结果。

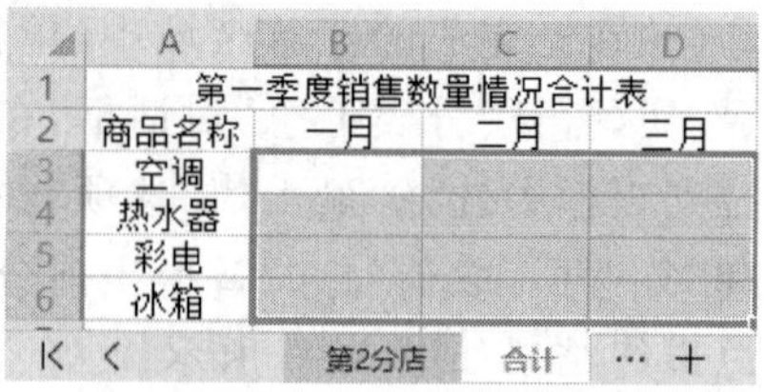

图 16-11 “合计”工作表

(2)选定单元格区域 B3:D6，然后单击“数据”选项卡中的“合并计算”按钮，打开“合并计算”对话框，如图 16-12 所示。在“函数”下拉列表框中选择“求和”选项。

(3)单击“引用位置”右侧的“折叠”按钮，选择“第 1 分店”工作表的单元格区域 B3:D6，单击“展开”按钮，再单击“添加”按钮，将“第 1 分店”工作表需要进行合并计算的单元格区域 B3:D6 添加到“所有引用位置”区域中，然后以同样的操作方法选取“第 2 分店”工作表的单元格区域 B3:D6，如图 16-12 所示。

(4)单击“合并计算”对话框中的“确定”按钮，完成合并计算，结果如图 16-13 所示。

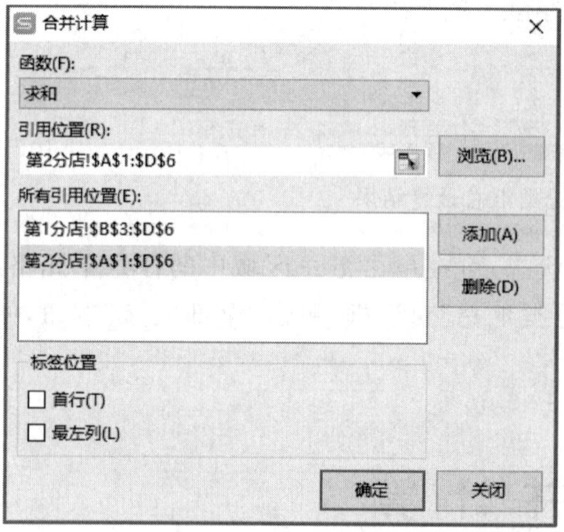

图 16-12 “合并计算”对话框

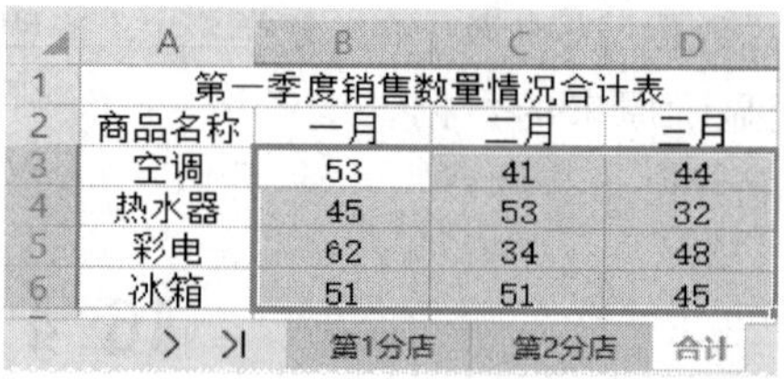

图 16-13 合并计算结果

16.5 数据透视表

数据透视表是计算、汇总和分析数据的强大工具。它可以快速汇总、分析、浏览和呈现汇总数据，同时也可以动态地改变其版面布置，以便按照不同的方式分析数据。当改变版面布置时，数据透视表会立即按照新的布置重新计算数据。

创建数据透视表的方法与步骤如下。

(1)单击需要创建数据透视表的数据区域的任意单元格(或选定整个数据区域)。

(2)单击“插入”选项卡中的“数据透视表”按钮，打开“创建数据透视表”对话框，如图 16-14 所示。

(3)在“创建数据透视表”对话框中的“请选择要分析的数据”区域设置需要创建数据透视表的数据源；在“请选择放置数据透视表的位置”区域设置创建的数据透视表放置的位置，然后单击“确定”按钮，即可生成一个空白数据透视表，如图 16-15 所示。左侧为数据透视表的报表生成布局区域，其会随着选择的字段变动而自动更新；右侧为“数据透视表”窗格，由“字段列表”和“数据透视表区域”两部分组成。“字段列表”显示来自数据区域的所有可用字段名，“数据透视表区域”为布局区域，决定了数据透视表的组成结构，其中“筛选器”“列”“行”区域用于放置筛选或分类字段，“值”区域放置数据汇总字段。

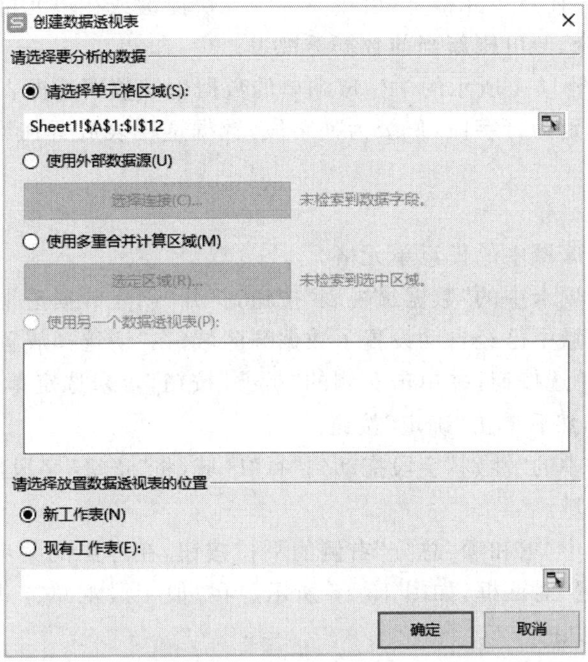

图 16-14 “创建数据透视表”对话框

图 16-15 空白数据透视表

(4)依据实际需要勾选“字段列表”列出的字段名，直接拖动到“数据透视表区域”的某个区域中，即可通过操作字段来变换报表布局，方便按不同视角透视分析数据。此外，也可以在“字段列表”中通过直接勾选字段复选框，将其添加到“数据透视表区域”，非数值类型字段将默认自动添加到行区域，数值类型字段自动添加到列区域。

数据透视表创建完成后，若数据源中的数据发生改变，数据透视表不会实时自动更新，此时选择数据透视表中的任意单元格，然后按 Alt+F5 快捷键或在单元格上右击，在弹出的快捷菜单中选择“刷新”命令，便可刷新当前数据透视表。

【例 16-4】 利用图 16-1 所示的学生成绩单的数据生成数据透视表，统计各班男生和女生总分的平均值，其中性别为行字段，班级为列字段，数据透视表放置在当前工作表的 A14:F18 区域。

操作步骤如下。

(1)单击选定数据区域中的任意单元格。

(2)单击“插入”选项卡中的“数据透视表”按钮，打开“创建数据透视表”对话框，其中在“请选择要分析的数据”区域中已经自动设置了数据源区域；在“请选择放置数据透视表的位置”区域选中“现有工作表”单选按钮，并单击右侧的“折叠”按钮来选定单元格区域 A14:F18，单击“展开”按钮返回，然后单击“确定”按钮。

(3)将“字段列表”中的“性别”字段拖动到“行”区域，将“班级”字段拖动到“列”区域，将“总分”字段拖动到“值”区域。

(4)单击“值”区域中“求和项:总分”右侧的下拉按钮，在弹出的菜单中选择“值字段设置”命令，打开“值字段设置”对话框，如图 16-16 所示。在“值字段汇总方式”列表框中选择“平均值”选项，单击“确定”按钮。

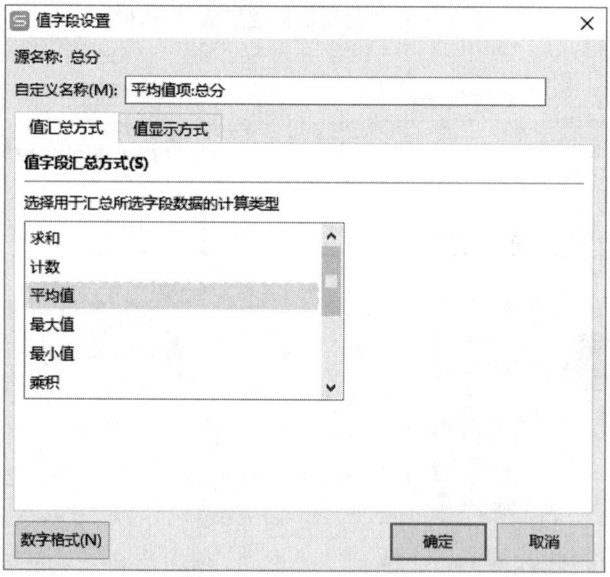

图 16-16 “值字段设置”对话框

数据透视表统计结果如图 16-17 所示。

14	平均值项:总分	班级				
15	性别	计科1班	计科2班	软工1班	软工2班	总计
16	男	390.5	412	384	420.5	403
17	女	435	464	432		439.6
18	总计	412.75	438	416	420.5	419.6363636

图 16-17　数据透视表统计结果

习　题　4

一、操作题

1. 新建 WPS 表格文件，设置文件名为“Score. et”。按下列要求完成操作，并保存结果。

(1)在工作表 Sheet1 中，建立如图 16-18 所示的表格。将表格的第 1 行单元格合并居中，标题文字“期中考试成绩单”字体设置为黑体、16 磅。将整个表格(包括标题)外边框线及内部框线均设为单细线，第 2 行单元格底纹为黄色。第 1 列和第 2 列设置列宽为 9 字符；“总分”列和“平均分”列的数字格式设为数值、保留两位小数。将 Sheet1 工作表命名为“期中考试成绩表”。

(2)利用公式或函数计算每个学生的总分和平均分；按照总分由高到低的次序统计每个人的名次(利用 RANK 函数)。

(3)选取“姓名”列和“数据库”列的单元格内容，建立“簇状柱形图”图表，系列产生在列，图表标题为“数据库成绩统计图”，不显示图例。

期中考试成绩单								
学号	姓名	JAVA语言	网站管理	数据库	网络安全	总分	平均分	名次
1	蓄颖	88	92	63	85			
2	沈红星	88	82	85	74			
3	刘烁	78	88	71	62			
4	李天硕	98	67	25	50			
5	周小宇	88	84	85	62			
6	王瑞	68	60	46	60			

图 16-18　期中考试成绩单

2. 新建 WPS 表格文件，设置文件名为“图书销售. et”。按下列要求完成操作，并保存结果。

(1)在工作表 Sheet1 中，建立如图 16-19 所示的表格。将 Sheet1 工作表命名为“第 1 季度图书销售情况表”，并复制该工作表，建立两个副本，将生成的两张新工作表分别重命名为“分类汇总表”“数据透视表”。

(2)对工作表“第 1 季度图书销售情况表”内数据区域的内容按字段“经销部门”进行升序排列，“经销部门”字段相同时按“销售额(元)”字段降序排列。

(3)对工作表“第 1 季度图书销售情况表”内数据区域的内容进行筛选，筛选条件为第 1 分部或第 3 分部、计算机类或少儿类图书。

(4)对工作表“分类汇总表”内数据区域的内容，按经销部门对图书销售数量和销售额进行分类汇总，汇总方式为求平均值。

(5)在工作表“数据透视表”内数据区域的下方插入数据透视表，统计各经销部门各类图书的销售额，经销部门为行字段，图书类别为列字段，销售额为数据项。

某图书销售公司第一季度销售情况表			
经销部门	图书类别	数量(册)	销售额(元)
第1分部	社科类	569	28 450
第1分部	计算机类	345	24 150
第1分部	少儿类	765	22 950
第2分部	计算机类	206	14 420
第2分部	社科类	178	8 900
第2分部	社科类	167	8 350
第2分部	少儿类	221	6 630
第3分部	社科类	301	15 050
第3分部	计算机类	212	14 840
第3分部	少儿类	306	9 180

图 16-19　某图书销售公司第一季度销售情况表

二、简答题

1. 单元格引用方式有哪几种？各有什么特点？
2. 什么是分类汇总？描述分类汇总的操作步骤。
3. 数据透视表的主要用途和特点是什么？

第五篇

WPS 演示文稿应用

WPS Office 中的演示文稿（通常称为 PPT 或幻灯片）在多种场合中发挥着重要的作用。演示文稿生成的文件称为演示文稿文件，其扩展名为“.pptx”。一个演示文稿包含若干个页面，每个页面就是一张幻灯片。它的主要功能表现在下列几个方面。

展示信息与内容：演示文稿的主要功能是以一种视觉和听觉相结合的方式展示信息。通过文本、图片、图表、视频和音频等多媒体元素的组合，它能够直观地传达复杂的观点、数据或概念，使观众更容易理解和记忆。

会议与报告：在商务会议、学术报告或项目汇报等场合中，演示文稿是展示研究成果、项目进展或提案的重要工具。它可以帮助发言人组织思路，突出重点，并与听众进行高效的沟通。

教育与培训：在教育领域，演示文稿被广泛应用于课堂教学、在线课程和培训活动中。教师可以利用演示文稿来制作课件，展示教学内容，激发学生的学习兴趣，提高教学效率。

产品推介与营销：在市场营销中，演示文稿常用于产品推介、品牌宣传和销售提案。通过生动的视觉展示和专业的讲解，演示文稿可以帮助企业有效地推广产品和服务，吸引潜在客户。

项目提案与竞标：在商务竞标或项目提案过程中，演示文稿是展示公司实力、方案优势和预期成果的关键工具。一个精心制作的演示文稿能够提升公司在竞标中的竞争力，增加赢得项目的机会。

创意展示与分享：演示文稿还可以用于个人创意、设计作品或研究成果的展示和分享。通过演示文稿，创作者可以将自己的想法和成果以更具吸引力的方式呈现给观众，获得更多的反馈和支持。

总之，WPS Office 中的演示文稿是一种功能强大的展示工具，适用于各种场合和需求，能够帮助用户更有效地传达信息、展示成果和与观众进行沟通。

本篇学习目标和主要内容如下。

(1)学习如何创建、编辑和保存演示文稿,熟悉 WPS Office 演示文稿的基本界面和工具。

(2)掌握幻灯片的设计、排版和布局技巧,使内容更加清晰、美观。

(3)掌握添加文本、图片、图表、音频和视频等多媒体元素的技巧,丰富演示文稿的内容和形式。

(4)掌握如何设置演示文稿的动画效果、切换方式和放映设置,提升演示文稿的视觉效果和用户体验。

第17章

WPS 演示组件的内容编辑

17.1 WPS 演示组件的基本概念

1.演示文稿

演示文稿的扩展名为“.pptx”。一个演示文稿包含若干个页面，每个页面就是一张幻灯片。

2.幻灯片

幻灯片是演示文稿的基本组成部分，每张幻灯片都相当于演示文稿中的一个页面，可以包含文本、图片、图表、音频、视频等多种内容。幻灯片的内容可以根据需要进行编辑和调整，以展示特定的信息或观点。

3.模板

模板是为了快速创建具有统一风格的演示文稿，WPS Office 提供了丰富的模板资源。这些模板通常包含了预设的布局、颜色、字体等元素，用户可以直接选择并应用到自己的演示文稿中，从而节省设计时间并提升整体视觉效果。

4.动画和切换效果

动画和切换效果是为了使演示文稿更加生动有趣，WPS Office 允许用户为幻灯片添加各种动画效果和切换方式。动画效果可以应用于文本、图片等元素，使其在展示过程中具有动态效果；切换效果则决定了幻灯片之间的过渡方式，使演示过程更加流畅自然。

5.母版

母版是演示文稿中所有幻灯片共用的样式，包括背景、字体、颜色等。通过修改母版，用户可以一次性地更改所有幻灯片的外观，确保演示文稿的整体风格一致。

6.备注和讲义

备注是用户为每张幻灯片添加的额外说明或提示，通常只在编辑状态下可见，有助于用户在演讲过程中把握内容；讲义则是将演示文稿的内容导出为文档格式，方便用户打印。

17.2 WPS 演示文稿工作界面

WPS 演示文稿窗口由幻灯片编辑区、幻灯片窗格、任务窗格、功能区、选项卡等部分组成。

WPS空白演示文稿的工作窗口如图17-1所示。

图17-1 WPS空白演示文稿的工作窗口

17.2.1 工作界面

1.文档标签栏

文档标签栏展示当前已打开演示文稿的文件名，它位于演示窗口的最上方，其左边分别是“首页”和“稻壳模板”按钮，右边的“＋”是“新建标签”按钮。

2.“文件”按钮

单击“文件”按钮，打开“文件”菜单，其中包含了对文件操作的各种命令，如“新建”、“打开”、“保存”、“另存为”、“输出为PDF”、“输出为图片”、“文件打包”、“打印”、“分享文档”、“文档加密”、“备份与恢复”、“帮助”、“选项”及“退出”等命令。

3.快速访问工具栏

快速访问工具栏主要用于放置一些频繁使用的功能按钮。默认情况下，该工具栏包含了“保存”“输出为PDF”“打印”“打印预览”“撤销”“恢复”等按钮。用户也可以通过单击“自定义快速访问工具栏”按钮 设置其他常用的功能按钮。

4.选项卡

选项卡包含了WPS演示文稿中的大部分功能，能够帮助用户实现对每张幻灯片的相关操作。WPS演示文稿窗口自左至右依次包含“开始”“插入”“设计”“切换”“幻灯片放映”“审阅”“视图”“开发工具”“特色功能”等选项卡，如图17-1所示。

5. 功能区

一个选项卡里面包含的多项操作组成一个功能区。单击某一个标签就会显示相应功能区的所有命令按钮，WPS 演示组件“开始”选项卡对应的功能区如图 17-2 所示。

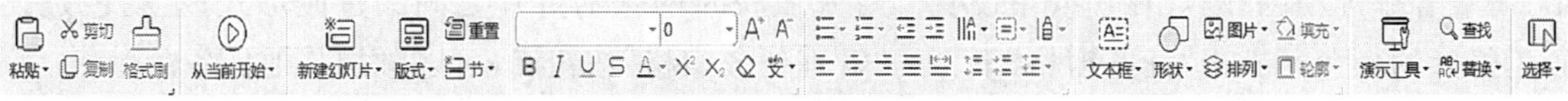

图 17-2 “开始”选项卡的功能区

“开始”选项卡的功能区按类别又划分为六个任务组，自左至右分别是“剪贴板”、“幻灯片”、“字体”、“段落”、“绘图”和“编辑”，单击对应的对话框启动器按钮 可以打开对应的对话框。“字体”对话框如图 17-3 所示。

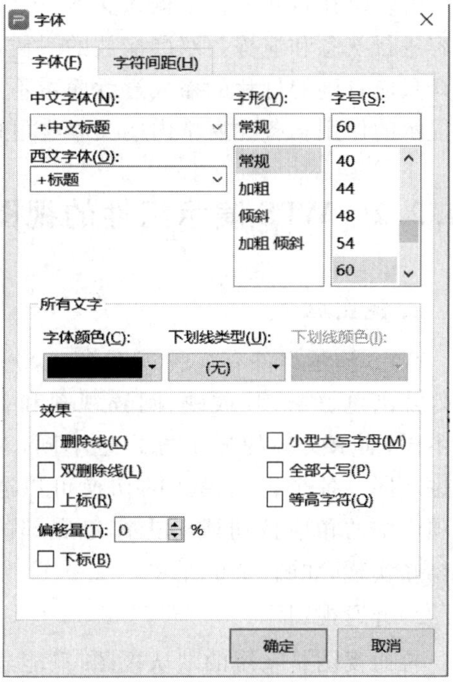

图 17-3 “字体”对话框

功能区按钮排列方式默认为左对齐，单击演示文稿左上角的“更多操作”按钮 ⋮，可以将功能区按钮设置为居中排列，也可以设置功能区的显示和隐藏状态。

6. 幻灯片/大纲窗格

幻灯片按序号依次排列在幻灯片窗格中，在幻灯片窗格中，可以实现幻灯片的复制、删除、移动、更换背景和幻灯片切换、隐藏幻灯片等操作；单击“新建幻灯片”按钮 + 可以快速地插入一张新幻灯片。

大纲窗格只显示演示文稿中的文本而不显示任何图形，在大纲窗格中可以快速地输入、编辑和重新组织文本。

幻灯片窗格及其对应的大纲窗格分别如图 17-4、图 17-5 所示。

图 17-4 幻灯片窗格

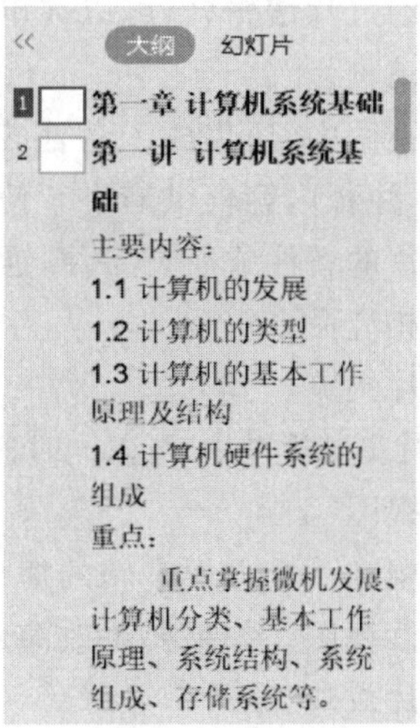

图 17-5 大纲窗格

7. 任务窗格

任务窗格是对当前幻灯片及其组成对象进行操作的命令集合,包括对象属性、定义动画、幻灯片切换和主题色,对象属性对幻灯片及其包含元素进行属性设置;定义动画是对文本、图形、图表等添加动画;幻灯片切换是设置幻灯片放映时两张幻灯片之间的过渡形式;主题色是设置幻灯片的颜色。右击“任务窗格”下方的“管理任务窗格”按钮,可以添加其他任务命令。

8. 备注窗格

编辑时在备注窗格中输入文本,可以为每张幻灯片标记出讲述内容,演讲者可以根据备注内容进行熟悉和演练。双屏播放的时候,演讲者视图和播放视图分别显示在不同的显示器上,观众只能看到幻灯片的播放过程而看不见备注,演讲者却可以看见备注内容,备注此时可以起到提示的作用。备注窗格内的文本也可以打印。备注窗格位于当前幻灯片编辑区的下方。

17.2.2 WPS演示组件的视图模式及切换

1. 视图模式

WPS演示组件有5种视图模式,分别为普通视图、幻灯片浏览、幻灯片放映、阅读视图和备注页。视图模式不同,演示文稿的显示方式也不同,对演示文稿的加工也不同。各个视图模式的切换可以通过单击“视图”选项卡中的相应按钮或单击窗口底部的3个视图按钮实现,如图17-6所示。

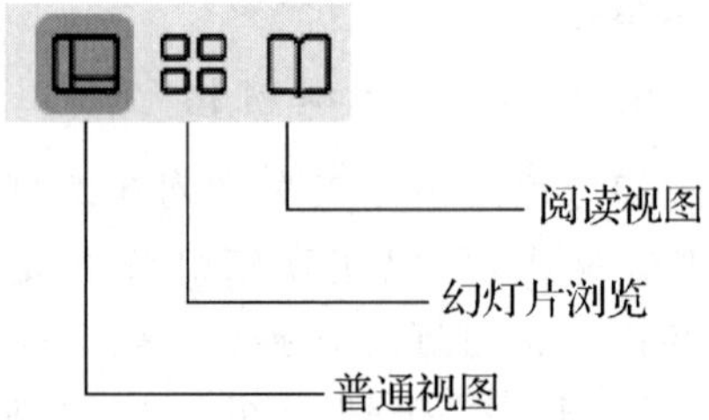

图17-6 视图模式

1)普通视图

普通视图是系统的默认视图,只能显示一张幻灯片。

左边是幻灯片窗格,单击其中的“大纲”按钮,可以查看每张幻灯片的文本外观,进行标题和正文信息的编辑;单击其中的“幻灯片”按钮,则按照幻灯片的编号顺序显示演示文稿中全部幻灯片的缩略图。在幻灯片窗格中,可以进行幻灯片的重新排序、添加和删除。

中间是幻灯片编辑区,可以在单张幻灯片中添加文本、图形、影片和声音,创建超链接以及向其中添加动画。

在普通视图中,还集成了备注窗格。备注是演讲者对每一张幻灯片的注释,可以在备注窗格中输入,注释内容仅供演讲者使用,不能在幻灯片上显示。可以隐藏或显示备注面板,删除当前幻灯片的备注或所有备注,通过单击窗口底部“隐藏或显示备注面板”下拉按钮,在下拉菜单中选择相应命令实现。

2)幻灯片浏览

在幻灯片浏览视图中,可以同时显示多张幻灯片,方便对幻灯片进行移动、复制、删除等操作。

3)阅读视图

如果希望在一个方便审阅的窗口中查看演示文稿,而不想使用全屏的幻灯片放映视图,则可以使用阅读视图。如果要更改演示文稿,可随时从阅读视图切换至其他视图。

4)幻灯片放映

在幻灯片放映视图中,幻灯片按顺序全屏幕放映,可以观看动画和超链接效果等。按Enter

键或单击将显示下一张幻灯片，按 Esc 键或放映完所有幻灯片后将恢复原样。在幻灯片上右击，还可以打开快捷菜单进行相应的操作。

该视图按钮默认为“从当前幻灯片开始播放”，单击其右侧的下拉按钮，在下拉菜单中还可以选择“从头开始播放”或者“设置放映方式”命令。

2. 视图切换方式

不同视图之间可以切换，通过单击视图窗格或“视图”选项卡中的相应命令按钮实现视图切换。

17.3　演示文稿的基本操作

WPS Office 中的演示文稿的基本操作包括下列几个步骤。

1. 新建演示文稿

打开 WPS Office 软件后，单击“新建”按钮，在“新建”界面单击“演示”按钮，在“推荐模板”中选择“新建空白文档”，创建一个新的演示文稿。

2. 布局和样式

WPS Office 提供了多种布局和样式供用户选择。

可以通过单击工具栏上的“布局”和“样式”按钮，来切换和调整幻灯片的外观。

3. 添加内容

在每一页幻灯片上，可以插入各种内容，如文本、图片、图表、表格等。

单击工具栏上的对应按钮(如“文本框”“图片”等)，然后按要求输入或导入相关内容。

4. 编辑内容

可以编辑幻灯片中的文本，包括更改字体、字号、颜色等。

对于图片和其他媒体内容，也可以进行裁剪、调整大小、旋转等操作。

5. 设计动画效果

为了使演示文稿更具吸引力和表现力，WPS Office 提供了多种动画效果供用户选择。

选中需要添加动画的元素(如文本框、图片等)，然后单击“动画”标签，在“动画”选项卡中设置相应的动画效果。

6. 幻灯片管理

可以通过左侧的幻灯片缩略图面板来查看和管理所有的幻灯片。

可以添加新的幻灯片、删除不需要的幻灯片或者调整幻灯片的顺序。

7. 预览和演示

在完成演示文稿的制作后，可以单击工具栏上的“播放”按钮来预览整个演示文稿。

预览时，可以通过按方向键或单击相应的幻灯片来切换幻灯片，查看完整的演示效果。

8. 保存和分享

单击“文件”按钮，选择“保存”命令，然后设置相应的文件格式来保存演示文稿。也可以将演示文稿分享给他人，可以通过电子邮件、云存储等方式进行分享。

17.3.1 创建演示文稿

1. 创建基于模板的演示文稿

WPS 演示组件内置的演示模板包括热门风格、用途分类、热门行业、节日、节气及颜色等分类。可以利用内置模板自动、快速地形成每张幻灯片的外观，既节省设计时间，又可专注于具体内容的处理。除此以外，也可以从互联网上下载演示模板。

建立基于模板的演示文稿的过程为双击桌面上的 WPS Office 快捷方式，单击“从模板新建”按钮进入“从模板新建”界面，将鼠标指针置于界面上方的“演示”命令按钮，弹出模板分类窗口，选中某类所需的模板后单击，进入模板库界面，浏览模板库，如果确定使用某个模板，直接单击“立即下载”按钮，即可根据选中的模板创建一个名字为“演示文稿 1”的演示文稿。

2. 创建基于已有内容的演示文稿

用户如果喜欢他人创建的演示文稿的模板，经他人允许可以直接使用模板创建新的演示文稿。

3. 创建空白演示文稿

用户如果希望建立具有自己风格和特色的幻灯片，可以从空白演示文稿开始设计。

在 WPS 演示组件创建空白演示文稿后，会出现一张空白的标题幻灯片，按照占位符中的文字提示输入内容，还可以通过单击“插入”选项卡中的相应按钮插入需要的各种对象，如表格、形状、图片、链接、文本、符号、媒体等。

空白演示文稿的创建过程如下。

方法一：双击 WPS Office 快捷方式，进入软件界面的首页，单击左侧的“新建”按钮后进入“新建”界面，单击该界面上方的“演示”按钮进入“推荐模板”界面，选择“新建空白文档”选项，此时就创建了一个文件名为“演示文稿 1”的演示文稿，该演示文稿默认包含了一张序号为 1、版式为标题幻灯片的空白幻灯片，如图 17-7 所示。

图 17-7 空白演示文稿

方法二：使用Ctrl＋N快捷键可快速新建一个同类型的空白演示文稿。

17.3.2 保存演示文稿

保存演示文稿常用的方法为单击快速访问工具栏中的“保存”按钮，也可以选择“文件”菜单中的“保存”或“另存为”命令实现演示文稿的保存。

如果要将WPS演示文稿保存为模板格式，可以按照下列步骤操作。

(1)打开想要保存为模板的WPS演示文稿。

(2)在左上角的“文件”菜单中，选择“另存为”命令。

(3)在弹出的“另存文件”对话框中，找到“保存类型”或“文件类型”下拉列表框。

(4)在这个下拉列表框中，选择“WPS演示 模板文件(*.dpt)”选项作为文件类型。

(5)系统会自动指向模板的存放路径。在Windows操作系统中，模板文件通常保存在类似这样的路径下：“Documents and Settings\您的用户名\ApplicationData\kingsoft\office6\templates”或“Program Files\kingsoft\WPS Office Professional\templates”。但请注意，具体的路径可能会因为用户的系统配置和WPS版本不同而有所不同。

(6)选择想要保存模板的文件夹，并给模板命名。

(7)单击“保存”按钮，WPS演示文稿就会被保存为模板了。

保存后的模板文件，将自动添加到“模板”对话框的“常用”选项卡中，可以在创建新演示文稿时选择使用。

17.3.3 打开与关闭演示文稿

单击快速访问工具栏中的“打开”按钮，打开“打开文件”对话框，找到文件所在路径后选择相应的文件即可打开该文件。

单击演示文稿的“关闭”按钮或使用Alt＋F4快捷键可关闭WPS Office软件。

17.4 幻灯片的基本操作

一个演示文稿由多张幻灯片构成，幻灯片是演示文稿的主体，对幻灯片的操作包括新建、复制、删除、移动和隐藏等。

17.4.1 新建幻灯片

方法一：单击“开始”或“插入”选项卡中的“新建幻灯片”下拉按钮，在下拉菜单中对幻灯片按照“新建”“主题页”“正文”“案例”“动画”等划分了类别，若确定了某个类别，单击该类别标签，进入其模板库，选中需要的某个模板，单击“立即下载”按钮就新建了一张幻灯片；也可在“新建”中的“整套推荐”模板库中进行选择，确定某种版式后，单击该版式，就新建了一张幻灯片。“新建”界面如图17-8所示。

图 17-8 “新建”界面

方法二：右击幻灯片窗格，在弹出的快捷菜单中选择“新建幻灯片”命令，如图 17-9 所示。

方法三：使用 Ctrl＋M 快捷键快速新建幻灯片。

创建、编辑或设计幻灯片时会涉及幻灯片版式、占位符、模板、主题、母版等概念。

版式是指幻灯片的内容在幻灯片上的排列方式，它由占位符组成，占位符内可插入文字、表格、图形、艺术字、图表等内容。每种版式都有名字，WPS 提供的版式如图 17-10 所示。

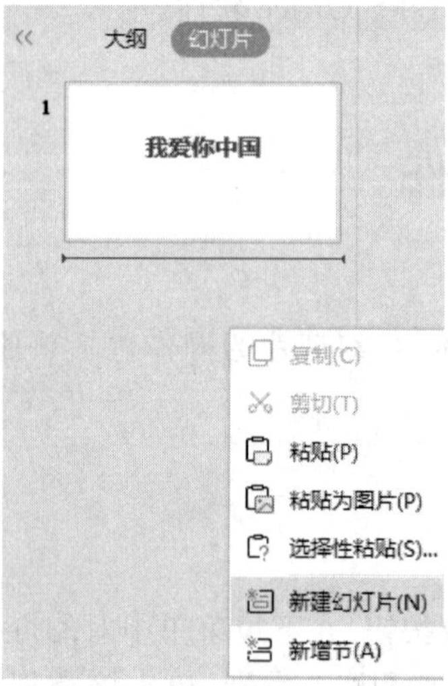

图 17-9 新建幻灯片

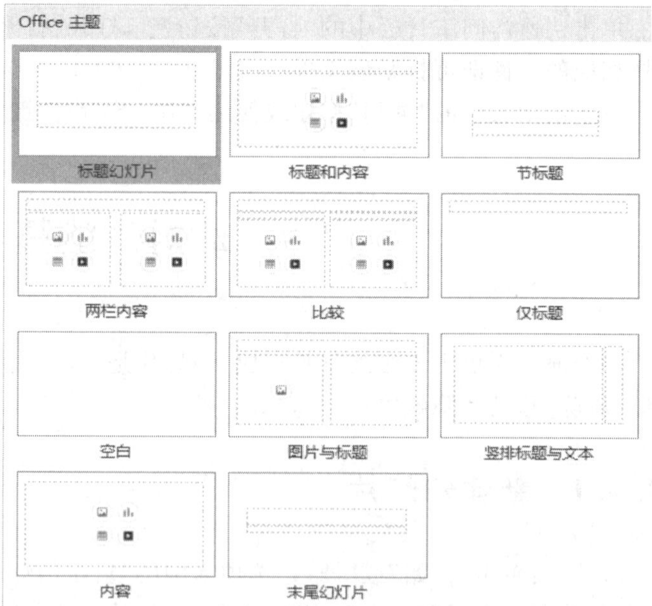

图 17-10 WPS 提供的版式

占位符就是幻灯片版式中虚框占据的固定位置，用户根据占位符的文字提示添加内容。一张幻灯片中可以包含多个占位符，有五种类型的占位符：第一类是标题占位符，在该位置添加标题文字；第二类是内容占位符，在该位置添加正文文字及插入表格、图片、剪贴画等；第三类是数字占位符，在该位置添加页码；第四类是日期占位符，在该位置添加日期；第五类是页脚占位符，在该位置添加页脚内容。可以在幻灯片中对占位符内容进行设置，也可以在母版中对它进行格式、显示和隐藏等设置。

17.4.2　选择幻灯片

演示文稿有四种视图模式，在普通和幻灯片浏览视图下均可对幻灯片进行选择、复制、删除、移动等操作。

对幻灯片进行某种操作前必须先将其选中。选择幻灯片分为选择单张、选择多张不连续、选择多张连续和选择全部幻灯片等 4 种操作。

选择单张幻灯片的方法：在普通视图下的幻灯片窗格中单击幻灯片即可。

选择多张不连续幻灯片的方法：在普通视图下的幻灯片窗格中，先选中第一张需要的幻灯片，然后按住 Ctrl 键，再单击依次选中其他需要的幻灯片。

选择多张连续幻灯片的方法：在普通视图下的幻灯片窗格中，先选中第一张需要的幻灯片，然后按住 Shift 键，再单击选中需要的最后一张幻灯片。

选择全部幻灯片的方法：将光标置于普通视图下的幻灯片窗格中，按 Ctrl＋A 快捷键实现全部选择。

17.4.3　复制、移动幻灯片

复制幻灯片的方法如下。

(1)在普通视图下的幻灯片窗格中，右击需要被复制的幻灯片，在弹出的快捷菜单中选择“复制幻灯片”命令，则该幻灯片的副本就出现在幻灯片窗格的最后位置。

(2)右击需要被复制的幻灯片，在弹出的快捷菜单选择“复制”命令，右击目标位置，在弹出的快捷菜单中选择“粘贴”命令即可。

(3)选中幻灯片，使用 Ctrl＋C 和 Ctrl＋V 快捷键实现复制和粘贴。

移动幻灯片的方法有 3 种。

(1)右击需要被移动的幻灯片，在弹出的快捷菜单中选择“剪切”命令，然后在目标位置右击，在弹出的快捷菜单中选择“粘贴”命令即可。

(2)选中幻灯片，使用 Ctrl＋X 和 Ctrl＋V 快捷键实现移动。

(3)选中需要被移动的幻灯片，拖动到目标位置。

17.4.4　删除幻灯片

删除幻灯片的方法如下。

(1)在幻灯片窗格中，选中即将被删除的幻灯片，右击，在弹出的快捷菜单选择“删除幻灯片”命令。

(2)选中幻灯片，按 Delete 键删除。

(3)选中幻灯片，按 Backspace 键删除。

17.4.5 隐藏幻灯片

隐藏幻灯片是指在普通视图或幻灯片浏览视图中，当演讲者在播放演示文稿时，会自动跳过被隐藏的幻灯片而播放下一张幻灯片。隐藏幻灯片只是不再播放，幻灯片仍然存在。在幻灯片窗格中，右击需要被隐藏的幻灯片，在打开的菜单中选择“隐藏幻灯片”命令或选定幻灯片，单击“放映”选项卡中的“隐藏幻灯片”按钮即可实现幻灯片的隐藏。被隐藏的幻灯片在幻灯片窗格中的显示如图17-11所示。

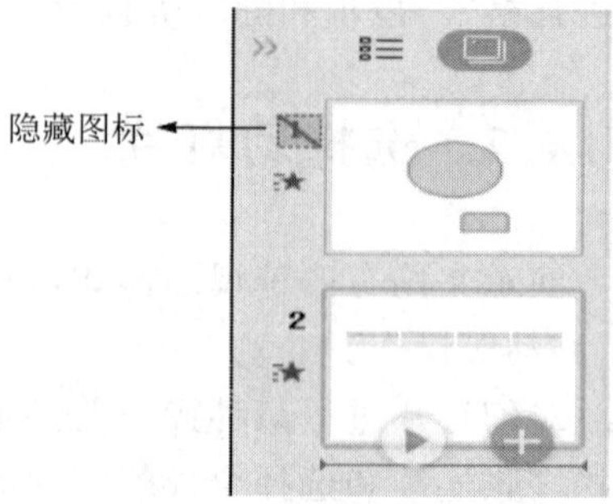

图 17-11　被隐藏的幻灯片在幻灯片窗格中的显示

17.4.6 改变幻灯片的版式

幻灯片的版式如图17-10所示，有多种版式供用户选择，改变幻灯片的版式有如下几种方法。

(1)在普通视图下的幻灯片窗格中，右击某张幻灯片，在弹出的菜单中选择“版式”命令后就可以看到WPS提供的版式，在其中挑选合适的版式后单击即可。

(2)在“开始”或“设计”选项卡中单击“版式”下拉按钮后出现WPS Office提供的版式，挑选合适的版式后单击即可引入新的幻灯片版式。

17.4.7 幻灯片的换片方式

在WPS Office中，设置幻灯片的换片方式主要有下列两种方法。

方法一：使用“切换”功能设置自动换片。

(1)打开需要编辑的演示文稿后，单击“切换”标签。

(2)在“切换”选项卡中，勾选“自动换片”复选框。

(3)在“自动换片”复选框后面的文本框中输入自动换片时间间隔，这样幻灯片就会在设定的时间间隔后自动切换到下一张。

方法二：使用“排练计时”功能设置换片时间。

(1)在“放映”选项卡中单击“排练计时”下拉按钮。

(2)在下拉菜单中选择“排练全部”命令，按照演示节奏进行排练。

(3)排练结束后，幻灯片会自动保留排练时间。

(4)单击“放映设置”按钮，在弹出的“设置放映方式”对话框中将“换片方式”设置为“如果存在排练时间，则使用它”。

(5)单击“确定”按钮后，下次放映时幻灯片就会按照设置的排练时间自动切换。

17.4.8 幻灯片的放映方式

(1)手动放映：这是默认的放映方式，可以使用鼠标、键盘或遥控器等设备来控制幻灯片的播放，如单击“下一张”按钮或按空格键来切换到下一张幻灯片。

(2)自动放映：可以设置幻灯片在设定的时间间隔后自动切换到下一张。在“切换”选项卡中，勾选“自动换片”复选框，然后在后面的文本框中输入想要的时间间隔即可。

(3)演讲者放映：在这种模式下，演讲者可以看到带有标注或备注的演示文稿，而观众只能看到无备注的演示文稿。这有助于演讲者在演讲时更好地控制内容和与观众互动。要设置演讲者放映模式，可以在“设置放映方式”对话框中的“放映类型”区域中选中“演讲者放映”单选按钮。

(4)展台自动循环放映：在这种模式下，演示文稿会自动循环播放，无须手动操作。这适用于展览或展示场合，可以确保内容持续地展示给观众。在“设置放映方式”对话框中的“放映类型”区域中选中“展台自动循环放映”单选按钮即可。

(5)另外，WPS Office 还支持多显示器放映，允许在一个显示器上放映 PPT，同时在另一个显示器上显示计算机屏幕或其他内容。可以在“设置放映方式”对话框中的“多显示器”区域进行设置。

17.4.9　节

幻灯片分节功能在 WPS Office 的演示文稿中是一项非常实用的工具，它可以帮助用户更好地组织和规划演示文稿的结构，提高工作效率。

下面是使用幻灯片分节功能的具体步骤。

(1)打开 WPS 演示文稿，并定位到想要开始分节的幻灯片。

(2)新建节。

方法一：在左侧的幻灯片缩略图区域，找到想要开始分节的幻灯片，然后右击它，在弹出的菜单中选择“新增节”命令。

方法二：在 WPS 演示文稿的顶部工具栏中，单击“开始”选项卡中的“节”下拉按钮，在下拉菜单中选择“新增节”命令。

(3)重命名节：新建节之后，会看到一个默认的节名称(如“节 1”)。为了更清晰地标识每个节的内容，可以右击该节，在弹出的快捷菜单中选择“重命名节”命令，然后在弹出的“重命名”对话框中的“名称”文本框中输入想要的名称。

(4)使用节进行批量操作：分节完成后，可以通过单击节名称来快速选中该节内的所有幻灯片，从而进行批量操作。例如，可以批量设置该节内所有幻灯片的切换效果、动画效果等。

通过幻灯片分节功能，可以将演示文稿按照内容或主题进行分组，使整体结构更加清晰，也便于后续的编辑和修改。同时，它还可以帮助用户更快地定位到特定的幻灯片或内容，提高演示效率。

17.4.10　在幻灯片中插入各种对象

一张幻灯片的组成对象按类别分为文本、图形、表格、图片、二维码、条形码、符号、公式、音频、视频、附件等。在幻灯片上添加对象有两种方法：方法一是在“占位符”位置输入对象；方法二是通过单击“插入”选项卡中的命令按钮实现插入对象。

1. 输入文本

在标题、内容、数字和页脚占位符等位置，需要添加相应文字，文字可以从键盘输入，也可从其他文件或网络复制而来。除此以外，在幻灯片编辑区的任意位置单击“插入”选项卡中的“文本框”下拉按钮，在打开的“预设文本框”菜单中选择需要的文本框，在文本框中输入文字。

2. 插入图片

可以在幻灯片中插入图片，图片不仅形象生动，而且更容易引起关注。插入方法为选中要插入图片的幻灯片，单击“插入”选项卡中的“图片”下拉按钮，在弹出的菜单中单击“本地图片”按钮，展开图片库如图 17-12 所示。

除此以外，还可以将手机中的图片插入到幻灯片中，操作过程为单击“手机传图”按钮，在打开的“插入手机图片”对话框中使用手机扫描二维码，连接成功后在手机中选择图片进行插入，如图 17-13 所示。

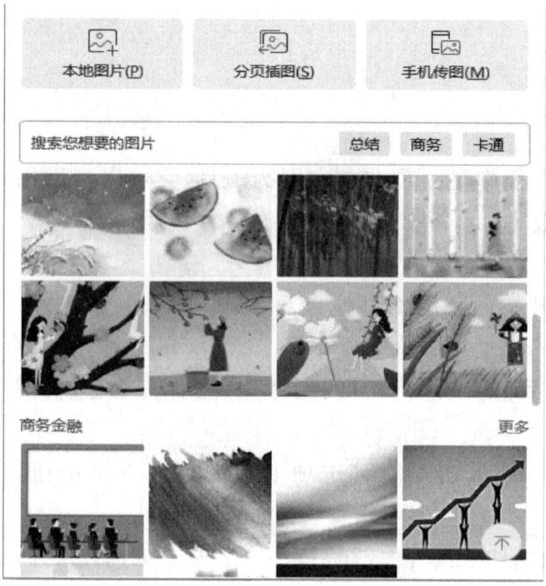

图 17-12　图片库

图 17-13　“插入手机图片”对话框

3. 插入形状

WPS 可在幻灯片中插入或绘制一些规则或不规则的形状，形状按类型分为线条、矩形、基本类型、箭头、公式形状、流程图和动作按钮等，插入形状会使幻灯片内容更加生动和具体。插入形状的方法为单击“插入”选项卡中的“形状”按钮，弹出“预设”下拉菜单，选中某个形状后将其画在幻灯片编辑区。

4. 插入批注

修改演示文稿时若遇到一些尚未确定是否要修改的地方，可以通过插入批注的方法做记号；审阅者在审阅演示文稿的过程中，对作者提出的一些意见和建议也可以通过插入批注的形式表达自己的看法。批注的图标为 L1 。

5. 插入视频和音频

在幻灯片中插入视频和音频，单击“插入”选项卡中的“视频”按钮和“音频”按钮来实现。

视频包括本地视频、网络视频和 Flash 等。

6. 插入超链接

超链接原本是指从一个网页指向一个目标的连接关系，WPS 演示文稿的超链接是指从一张幻灯片指向一个目标的连接关系，存在两种目标的超链接，其中一种超链接目标是文件或网页，就是某张幻灯片可以超链接到其他的演示文稿、Word 文档、网页或电子邮件地址等；另外一种超链接目标是同一个演示文稿中的其他幻灯片。演讲者只能在播放幻灯片时才能打开其中的超链接。

超链接有两种表现形式。一种是以下画线表示的超链接。这通过单击“插入”选项卡中的“超链接”按钮来实现；另一种是以动作表示的超链接，这需要通过单击“插入”选项卡中的“形状”下拉菜单中的“动作按钮”组中的某一个按钮来实现。

7. 插入智能图形

智能图形是信息和观点的视觉表现形式，用不同形式和布局的图形代替枯燥的文字，可以快速、轻松、有效地传达消息。用户可以直接输入智能图形中的文字，然后利用“格式”选项卡中的工具修改其中的文字效果。也可以修改其结构和形状效果，智能图形包括列表、流程、循环、层次结构、关系、矩阵、棱锥图和图片等。智能图形库如图 17-14 所示。

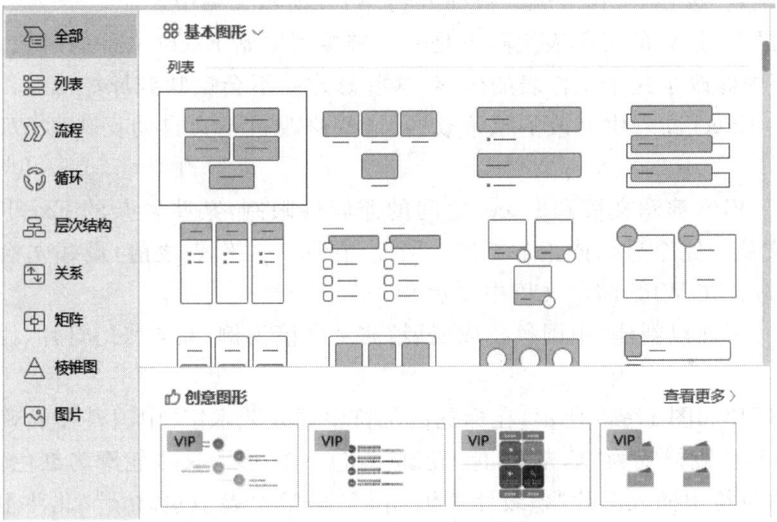

图 17-14 智能图形库

8. 插入表格

在幻灯片中，有些信息或数据需要使用表格分门别类地存放和表示，使得数据信息一目了然。WPS 演示组件提供单独的表格工具模块，使用该模块不但可以创建各种形式的表格，还可以对创建的表格进行编辑。

9. 插入图表

图表可以描述数据之间的关系。WPS 演示组件提供了图表模块，该模块包括柱状图、折线图、饼图、条形图、面积图、XY(散点)图、股价图、雷达图、组合图、模板、在线图表和智能图表等。

10. 插入艺术字

用户可以将艺术字添加到演示文稿中，制作出富有艺术性的文字，以达到最佳的演示效果。插入艺术字可以通过单击“插入”选项卡中的“艺术字”下拉按钮来实现，也可单击需要设置艺术字的文本框，在“文本工具”选项卡中选择“预设样式”区域中的艺术字样式，将文本框中的文字变为艺术字。

11. 插入其他对象

WPS 演示组件插入的对象也可以由文件创建，插入的对象可以是 Microsoft Excel 工作表、Microsoft PowerPoint 幻灯片、Microsoft Word 文档和 Microsoft 公式 3.0 等。

要在 WPS 演示文稿中插入其他对象，以工作表为例，可以按照下列步骤进行。

(1)打开 WPS 演示文稿，并选中要插入工作表的幻灯片。

(2)在“插入”选项卡中会看到一系列可以插入的对象。为了插入工作表，需要单击“对象”按钮，在弹出的“插入对象”对话框中选中“由文件创建”单选按钮，然后单击“浏览”按钮。

(3)在“浏览”对话框中，找到并选择想要插入的工作表文件，单击“打开”按钮。

(4)回到“插入对象”对话框后，可以勾选“显示为图标”复选框，这样工作表将以图标的形式显示在 WPS 演示文稿中。如果希望直接显示工作表内容，则取消勾选此复选框。

(5)单击“确定”按钮，工作表就会被插入到 WPS 演示文稿中。

需要注意的是，插入的工作表实际上是一个链接到原始 Excel 文件的对象。因此，如果在 WPS 演示文稿中修改了这个工作表的内容，这些修改并不会反映到原始 Excel 文件中。同样地，如果在原始 Excel 文件中修改了原始数据，这些修改也不会自动反映到 WPS 演示文稿中的工作表中。

另外，由于 WPS 演示文稿和 Excel 之间的兼容性限制，某些复杂的 Excel 功能可能无法在 WPS 演示文稿中完全显示或正常工作。因此，在插入工作表之前，最好先检查并确认工作表的内容是否适合在 WPS 演示文稿中显示。

【例 17-1】 下面以新建“中国科技成就展”演示文稿为例，共 4 张幻灯片，说明幻灯片的基本操作。

第 1 张幻灯片如图 17-15 所示，在标题占位符中插入艺术字“中国科技成就”，字体为微软雅黑，字号为 72，预设样式为“填充-白色，轮廓-着色 5，阴影”，文本轮廓为红色，文本填充为红色；在副标题占位符中插入图片“超级计算机. jpg”“科学实验卫星. jpg”“北斗卫星. jpg”“载人航天. jpg”“蛟龙号探海. jpg”“单口径射电望远镜. jpg”；将六幅图片设置为多图轮播，方向为水平、模式为“banner 式大图轮播”。插入音频“我爱你中国. mp3”，设置音频播放“开始”方式为自动，播放停止时间为至第 2 张幻灯片停止；

第 2 张幻灯片如图 17-16 所示，幻灯片版式为“标题和内容”，标题内容及格式与第一张幻灯片相同，将内容占位符中的项目符号设置为“➢”，依次输入每行文字“超级计算机”“世界首颗量子科学实验卫星‘墨子号’”“北斗卫星”“载人航天”“蛟龙号探海”“单口径射电望远镜”，在该张幻灯片的水平 22.84 cm、垂直 3.92 cm 位置处插入图片“红旗. jpg”；

第 3 张幻灯片由第 2 张幻灯片复制而来，如图 17-17 所示，标题改为“北斗卫星”，文本效果设置为“三维旋转”中的“适度宽松”。

第 4 张幻灯片由第 3 张幻灯片复制而来，如图 17-18 所示，标题改为“蛟龙号探海”，文本效果设置为“转换”中的“波浪 1”。

第 2 张幻灯片内容的第 3 行文字设置为以下画线表示的超链接，链接到第 3 张幻灯片；第 4 行文字设置为以动作按钮“前进或下一项”表示的超链接，链接到第 4 张幻灯片。

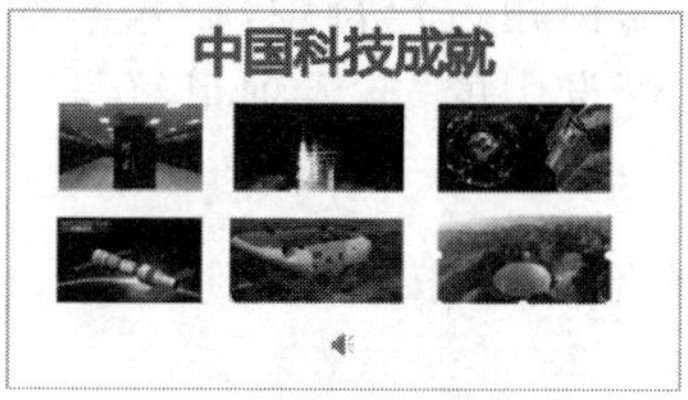

图 17-15　第 1 张幻灯片

图 17-16　第 2 张幻灯片

图 17-17　第 3 张幻灯片

图 17-18　第 4 张幻灯片

第 1 张幻灯片的操作步骤如下。

(1)双击桌面上的 WPS Office 快捷方式进入“首页”界面，单击左侧的“新建”按钮，在打开的“新建”界面的上方单击“演示”按钮，选择“新建空白文档”选项，就创建名为“演示文稿 1”的空白演示文稿，它包含一张版式为“标题幻灯片”且序号为 1 的幻灯片。单击快速访问工具栏中的“保存”按钮，在弹出的“另存文件”对话框中的“文件名”文本框中输入“中国科技成就展”，单击“保存”按钮。

(2)单击标题占位符所在位置的“空白演示”文本框，输入文字“中国科技成就”后选中它，在“开始”选项卡中的“字体”下拉列表框中选择“微软雅黑”选项，同样在“字号”下拉列表框中选择“72”。

(3)再次选中标题文字，在“插入”选项卡中的“艺术字”下拉菜单中的“预设样式”区域中选择“填充-白色，轮廓-着色 5，阴影”选项，然后在“文本工具”选项卡中分别单击“文本填充”和“文本轮廓”下拉按钮，选择“标准色”中的“红色”选项。

(4)将光标放在副标题占位符位置，单击“插入”选项卡中的“图片”下拉按钮，单击“本地图片”按钮，在打开的“插入图片”对话框中找到“超级计算机.jpg”图片后，单击它并单击“打开”按钮，此时该图片就插入到了幻灯片中，拖动该图片，将它调整到合适的位置和大小。用同样方法依次插入其他图片。

选中任意一张图片，单击“图片工具”选项卡中的“多图轮播”按钮，在弹出的菜单中单击“水平”标签，单击“水平”选项卡中的“banner 式大图轮播”右侧的“套用轮播”按钮。

(5)单击“插入”选项卡中的“音频”下拉按钮，在下拉菜单中选择“嵌入音频”命令，在打开的对话框中找到文件“我爱你中国. mp3”，选中它，单击“打开”按钮。插入后幻灯片中出现一个声音图标，把声音图标拖曳到合适的大小和位置。

(6)单击声音图标，在“音频工具”选项卡中，在“开始”下拉列表框中选择“自动”选项；再选中“跨幻灯片播放”单选按钮，在后面的文本框中输入“2”，表示至 2 页停止。

第 2 张幻灯片的操作步骤如下。

(1)将光标置于幻灯片窗格中，单击“开始”选项卡中的“新建幻灯片”下拉按钮，在打开的下拉菜单中选择“整套推荐”选项中任意一个类别的幻灯片，再单击“开始”选项卡中的“版式”按钮，在“母版版式”中选择“标题和内容”选项，就建立了一张版式为“标题和内容”的幻灯片，然后将第 1 张幻灯片中的标题文字复制到第 2 张幻灯片的标题占位符中，输入内容占位符所在位置的文字，文字输入完毕后全部选中，单击“开始”选项卡中的“插入项目符号”下拉按钮，打开“预设项目符号“下拉菜单，在其中选择➢选项。

(2)单击“插入”选项卡中的“图片”下拉按钮，单击“本地图片”按钮，找到“红旗.jpg”图片，选中该图片，单击“打开”按钮，该文件就插入到幻灯片中。

选中图片“红旗.jpg”，单击右侧任务窗格的“对象属性”按钮，弹出“对象属性”窗格，单击“大小与属性”标签，在“位置”区输入水平和垂直位置数据，如图 17-19 所示。

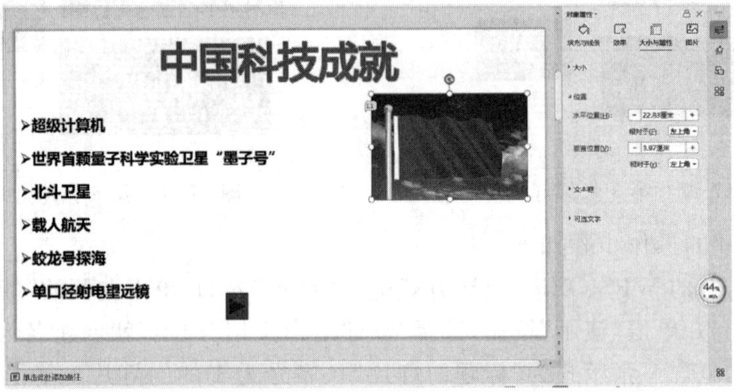

图 17-19　设置图片位置

第 3 张幻灯片操作步骤如下。

在幻灯片窗格中，右击第 2 张幻灯片，在弹出的菜单中选择“复制幻灯片”命令，在第 2 张幻灯片的下面立即出现编号为 3 的幻灯片，修改标题为“北斗卫星”，选中标题，在“文本工具”选项卡中，打开“文本效果”下拉菜单，选择“三维旋转”命令，选择“透视”组的“适度宽松”选项。

单击“插入”选项卡中的“图片”下拉按钮，选择“本地图片”命令，找到“北斗卫星.jpg”图片，选中该文件，单击“打开”按钮，插入图片。

第 4 张幻灯片操作步骤如下。

在幻灯片窗格中，右击第 3 张幻灯片，在弹出的快捷菜单中选择“复制幻灯片”命令，在第 3 张幻灯片的下面出现编号为 4 的幻灯片，修改标题为“蛟龙号探海”，选中标题，在“文本工具”选项卡中单击“文本效果”下拉按钮，在下拉菜单中选择“转换”命令，选择“弯曲”组里面的“波浪 1”选项。插入图片方法同上。

单击第 2 张幻灯片，选中内容第 3 行文字，右击该行文字，在弹出的快捷菜单中选择“超链接”命令，打开“插入超链接”对话框，单击对话框左侧的“本文档中的位置”标签，在“请选择文档中的位置”列表中选择“3. 北斗卫星”选项，单击“确定”按钮，如图 17-20 所示。

单击“插入”选项卡中的“形状”下拉按钮，在下拉菜单中的“动作按钮”区域中选择“动作按钮：前进或下一项”▷，将它画在幻灯片下面的合适位置，在出现的“动作设置”对话框中的“超链接到”下拉列表框中选择“幻灯片”选项，在弹出的“超连接到幻灯片”对话框中选择“4. 蛟龙探海”选项，单击“确定”按钮。超链接过程如图 17-21 和图 17-22 所示。

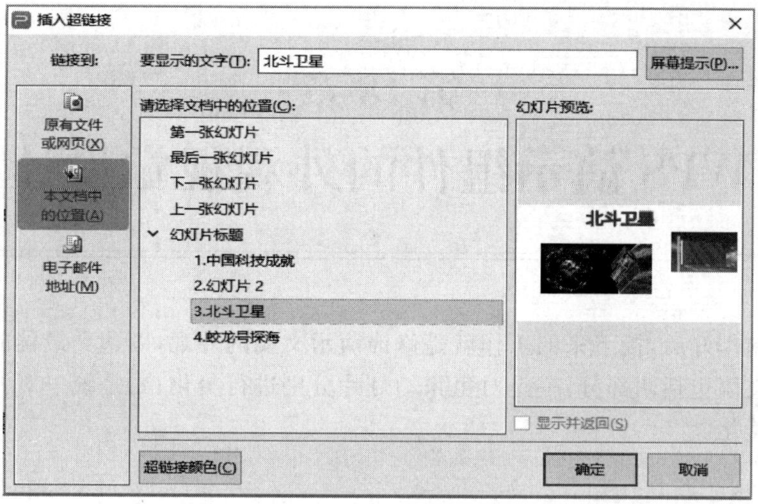

图 17-20　插入超链接

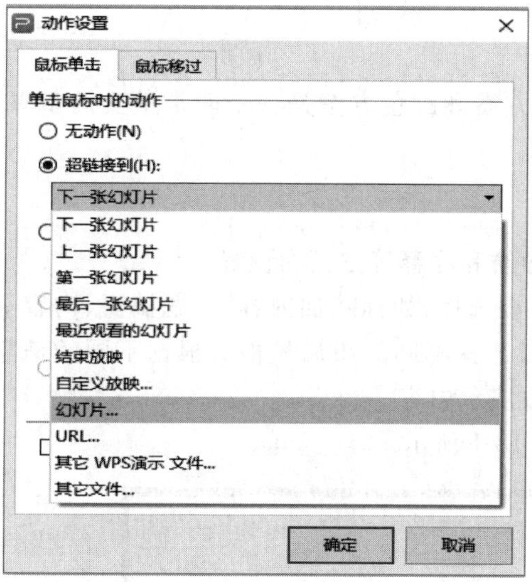

图 17-21　“动作设置”对话框

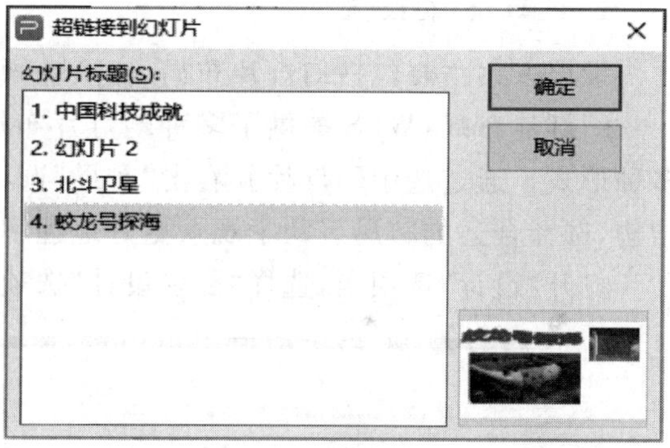

图 17-22　“超链接到幻灯片”对话框

——第 18 章——

WPS 演示组件的外观视觉设计

演示文稿制作好后，接下来的工作就是修饰演示文稿的外观，以达到最佳的视觉效果。

美化演示文稿包括两部分：一是对每张幻灯片分别进行美化；二是统一对演示文稿中幻灯片的外观进行美化。

18.1 幻灯片的设计方案与配色方案设置

在 WPS Office 演示文稿中，设置幻灯片的设计方案和配色方案是一个非常重要的步骤，可以帮助优化内容的呈现效果。

1. 设计方案设置

设计方案主要包括幻灯片布局、切换动画以及导航和注释等方面的设置。

幻灯片布局：WPS 提供了多种幻灯片布局供用户选择，如标题加内容、标题摘要、内容等多种形式。通过选中幻灯片并右击“布局”选项，可以选择不同的布局风格。根据不同的信息结构，选择合适的布局有助于观众更好地理解和吸收演示内容。

打开“设计”选项卡，选择“更多设计”选项，如图 18-1 所示。

图 18-1 更多设计示例

添加幻灯片切换动画：为了增强演示文稿的效果，WPS 提供了多种幻灯片切换动画效果。

通过选中幻灯片并单击“切换”“动画”选项卡中相应的命令按钮，可以为每个幻灯片添加特定的动画效果。

利用幻灯片导航和注释：在演示文稿正式展示时，WPS 的导航和注释功能能够帮助演讲者更好地掌控演示进程和内容。在“视图”选项卡中，单击“导航窗格”按钮可以打开导航窗格并查看演示文稿的整体结构。此外，在演示模式下右击，选择“演讲备注”命令可以在幻灯片旁添加备注内容，帮助演讲者更好地准备和呈现演示文稿。

2. 配色方案设置

配色方案对于演示文稿的整体视觉效果具有重要影响。WPS Office 提供了多种预设的配色方案供选择，同时也支持自定义配色方案。

选择预设配色方案：在 WPS Office 演示文稿中，在“设计”选项卡中单击“配色方案”下拉按钮，在下拉菜单中选择一种预设配色方案即可，如图 18-2 所示。

自定义配色方案：如果需要更个性化的配色方案，可以选择自定义创建。在配色方案工具中，选择“自定义”选项，然后按照提示在弹框中完成颜色选择。可以根据需要调整主色、辅色、背景色，以达到最佳的视觉效果。完成颜色选择后，单击“保存”按钮即可将自定义配色方案保存并应用到演示文稿中，如图 18-3 所示。

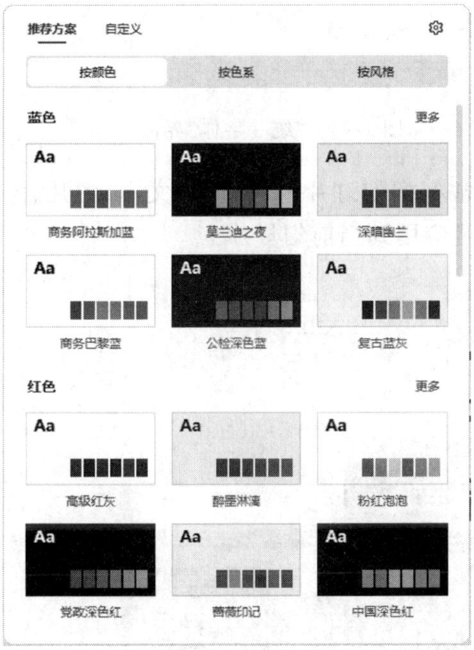

图 18-2　幻灯片配色方案

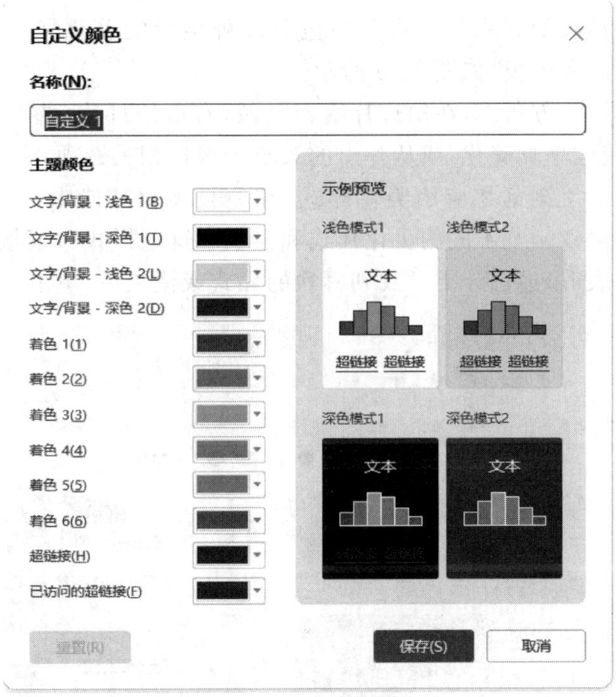

图 18-3　自定义颜色

3. 统一字体设置

在“设计”菜单中，找到“统一字体”选项并单击。WPS 演示文稿会提供多种不同风格的字体，包含了标题和字体样式的组合，这些组合风格统一且样式精美，如图 18-4 所示。

(1)如果 WPS 提供的字体组合不满足需求，还可以单击“自定义字体”按钮。这会弹出一个“全文美化”的对话框。

(2)在“全文美化”对话框内,可以自定义选择应用字体的幻灯片数量,如勾选3、4、5页幻灯片,其余不选。

(3)接下来,可以对标题和正文进行样式的单独设置。例如,标题选择“黑体”选项,正文选择“宋体”选项。

(4)完成以上设置后,单击“确定”按钮,WPS演示文稿就会将字体应用到指定的幻灯片上。

(5)另外,如果你想要更全面地统一修改所有幻灯片的字体,可以尝试使用“幻灯片母版”功能。单击“幻灯片母版”,根据需要在“字体”下拉列表框中设置你想要的字体样式,所有的幻灯片就会统一修改成你设置的字体样式。

图18-4 “统一字体”界面

4. 单页美化幻灯片

方法一:在顶部菜单栏中,单击“设计”选项卡,然后找到并单击“单页美化”按钮,弹出“美化单页幻灯片”窗口,其中包含多种预设的美化样式和模板,如图18-5所示。

方法二:在幻灯片编辑区域,右击幻灯片,选择“单页美化”或从弹出的菜单中选择相关选项。

浏览和应用美化样式:在单页美化功能中,可以浏览不同的美化样式和模板。这些样式和模板通常根据幻灯片的内容(如文本、图片、图表等)进行分类。找到喜欢的样式或模板后,单击它即可应用到当前幻灯片上。

图18-5 “美化单页幻灯片”窗口

自定义美化：如果预设的美化样式和模板不符合需求，还可以进行自定义美化。例如，可以更改字体、颜色、背景、图片等，以使幻灯片更加符合审美和演示需求。

预览和保存：在应用美化样式或进行自定义美化后，可以预览幻灯片的外观。如果满意，记得保存修改。

需要注意的是，WPS 演示文稿的单页美化功能有收费项目，也可能会随着软件版本的更新而有所变化。

18.2　美化插入对象的视觉效果

对文本的美化首先可以通过“开始”选项卡中的相应功能实现；其次也可选中要美化的文本并右击，在弹出的快捷菜单中选择“字体”或“段落”命令，在弹出的对话框中进行设置。

对图片、图形、表格、图表等插入对象的美化有两种方法。

方法一：单击某个插入对象后，在选项卡区域会立即出现以彩色显示的专属于该对象的选项卡，用户依据选项卡提供的操作来美化插入对象；

方法二：右击插入对象，在弹出的菜单中也有美化它们的工具。

【例 18-1】 制作演示文稿时应用一个喜欢的设计方案。将第 1 张幻灯片的标题文字设置为华文行楷、66 号、分散对齐，将第 2 张幻灯片的标题文字设为居中对齐；为第 2 张幻灯片的背景设置一种预设的渐变填充样式。美化幻灯片的效果如图 18-6 所示。

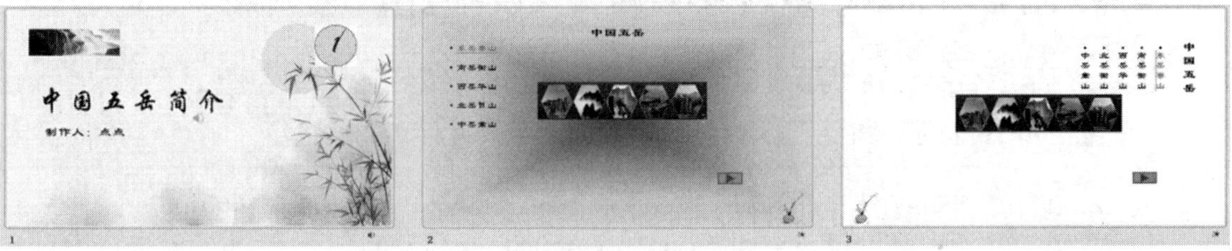

图 18-6　美化幻灯片的效果

操作步骤如下。

(1)打开演示文稿，在“设计”选项卡中的设计方案库中单击选择一种喜欢的方案，打开设计方案界面，单击“应用本模板风格”按钮。

(2)在普通视图的幻灯片窗格中单击第 1 张幻灯片，选定标题文字，在“开始”选项卡中设置字体为“华文行楷”，字号为“66”，设置对齐方式为“分散对齐”。

(3)在幻灯片窗格中选中第 2 张幻灯片，选定标题文字，在“开始”选项卡中设置对齐方式为“居中对齐”。单击“设计”选项卡中的“背景”下拉按钮，在下拉菜单中选择“背景”命令，打开“对象属性”任务窗格。在“填充”选项卡的“填充”区域选中“渐变填充”单选按钮，在“渐变样式”中单击“矩形渐变”按钮，选择“中心辐射”选项；在“色标颜色”下拉列表框的“标准颜色”区域选择“蓝色”选项，如图 18-7 所示，单击任务窗格右上角的“关闭”按钮。

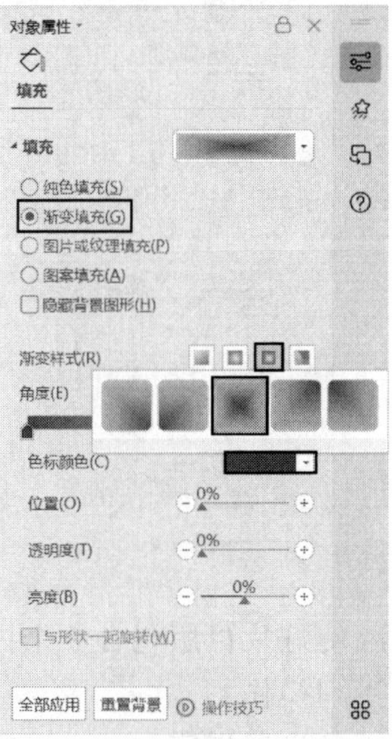

图 18-7　“对象属性”任务窗格

18.3 设计幻灯片背景

对多张幻灯片的母版、主题和背景可以统一设置，这需要通过“设计”选项卡中的相应命令实现或通过任务窗格中的“对象属性”功能组中的命令来实现。

1. 设计母版

母版是一类特殊的幻灯片，它能控制基于它的所有幻灯片，对母版的任何修改都会体现在很多幻灯片上，所以每张幻灯片的相同内容往往都用母版完成，提高效率。WPS 母版包括幻灯片母版、讲义母版和备注母版。

(1)设计幻灯片母版。

幻灯片母版是幻灯片层次结构中的顶层幻灯片，用于存储有关演示文稿的主题和幻灯片版式的信息，包括背景、颜色、字体、效果、占位符大小和位置。每个演示文稿至少包含一个幻灯片母版。打开幻灯片母版有两种方法。

方法一：在“设计”选项卡中单击“编辑母版”按钮；

方法二：在“视图”选项卡中单击“幻灯片母版”按钮，进入幻灯片母版编辑界面，如图 18-8 所示。

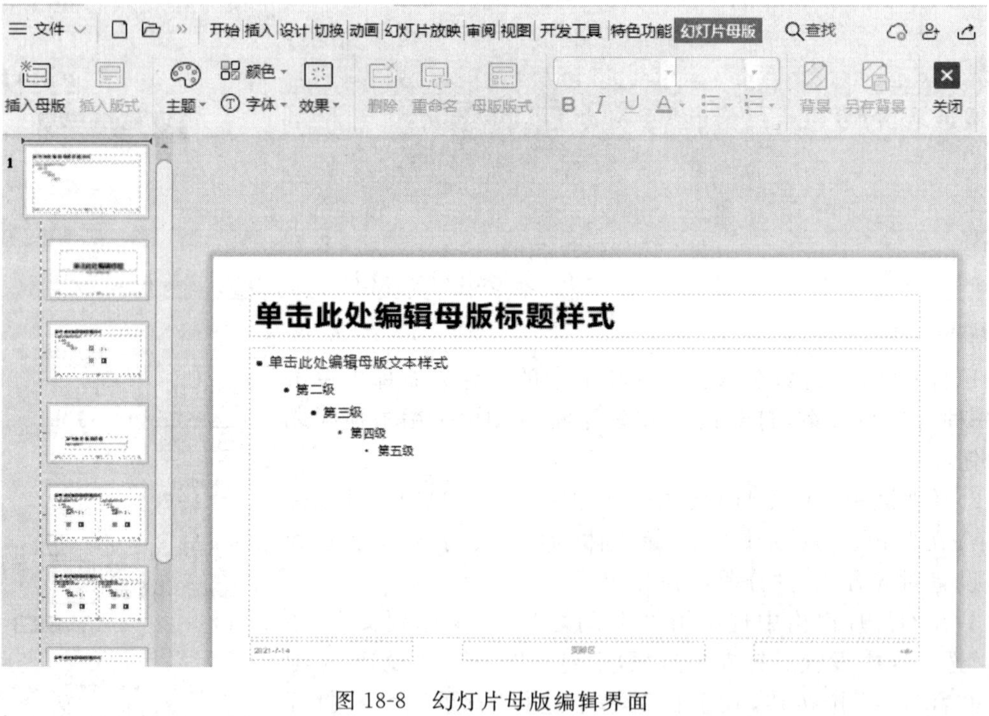

图 18-8　幻灯片母版编辑界面

幻灯片母版包含 5 个占位符，分别是标题、文本、日期、幻灯片编号和页脚。在其中可以进行下列操作。

①设置标题和文本样式；②设置日期、页脚和幻灯片编号；③向母版中插入对象。

在幻灯片母版中操作完毕后，单击“幻灯片母版”选项卡中的“关闭”按钮返回“视图”选项卡。

(2)设计讲义母版。

讲义母版用于设置幻灯片在打印时的外观。打开讲义母版的方法为单击“视图”选项卡中的“讲义母版”按钮，进入讲义母版编辑界面，对讲义母版的设置包括每页幻灯片数量、幻灯片大小、讲义方向、页眉、页脚、日期、页码、颜色、字体等信息的设置，如图 18-9 所示。

(3)设计备注母版。

备注是指演讲者在备注窗格中输入的内容，演讲者可以把备注内容打印出来。备注母版主要用于对备注内容、备注页方向、幻灯片大小以及页眉页脚等信息进行设置，如图 18-10 所示。

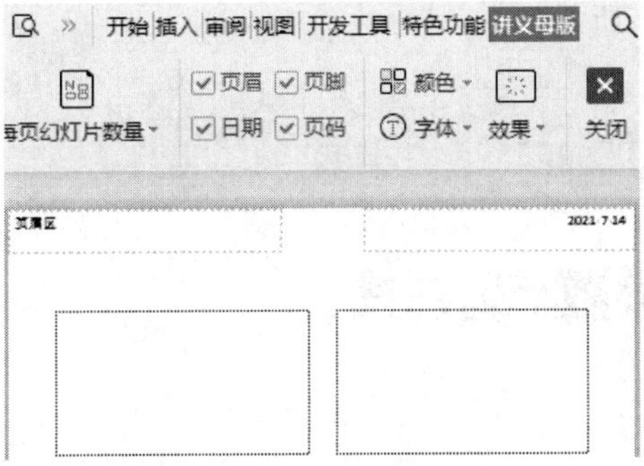

图 18-9　讲义母版编辑界面

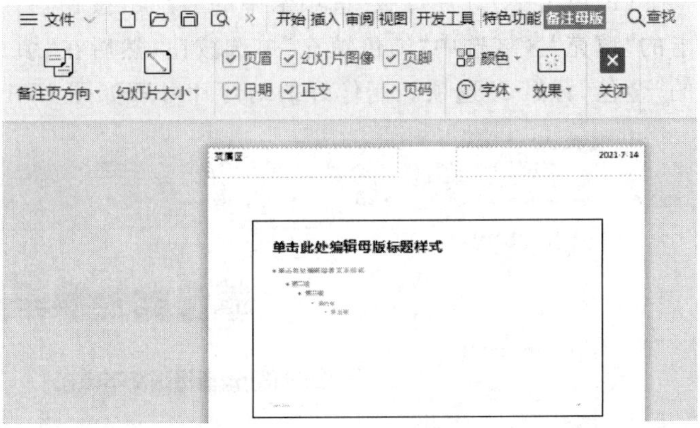

图 18-10　备注母版

2. 设计主题

主题是相互辉映的一组颜色、字体和特殊效果(如阴影、反射、三维效果等)。每个主题都有名字相对应。我们在“普通视图”中的“设计”选项卡中可以看到这些预先设计的主题。WPS 演示组件中的主题如图 18-11 所示。

图 18-11　WPS 演示组件中的主题

3. 设计背景

演示文稿的幻灯片内容与背景要尽量完美搭配。可以设置同一演示文稿的所有幻灯片具有统一的背景，也可以让不同幻灯片拥有不同背景。背景可以是纯色，也可以是填充效果。

【例 18-2】 设计一个幻灯片模板，将幻灯片标题设置为华文琥珀，48 磅，红色，居中对齐；日期设置为 2024-4-6；在页脚处添加文字“我爱祖国”；设置幻灯片编号为 1；文本样式设置为微软雅黑、小四、蓝色、加粗；幻灯片背景设置为纯色填充，颜色为“金色，背景 2”。

操作步骤如下。

(1)双击桌面上的“WPS Office”快捷方式进入“首页”界面，单击“新建”按钮，在打开的“新建”界面的上方单击“演示”按钮，选择“新建空白文档”选项，创建一个空白演示文稿。

(2)单击“视图”选项卡中的“幻灯片母版”按钮，进入幻灯片母版编辑界面，选择第一张母版，将光标置于标题占位符中，在“幻灯片母版”选项卡中的“字体”下拉列表框中设置字体为“华文琥珀”；在“字号”下拉列表框中选择“48”选项；在“字体颜色”下拉菜单中选择“红色”选项；单击“文本工具”选项卡中的“居中对齐”按钮，设置标题居中对齐。

(3)单击“日期”占位符，输入“2024-4-6”。

(4)单击“页脚”占位符，输入“我爱祖国”。

(5)单击“页码”占位符，输入“1”。

(6)单击“文本样式”编辑区，选中该区全部文字，在“文本工具”选项卡中单击“加粗”按钮，然后分别打开字体、字号下拉列表框及字体颜色下拉菜单，依次设置为“微软雅黑”“小四”“蓝色”。

(7)单击“幻灯片母版”选项卡中的“背景”按钮，打开“对象属性”任务窗格，在“填充”选项卡的“填充”区域选中“纯色填充”单选按钮，然后在“填充”下拉列表框中，选择“主题颜色”组中的“金色，背景 2”选项。制作好的幻灯片母版如图 18-12 所示。

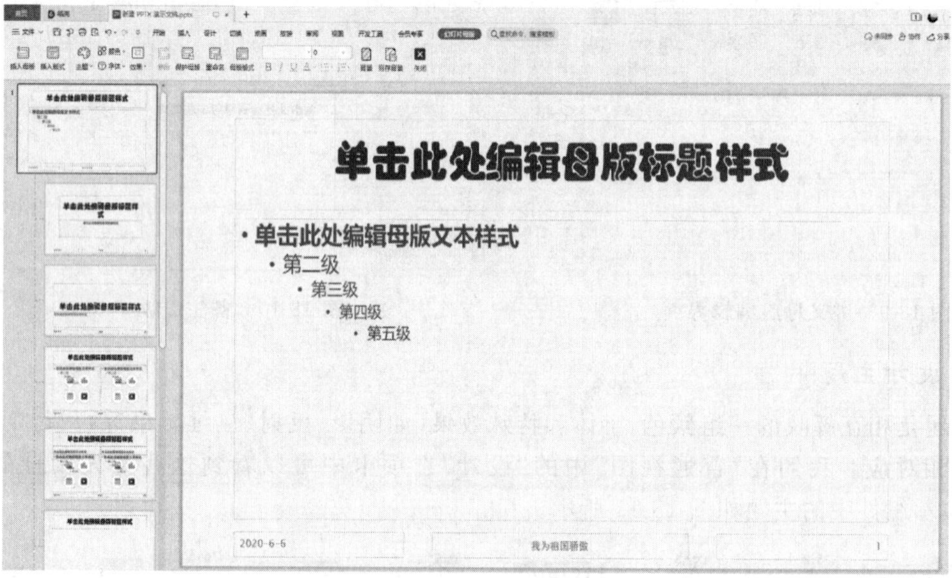

图 18-12　制作好的幻灯片母版

(8)单击“幻灯片母版”选项卡中的“关闭”按钮。

幻灯片母版制作完成后，在幻灯片窗格中列出了按母版格式排列的幻灯片模板。

——第 19 章——

设置演示文稿的播放效果

WPS 演示组件均能在演示文稿中将文字、图片、表格及图形等其他元素进行动态播放，实现对内容的突出与强调显示，增强它们的表现力。

19.1 设计动画效果

设计动画效果包括两部分：一是设计组成幻灯片对象的动画效果，二是设计幻灯片之间切换的动画效果。

幻灯片对象的动画效果设置分为五种，分别是进入、强调、退出、动作路径以及绘制自定义路径。设置动画效果时，五种效果可以任选。

进入、强调、退出等三种效果又划分为基本型、细微型、温和型及华丽型四种；动作路径划分为基本、直线和曲线及特殊类型。

进入动画效果是对象进入幻灯片时产生的效果，演讲时依次播放出来，既生动又流畅。

强调动画效果会使对象突出显示，引人注目。

退出动画效果是对象退出幻灯片时产生的效果，有盒状、阶梯状、擦除等多种效果。

动作路径动画让对象按照绘制的路径运动，主要包括八边形、八角形、等边三角形、橄榄球等多种路径。

绘制自定义路径动画适用于用户自己设计动画的路线及方向，有直线、曲线、多边形等路径。

1. 设计幻灯片组成对象的动画效果

(1)添加动画。

先选中要添加动画的对象，再添加动画。添加动画有三种方法：方法一是单击“动画”选项卡中“动画”组中的相应按钮来完成；方法二是通过“动画”选项卡中的“自定义动画”按钮设置动画，方法三是通过“动画”选项卡中的“智能动画”按钮添加动画。

(2)编辑动画。

动画效果设置好后，还可以对动画开始时间、运动方向、顺序、声音、动画长度等内容进行编辑，让动画效果更加符合演示内容的意图。动画开始时间包括“单击时”“与上一动画同时”“上一动画之后”三种方式，这需要通过“动画”选项卡中的“自定义动画”任务窗格中的“开始”下拉列表框进行设置；动画运动方向在“自定义动画”任务窗格中的“修改”区域的“方向”下拉列表框中选择；设置动画顺序，单击“自定义动画”任务窗格中的“向前移动”“向后移动”按钮进行设置；设置动画声音、动画长度等操作需要选择“自定义动画”任务窗格中的动画列表中某一个动画后面的下拉列表框中的“声音”和“计时”选项来设置。动画方向和声音及运行时间长度的设置如图19-1和图19-2所示。

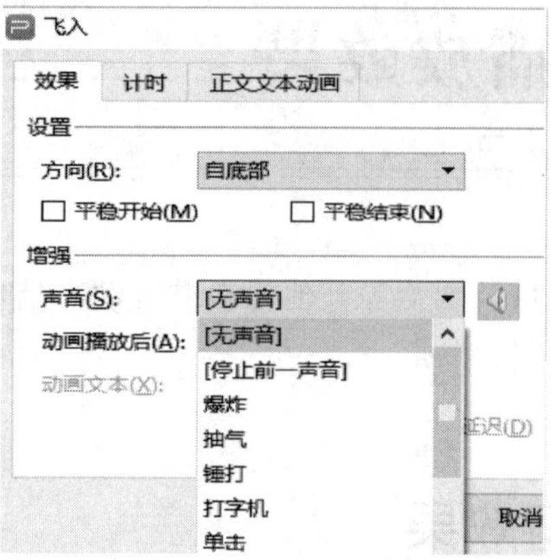

图19-1　动画方向和声音的设置

图19-2　动画运行时间长度的设置

(3)如果一个对象需要设置多个动画，可以多次单击“自定义动画”任务窗格中的“添加效果”下拉按钮，在下拉菜单中进行操作。

2. 设计幻灯片间切换的动画效果

幻灯片间的切换效果是指发生在相邻幻灯片之间的前面幻灯片的退出方式和后面幻灯片的进入方式，如平滑、淡出、切出、随机等。幻灯片切换效果中，包括切换方向、切换声音及换片方式、切换速度和换片方式四种。这通过“切换”选项卡中的相应按钮来实现，如图19-3所示。

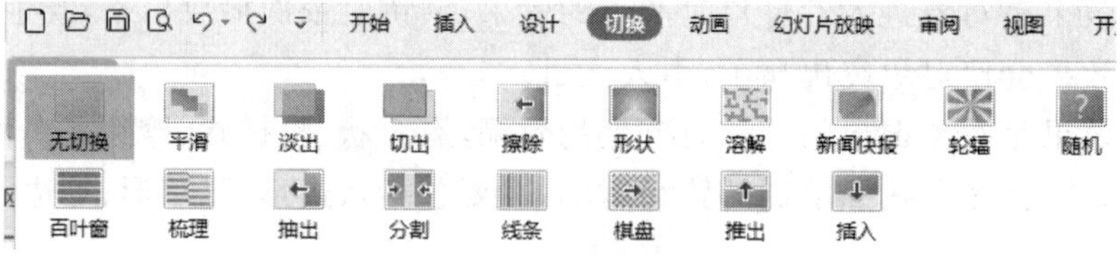

图19-3　切换效果库

19.2　播放演示文稿

幻灯片制作好之后，演讲者要播放幻灯片来查看其制作效果。幻灯片播放通过“幻灯片放映”选项卡中的功能按钮来实现，具体包括“从头开始”“从当前开始”“自定义放映”“会议”“设置放映方式”“隐藏幻灯片”“排练计时”“演讲者备注”“手机遥控”“屏幕录制”等按钮，如图19-4所示。

(1)“从头开始”和“从当前开始”是指幻灯片播放的起始位置。

(2)“自定义放映”是指演讲者自己设置每一张幻灯片的播放顺序。

(3)“设置放映方式”包括“手动放映”“自动放映”和“设置放映方式”。选择“设置放映方式"命令后弹出的对话框中又包括"放映类型""放映方式"等区域。

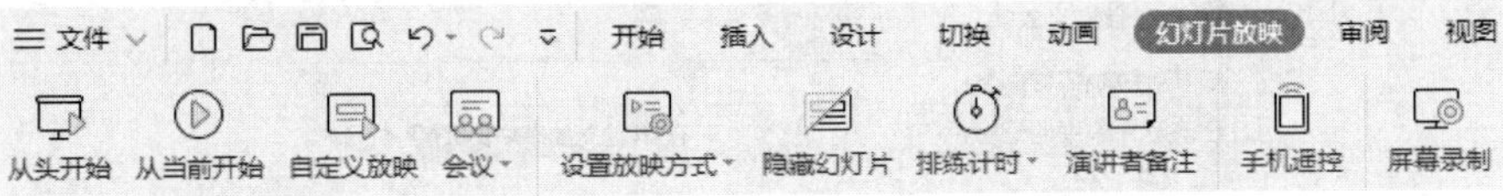

图 19-4　"幻灯片放映"功能组

"设置放映方式"是指在幻灯片播放之前,根据用户的不同需要设置不同的放映方式。操作方法为单击"幻灯片放映"选项卡中的"设置放映方式"按钮,在打开的"设置放映方式"对话框中操作实现,如图 19-5 所示。

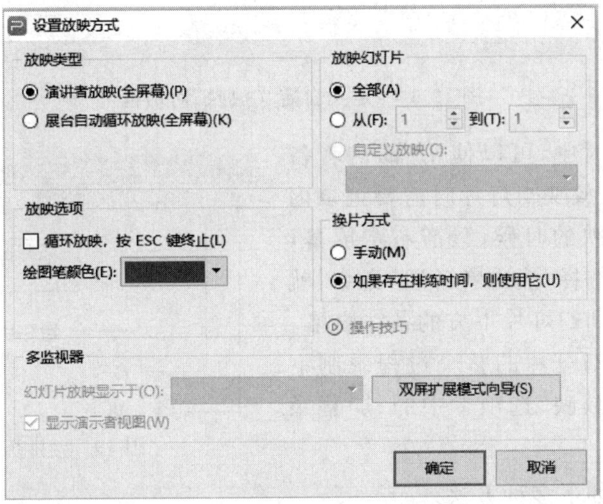

图 19-5　"设置放映方式"对话框

从"设置放映方式"对话框中可以看出,WPS 演示文稿有两种放映类型,一种是"演讲者放映(全屏幕)",就是以全屏幕形式显示,演讲者可以控制放映的进程,可以使用绘图笔勾画,适用于大屏幕投影的会议、讲课等;另一种是"展台自动循环放映(全屏幕)",它是以全屏幕形式在展台上进行演示,按事先预定的或通过"排练计时"按钮设置的时间和次序放映,不能现场控制放映的进程。

如果一个演示文稿包含多张幻灯片,为了缩短放映时间或者需要面向不同层次观众进行选择播放,此时演讲者就可以采用"自定义放映"方法播放幻灯片,具体步骤如下。

①单击"幻灯片放映"选项卡中的"自定义放映"按钮,在打开的对话框中单击"新建"按钮,打开"定义自定义放映"对话框,如图 19-6 所示。

②在对话框内设置幻灯片放映名称,并在左侧列表框中选择要显示的幻灯片,单击"添加"按钮后该幻灯片就进入了右侧列表框,同时可以利用上下箭头按钮调整顺序,最后单击"确定"按钮。

(4)"排练计时"功能是演讲者在演讲前进行的多次模拟演示,演讲者一边播放幻灯片,一边根据实际需要进行讲解,同时将每张幻灯片上所用的时间都记录下来,以便后期灵活调整时间。操作方法为单击"幻灯片放映"选项卡中的"排练计时"下拉按钮,选择"排练全部"或"排练当前页"命令,在播放的当前页的左上角会出现排练计时对话框,如图 19-7 所示。当播放完毕会询问是否保留排练时间,单击"是"按钮后,软件自动切换到幻灯片浏览视图,并且在每个幻灯片下方显示出放映所需要的时间。

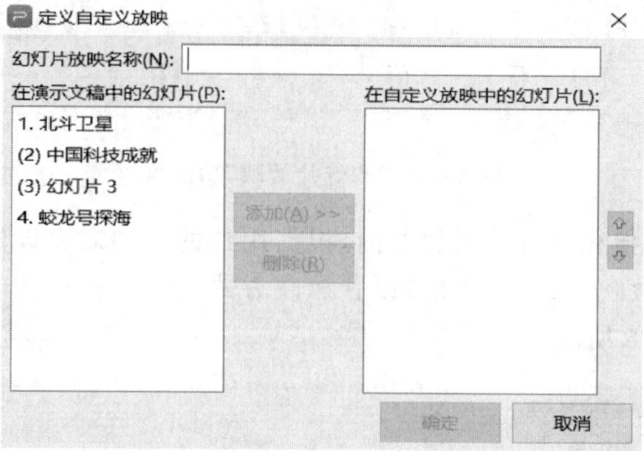

图 19-6 “定义自定义放映”对话框

演讲者在排练计时中，可以使用“演讲者备注”功能。当演讲者在放映幻灯片时需要记录内容但是又不想退出放映的时候，只需右击屏幕，在弹出的快捷菜单中选择“演讲者备注”命令，就可以把当前内容记录到幻灯片下方的备注窗格。

如果需要将演示幻灯片的整个过程录制下来，可以通过“幻灯片放映”选项卡中的“屏幕录制”按钮来实现。

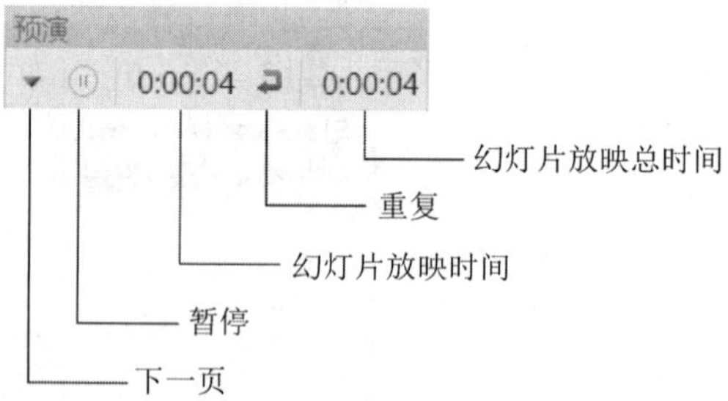

图 19-7 排练计时对话框

播放演示文稿有如下多种方法。

方法一：按 F5 功能键。

方法二：单击“幻灯片放映”选项卡中的“从头开始”按钮。

方法三：单击“幻灯片放映”选项卡中的“从当前开始”按钮。

其中，除了最后一种方法是从当前幻灯片开始放映外，前两种方法都是从第 1 张幻灯片开始放映。

【例 19-1】 为例 17-1 演示文稿中的第 4 张幻灯片的图片“蛟龙号探海.jpg”设置动画效果：进入方式为“切入”，方向为“自底部”，速度为“中速”，声音为“掌声”；设置全部幻灯片的切换效果为“梳理”，换片方式为“单击”。

操作步骤如下。

(1)打开“中国科技成就展.pptx”文件，单击幻灯片窗格中的第 4 张幻灯片，选中图片“蛟龙号探海.jpg”，单击“动画”选项卡中的“自定义动画”按钮，在打开的“自定义动画”任务窗格中单击“添加效果”下拉按钮，在下拉菜单中选择“进入”区域的“切入”选项，然后在“方向”下拉列表框中选择“自底部”选项；在“速度”下拉列表框中选择“中速”选项，打开动画列表中第一个动画的下拉菜单，选择“效果选项”命令，在“声音”下拉列表框中选择“掌声”选项，设置完毕后单击“确定”按钮。

(2)选定任意幻灯片，选择“切换”选项卡中的切换列表中的“梳理”选项，勾选“单击鼠标时换片”复选框，单击“应用到全部”按钮。

(3)按 F5 键，查看动画放映效果。

19.3　打印、输出演示文稿

演示文稿可以打印，打印之前，需要对打印的幻灯片进行打印预览。

单击“文件”按钮，选择“打印”→“打印预览”命令，在打印预览功能区，单击“打印内容”按钮，可以选择对“整张幻灯片”“备注页”“大纲”和“讲义”进行打印。

若打印内容为讲义，一张打印纸上可以排列 1 张到多张幻灯片的讲义内容。

单击“纸张类型”后面的“横向”/“纵向”按钮，可以设置打印方向，默认“横向”打印，也可以设置为“纵向”。

单击“页眉和页脚”按钮，可以为打印的幻灯片添加或删除“日期和时间”“页眉”“页脚”和“页码”。

单击“颜色”按钮，可以设置“颜色”和“纯黑白”打印；勾选“幻灯片加框”复选框，打印时可以为每张幻灯片加上外框。

打印预览的功能区如图 19-8 所示。

图 19-8　打印预览的功能区

【例 19-2】　将例 17-1 中的演示文稿以讲义形式用 A4 纸打印出来，每张纸打印 4 张幻灯片，幻灯片的排列方向为水平，打印方向为横向，打印 1 份，为打印的讲义添加当前日期，页眉为“我爱你中国”，页脚为“我为你骄傲和自豪”，为每一张幻灯片加边框。

操作步骤如下。

(1)打开演示文稿，单击“文件”按钮，在弹出的下拉菜单中选择“打印”→“打印预览”命令。

(2)在“打印预览”窗口，在“纸张类型”下拉列表框中选择“A4(210 mm×297 mm)”选项，单击“横向”按钮。

(3)单击“打印内容”按钮，选择“讲义”区域中的“四张水平”选项。

(4)单击“份数”微调按钮，设置“份数”为 1。

(5)单击“页眉和页脚”按钮，勾选“日期和时间”复选框，方式为“自动更新”，勾选“页眉”复选框，输入“我爱你中国”，勾选“页脚”复选框，输入“我为你骄傲和自豪”。

(6)勾选“幻灯片加框”复选框。

(7)单击“直接打印”按钮后，打印机为演讲者打印出一份讲义内容。

打印预览效果如图 19-9 所示。

演示文稿制作完毕后，除了打印之外，也可转化为不同格式的文件输出，文件类型可以为 PDF 文档或图片，也可打包为文件夹或压缩文件。这通过单击“文件”按钮，在弹出的菜单中选择相应的命令来实现。

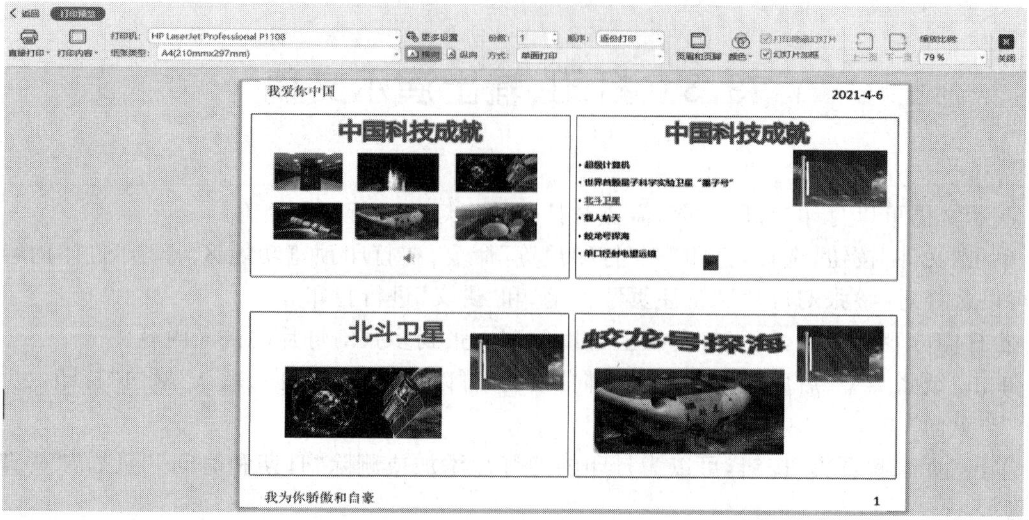

图 19-9　打印预览效果

【例 19-3】 有 WPS 演示文稿“产品展示及说明会.pptx”,其内容如图 19-10 所示。需要进行下列处理。

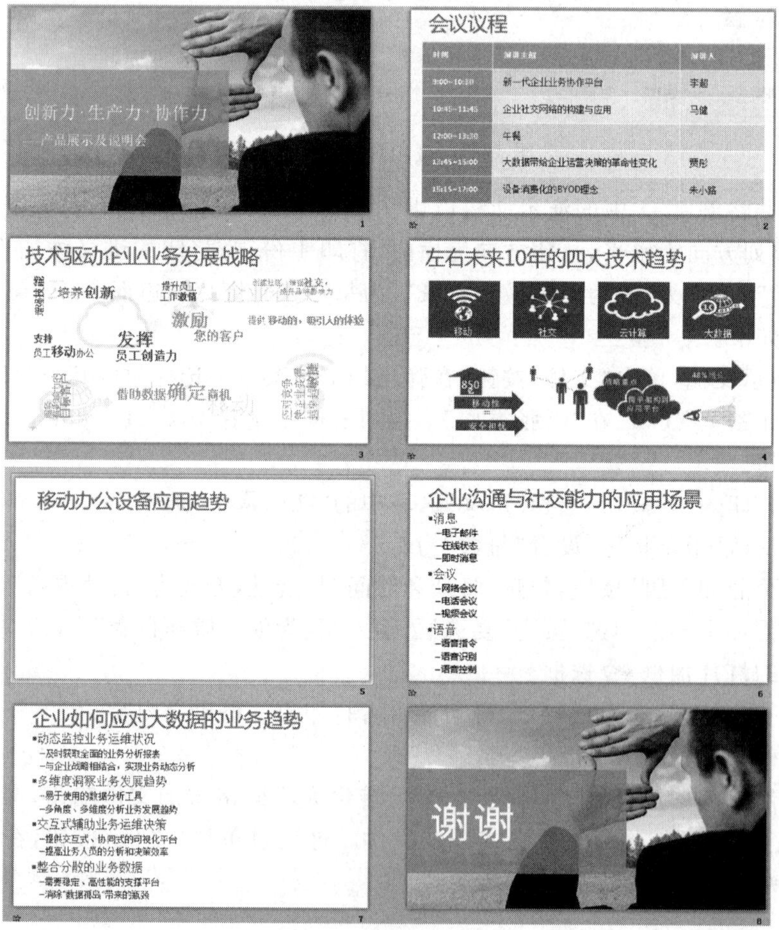

图 19-10　“产品展示及说明会”演示文稿

1. 实例要求

(1)应用智能图形。

为了布局美观,将第 6 张幻灯片中内容区域中的文字转换成一种喜欢的智能图形。

(2)插入图表。

在第 5 张幻灯片中插入一个标准的折线图,并按照如下数据信息调整幻灯片中的图表内容。

	笔记本计算机	平板计算机	智能手机
2010 年	7.6	1.4	1.0
2011 年	6.1	1.7	2.2
2012 年	5.3	2.1	2.6
2013 年	4.5	2.5	3
2014 年	2.9	3.2	3.9

(3)设置动画效果。

为该折线图设置“擦除”进入动画效果,方向为“自左侧”。

(4)设置切换效果。

为演示文档中的所有幻灯片设置不同的切换效果。

(5)创建节。

为演示文稿创建 3 个节,其中“议程”节中包含第 1 张幻灯片和第 2 张幻灯片,“结束”节中包含最后一张幻灯片,其余幻灯片均包含在“内容”节中。

(6)设置放映时间。

为了实现幻灯片的自动放映,设置每张幻灯片的自动放映时间不少于 2 s。

(7)删除特定信息。

删除演示文稿中每张幻灯片的备注文字信息。

2. 操作提示

(1)应用智能图形。

操作步骤如下。

打开演示文稿,在“视图”选项卡中单击“普通”按钮,切换至普通视图,在幻灯片窗格中选中编号为 6 的幻灯片,再选中该幻灯片中内容区域的文本框,单击“文本工具”选项卡中的“转智能图形”按钮,在展开的智能图形库中选择一种喜欢的智能图形。

(2)插入图表。

操作步骤如下。

①在普通视图的幻灯片窗格中选中编号为 5 的幻灯片。

②在该幻灯片中单击文本框中的“插入图表”按钮,在打开的“插入图表”对话框中选择“折线图”选项,单击“插入”按钮,将会在该幻灯片中插入一个折线图,在“图表工具”选项卡中单击“编辑数据”按钮,打开“WPS 演示中的图表”表格文档,根据题意要求向表格中填入相应内容,并设置要选择的数据区域,然后关闭表格文档。

(3)设置动画效果。

操作步骤如下。

①选中折线图,单击“动画”选项卡中的“动画库”下拉按钮,在动画样式库中选择“进入”区

域的“擦除”选项。

②单击“自定义动画”按钮，打开“自定义动画”任务窗格，单击该动画右侧的下拉按钮，在下拉菜单中选择“效果选项”命令，打开“擦除”对话框，在“效果”选项卡中将“方向”设置为“自左侧”。

(4)设置切换效果。

操作步骤如下。

①根据题意要求，在普通视图的幻灯片窗格中分别选中不同的幻灯片。

②在“切换”选项卡中的幻灯片切换库中设置不同的切换效果。

(5)创建节。

操作步骤如下。

①在普通视图的幻灯片窗格中，选中编号为 1 的幻灯片，单击“开始”选项卡中的“节”按钮，在下拉菜单中选择“新增节”命令，该幻灯片上方出现“无标题节”选项，右击“无标题节”选项，在快捷菜单中选择“重命名节”命令，在打开的“重命名”对话框中设置“名称”为“议程”，单击“重命名”按钮。

②选中第 3～7 张幻灯片，单击“开始”选项卡中的“节”下拉按钮，在下拉菜单中选择“新增节”命令，第 3 张幻灯片上方出现“无标题节”选项，右击“无标题节”选项，在快捷菜单中选择“重命名节”命令，在打开的“重命名”对话框中设置“名称”为“内容”，单击“重命名”按钮。

③选中第 8 张幻灯片，单击“开始”选项卡中的“节”下拉按钮，在下拉菜单中选择“新增节”命令，该幻灯片上方出现“无标题节”选项，右击“无标题节”选项，在快捷菜单中选择“重命名节”命令，在打开的“重命名”对话框中设置“名称”为“结束”，单击“重命名”按钮。

(6)设置放映时间。

操作步骤如下。

①在普通视图的幻灯片窗格中选中全部幻灯片。

②在“切换”选项卡中取消勾选“单击鼠标时换片”复选框，勾选“自动换片”复选框，并在文本框中输入“00:02”，单击“应用到全部”按钮。

(7)删除特定信息。

操作步骤如下。

单击演示文稿窗口底部的“隐藏或显示备注面板”下拉按钮，在下拉菜单中选择“删除所有备注”命令。

习　题　5

一、选择题

1. WPS 演示组件中，对于“插入”选项卡，下列说法中错误的是(　　)。

A. 可以插入动画　　B. 可以插入表格　　C. 可以插入声音　　D. 可以插入任何文件

2. WPS 演示中，制作好幻灯片母版之后，若希望它应用于以后幻灯片的制作，可以把它另存为(　　)。

A. DOC 文件　　B. 视图　　C. 模板　　D. 母版. ppt

3. 关于 WPS 演示组件中的超链接，下列说法中正确的是(　　)。

A. 已建立的超链接可以修改和删除　　B. 不能链接到其他文件

C. 不能链接到邮箱　　D. 不能在文字上建立超链接

4. 在 WPS 演示组件中添加动画，下列说法中错误的是(　　)。

A. 单击任务栏里的“自定义动画”命令添加动画

B. 可以通过“动画”选项卡添加动画

C. 可以通过“插入”选项卡添加动画

D. 右击待添加动画的对象，在快捷菜单里选择“自定义动画”命令添加动画

5. WPS 演示文稿的扩展名是(　　)。

A. . doc 和. txt　　B. . html 和. ptr　　C. . pot 和. ppt　　D. . ppt 和. potx

6. WPS 演示组件不能打印的内容是(　　)。

A. 幻灯片　　B. 备注页　　C. 讲义　　D. 动画

7. 下列选项中不是 WPS 演示视图的是(　　)。

A. 普通视图　　B. 幻灯片浏览视图　　C. 备注页视图　　D. 大纲视图

8. 如果要中断幻灯片的播放，可以按(　　)键。

A. Enter　　B. Backspace　　C. Esc　　D. Ctrl

9. 新建一个 WPS 演示文稿，单击保存时，默认扩展名是(　　)。

A. . pot　　B. . pptx　　C. . wps　　D. . ctrl

10. 在 WPS 演示组件中，如果从第 2 张幻灯片跳转到 5 张幻灯片，需要在第 2 张幻灯片上设置(　　)。

A. 自定义动画　　B. 幻灯片切换　　C. 放映方式　　D. 超链接

11. 在 WPS 演示组件中，如果对一个图形设置超链接，可以单击(　　)选项卡里面的“超链接”按钮。

A. “开始”　　B. “设计”　　C. “插入”　　D. “动画”

12. 在 WPS 演示组件中，“设置放映方式”对话框不能设置的放映选项是(　　)。

A. 放映时不加背景　　B. 循环放映，按 ESC 键终止

C. 手动换片　　D. 指定放映部分连续幻灯片

13. 在 WPS 演示组件中，新建一个空白演示文稿，执行“保存”命令后(　　)。

A. 自动以“演示文稿 1”为文件名保存

B. 直接保存“演示文稿 1”并退出 WPS 演示组件

C. 弹出“另存文件”对话框

D. 弹出“保存”对话框

14. 在 WPS 演示组件中，下列关于幻灯片背景的描述中错误的是(　　)。

A. 可以使用图片填充　　B. 可以使用纯色填充

C. 可以应用图案填充　　D. 使用图片填充后不能再更改

15. 在 WPS 演示组件的“设计”选项卡中不能完成的是(　　)。

A. 设计“动画”　　B. 设计“页面大小”　　C. 设计“背景”　　D. 设计“版式”

16. 在 WPS 演示组件中，若播放一个演示文稿时要跳过某张幻灯片，可以采取的操作是(　　)。

A. 隐藏该张幻灯片　　B. 取消该张幻灯片的切换效果

C. 取消该张幻灯片的动画效果　　　　　D. 删除该张幻灯片

17. 在WPS演示组件中，创建幻灯片时出现的虚线框称为(　　)。

A. 文本框　　B. 突破框　　C. 占位符　　D. 边界框

18. 若在一张幻灯片中插入一段视频，可以选择的文件是(　　)。

A. 快乐童年. jpg　　　　B. 美丽童话. wmv

C. 大学时光. pot　　　　D. 团结就是力量. mp3

19. 在幻灯片中插入了声音，播放时(　　)。

A. 只有单击声音图标，才能开始播放声音

B. 音量不可以调整

C. 只能连续播放声音，中途不能停止

D. 可以灵活控制声音的播放

20. 在WPS演示组件中，在(　　)视图下可以复制、删除或调整幻灯片的顺序，但不能对幻灯片的具体内容进行修改。

A. 普通　　B. 幻灯片浏览　　C. 备注页　　D. 阅读

21. 选中某张幻灯片后，按(　　)键可以删除这张幻灯片。

A. Ctrl＋C　　B. Alt　　C. Delete　　D. Esc

22. 在WPS演示组件中，单击(　　)下拉按钮可以改变幻灯片的大小。

A. 新建幻灯片　　B. 版式　　C. 模板　　D. 页面设置

23. 在WPS演示组件中，放映一张幻灯片，若要使该张幻灯片里面已经出现的某个图形转几圈，可以通过设置这个图形的(　　)动画效果来实现。

A. 出现　　B. 强调　　C. 退出　　D. 重点

24. 一个WPS演示文稿有5张幻灯片，如果希望以4、3、1、2、5的顺序播放，可以通过设置(　　)来实现。

A. 超链接　　　　B. 自定义放映

C. 幻灯片切换　　D. 自定义动画

25. 在WPS演示文稿中，要快速切换至“幻灯片放映”视图，应(　　)。

A. 单击工具栏上的“幻灯片放映”按钮　　B. 按F5键

C. 按Esc键　　D. 按Ctrl＋P快捷键

26. 在WPS演示文稿中，要设置幻灯片的背景颜色，应(　　)。

A. 在“设计”选项卡中，单击“背景样式”按钮

B. 在“开始”选项卡中，单击“背景”按钮

C. 右击幻灯片，选择“背景格式”命令

D. 以上都可以

二、操作题

1. 打开试题文件夹下的WPS演示文稿“ys. pptx”，按下列要求完成对文档的修改，并进行保存。

(1)在第1张幻灯片之前插入1张版式为“标题幻灯片”的新幻灯片，依次输入正标题“北京古迹旅游简介”、副标题“北京市旅游发展委员会”。将最后1张幻灯片版式更改为“空白”，并将其中的文字转换为艺术字(通过插入艺术字)，艺术字样式任选，艺术字字体设为黑体、字号为80磅。

(2)为第 2 张幻灯片的内容占位符文本设置动画“进入”→“回旋”，并为其中的“天坛”一词添加超链接，链接到第 6 张幻灯片。将第 3 张幻灯片的版式设置为“图片与标题”，将试题文件夹下的图片“gugong. jpg”插入到内容框中，并将该图片的动画效果自定义为“进入”→“百叶窗”。

(3)将整个演示文稿的设计模板设置为试题文件夹下的“world map. potx”。将演示文稿中所有幻灯片的切换方式设置为“水平百叶窗”。

2. 打开试题文件夹下的素材文档“WPP. pptx”(. pptx 为文件扩展名)，后续操作均基于此文件，否则不得分。

请制作一份宣传新型冠状病毒疫情防护知识的演示文稿，该演示文稿共包含 10 页，制作过程中请不要新增、删减幻灯片，或更改幻灯片的顺序。

(1)请按照如下要求，对演示文稿的幻灯片进行设计。

①进入幻灯片母版，将母版名称由“Office 主题”重命名为“疫情防护”。

②在幻灯片母版中，按下列要求为“节标题”版式的标题和文本占位符设置文本格式：中文字体为“黑体”、西文字体为“Times New Roman”，文字颜色为“标准色—浅蓝”，字形为“加粗”。

③关闭幻灯片母版，使用试题文件夹下的“目录页. png”图片，作为第 2 页目录幻灯片的背景图片，并为 3 个目录项的文本内容分别设置超链接至对应的节标题幻灯片(第 3 页、第 5 页、第 7 页)。

(2)除了标题幻灯片外，其他幻灯片在右下角显示幻灯片编号。

(3)在第 4 页幻灯片中，对幻灯片中的内容设置动画。

①对左侧内容占位符文本设置“强调”→“细微型”→“添加下划线”动画，动画文本由“按字母”修改为“整批发送”。

②对右侧图片设置“进入”→“基本型”→“盒状”动画。

(4)对第 6 页幻灯片进行下列设置。

①更改幻灯片版式为“标题和内容”。

②在标题占位符中输入标题“人感染冠状病毒后的症状”，并设置文本艺术字效果为“填充-亮天蓝色，着色 2，轮廓-着色 2”。

③把原文本框中的三段内容“主要症状……SARS 疫情。”全部剪切并粘贴到文本占位符位置，并设置文本艺术字效果为“渐变填充-亮石板灰”。

④将试题文件夹中的“音乐. mp3”作为背景音乐，嵌入到当前幻灯片而非第 1 页幻灯片。

(5)为演示文稿中的第 2～9 页幻灯片设置幻灯片切换效果为“轮辐”，切换声音为“风铃”，并选择“播放下一段声音前一直循环”。

(6)在设置放映方式中，将文档的“放映类型”修改为“展台自动循环放映(全屏幕)”。

附　录

全国计算机等级考试一级 WPS 模拟题

一、选择题(共 20 分,每题 1 分)

1. 关于世界上第一台通用电子数字计算机 ENIAC 的叙述中,错误的是(　　)。

A. ENIAC 是 1946 年在美国诞生的

B. 它主要采用电子管和继电器

C. 它是首次采用存储程序和程序控制自动工作的电子计算机

D. 研制它的主要目的是用来计算弹道

标准答案:C

2. 1946 年首台通用电子数字计算机问世后,冯·诺依曼在研制 EDVAC 计算机时,提出两个重要的改进,它们是(　　)。

A. 采用二进制和存储程序控制的概念　　B. 引入 CPU 和内存储器的概念

C. 采用机器语言和十六进制　　D. 采用 ASCII 编码系统

标准答案:A

3. 一个完整的计算机系统应该包括(　　)。

A. 主机、键盘和显示器　　B. 硬件系统和软件系统

C. 主机和它的外部设备　　D. 系统软件和应用软件

标准答案:B

4. 当电源关闭后,下列关于存储器的说法中正确的是(　　)。

A. 存储在 RAM 中的数据不会丢失　　B. 存储在 ROM 中的数据不会丢失

C. 存储在 U 盘中的数据会全部丢失　　D. 存储在硬盘中的数据会丢失

标准答案:B

5. 字长是 CPU 的主要技术性能指标之一,它表示的是(　　)。

A. CPU 的计算结果的有效数字长度　　B. CPU 一次能处理二进制数据的位数

C. CPU 能表示的最大的有效数字位数　　D. CPU 能表示的十进制整数的位数

标准答案:B

6. 对 CD-ROM 可以进行的操作是(　　)。

A. 读或写　　B. 只能读不能写

C. 只能写不能读　　D. 能存不能取

标准答案:B

7. 下列选项中既可作为输入设备又可作为输出设备的是(　　)。

A. 扫描仪　　B. 绘图仪　　C. 鼠标　　D. 磁盘驱动器

标准答案:D

8. 在微机中,I/O 设备是指(　　)。

A. 控制设备　　B. 输入/输出设备

C. 输入设备　　D. 输出设备

标准答案:B

9. CAI 的中文意思是(　　)。

A. 计算机辅助教学　　B. 计算机辅助制造

C. 计算机辅助设计　　D. 计算机辅助管理

标准答案:A

10. 下列叙述中错误的是(　　)。

A. 把数据从内存传输到硬盘的操作称为写盘

B. Windows 操作系统属于应用软件

C. 把高级语言编写的程序转换为机器语言的目标程序的过程叫编译

D. 计算机内部对数据的传输、存储和处理都使用二进制

标准答案:B

11. 20 GB 的硬盘表示容量约为(　　)。

A. 20 亿个字节　　B. 20 亿个二进制位

C. 200 亿个字节　　D. 200 亿个二进制位

标准答案:C

12. 十进制数 18 转换成二进制数是(　　)。

A. 010101　　B. 101000　　C. 010010　　D. 001010

标准答案:C

13. 在下列字符中,ASCII 码值最小的是(　　)。

A. 空格字符　　B. 0　　C. A　　D. a

标准答案:A

14. 把一个汉字字形用 48×48 点阵来表示,需要的字节数是(　　)。

A. 384　　B. 144　　C. 256　　D. 288

标准答案:D

15. 操作系统的主要功能是(　　)。

A. 对用户的数据文件进行管理,为用户管理文件提供方便

B. 对计算机的所有资源进行统一控制和管理,为用户使用计算机提供方便

C. 对源程序进行编译和运行

D. 对汇编语言程序进行翻译

标准答案:B

16. 某 800 万像素的数码相机,拍摄照片的最高分辨率大约是(　　)。

A. 3 200×2 400　　B. 2 048×1 600　　C. 1 600×1 200　　D. 1 024×768

标准答案:A

17. 计算机网络是计算机技术和(　　)。

A. 自动化技术的结合
B. 通信技术的结合
C. 电缆等传输技术的结合
D. 信息技术的结合

标准答案:B

18. 按照网络的拓扑结构划分以太网(Ethernet)属于(　　)。

A. 总线型网络结构
B. 树型网络结构
C. 星型网络结构
D. 环型网络结构

标准答案:A

19. 下列选项中,非法的 Internet IP 地址是(　　)。

A. 202.96.12.14
B. 202.196.72.140
C. 112.256.23.8
D. 201.124.38.79

标准答案:C

20. 下列关于计算机病毒的叙述中,正确的是(　　)。

A. 反病毒软件可以查、杀任何种类的病毒
B. 计算机病毒发作后,将对计算机硬件造成永久性的物理损坏
C. 反病毒软件必须随着新病毒的出现而升级,增强查、杀病毒的能力
D. 感染过计算机病毒的计算机具有对该病毒的免疫性

标准答案:C

二、Windows 操作(共 10 分)

请单击“试题文件夹”按钮进入操作界面,并按要求完成下列操作。

1. 将试题文件夹下 TIUIN 文件夹中的文件 ZHUCE.BAS 删除。

2. 将试题文件夹下 VOTUNA 文件夹中的文件 BOYABLE.DOC 复制到同一文件夹下,并命名为 SYAD.DOC。

3. 在试题文件夹下 SHEART 文件夹中新建一个文件夹 RESTICK。

4. 将试题文件夹下 BENA 文件夹中的文件 PRODUCT.WRI 设置为只读属性。

5. 将试题文件夹下 HWAST 文件夹中的文件 XIAN.FPT 重命名为 YANG.FPT。

三、WPS 文字(共 25 分)

打开试题文件夹下的素材文档“WPS.docx”(.docx 为文件扩展名),后续操作均基于此文件,否则不得分。

为方便社区群众了解新冠病毒疫苗接种禁忌症、注意事项、不良反应等新冠病毒疫苗接种相关知识,请协助街道办小王制作新冠病毒疫苗接种技术的宣传手册。

1. 请按照如下要求,对文档的页面布局进行调整。

(1)纸张大小设置为“大 16 开”,页边距设置为上下边距 2.2 cm,左边距 2 cm,右边距 3 cm,装订线位置为左,装订线宽为 1 cm。

(2)页面背景颜色设置为“培安紫,文本 2,浅色 80%”。

(3)将文档最后一页的纸张方向设置为横向。

2. 为整篇文档插入页码,显示于页脚内侧,页码样式为“第 1 页”。

3. 将文中所有错词“新官”更改为“新冠”;查找文中的“任意字母”并将其字体格式更改为

“全部大写字母”。

4. 分别为文档中的标题和正文进行下列格式设置。

(1)标题内容“新冠病毒疫苗接种技术指南”：中文字体为“楷体”，字号为“一号”，加粗，字符间距为“加宽 0.05 厘米”；对齐方式为居中对齐，段前间距 0 行，段后间距 1 行。

(2)正文内容(除标题以外的内容)：中文字体“仿宋”，西文字体为“Arial”，四号字。

(3)第一页“一、疫苗种类”中的 5 个公司名称：添加下划线，并设置首行缩进 2 字符，文本之后缩进 1 字符，行距为固定值 35 磅(公司名称以外的内容无须设置)。

5. 为整篇文档设置页眉，在页眉区域插入一个横向文本框，需对文本框执行以下操作。

(1)文本框中输入文本“新冠病毒疫苗接种技术指南”，文本内容设置为楷体，四号字，加粗，倾斜，颜色为“培安紫，文本 2”。

(2)将文本框的“布局选项”修改为“固定在页面上”，要求水平方向：对齐方式为“右对齐”，相对于“栏”；垂直方向：对齐方式为“顶端对齐”，相对于“行”。

(3)将文本框大小设置为高度：绝对值 0.95 cm。宽度：绝对值 6.5 cm。

(4)将文本框设置为无线条颜色，无填充颜色。

6. 在文档的最后一页，添加页面边框，仅应用于“本节”。

(1)边框类型为“方框”，线型为“双实线—上粗下细”。

(2)边框颜色为主题颜色“培安紫，文本 2，深色 25%”，宽度为 1.5 磅。

7. 将最后一页的附件内容“接种地点：……”，以空格符作为分隔符将文本转化为一个 5 行 2 列的表格，并对表格进行下列操作。

(1)将表格设置为指定宽度 20 cm，表格的对齐方式为居中，表格的默认单元格边距为上下 0.1 cm，左右 0.5 cm。

(2)将表格第 1 列设置为指定宽度 4 cm。

(3)将表格第 3 行第 2 个单元格拆分为 2 行 1 列，并将“下午 14:00—17:00”移动到空白单元格中。

四、WPS 表格(共 20 分)

打开试题文件夹下的素材文档“ET. xlsx”(xlsx 为文件扩展名)，后续操作均基于此文件，否则不得分。

小张负责整理公司的报关资料文档，为了保证报关数据准确、格式规范，请你协助小张完善这份资料文档。

1. 在“基础数据”工作表中，将 A1:G1 单元格区域设置为“加粗”“自动换行”，字号设置为 14；单元格填充色为“白色，背景 1，深色 5%”，外侧框线；再对 B 列设置“最适合的列宽”。

2. 在“基础数据”工作表中，按下述要求对指定的单元格区域设置格式。

(1)将 G2:G30 单元格区域的数据格式设置为“数值”，小数位数为 1 位、勾选“使用千位分隔符”复选框。

(2)利用条件格式将“纳税人名称”所在列，内容包含“开发公司”的单元格，字体颜色设置为“钢蓝，着色 5”。

(3)在 F32 单元格中输入内容“公式计算结果:”，将 F32:F33 单元格区域设置为“合并单元格”，对 F 列设置“最适合的列宽”。

3. 在“基础数据”工作表中，筛选指定日期的数据，按下述要求计算。

(1)在 G32 单元格中使用 SUBTOTAL()函数，统计出 G2:G30 单元格区域中的最大值。

(2)在 G33 单元格中使用 COUNTIF()函数，统计出 G2:G30 单元格区域中大于 1 的单元格数目。

(3)将 A1:G30 单元格区域应用自动筛选，单击 D1 单元格的自动筛选按钮，仅筛选“2009年”这一项。

4.在“上月数据”工作表中，对 A31:P58 单元格区域的图表做调整。

(1)更改图表类型为“堆积折线图”，图表标题的文字以粗体显示。

(2)整个图表的“填充颜色”设置为主题颜色“灰色－25%，背景 2”；水平轴的“文本颜色”设置为主题颜色“巧克力黄，着色 2”；垂直轴的“文本颜色”设置为主题颜色“橙色，着色 4，深色 25%”。

(3)添加图表元素“图例”，显示在“顶部”。

5.在“上月数据”工作表中，对 A2:C28 单元格区域的“表格”进行数据整理。

(1)在 A 列左侧插入一列，A3 单元格输入 1，向下拖动填充到 A28 单元格。

(2)选择 B2 单元格，在“表格工具”选项卡中单击“调整表格大小”按钮，设置为 $A$2:$D$28，并在 A2 单元格输入内容 ID。

(3)单击 D2 单元格的自动筛选按钮，筛选高于平均值的数据。

6.选择“上月数据”工作表，进行页面设置。

(1)设置打印区域为 A2:D28 单元格区域。

(2)页边距的居中方式设置为“水平”，上边距设为“2 厘米”，下边距设为“5 厘米”。

五、WPS 演示(共 15 分)

打开试题文件夹下的素材文档“WPP.pptx”(.pptx 为文件扩展名)，后续操作均基于此文件，否则不得分。

李奇制作了介绍海棠的演示文稿，但需要进行调整。请按要求帮他完成相应操作，调整过程中不要新增或删减幻灯片，也不要更改幻灯片的顺序。

1.将第 2 页幻灯片的版式修改为“图片与标题”，在左侧图片区域插入图片“海棠 1.jpg”，并对该图片进行下列调整。

(1)在“锁定纵横比”前提下，将图片的缩放比设置为 85%。

(2)图片位置相对于“左上角”，水平为 2 cm，垂直为 4.8 cm。

2.为了达到更好的呈现效果，需对“标题幻灯片”版式之外的其他版式进行调整，将“标题样式”的格式设置为“隶书，44 号字”，“文本样式”的格式设置为“楷体，28 号字”。

3.对第 5 页幻灯片中的表格进行下列调整。

(1)行高统一调整为 2 cm，第 1 列的列宽调整为 6 cm，第 2 列的列宽调整为 18 cm。

(2)表中内容的字号为 24，且中文字体为“仿宋”，西文字体为 Times New Roman。

(3)表格位置相对于“左上角”，水平为 5 cm，垂直为 4.2 cm。

4.设置下列动画效果。

(1)为第 2 页幻灯片中的图片设置“扇形展开”进入效果，且速度为“慢速(3 秒)”。

(2)为第 5 页幻灯片中的表格设置“圆形扩展”进入效果，且速度为“非常慢(5 秒)”。

5.将图片“海棠 2.jpg”设置为所有幻灯片的背景，且透明度为 70%。

六、Network 操作(共 10 分)

1. 按照下列步骤进行操作

(1)接收并阅读由 wj@mail. cumtb. edu. cn 发来的 E-mail,将随信发来的附件以文件名“wj. txt”保存到试题文件夹下。

(2)回复该邮件,回复内容为“王军:您好! 资料已收到,谢谢。李明”。

(3)将发件人添加到通信簿中,并在其中的“电子邮箱”栏填写 wj@mail. cumtb. edu. cn;“姓名”栏填写“王军”,其余栏目省略。

2. 某模拟网站的主页地址是 http://localhost/index. htm,打开此主页,浏览“绍兴名人”页面,查找介绍“秋瑾”的页面内容,将页面中秋瑾的照片保存到试题文件夹下,命名为“QIUJIN. jpg”,并将此页面内容“秋瑾(1875—1907)……有同名电影。”复制到试题文件夹下的文本文件中,命名为“QIUJIN. txt”。

全国计算机等级考试二级 WPS 模拟题

一、选择题(共 20 分,每题 1 分)

1. 设顺序表的长度为 n。下列排序方法中,最坏情况下比较次数小于 $n(n-1)/2$ 的是(　　)。

A. 堆排序　　B. 快速排序　　C. 简单插入排序　　D. 冒泡排序

标准答案:A

2. 某二叉树的前序序列为 ABDFHCEG,中序序列为 HFDBACEG。该二叉树的后序序列为(　　)。

A. HFDBGECA　　B. ABCDEFGH　　C. HGFEDCBA　　D. ACEGBDFH

标准答案:A

3. 带链栈空的条件是(　　)。

A. top=bottom=NULL　　B. top=-1 且 bottom=NULL

C. top=NULL 且 bottom-1　　D. top=bottom=-1

标准答案:A

4. 结构化程序设计的基本原则不包括(　　)。

A. 多态性　　B. 自顶向下　　C. 模块化　　D. 逐步求精

标准答案:A

5. 下列选项中属于整数类的实例是(　　)。

A. 0x518　　B. 0.518　　C. "-518"　　D. 518E-2

标准答案:A

6. 下列描述中不属于软件需求分析阶段任务的是(　　)。

A. 撰写软件需求规格说明书　　B. 软件的总体结构设计

C. 软件的需求分析　　D. 软件的需求评审

标准答案:B

7. 数据流图(DFD)的作用是(　　)。

A. 描述软件系统的数据结构　　B. 支持软件系统的面向对象分析

C. 描述软件系统的控制流　　D. 支持软件系统功能建模

标准答案:D

8. 每个学校有一名校长,且不同学校的校长可以是同一人,则实体学校和实体校长间的联系是(　　)。

A. 多对一　　B. 多对多　　C. 一对一　　D. 一对多

标准答案:A

9. 关系数据模型(　　)。

A. 只能表示实体间 1:1 联系　　B. 只能表示实体间 $1:m$ 联系

C. 可以表示实体间 $m:n$ 联系　　D. 只能表示实体间 $1:n$ 联系

标准答案:C

10. 下列不属于计算机人工智能应用领域的是(　　)。

A. 在线订票　　B. 医疗诊断　　C. 智能机器人　　D. 机器翻译

标准答案:A

11. WPS 首页的共享列表中,不包含的内容为(　　)。

A. 其他人通过 WPS 共享给我的文件夹

B. 在操作系统中设置为“共享”属性的文件夹

C. 其他人通过 WPS 共享给我的文件

D. 我通过 WPS 共享给其他人的文件

标准答案:B

12. 下列关于 WPS 云文档的描述中错误的是(　　)。

A. 云文档支持多人实时在线共同编辑

B. 云文档可以预览和恢复历史版本

C. 云文档需要通过 WPS Office 客户端进行编辑

D. 云文档可以通过链接分享给他人

标准答案:C

13. 下列关于云文档的说法中错误的是(　　)。

A. 云文档是 WPS 为用户提供的硬盘文档储存服务

B. 用户可以将文档保存在其中,跨设备无缝同步和访问

C. 在开启文档云同步后,可在所有登录同一账号的不同设备上无缝同步和访问打开过的文档

D. 云文档可以通过链接的形式分享给其他用户

标准答案:A

14. 下列关于 WPS“协同编辑”的叙述中错误的是(　　)。

A. 多人可以同时编辑同一文档

B. 只有“协同编辑”发起人可以查看当前文档的在线协作人员

C. 参与人可以随时收到更新的消息通知

D. 参与人可以随时查看文档的协作记录

标准答案:B

15. 在 WPS 文字组件中为所选单元格设置斜线表头,最优的操作方法是(　　)。

A. 插入线条形状　　B. 自定义边框

C. 绘制斜线表头　　D. 拆分单元格

标准答案:C

16. 在 WPS 文字组件中,不可以将文档直接输出为(　　)。

A. PDF 文件　　B. 图片

C. 电子邮件正文　　D. 扩展名为“. pptx”的文件

标准答案:C

17. WPS 文字组件中,针对设置段落间距的操作,下列说法中正确的是(　　)。

A. 一旦设置,即全文生效

B. 如果没有选定文字,则设置无效

C. 如果选定了文字,则设置只对选定文字所在的段落有效

D. 一旦设置，不能更改

标准答案：C

18. 高一各班的成绩分别保存在独立的工作簿中，老师需要将这些数据合并到一个工作簿中统一管理，最优的操作方法是(　　)。

A. 使用复制、粘贴命令　　B. 使用移动或复制工作表功能

C. 使用合并表格功能　　D. 使用插入对象功能

标准答案：C

19. WPS表格组件中，如果工作表的某单元格中有公式"＝销售情况！A5"，则其中的"销售情况"是指(　　)。

A. 工作簿名称　　B. 工作表名称　　C. 单元格区域名称　　D. 单元格名称

标准答案：B

20. WPS演示组件中，如果需要对某页幻灯片中的文本框进行编辑修改，则需要进入(　　)。

A. 普通视图　　B. 幻灯片浏览视图　　C. 阅读视图　　D. 放映视图

标准答案：A

二、WPS文字(共30分)

打开试题文件夹下的素材文档"WPS. docx"(. docx为文件扩展名)，后续操作均基于此文件，否则不得分。

某企业拟发布公司章程，请按下列要求对章程初稿进行整理和排版。

1. 设置页面：上、下页边距为20 mm，左、右页边距为15 mm，装订线位置在左侧，装订线宽为5 mm，页眉、页脚距边界均为10 mm。

2. 通过修改和应用样式来格式化文档。

(1)基于"正文"样式新建两个段落类型的样式，分别命名为"第N章"和"第N条"。将"第N章"样式的字体设置为黑体、大纲级别设为1级，其余格式保持与"正文"样式一致。

(2)将文中包含章节编号("第一章"～"第十三章")的段落全部应用"第N章"样式，将文字包含条目编号("第一条"～"第五十七条")的段落全部应用"第N条"样式。

3. 自定义链接到样式"第N章"和"第N条"的两级编号，用以替换文中所有的手动编号(包括编号之后的空格)，编号格式沿用"第一章"～"第十三章"和"第一条"～"第五十七条"的形式，编号与文字之间以空格分隔。

4. 请按下列要求编辑和美化表格(文中第六章第十二条下的表格)。

(1)合并第6行中的4个空白单元格，在合并单元格中使用公式对第2列中的数值进行求和，并且计算结果以"人民币大写"格式显示。

(2)表格上、下边框线设为1.5磅粗直线，首行下边框线设为0.5磅细直线，其他边框线均为无。

5. 将文中第四十二条下【】中包含的两处内容转换为两条脚注，脚注编号采用方括号样式，形如[1][2]。

6. 将封面的中文正标题设为楷体、80 pt、字符间距加宽3磅、字体颜色RGB(29,147,159)，将英文副标题设为Times New Roman、24 pt、字符缩放150%、字体颜色RGB(255,192,0)。

7. 在封面和正文之间插入自动目录，显示章标题(1级标题)及其页码，使目录单独置于一页。然后，将文档按封面、目录、正文分为3节。

8. 将封面和目录的页眉和页脚留白，并按下列要求单独编辑正文(第3节)的页眉和页脚。

(1)在页眉中编辑文字，奇数页显示文本“×××有限公司”，偶数页显示文本“章程”，全部页眉文字均设置段落右对齐。

(2)在页脚右侧插入页码，采用预设页码样式中的第 2 种，形如—1—、—2—，并且正文第 1 页从 1 开始编号，同时更新目录页码。

9. 在文档中插入水印，采用预设水印样式“样本”。

10. 为了保证文档打印时不跑版，在保存“WPS. docx”文本文档后，将其输出为带权限设置的 PDF 文件，权限设置为禁止修改、禁止复制和禁止打印，权限密码设置为三位数字 666(无须设置文件打开密码)，其他选项保持默认。

三、WPS 表格(共 30 分)

打开试题文件夹下的素材文档“ET. xlsx”(. xlsx 为文件扩展名)，后续操作均基于此文件，否则不得分。

某公司正在进行年度销售数据盘点，请按下列要求完成统计和分析任务。

1. 将“订单”工作表标签颜色设为预设主题颜色“浅绿，着色 6”，“结算”工作表标签颜色设为“钢蓝，着色 5”，其余工作表标签颜色设为“橙色，着色 4”。

2. 为“订单”和“结算”工作表中的数据区域分别套用预设的表样式“浅色 14”和表样式“浅色 13”，要求仅套用表格样式而不转换成表格。然后，在两表中分别冻结标题行使其在滚动时保持可见。

3. 在“订单”工作表中使用公式计算出 K 列的总价。然后，在 A 列中设置数据有效性验证条件，限制仅允许录入长度为 10 位的订单编号，否则停止输入并显示如下出错警告：标题为“位数出错”，错误信息为“订单编号应为 10 位”。

4. 在“订单”工作表中，按下列要求整理数据列表，以便阅读和打印。

(1)按多条件排序，先按“地区”升序排列，在此基础上再按“订购日期”升序排列。

(2)应用分类汇总，以“地区”为分类字段，对“总价”进行求和汇总，将汇总结果显示在数据下方，并且每组数据分页。

5. 在“结算”工作表中，按“订购日期”降序排列；然后更改 J(单价)列和 K(总价)列单元格数字格式为“会计专用(小数位数为 2 位、货币符号为￥)”，将 B(订购日期)列、L(预期结清日)列和 M(实际结清日)列的日期显示格式设置为 8 位数字格式，形如 2021/01/01。

6. 在“结算”工作表的 N 列中使用 IF 函数嵌套公式，按 N1 单元格批注提示的规则进行计算。然后，在 A2:N2 158 单元格区域中设置“使用公式确定要设置格式的单元格”条件格式规则，将实际结清日为空值(即尚未结清)的数据行以标准色“黄色”填充背景。

7. 在“查询”工作表中的 B2:G2 和 A4:G4 单元格区域使用 VLOOKUP 函数，去“结算”工作表中查找本表中的订单编号并返回相应各字段内容。

8. 在“统计”工作表中的 B2:G8 单元格区域使用 COUNTIF、SUMIF 和 SUM 等函数，基于“结算”工作表中的数据进行统计运算，然后将 E2:G8 单元格区域数字格式更改为预设中文格式“单位：万元”，将金额数字诸如 392 077 显示为形如“39.2 万元”的格式。

9. 以“统计”工作表 A1:C7 单元格区域为数据源插入预设图表类型“组合图(簇状柱形图—次坐标轴上的折线图)”，图表置于本表中 H1 单元格，图表标题为“订单量”，添加图表元素“数据表(显示图例项标示)”，更改其颜色为预设配色方案的单色第 1 种(蓝色系)。

10. 以“结算”工作表中的 A1:N2 158 单元格区域为数据源，创建数据透视表并放置于“分析”工作表A1单元格中，将“城市”“类别”“产品”字段依次置于筛选器区域，“地区”字段置于列区域，“订购日期”字段置于行区域并以“季度”和“月”为步长进行组合，“总价”字段置于值区域进行求和；然后，设置“在组的顶部显示分类汇总”，报表形式改为“以压缩形式显示”，并套用预设数据透视表样式“中等深浅14”。

四、WPS演示(共20分)

打开试题文件夹下的素材文档“WPP.pptx”(.pptx为文件扩展名)，后续操作均基于此文件，否则不得分。

某公司市场部员工小王正在制作一份企业介绍主题演示文稿，请按下列要求帮其完成任务。

1.通过编辑母版为结构相似的幻灯片快速应用统一的版式布局。

(1)将第4张幻灯片页面左侧的“红色底图”移动到本页对应的版式中(保持该图片“置于底层”)，并为第5～8张幻灯片应用相同的版式。

(2)为第9～12张幻灯片应用“西山居”版式，并为第9张幻灯片单独设置“隐藏背景图形”。

2.美化封面(第1张幻灯片)：将背景图的颜色更改为“灰度”，在底层背景和上层文字之间插入矩形，设置形状轮廓为无颜色，并按“线性渐变”样式进行填充(角度为0°)，设置两个渐变光圈停止点，位置0处的色标颜色为预设主题颜色“着色6，深色25%”、透明度15%，位置100处的色标颜色为预设主题颜色“着色5，深色25%”、透明度30%。

3.改造幻灯片中的文字样式。

(1)为第10张幻灯片中的标题文字应用预设艺术字样式“渐变填充-番茄红”，字符间距加宽5磅，并设置预设文本效果“转换—弯曲—停止”；然后将正文的文字方向更改为“竖排”。

(2)以试题文件夹下的“剑网3.png”图片为项目符号，应用到第12张幻灯片中的正文段落。

4.将第14张幻灯片中的文本列表替换为预设智能图形“垂直图片列表”，适当添加项目和项目符号以容纳文本列表内容，并从考试文件夹中插入对应的图片。

5.美化编辑第15张幻灯片中的图片。

(1)处理底层图片1～4：按预设基本形状“剪去单角的矩形”裁剪，添加预设倒影效果“紧密倒影，接触”，应用预设三维旋转效果“平行—等轴左下”并修改X轴旋转角度为35°。

(2)处理上层图片5：添加10磅的预设柔化边缘效果。

6.为幻灯片中的图文对象设计动画方案。

(1)在第13张幻灯片中应用文本动画：为首行文字添加“进入”→“压缩”动画，设置效果为“单击时”“快速”“按字母”；为第二行文字添加“颜色打字机”进入动画，设置效果为“上一动画之后”“速度0.1秒”“按字母”。

(2)在第15张幻灯片中应用图片动画：为图片1～4添加“进入”→“渐变式缩放”动画，设置效果为“单击时”“非常快”；然后为图片5添加“进入”→“向内溶解”动画，设置效果为“单击时”“快速”。

7.为演示文稿设计切换方案：第1张幻灯片应用“溶解”切换效果，第2、第3、第9、第13、第15张幻灯片应用“向左推出”切换效果，其余幻灯片应用“棋盘”切换效果。

8.在第1张幻灯片中链接试题文件夹下的音频文件为背景音乐，保存当前演示文稿。